时光之魅

欧洲四国的建筑和城镇保护

何晓昕 罗隽 著

生活·讀書·新知 三联书店

图书在版编目（CIP）数据

时光之魅：欧洲四国的建筑和城镇保护／何晓昕，罗隽著. —北京：
生活·读书·新知三联书店，2018.8
ISBN 978 - 7 - 108 - 06198 - 0

Ⅰ. ①时… Ⅱ. ①何… ②罗… Ⅲ. ①古建筑 - 保护 - 研究 - 欧洲
②城镇 - 保护 - 研究 - 欧洲 Ⅳ. ① TU-87 ② TU984.5

中国版本图书馆 CIP 数据核字（2018）第 016925 号

责任编辑　唐明星　邵慧敏
装帧设计　康　健
责任校对　夏　天
责任印制　宋　家
出版发行　**生活·讀書·新知** 三联书店
　　　　　（北京市东城区美术馆东街 22 号　100010）
网　　址　www.sdxjpc.com
经　　销　新华书店
印　　刷　河北鹏润印刷有限公司
版　　次　2018 年 8 月北京第 1 版
　　　　　2018 年 8 月北京第 1 次印刷
开　　本　710 毫米 × 1000 毫米　1/16　印张 29
字　　数　475 千字　图 378 幅
印　　数　0,001 - 8,000 册
定　　价　88.00 元
（印装查询：01064002715；邮购查询：01084010542）

叶芝在诗里说
伟大的周公抖去山雪，唱
让一切逝去！

这可能是一个误传？

孔子对着河流，低声
逝者如斯夫！

这是真的
瞬间不再

可如果你回眸？

时光依然是时光
地方永远是那个地方

哪里？
散处－到处－随处
日去月来

将以怎样的姿态？！

目 录

前言

一个作者在导言里要写的不外乎其书写目的、所书主要内容、所涉学科的发展和现状、某些基本或关键概念、名词的解释，等等。我们也常常读到一些言简意赅、高屋建瓴的导言，如国际著名建筑保护专家尤基莱托（J. Jokilehto, 1934— ）的名著《建筑保护史》[1]、英国建筑保护研究专家格伦迪宁（M. Glendinning）的大作《保护运动》[2]，作者都在导言里对欧美建筑保护的发展历程、现状以及一些关键概念或名词做了精深阐述。这里就不再重复专家们的言辞，仅就以下几个问题简而述之。

一 目的

20 世纪末以来，有关建筑、城镇及环境的保护广为专家学者乃至普通民

---

[1] Jokilehto, J. *A History of Architectural Conservation* [M]. Oxford: Butterworth-Heinemann,1999. 该书自 1999 年问世以来，至今畅销不衰，并被翻译成中文，分别有繁体版与简体版出版。遗憾的是这两种版本均存在诸多翻译错误。

[2] Glendinning, M. *The Conservation Movement:A History of Architectural Preservation: Antiquity to Modernity* [M]. London & New York: Routledge, 2013. 该书 2014 年入围英国建筑历史学者学会（SAHGB）爱丽丝·戴维斯·希区科克（Alice Davis Hitchcock）图书奖， 2016 年获得 SAHGB 安托内特·福里斯特·唐宁（Antoinette Forrester Downing）图书奖。

众所议。越来越多的国人意识到欧洲在此领域的理论建树和实际成果。然迄今为止，对欧洲建筑和城镇保护做系统而深入介绍、解析的中文专著尚付阙如，一些译作多因翻译不佳，令读者迷惑。本书试图填补空白。

二 结构

这是我们思考最多之处。基于欧洲文化一体性特征，诸多西方学者在描述欧洲建筑和城镇保护历程时，倾向于将欧洲各国纳入同一框架，以时代的递进为大线索，统述欧洲建筑和城镇保护的发展进程。上面提及的两本专著均循此模式。但我们以为，即便欧洲存在强烈的文化一体性，各国之间，尤其在18世纪末的法国大革命之后，有关各自不同文化的国家认同日益突出。这种不同即便在全球化的今天依然显而易见，而建筑和城镇保护与固有的国家认同（抑或民族的自豪、自尊、自强）息息相关。为此，我们选择将诸国分开讨论，更便于读者了解详情、对比判断。然而，这存在两大潜在问题：

第一，如何从欧洲诸国中选出代表？权衡再三，我们选取意大利、法国、英国和德国。因为前三国不仅拥有丰富的古迹和历史建筑，并且在建筑和城镇保护理念发展进程中做出了特别的创建和贡献，如意大利的语言文献式修复、科学性修复、评判性修复，法国的风格式修复，英国的保守性维护。德国虽没有发展出自己的独特流派，但拥有对欧洲文化和保护进程有特别影响的人物，如马丁·路德、温克尔曼、辛克尔，等等。之所以选择德国，还在于第二次世界大战之后东、西德两个体系的分隔以及20世纪90年代之后东、西德的合并。这种不同意识形态下的保护理念及实践对当代中国有着特别的参考意义。

第二，如何选择叙述的次序及切入点？我们首先决定的是切入点——"文艺复兴"，这也就决定了叙述以意大利为先。如此，有关20世纪之后发展起来的意大利科学性修复及评判性修复等章节，就要置于19世纪中期法国风格式修复及19世纪末期英国保守性维护之前。从时间顺序看，这不利于梳理欧洲建筑保护理论诸流派的发展。此种时序的颠倒，可能会给某些读者（尤其不熟悉欧洲建筑史的读者）的阅读带来一定的障碍。但如此颠覆，有时反会激发读者的阅读求知欲，因为他们枯燥懊恼之时，不得不提前翻阅后面的有关章节。顺着读，倒着读，就有如玩拼图游戏，兴趣会陡然而生。拼图游戏最能训练一个人的心智。

于是，关于意大利、法国、英国、德国的建筑和城镇保护发展历程的内容构成本书的上篇。有关意大利及英国的叙述基本按时代的脉络线性展开。至于法国和德国，则选取某些特定的截面。意大利以文艺复兴起头，法国始于"大革命"，英国的切入点为"大旅行"，德国则是以马丁·路德为代表的"几个人"。四个不同的开篇，某种程度上也暗合了四国各自在建筑和城镇保护理念发展及实践中的基本特征。

"纸上得来终觉浅，绝知此事要躬行。"本书下篇致力于剖析欧洲建筑和城镇保护实践中的六大经典案例。从单体到保护区到城镇，既显示欧洲建筑和城镇保护实践不同阶段的认知及落脚点，亦对当代中国有特别的启示和参考。具体说，以一座山上的教堂——法国维泽莱的圣马德琳教堂的修复——为起点，以一座水上的城市——意大利威尼斯 200 多年的维护——压轴。如此选择，也许是因为我们作为中国人潜意识里的有一种传统山水观。

三 不解释名词术语

当今欧洲所言的"保护"（conservation）常常被一系列近义的名词术语所替代，如保存（preservation）、修复（restoration）……与之相关的概念亦日益庞杂，如古迹或纪念性建筑（monument）、历史性纪念建筑（historical monument）、名录建筑（listed building）、文化遗产（cultural heritage）等。厘清这些术语的内涵及外延并加以区别十分必要。诚如法国建筑历史领域权威萧伊（F. Choay, 1925— ）在其 20 世纪 90 年代初的名著《建筑遗产的寓意》里所言，首先就要分清作为遗产保护实践前提的两个术语，古迹或纪念性建筑与历史性纪念建筑的内涵及差别[1]。然而，本书不打算纠缠于名词术语之间的解释。因为有关建筑和城镇保护的术语和归类不可能像自然科学的数据那样通过准确的测量得来，而只能是评估。此类评估，无论具有什么科学性，都必夹带

---

[1] Choay, F. *L'allégorie du Patrimoine* [M]. 2nd éd., Paris: Seuil Nouv, 1999, 14. 该书初版于 1992 年。剑桥大学出版社 2001 年出版英译本 *The Invention of the Historic Monument*，译者为 Lauren M. O'Connell。清华大学出版社 2013 年出版中文译本《建筑遗产的寓意》，译者为寇庆民。

主观因素；再加上种种不同的翻译和理解，答案就不可能单一。与其无穷无尽，不如不做罗列。这里仅对两大术语做简要说明。其一，英文"monument"所涵盖的范围和意义随不同的时代和语境而有所不同，中文也就有不同的对应译文。本书多写为"古迹"或"纪念性建筑"或"历史建筑"。其二，关于"文化遗产"的含义，一般说，"文化遗产"不仅泛指古迹、历史建筑以及艺术品，而且涵盖一切古代传承下来的价值观等，包括人们通常所说的物质性遗产和非物质性遗产。本书立足于物质性遗产中的古代建筑和城镇遗产，并以"历史建筑和城镇保护"为第一关键词。

四 书写方式

这是一本学术专著，我们沿用在英国攻读博士学位时所受训练的学术论文书写方式，注重严谨准确，注重理论建构。所依据的 200 多本参考文献，90%以上为英文原著，包括有关欧洲历史建筑和城镇、艺术、文学、哲学、美学的经典著作以及发表时间截止于 2015 年、体现欧洲建筑和城镇保护领域最新研究成果的专著和论文。如此方式旨在为中文世界提供一份迄今为止有关欧洲建筑和城镇保护最为完备的英文文献框架，为中国大专院校相关专业的构建做必要铺垫。然而，这不仅仅是一本学术专著，力求严谨的同时，我们的书写不同于传统意义上的学者著作。第一，本书试图以一种流动的、"说故事"的叙事方式追忆欧洲建筑和城镇保护的发展历程。书的开篇，以意大利诗人彼特拉克 1337 年访问罗马为起点，以一种说故事的姿态，导出有关古物保护的缘起。贯穿全书的则有诸多相关的人物和事件，类似于小传的故事。第二，本书在叙说过往故事的同时，通过大量的点评、注释和读书卡片，不仅促进读者领会欧洲建筑和城镇保护历程中的哲学意义、文学意义、理论、实践、经验和教训，还引发他们思考当下中国的历史建筑和城镇保护之路，思考未来——所谓的敲打记忆，也敲打预言。读书卡片的内容均摘译于原著，其用意是，既向前辈学者致敬，亦鼓励读者多读原著，更意在抛砖引玉，希望当代建筑学人对建筑著作翻译产生更高兴致，以期引领学术辩论。第三，引入文学和诗学的思考，如通过对西方抒情诗传统中两大代表性诗人彼特拉克与华兹华斯的对比，展现诗学与建筑及城镇保护之间潜移默化的润泽。此外，还以作者自己创作的短诗串联全书，为当代大学生、青年学者和其他各类读者提供跨学科开阔视野的同时，传达一种诗意保护观，这也算本书的一个小目的吧。第四，为便于读者了解相关的语境背景，全书对所涉 1947 年之前出生的人物多注明其生卒年月及英文或德、意、法文原名。一些重要的地名、建筑或名词亦附有英文或原文。

鲜活的历史，常常由少数个体书写。在本书的写作中，我们秉持如此历史观，将欧洲的历史建筑和城镇保护进程与优秀个体的理论、实践相结合。既呈现事实，又让本书充满灵性和趣味，让读者感受到人类文明的创造与伟大个体的关联。

本书的另一目的，是吸纳更广泛的读者群。为此，我们书写的方式力图将学术性、专业性与普及性、趣味性和实用性融于一体。本书不仅适合从事城市建设和管理、历史建筑和城镇保护工作的政府公务员、专业人士，也适合众多对欧洲文化和城市感兴趣的普通读者学习阅读。如今，愈来愈多的国人到欧洲旅游，本书对他们亦是一本极有价值的导游参考书。当然，本书更可用作城市规划和建筑学院相关历史建筑和城镇保护专业的研究生教材。

五　反思与学习

阅读是为学习，学习是为进步，而学习的前提是有能力反思。孔子曰：敏而好学，不耻下问……三人行，必有我师焉。中华民族是一个善于学习和思考的民族。值得反思的是，当代国人是否继续拥有此等智慧？

中国过去 30 年的城市化进程，伴随着大量破坏性的旧城拆迁和改造，是带有"短视病"特征的农民文化形态的典型实践。这导致在短短几十年间，中国各地极具特色的城市景观面貌发生了翻天覆地的变化，造成"千城一面"和"乱象丛生"的状态，生态和景观环境遭到极大破坏。城市建设项目的规划和设计理念也十分陈旧，缺乏具普遍共识的系统性哲学和美学理论的指导。

欧洲的城市化经历了一个漫长过程，在历史建筑与城镇的保护、更新改造和利用方面有数百年的理论积累和实践，给我们提供了丰富的知识和经验。遗憾的是，我们却缺乏意识策略性地学习和借鉴这些知识。

我们需要反思和学习，因为善于吸收其他民族的先进经验是一条最有效、

最便捷、最经济的赶超途径。

　　歌德在评价他少年时代的偶像、被誉为欧洲现代艺术史和古典考古学之父的温克尔曼时说："读他的书，你也许不会学到什么；但可以帮你成为什么。"这亦是本书的目的之一。

罗隽

上篇　筚路蓝缕——历史篇

意大利罗马斗兽场

第一章 意大利

如果说"游乐"启发艺术，"伤怀"
便催生意大利的古迹保护。

古罗马征服古希腊的进程中，在破坏、掠夺的同时也传承了古希腊文明。被誉为西方艺术源头的古希腊艺术能够留存至今，古罗马功不可没。意大利作为古罗马经典的"嫡系传人"也就天然地拥有特别的精气神。

14世纪发轫于意大利的文艺复兴让人们再次意识到古代的辉煌。发现、收集古典文献及艺术品成为时尚。15—16世纪的意大利流行修复残缺的雕像，对统称为"古迹"（monumento）的城墙、桥梁等建造物的修复风靡一时。意大利由此被誉为欧洲历史建筑的修复和保护发源地。

17、18世纪，意大利在绘画及考古领域涌现出一些对日后的修复和保护实践有重要推动的理念，有关建筑保护的行动却不及后起之秀法、英、德三国。直到19世纪，意人才迎头赶上，发展出诸多现代意义的保护理念，如语言文献式修复、历史性修复，还有20世纪发展起来的科学性修复、评判性修复……不仅推动了自家的建筑和城镇保护，还催生出《雅典宪章》《威尼斯宪章》等各种国际保护宪章。尤值一提的是，20世纪以来，意大利的建筑保护从单体走向城镇，走向区域环境，如20世纪第一个十年，乔万诺尼（G. Giovannoni，1873—1947）提倡通过淡化保护老城的历史环境，构建了有关城市遗产的概念。20世纪60年代之后，意大利对历史城镇的历史街区采取专门立法及规划保护的方式。90年代以来，更对整个历史城镇及其周边环境实施保护。无怪乎诸多意大利的历史城镇中心或整个历史城镇被联合国教科文组织（UNESCO）列入世界遗产名录。那些未被列入的许许多多的小城，也都闪烁着历史的色彩。

走过意大利，当你领悟到罗马、锡耶纳、比萨、佛罗伦萨、乌尔比诺、阿西西、博洛尼亚、维罗纳、帕多瓦、维琴察、威尼斯等"灵魂之城"的天光，你会明白许多……它们仿佛一串密码，帮你推敲意大利的经典，破解欧洲的秘密……

我们从文艺复兴说起……

一　14—16 世纪[1]

两大效应：从彼特拉克到布鲁内列斯基

1337 年，被后人誉为文艺复兴人文主义之父、文艺复兴启蒙人的诗人、学者彼特拉克（F. Petrarch，1304—1374）第一次拜访仰慕已久的罗马。那时他尚且年轻，自有些青年诗人的激情。面对随处所见的凋败，诗人感伤流泪，并深深怀念失落的往昔……这感怀随即被提升为一个极富浪漫主义情怀的新概念——"罗马伤怀"（Deploratio urbis）[2]。这大大激发了人文主义学者谴责毁

---

[1] 作为现代意义的国家，意大利成立于 19 世纪末。14 世纪的"意大利"主要成员为一些各自独立的城邦（其中较大的有佛罗伦萨、威尼斯、米兰、那不勒斯）与以罗马为中心的教皇"国"。各地有关古迹保护的概念并不一致。本节主要落笔罗马。14—16 世纪欧洲最主要的文化活动即文艺复兴。初发于佛罗伦萨、威尼斯、罗马，随即扩至欧洲其他地区。1550 年，意大利艺术史家、建筑师瓦萨里（G. Vasari，1511—1574）在其有关西方艺术史的开山之作《画家、雕塑家及建筑师的生平》（以下简称《生平》）中以单词"rinascita"（意指重生）描述 14 世纪初期著名画家、欧洲绘画之父乔托（G. di Bondone，1266—1337）回归古罗马风格的绘画特征。作为一个特定术语，"文艺复兴"最早以法语"La Renaissance"（意指重生）形式出自法国历史学之父米什莱（J. Michelet，1798—1874）1855 年出版的著作《法国历史》（Histoire de France）。瑞士历史学家伯克哈特（J. Burckhardt，1818—1897）1860 年出版的著作《意大利文艺复兴文化》（Die Kultur der Renaissance in Italien）对"复兴"的意义做了进一步拓展。1878 年该书有了英文版（The Civilization of the Renaissance in Italy）之后，"文艺复兴"一词广泛流行。对于文艺复兴的起止时间说法不一，为多数人认可的时间段为 14 世纪初至 1600 年左右。

[2] Jokilehto, J. A History of Architectural Conservation [M]. Oxford: Butterworth-Heinemann, 1999, 21. "Deploratio urbis"原指"城市的衰亡"（ruination of the city），参见 Glendinning, M. The Conservation Movement: A History of Architectural Preservation: Antiquity to Modernity [M]. London & New York: Routledge, 2013, 29.

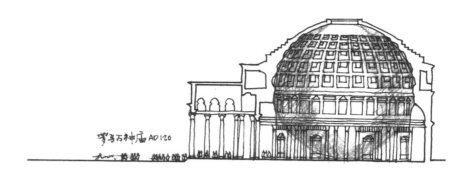

图 1.1 万神庙穹顶结构示意图　　　罗隽 绘

坏古物行为的情绪。游览、记述乃至收集罗马等地的古迹、文献和艺术品随即蔚然成风。

萧伊将这种"罗马伤怀"所激发的对古物的探索和膜拜总结为"彼特拉克效应"[1]。这对保护理念的发展有两层意义：第一，激发了人们对古物和古代遗址的瞩目和崇拜，进而抵制破坏行为；第二，使人们对古物的好奇及对使用价值的关注扩展至对历史价值的挖掘。于是，人们通过不同时期的文脉语境，阐释古罗马的遗留，将这些遗留物当作历史的物件。

然而，对当时的人文主义学者来说，古迹之所以拥有历史价值，在于其与古代文化的关联。他们更注重覆盖于古迹之上的铭文而非古迹本身。因此，这些人对古迹的记录缺乏视觉敏感性，对古迹保护缺乏直接有效的参考。

这类缺失很快由艺术家和建筑师填补，如文艺复兴早期著名的意大利建筑师布鲁内列斯基（F. Brunelleschi，1377—1446），后人认为他在建筑实践中最早创立了分析透视法则。自 1401 年开始，布鲁内列斯基多次旅居罗马，研习古罗马建筑所采用的建造技术和原则，并将这些古典原则与罗马风乃至哥特式风格相融合，运用到新建筑设计或老建筑翻新、修缮中。其中，最著名的实例当推将得自古罗马万神庙穹顶（图 1.1）的灵感与哥特式原理相结合，用于佛罗伦萨圣母百花大教堂（图 1.2）的穹顶设计。萧伊将波及艺术、绘画、雕塑及建筑领域的对古迹古建的关注归纳为"布鲁内列斯基效应"[2]。

［1］ Choay, F. *L'allégorie du Patrimoine* [M]. 2nd éd., Paris : Seuil Nouv, 1999, 36.

［2］ Ibid., 38.

图 1.2 佛罗伦萨圣母百花大教堂及其周边街区的历史肌理

在两大效应的推动下，对古迹的发现及其与历史间关系的研究日益增多。如被誉为文艺复兴背后的巨人波焦（G. F. Poggio Bracciolini，1380—1459）于 1431—1448 年编写的《关于罗马古城及众多废墟的记述》（*De fortunae varietate urbis Romae et de ruina eiusdem descriptio*）中，对罗马诸多古迹做了细致描述。人文历史学家、考古学研究先驱弗拉维奥·比翁多（F. Biondo，1392—1463）于 1444—1446 年撰写的《重温罗马》（*De Roma instaurata*）通过罗列大量的地域资料和古迹，第一次系统再现、复原了古罗马地形地貌，为欧洲历史学和考古学打下坚实基础。弗拉维奥·比翁多也被后人称作"现代地形学的奠基人"。

两大效应各有侧重，互相渗透，最终走向融合[1]：人文主义学者和艺术家、建筑师一起界定艺术的领域，并以历史阐述之，从而确立"历史为一门学科""艺术为自主活动"两大新概念。这两大概念可谓构成古迹概念的必要条件。古迹、历史、艺术也就自然而然地联系到一起。于是，我们看到自 15 世纪下半叶开始，古代残构、遗迹成为欧洲景观绘画流行的对象或背景元素，如曼特尼亚（A. Mantegna，1431—1506）将帕多瓦礼拜堂的残破古柱作为绘画背景，波提切利（S. Botticelli，1445—1510）的画中带有君士坦丁堡凯旋门，海姆斯凯克（M. van Heemskerck，1498—1574）、杜佩拉克（É. Dupérac，1525—1604）、多西奥（G. A. Dosio，1533—1611）等人绘制大量罗马古迹，滕佩斯塔（A. Tempesta，1555—1630）精心绘制了罗马地图。其中，海姆斯凯克的画作精细准确，甚至在很大程度上左右了人们有关 16 世纪罗马的印象，其描绘的废墟（图 1.3）也成为日后景观绘画的流行主题[2]。随着这些画作的广泛传播，欧洲人尤其是英国人盛行游历意大利。画作本身则成为意大利遗产保存状态的珍贵图解文献。

---

[1] 萧伊推断（*L'Allégorie du Patrimoine*，页 39）：两大效应最终融合于 14 世纪最后 25 年，当为笔误。布鲁内列斯基 1401 年才开始拜访罗马。所产生的"效应"该在 1401 年（即 15 世纪）之后。与另一效应的融合更在其后。笔者推测融合时间段约在 15 世纪中期。从那之后，我们看到更多艺术家或画家对古迹进行了描绘。

[2] 海姆斯凯克的代表作（两本画册）现藏于柏林版画和素描博物馆。有关画作的详细分析参见 Bartsch, T. & Seiler, P. *Rom zeichnen. Maarten van Heemskerck 1532-1536/7* [M]. Berlin: Gebrüder Mann Verlag, 2012.

图 1.3 海姆斯凯克 16 世纪 30 年代描绘的古罗马广场废墟

当时的罗马正准备迎接查理五世的访问。读者可将此图与图 1.33 对比。

原画现藏于柏林版画和素描博物馆（Kupferstichkabinett Berlin）

16 世纪开始，有关古迹的著作更具建筑性并强调插图，如建筑师兼园艺师利戈里奥（P. Ligorio，1513—1583）1553 年出版了《罗马古迹之书》（*Libro delle antichità di Roma*），对罗马的半圆形剧院、跑马场、剧院等做了分类记叙；帕拉第奥（A. Palladio，1508—1580）1554 年出版了《罗马古迹》（*L'antichità di Roma*），简明准确，取代了 12 世纪基于传说的《罗马奇观》（*Mirabilia Urbis Romae*）而广为流行……

点评：

1. 欧洲文明自古希腊之后的千余年间，始终伴随着对古迹的毁坏，或整个古迹被改作他用，或其中的部件被挪用到新建筑。然而古希腊、古罗马经典不但没有消失，反而保持一种持续存在，成为罗马风（Romanesque）、哥特式（Gothic）建筑建造方法演变的重要参考。到了中世纪，古典传统被有意识地复兴并嵌入哲学、艺术、文学乃至日常生活。如此文脉下，1337 年的彼特拉克即使面对的是残垣断壁，残缺的雕像依然屹立于结实的基座之上，无头君王的雕像四周依然有诸神环绕……所有这一切为彼特拉克提供了伤怀的氛围，也为布鲁内列斯基等人提供了研习、测绘乃至将罗马恢复至其昔日"世界之都"（Roma caput mundi[1]）的载体。

2. 当代美国文学理论批评家哈罗德·布鲁姆（H. Bloom，1930— ）谈及西方经

---

[1] Roma caput mundi 最初出自罗马诗人卢坎（M. A. Lucanus，39—65）的史诗《法沙利亚》（*Pharsalia*）。该诗描叙恺撒与庞培之间的内战，被誉为维吉尔（P. Vergilius Maro，前 70—前 19）《埃涅阿斯纪》（*Aeneid*）之外最伟大的拉丁文史诗。

典抒情诗时借用意大利历史哲学家维科（G. Vico，1668—1774）有关人类发展的三个循环时代理论（政教合一的神权时代、贵族时代、民主时代），并特别挑出两位杰出诗人：意大利的彼特拉克和英国的华兹华斯（W. Wordsworth，1770—1850）。前者创立了贵族时代的抒情诗，后者开启了民主或混乱时代对诗歌的祈福和诅咒[1]。彼特拉克追求的是偶像崇拜，华兹华斯的主题是人自身。这种对比几乎印证了建筑保护理念在意大利和英国不同侧重的发展。本书第三章将再次回顾这两大诗学传统及其与建筑保护的关联。

3. 彼特拉克是最早成名的拉丁文十四行诗诗人，并引领了用意大利文创作十四行诗的风潮。这种诗歌形式 16 世纪末风靡英格兰，更经英国人莎士比亚（W. Shakespeare，1564—1616）之手被推到巅峰。两位英国诗人与彼特拉克的对比和传承也许昭示了日后英国建筑保护理念的先锋或现代性跟进！

补缺 VS 不补

古物、艺术品收藏热很快从人文主义学者、艺术家的圈子外延。一些富贵家族如佛罗伦萨的美第奇（Medici）、曼托瓦的贡扎嘎（Gonzaga）、费拉拉的埃斯特（Este）、米兰的斯福尔扎（Sforza）等都开始积极收藏古代艺术品，并热衷于资助艺术家和建筑师。

这些家族的早期藏品中，破损的古代雕像和碎片通常按发现时的残片原样陈列于室内或宫殿庭院。15 世纪开始，事情有变。残品被补全并用作建筑装饰。我们在瓦萨里的开山之作《生平》里可以读到很多相关记载[2]，如著名雕塑家多纳泰洛（Donatello，c.1386—1466）不仅说服美第奇家族收集古代雕塑残片，还修补这些残片，并将复原件与美第奇家族的宫殿、园林相融[3]；达·芬奇的老师韦罗基奥（A. del Verrocchio，1435—1488）惊叹少年达·芬奇的绘画

---

[1] Bloom, H. *The Western Canon* [M]. New York: Harcourt Brace & Company, 1994, 239.

[2] 《生平》初版于 1550 年（常称作 Torrentino 版），1568 年扩充再版（常称作 Giuntina 版）。20 世纪以来，出版了很多英译本。有些英译本，如牛津大学出版社 1991 年"世界经典系列"版，仅为节选版。本书主要参考 1912—1915 年伦敦麦克米兰出版公司出版的 10 册完整英译本。译者是 Gaston du C. De Vere。该译本近年有电子版供网上阅读。

[3] Vasari, G. *Lives of the Most Eminent Painters, Sculptors and Architects Vol.2* [M]. London: Macmillan, 1912, 239-255.

天才，自愧不如而弃画主攻雕塑。之后，他转为美第奇家族修复缺胳膊少腿的古代雕像，并将之安放于花园入口[1]。被拉斐尔赞赏的建筑师雕塑家洛伦佐（Lorenzetto，1490—1541）在为罗马红衣主教维勒（A. D. Valle，1463—1534）的宫殿设计马厩和花园时，亦引进古代圆柱和其他构件做装饰，并补全古雕像所遗失的部件，如头、臂或腿[2]。

补全则获得赞美，罗马掀起了修复残缺雕塑的风潮。反对的声音也随之而起。这便有了修复史上最早的两大对立观点：一种观点是将古代雕塑修复到其可能的原初完整形态，用于当代建筑装饰；另一种观点是收藏或陈列破损的古代雕像时，应维持其残缺状况，原始杰作的品质不容丝毫改动。

第一种观点颇具当代精神，第二种观点立足于对往昔杰作的崇拜。

不难想象，第一种观点受到更多青睐，还获得一些大师的赞赏，如瓦萨里说："与那些被肢解的躯干、无头的躯体，或者以其他方式呈现的残缺雕像相比，被修复的古代遗物肯定更为优雅。"[3]修复《拉奥孔》（Laocoön）雕像时，米开朗琪罗（Michelangelo di Lodovico Buonarroti Simoni，1475—1564）和圣加洛（G. da Sangallo，1445—1516）均提倡补全拉奥孔缺失的右臂。那场著名的竞赛中，雕塑家们的主要任务在于补全。争论空前，焦点不是补还是不补，而是待补全的右臂是弯的还是直的。显然，古代艺术品的残缺遗留虽激发了文艺复兴人的灵感，但并不合时人的审美趣味[4]。

第二种观点不温不火，却也留下经典，如修复《贝尔维德勒》（《英雄躯干》，Belvedere Torso）时，特意保持了原有的残缺[5]，并获得米开朗琪罗等的赞许。

如今《拉奥孔》和《英雄躯干》都是梵蒂冈博物馆镇馆之宝（图 1.4、1.5）。

但是，与两大效应终能融合不同，虽有米开朗琪罗等大师既赞同补全也欣赏残缺，"补"与"不补"两大理念，永远对立。

［1］ Vasari, G. *Lives of the Most Eminent Painters, Sculptors and Architects Vol.3* [M]. London: Macmillan,1912, 267-276.

［2］ Ibid.,*Vol.5*, 55-58.

［3］ Ibid.,*Vol.5*, 57.

［4］ Lowenthal, D. *The Past is a Foreign Country-Revisited* [M]. Cambridge: Cambridge University Press, 2015, 243.

［5］ Barkan, L. *Unearthing the Past: Archaeology and Aesthetics in the Making of Renaissance Culture* [M]. New Heaven: Yale University Press, 1999, 189.

左：图 1.4《拉奥孔》
右：图 1.5《贝尔维德勒》（《英雄躯干》）

尤基莱托认为如此两大区别无关"现代修复"理念，而是基于对原始形态最可能的表象的美学重整[1]。我们也确实不能证明这两大理念与日后盛行于欧洲的两大修复理念（风格式修复、保守性维护）之间的直接"传承"，却总能感知夹杂其间的千丝万缕，乃至对两大效应的基因传承。

雕像修复很快拓展到对古代建筑的修缮和翻新。人们开始意识到古建在历史、文化和审美上的多重意义。

"十书""十书"：两大文献

第一部文献是前人维特鲁维（Marcus Vitruvius Pollio，约公元前 78—约前 15）的《建筑十书》（*De Architectura*）[2]。关于维特鲁维，此处不再赘述。书约写于公元前 27 年之前，公元 1 世纪已成为关于建筑的权威著作。1411 年此书被波焦在圣·高（St.Gall）修道院（位于今瑞士境内）发现后，很快被译成意大利文而流行，为学习古典技艺提供了最权威文本，也为文艺复兴时期的建筑

---

［1］ Jokilehto, J. *A History of Architectural Conservation* [M]. Oxford: Butterworth-Heinemann, 1999, 24.

［2］ Vitruvius Pollio, M. *The Architecture of Marcus Vitruvius Pollio: In Ten Books* [M]. Joseph Gwil (trans.), London:Lockwood. 1874.

理论家提供了如何撰写建筑著作的范本，并在很大程度上左右了文艺复兴建筑著作的基本内容[1]。书中有关建筑艺术的高贵品质及其建于人体比例之上的论点，激发了几乎所有文艺复兴时期的建筑师、艺术家和人文主义学者的思考，并绘制了阐述图例[2]。有关建筑的三大标准：坚固（Firmitas）、实用（Utilitas）、美观（Venustas）至今依然是评判建筑的基本准绳。

该书对保护的意义在于：作者不仅阐述有关新建筑的设计原理、方法，更强调新设计和建造要与现存建筑环境协调。设计建筑或规划城市时一定要弄清所在场地的各个方面，必须顺应当地的自然环境和气候……甚至对住屋房间朝向做具体建议——卧室和图书馆朝东，从而在上午得到充足阳光，让书少受侵害……总之，《建筑十书》大大促进了建筑师关注建筑的耐久性、定期保养、建筑劣化的原因以及对建筑结构缺陷的修复等议题，激发了对古代建造者的崇敬，为古建修复提供了直接参考。

第二部文献是阿尔伯蒂（L. B. Alberti，1404—1472）的《论建筑》（*De Re Aedificatoria*）[3]，因当初的拉丁语版本也是十卷本而常被称作《阿尔伯蒂的建筑十书》。

后学常将文艺复兴前期的两位大师布鲁内列斯基与阿尔伯蒂相比较，前者为实干家，矮小且其貌不扬，身上总带着石灰尘。后者为理论家，博学优雅，用拉丁文书写，还是位人高马大英俊的运动员（据说是标枪投掷能手）。

除了论建筑，阿尔伯蒂还著文论绘画、雕塑、伦理、社会……乃至密码。在论绘画文章中，他将"历史"概念引入绘画，而被当代美国艺术史学者格拉夫顿（A. Grafton）誉为跨界人文学者[4]。我们则立即想到：这是融合前述两大效应的最佳之人。其《论建筑》当是综合了两个效应的结晶，且拥有两个"第一"：它是使用德国古登堡（J.Gutenberg，约 1398—1468）活字印刷术方法出

［1］ Hart, V. & Hicks, P. (ed.) *Paper Palaces: The Rise of the Renaissance Architectural Treatise* [M]. New Haven: Yale University Press, 1998, 2.

［2］ 其中达·芬奇绘制的《维特鲁维人》最为著名。

［3］ Alberti, L. *The Ten Books of Architecture: The 1755 Leoni Edition* [M]. Cosimo Bartoli & James Leoni (trans.), New York: Dover Publications, 1986.

［4］ Grafton, A. "A Humanist Crosses Boundaries：Alberti on 'Historia' and 'Istoria' " // Grafton, A. *Worlds Made by Words: Scholarship and Community in the Modern West* [M]. Cambridge: Harvard University Press, 2009, 35-55.

版的第一本建筑类图书；也是自维特鲁维之后尝试确立一系列建筑设计理论法则的第一部理论书籍[1]。阿尔伯蒂因此被认为代表了一种新型的天才理论家[2]。此外，他还曾作为信函节略使（相当于今日机要秘书）为教廷工作。读者不妨想象一下《论建筑》的"功夫在诗外"。

《论建筑》以拉丁文写于 1443—1452 年，1450 年曾以手稿形式呈交教皇尼古拉斯五世（Nicholas V，在位期 1447—1455）。1485 年正式出版。该书既参考了维特鲁维的《建筑十书》，也基于作者对意大利及欧洲其他地区古迹的调研和有关建筑设计、翻修的实践经验，还受到柏拉图、普林尼、亚里士多德以及修昔底德等哲学大儒的影响。

我们参考的英译本经历了从拉丁文和意大利文到英文的语言转换，多少细节在译文中丢失，不得而知。这里仅列举我们的读后感：1. 大规模建筑活动可能要延续到下一代，接替未完成作品的建造者应研习、尊重并依循原初设计人的设计思想，避免损坏原来的好作品；2. 建筑物是自然有机体，其中每一部件都应与按照合适比例共同构成的合理有机整体相协调，任何新元素的添加，不管结构的还是审美的，都必须尊重有机整体；3. 从整体到细节（如从城镇及其环境着手）的观察方法，要考察那些能够借助修缮而得到改善的建筑缺陷，为古建维修提供技术参考。4. 政府应该出资维修公共建筑；5. 历史建筑值得保护的原因不仅因其历史价值，也因其固有的美、建筑质量及教育价值。

点评：

当时还流行阿韦里诺（A. Averlino，1400— c.1470）、马蒂尼（F. di G. Martini，1439—1501）、赛利奥（S. Serlio，1475—c.1554）、维尼奥拉（J. B. Vignola，1507—1573）以及帕拉第奥等人的著作[3]，又以帕拉第奥的《建筑四书》[4]最为著名。该书不仅总结了罗马古典建筑原理，还阐述了作者的创作实践。德国建

[1] Risebero, B. *The Story of Western Architecture* [M]. 3rd ed. London: Herbert Press, 2001, 124.

[2] Watkin, D. *A History of Western Architecture* [M]. 2nd ed. London: Laurence King Publishing, 1996,182.

[3] 有关这些著作的介绍参阅 Hart, V. & Hicks, P.(eds.) *Paper Palaces: The Rise of the Renaissance Architectural Treatise* [M]. New Haven: Yale University Press, 1998.

[4] Palladio, A. *The Four Books of Architecture* [M]. Translated from the Italian by Isaac Ware with a new introduction by Adolf K. Placzek. London: Constable, 1965.

筑史学者弗罗梅尔（C. Frommel，1933— ）在其体现 20 世纪以来有关文艺复兴建筑最新研究成果的《文艺复兴时期的建筑》一书中认为：直到 18 世纪中期，没人能像帕拉第奥那样忠实模仿一座历史性纪念建筑[1]。这种掌握古典的魔力对欧洲尤其英国的建筑历程产生了深远影响。帕拉第奥式是唯一以姓氏命名的建筑风格，并在欧美遍地开花[2]，尽管这种风格在某些学者看来是基于某种谬论[3]。

保护 I：古为今用

文艺复兴源于佛罗伦萨，罗马因其丰富的古典遗迹，旋即成为文艺复兴重镇。修复与保护古迹工作在这两大城市尤为突出。后者又与教廷密切相关。在人文主义学者的推动下，教皇们意识到保护的重要性和迫切性，如教皇马丁五世（Martin V，在位期 1417—1431）1420 年在罗马重立教廷之后，于 1425 年颁布了有关保护法令，设立道路管理部，负责维护及修整街道、桥梁、门、墙壁以及有一定尺度的建筑物。萧伊据此认为"历史性纪念建筑"概念大约诞生于 1420 年的罗马[4]。教皇庇护二世（Pius II，在位期 1458—1464）1462 年颁布法令《关于我们的城市（即罗马）》，被誉为设立专门保护古代遗址法令第一人[5]，他也是第一位将古迹与基督教历史相联系的教皇。教皇西克图斯四世（Sixtus IV，在位期 1471—1484）被冠以"城市修复者"称号，为罗马的新建设制定了更完善的法规，亦保护了诸多古建。

---

[1] Frommel, C. *The Architecture of the Italian Renaissance* [M]. Peter Spring (trans.), London: Thames & Hudson, 2007, 9.

[2] 有关的通俗文字，参见：朱伟 "帕拉第奥：人与建筑的赋格" //《三联生活周刊·怎样诗意居住》（2013 年第 41 期）[J]. 北京：生活·读书·新知三联书店，2013，52—69；Kerley, P. "Palladio: The Architect Who Inspired Our Love of Columns " //*BBC News* [N]. 2015, 9 月 10 日。

[3] Wittkpwer, R. *Architectural Principles in the Age of Humanism* [M]. London: Alec Tiranti, 3rd ed. 1967, 74-75.

[4] Choay, F. *L'allégorie du Patrimoine* [M]. Paris: Seuil Nouv, 2nd éd., 1999, 25.

[5] Jokilehto, J. *A History of Architectural Conservation* [M]. Oxford: Butterworth-Heinemann, 1999, 29；Ridley, R.T. *The Eagle and the Spade: Archaeology in Rome during the Napoleonic Era* [M]. Cambridge: Cambridge University Press, 1992, 13. 有意思的是，这项法令不是基于古物的艺术审美装饰或历史价值，而是基于对脆弱人类的关怀。

点评：

1. 教皇热衷保护，既因人文主义学者的推动，亦因基督教自身的传统，如《圣经》里即有许多关于修缮和维护建筑的描述，古希腊古罗马建筑的持续性亦得益于中世纪的教堂建造。此外，他们还意识到古典元素是重建永恒基督教帝国的最佳路径。虽然异教的余晖依然笼罩罗马，文艺复兴时期公众的注意力已转移到古迹的基督教属性层面——古迹成为古罗马、基督徒和帝国辉煌历史的综合象征。

2. 教皇们始终存在双重标准和两面性，既是保护功臣也是破坏恶人，如大约建于公元 1 世纪的万神庙能够得以基本照原样保存，便因其基督教特性（公元 609 年被改为基督教堂，献给圣母玛利亚及所有的殉道者）。而罗马的另一些古典建筑如大角斗场、卡拉卡拉公共浴场、戴克利先浴场等则被教皇及教廷贵族们所破坏。

文艺复兴初期教皇们的保护活动主要为翻新改良及修缮，所涉对象多为当时尚有使用价值的古迹，如教堂、桥梁、输水渡槽、被教皇用于住所的哈德良陵墓、凯旋门（提图斯凯旋门、塞维鲁斯凯旋门等）以及一些雕像和建筑构件。其基本特征和目的是将古迹改为今用（古为今用）。实施时，领军人物起关键作用，如布鲁内列斯基在佛罗伦萨的圣洛伦佐教堂（San Lorenzo）、圣灵教堂（Santo Spirito）以及圣母百花大教堂的翻新修复工程中，娴熟运用古罗马拱券技术及古典法则、范式和形式。阿尔伯蒂的身影更是无处不在：罗马的旧圣彼得大教堂、圣斯特凡诺教堂（Santo Stefano Rotondo）、圣马可教堂、里米尼的马拉特斯提亚诺神庙（Tempio Malatestiano）、佛罗伦萨的新圣玛利亚教堂（Santa Maria Novella）等的翻新修复，或由阿尔伯蒂亲自主持或采取其建议。其《论建筑》中有关建筑修缮的原则或多或少被应用，如他对佛罗伦萨新圣玛利亚教堂的维修（图 1.6），让人立即去追忆该教堂的原始理念，以至于后学很长时间内都不知道阿尔伯蒂是该教堂的建造者之一。

阿尔伯蒂所提出的具体措施或建议通常包括对屋顶、窗户以及他处的重新装修。就是说，他既修缮了原有建筑，还对之加以调整以适应新要求，很多建筑因此遭到破坏和改造（如修复圣斯特凡诺教堂时，对早期基督教空间的破坏）；同时也显示了对原有建筑的某些尊重：努力加固教堂原有的巴西利卡，保存原始墙壁和柱子，如修复罗马圣马可教堂时，在旧墙某些地方插入小而坚固的石钩。建新墙时，这些加固构件也安插进去并作为扣钉，使两面墙的

左：图 1.6 佛罗伦萨新圣玛利亚教堂

右：图 1.7 拉斐尔 16 世纪初绘制的万神庙大圆厅局部

画者并未依据当时已知的绘画或透视体系，但画作不仅显示了矫形和透视效果，还具备了制图的品质。又因为后来拉斐尔倡导对平面、立面及剖面的结合运用，这张图被认为象征了建筑表现图发展历程中的关键时刻：从对建筑的意象表现到有系统地表现的转型，并成为实现建筑概念的执行工具。从此画中，我们还读出了感伤，因为若干年后，画者不幸突然早逝，并被安葬于此画左侧画外处。

原画现藏于佛罗伦萨乌菲齐美术馆（Uffizi Gallery）

外表较为平顺地结合。

被誉为"文艺复兴三杰"的达·芬奇（L. da Vinci，1452—1519）、米开朗琪罗和拉斐尔（Raffaello Sanzio，1483—1520）亦是保护活动的中坚力量。这里先说说拉斐尔的贡献。1508 年他被伯拉孟特（D. Bramante，c.1444—1514）带到罗马之前，已因其所绘的圣母像在故乡乌尔比诺声名鹊起。与达·芬奇和米开朗琪罗一样，他还是位杰出的建筑师，如他 16 世纪初对罗马万神庙的室内描绘（图 1.7）被当代学者誉为建筑表现图发展历程中的关键[1]。1514 年，拉斐尔接替不久前逝世的伯拉孟特成为建造圣彼得大教堂的主建筑师。圣彼得大教堂因其特殊地位，在建造时得到教皇准许，采用从其他古迹拆下的材料。加上圣彼得大教堂的建造规模巨大，可以想见对其他古迹的破坏程度[2]。为此，拉斐尔及同僚上书教皇利奥十世（Leo X，在位期 1513—1521），呼吁停止破坏。

[1] Luce, K. "Raphael and the Pantheon's Interior: A Pivotal Moment in Architectural Representation" // Williams, K. & Ostwald, M.(eds.) *Architecture and Mathematics from Antiquity to the Future: Vol. II : 1500s to the Future* [M]. Basel: Birkhäuser Verlag, 2015, 43-56.

[2] "运用一些回收的古迹的部件或材料"实为当时修复古迹的流行手法。一些显赫家族出资修复能为己用的一些古迹时，尤其如此。因此，诸多古迹被人为破坏。

点评：

1."文艺复兴三杰"的多面手特征表明欧洲绘画、雕塑与建筑的密切关系。这与中国古代建筑的相对"孤立"不同，让我们想起中国美学家宗白华（1897—1986）的论点：西方美术史贯穿着西方各时代不同的建筑风格，而中国建筑风格的变迁不大，不能用来区别各时代绘画雕塑风格的变迁。有意思的是，西方多变的建筑风格发展出建筑保护理念；中国不变的建筑风格并未滋生出具有现代意义的保护思想。因为中国建筑用材为木，难以保护？还是另有他情？中西方帝王更替时，新王们都或多或少毁坏前朝建筑，然中国帝王"一把火"政策，将前朝建筑烧得一干二净，也就没什么遗留值得修复保护。中国独有的风水观认为建筑应该60年一变，所谓的续气。但风水60年一变观并没有促使建筑风格的改变，而是新瓶装旧酒……也许风格的一成不变，使人们难以意识到保护的必要？有关这些议题的思考，可为当代中国的建筑保护提供另一视点。

2.中国古建风格千年一态，书法却自殷代以降，变幻多端。宗白华认为，中国书法的地位犹如西方建筑在西方美术史上的地位，凭借书法可以窥探各个时代艺术风格的特征[1]。那么在中国历史建筑的保护中，书法的作用如何？匾额、楹联、碑铭、石刻等不仅仅提供了有关历史建筑的文献记载，更是艺术风格嬗变的载体。

利奥十世1515年签署通谕，任命拉斐尔为罗马古物保护专员（Commissario delle Antichità）。该通谕大概也是史上第一个对主管古代建筑保护官员的官方任命。同时，拉斐尔被委任为罗马大理石和石材长官，主管圣彼得大教堂的材料选择。于是，虽然圣彼得大教堂继续享有教皇特许，使用从古建拆下的材料，却多了个限制：所有古建遗存只要包含碑铭，就不能用。因为这些碑铭存有古代神圣精神的信息或记忆，应得到保护。对碑铭的重视和保护促进了对碑文、碑铭的研究。1517年11月，罗马编辑玛佐基（G. Mazzocchi，生卒年不详，活跃于1509—1527年）获得七年特权出版这些碑文、碑铭。

作为罗马古物保护专员的拉斐尔还开始负责测绘并制作古罗马乃至整个意大利的地图，并亲自绘制罗马万神庙测绘图。其同事费尔维（A. Fulvio，1470—1527）和卡尔沃（M. F. Calvo，1450—1527）则开始对罗马文物的研究。

[1]宗白华，《美学散步》[M].上海：上海人民出版社，1981年版，第139页。

测绘图、罗马文物碑铭以及对罗马文物的研究激发了年轻的拉斐尔重建罗马的雄心。

　　玛佐基的研习成果 1521 年以标题《罗马文物之碑铭》结集出版，几乎囊括了罗马当时所有的重要古迹：教堂、广场、拱门、柱子、城门、桥梁、盖斯提乌斯金字塔、梵蒂冈方尖碑、输水渡槽、圣天使堡等，可谓罗马第一部古迹保护名录。然而，虽然这部名录得以出版，但 1520 年拉斐尔的早逝使相关保护行动不了了之。

　　1527 年，神圣罗马帝国的查理五世（Charles V，1500—1558）率领雇佣军对罗马大举洗劫，终结了当时的教皇统治，也给罗马的古建保护画上了一个休止符。

点评：

　　1. 大师们的保护行为令人赞赏。然而这些行为没有系统性而是各自为政，主要靠建筑师本人的理念和修养。对于罗马和佛罗伦萨的一些中世纪教堂来说，与其说修复，不如说重新设计，并没有什么今人所理解的"现代保护"理念（尽管有些端倪）。一如意大利 20 世纪修复建筑师、《威尼斯宪章》起草人之一加佐拉（P. Gazzola，1908—1979）所言，这些早期古典主义建筑师真正追求的是当代人对他们精巧发展原作的仰慕……他们其实加入了与其所修复建筑的原设计者（古代艺术家）的直接竞争，面临的挑战是努力展现自己的创造力[1]。值得尊敬的是，"创造力"娴熟运用古典建造原则，绝非照搬照套抄袭仿制，且完全满足了当代需要。从这个角度，意大利文艺复兴开创了"再生式"保护的先河。

　　2. 如同教皇们有关保护的行为总带有两面性，其他人同样两面，尤其涉及利益之时，即便拉斐尔也难以完美[2]。阿尔伯蒂在里米尼马拉特斯提亚诺神庙的一些做法则被某些后学认为是一种亵渎，并遭到惩罚[3]。

［1］ Gazzola, P. "Restoring monuments: Historical background" // Connally, E. A., Daifuku, H., Foramitti, H., Gazzola, P. etc. *Preserving and Restoring Monuments and Historic Buildings* [M]. Paris: UNESCO, 1972, 16.

［2］ Partner, P. *Renaissance Rome, 1500-1559: A Portrait of a Society* [M]. Berkeley: University of California Press, 1976, 179.

［3］ Hollis, E. *The Secret Lives of Buildings* [M]. London: Portobello Books Ltd., 2010, 193.

保护 II：劫后重生

1527 年的洗劫加上 1530 年的洪水等事件让罗马遭到空前重创。然而保护与破坏交错，随之而来的必是恢复重建。此时的教皇虽不及前任有权，却依然是恢复和重建政策的重要制定人。

年近七旬的教皇保罗三世（Paul III，在位期 1534—1549）忙着反宗教改革，大搞任人唯亲，自己也没什么关于城市建设和保护的高见。但他颇具让罗马恢复世界之都、基督教中心荣耀的雄心，一上任就干了两件大事：第一是创立维特鲁维学校，整理罗马的古迹清单，并加以评估；第二是任命马内蒂（L. G. Manetti，1486—1553）为古物保护专员，对罗马的古代遗迹如拱门、教堂、圆形剧场、马戏场、输水渡槽、雕像等实施修复与保护。此外，他依靠建筑师小圣加洛（A. da Sangallo the Younger，1484—1546）和米开朗琪罗等人大力开展修复项目，让罗马获得重生。其中较为重要的项目有小圣加洛对奥勒良城墙（Mura Aureliane）的加固以及米开朗琪罗对罗马卡匹托利欧广场／市政广场（Campidoglio）的翻新。

小圣加洛谙熟防御技术，面对破败的奥勒良城墙，他提出沿城墙外围每隔 600 米建造一个陵堡（Bastione，共 18 个）[1]，加固原有城墙。然而，他仅完成了阿尔代亚提纳门（Porta Ardeatina）附近的一座陵堡。1542 年，奥勒良城墙南部最高地段的陵堡部分完工、城墙南部的陵堡建造刚刚开始之时，有关项目便因费用巨大而被搁置。即便如此，阿尔代亚提纳门附近的陵堡也能代表 16 世纪意大利防御工程技术的高峰[2]。之后的城墙加固集中于泰伯河（Tiber）西岸到梵蒂冈和博尔戈（Borgo）地段。1546 年小圣加洛去世后，项目由米开朗琪罗等人接管。

与奥勒良城墙的破败一样，罗马七丘之一的卡匹托利欧山也是荒凉，以至于查理五世 1536 年以胜利者姿态莅临罗马时，被安排绕道而行。如此尴

---

[1] Pepper, S. "Planning Versus Fortification: Sangallo's Project for the Defence of Rome" // *The Architectural Review* [J]. Vol. 2. 1976, 162.

[2] Fields, N. *The Walls of Rome* [M]. Northants：Osprey Publishing, 2008, 57.

左：图 1.8 不知名画家大约于 1555 年所绘的卡匹托利欧广场
　　原画藏于卢浮宫
右：图 1.9 杜佩拉克绘制的米开朗琪罗卡匹托利欧广场方案

尬大概也是重整这个象征罗马神圣中心地段的主要动力[1]。保罗三世并非工程赞助人，却于 1538 年，坚持将当时唯一遗留的古罗马奥勒留皇帝的骑马铜像搬至卡匹托利欧山上的卡匹托利欧广场中心。政治象征不言而喻。米开朗琪罗的翻新设计始自 1546 年，进展缓慢，他去世后设计又得到波尔塔（G.della Porta，1537—1602）的修改。大体来说，该设计为后世所赞赏，但如果对照现代保护理念则不及格。翻新之时，大量原有中世纪哥特式构件被拆掉，因为文艺复兴时期只尊重古典而厌恶哥特式。对照图 1.8 与 1.9，不难看出，翻新后面目全非。但翻新完美体现了古典建筑原则，让罗马恢复了世界之帝都的荣耀。显然，罗马此时的修护，为了重生，更为了帝国荣耀。为此，保罗三世延续"城市修复者"西克图斯四世开始的"传统"，追求舞台场景效果，通过修复翻新历史构筑如城墙、卡匹托利欧广场、圣彼得大教堂、圣天使堡等，将历史的荣耀重新纳入都市的肌理。为了制造辉煌的视觉效果，也使交通更加便利，一些道路和街道被拓宽拉直。大量普通居屋被拆。历史肌理得到加强的同时，也在消失。这消失却也让城市更加卫生。两面性莫过于此。

　　之后的教皇同样也有两面：既破坏亦修缮。虽然这种修缮谈不上现代意义上的保护，毕竟让诸多颓废的古迹免于消失。到了 16 世纪上半叶，最重要的

---

[1] Hall, M. B.(ed.) *Artistic Centers of the Italian Renaissance: Rome* [M]. Now York: Cambridge University Press, 2005, 189.

保护还是出自米开朗琪罗之手，尽管此时他已 86 岁。项目是将戴克利先浴场的冷水浴部分改造为圣天使圣玛利亚教堂（Church of Santa Maria degli Angeli）。

作为古罗马最大的浴场（380 米 × 370 米，可容纳 3000 多名游客），戴克利先浴场遗址在 16 世纪依然存在，有些地方还留有拱顶（图 1.10）。一位牧师因坚信浴场最初由基督教的殉道者修建，而梦想将其改造成供奉天神的教堂。1561 年，教皇庇护四世（Pius IV，在位期 1559—1565）终于决定圆牧师之梦。年迈的米开朗琪罗受命主持。工程于 1561—1566 年实施，被瓦萨里誉为罗马比例最佳的教堂之一。

与卡匹托利欧广场翻修不同，浴场的翻修对原构件做最小干预。14 世纪的结构多得到保留，只在绝对必需处才添加新建或改动原有结构。教堂有北、西、南三个入口，外部保留历史遗留的残存面目。经过破旧的古代墙壁，人们进入所谓"新中有旧"的拱形空间，再过一扇精美的文艺复兴之门，抵达室内：八个罗马最大的花岗岩石柱支撑着简朴粉刷、开阔的十字拱顶空间。整座建筑予人以"未完成"之感，正体现了晚年米开朗琪罗所关注的两大议题：死亡和灵魂的救赎。对一座建筑做最大可能保留的同时，彻底颠覆原有的功能，老米开朗琪罗给后人树立了一个极佳样板。遗憾的是，整座浴场的改造却没能在米开朗琪罗有生之年完成。等到西克图斯五世（Sixtus V，在位期 1585—1590）上位，不仅不继续实施工程，反从该地取走大量的建筑材料，用于建造自己别墅附近的道路及其他建筑。热水浴场遭拆除，对其室内的改建也偏离米开朗琪罗当初的理念。1749 年之后，万维泰利（L. Vanvitelli，1700—1773）又对圣天使圣玛利亚教堂加以改建装修，不仅使室内大变，还在教堂入口附加了一个晚期巴洛克立面（图 1.11）。该立面设计谈不上引人入胜，不过，三拱门倒是恍惚有些戴克利先浴场遗址拱顶的意思。

西克图斯五世毁坏罗马诸多古迹之时，也意识到要保护城市的肌理。当下辉煌的新城建设和规划应融合整个罗马城的古建古迹，并通过更理性的街道系统突出这些古典建筑，让罗马再次重生，成为后学所言的"实现帝国理念的最伟大历史性城市"[1]。于是，他任命建筑师 D. 丰塔纳（D. Fontana，1543—1607）于 1589—1590 年修复图拉真纪功柱（Trajan's Column）及奥勒留纪功

---

[1] Argan, G. C. *The Renaissance City* [M]. New York: George Braziller, 1969, 22.

上：图 1.10 杜佩拉克绘制的罗马戴克利先浴场遗址

　　Sadeler, A. etc. Vestigi delle antichita di Roma, Tiuoli, Pozzuolo et altri luochi.

下：图 1.11 圣天使圣玛利亚教堂

柱（Aurelius's Column）。前者只需稍许维修，后者备受地震及火灾破坏，纵向开裂，有些部分已近断裂，柱身上部石鼓也移动了好几英尺。D. 丰塔纳的方法是取掉基部表面，将其中心重装于新大理石基座上。纪功柱上的裂缝用铁扣钉固定并以铅填充，从而便于用石膏修复其上部的浮雕。柱身遗失的部分用新大理石填补修复，但新大理石石材与原有老柱身相融一体。为节省石材，新大理石只是被切割着用于修补遗失处。遗失的雕像则用类推或模仿近旁的雕像重新雕刻。整个纪功柱仿佛用同一种淡彩轻轻涂过，整体看去平衡协调。然而，纪功柱在被修复的同时也被加以改造，如原异教徒风格通过在纪功柱顶端换上圣彼得、圣保罗青铜像而被重新赋予基督教象征色彩。

　　西克图斯五世的另一大手笔是：将古罗马帝王从埃及运回的四座古埃及方尖碑移到重要街道的尽头或广场中心。这些方尖碑在古罗马皇帝眼里虽也象征着帝国权力，却被散置各处，所产生的视觉效应不显著。移到重要街道的

左：图 1.12 图拉真纪功柱
右：图 1.13 奥勒留纪功柱

尽头或广场中心之后，不仅成为整座城市景观的重要可识别路标，也为到访罗马的朝圣者们提供了充满象征色彩的朝圣目标。其中最富象征意义的移动当推将位于圣彼得大教堂一侧的方尖碑移到教堂前方广场正中。该工程由 D. 丰塔纳主持，他将方尖碑原地拆散，再运到新址，重新安装修复，工程准备期历时 7 个月，正式工期 5 个月。

图拉真纪功柱、圣彼得大教堂广场方尖碑以及奥勒留纪功柱都得以完好保存至今，是当代罗马城市景观的重要标志（图 1.12—1.14）。

点评：

此前，教皇尼古拉斯五世最早计划在圣彼得大教堂前方广场重立方尖碑，该主意亦引起保罗二世的兴趣，并委托建筑师开始移动。伯拉孟特、拉斐尔、小圣加洛都对方尖碑兴趣浓厚，然而所有的宏图均因教皇的去世而中断。此后，对方尖碑的兴

趣持续到 17、18 世纪，对欧洲城市规划产生重大影响：在重要城市街道尽头及广场中心竖立方尖碑、纪功柱或雕像成为欧洲城市管理者的一大嗜好。

文艺复兴时期对罗马诸多重要古迹——诸如大角斗场、万神庙——的修复都未完成。应了阿尔伯蒂之言：需要下一代努力。这也许是意大利文艺复兴时期的建筑保护对当今的启示。

点评：

1. 文艺复兴贯穿着精英传统，建筑修复主要依靠拥有基督教神权的教皇，也构成彼时古建保护的特征：保护的同时赋予建筑新的基督教意义和象征，可谓典型的"再利用或再生式"保护。具体做法亦是再利用式的，采用一些回收的古建古迹的部件或材料。

2. 教皇的两面性不可能带来有效、系统的保护，尤其是回收古迹部件的做法，让文艺复兴时期常常被后人谴责为大规模系统毁坏的年代。即便如此，其间的保护活动仍意义重大。如对诸多重要古建的修缮，让今日意大利成为西方古典建筑的大本营，也为欧洲古典建筑保护提供了某些技术上的参考。

3. 对古建建造方法和原则（诸如比例和柱式等）的继承也很重要。这种物质和精神意义上的双重保存，奠定了此后西方建筑的根基。

4. 古为今用或劫后重生、恢复荣耀依然是当今建筑保护及改造项目的主要类型。

读书卡片 1

意大利文艺复兴为现代世界建立基础的同时，预示了现代保护运动的发展。当时的重要议题之一体现了一种新的历史观，就是认识到古罗马废墟是珍贵的文化遗产。然而，这种历史观并不局限于古典文物，还促使意大利以北的国家（如英国和瑞典）开始关注自身的民族遗产。另一议题是对艺术价值的强调。虽依然参照柏拉图式抽象概念，中世纪之后的艺术品发展出新的美学趣味，文艺复兴时期艺术家的作品亦成为后世艺术创作的基点。从此开启了对古代纪念性建筑和艺术品的修复。此后，尤其在 18 世纪，实践继续，原则进一步确定。

——译自 J. 尤基莱托《建筑保护史》（Jokilehto, J. *A History of Architectural Conservation*，p.44.）

图 1.14 圣彼得大教堂广场

二 17—18 世纪

功夫在诗外

欧洲强国继续殖民，并开通各大商贸路线。运输及信息传播空前便利，科技持续发展，前一世纪的宗教骚乱在多数地区趋于平缓，包括罗马在内的欧洲主要城市欣欣向荣。一场迥异于文艺复兴的运动应运而生，这便是史学界所言的、起于 17 世纪英国和法国并贯穿 18 世纪欧洲的"启蒙运动"。当代美国历史学者伊斯雷尔（J. Israel，1946— ）认为，欧洲自罗马帝国衰落后，所有其他重要的文化转型所带来的能量，都不及 17 世纪末及 18 世纪初欧洲知识文化界令人印象深刻的凝聚力[1]。这股凝聚力，开启了现代历程，亦激发了人们对古物传统的新认知。

在哲学艺术层面上，维科、赫尔德提出了历史的新概念。温克尔曼在罗马通过对古代艺术品、古物古建的批判性研究，确立了现代考古学、现代艺术史以及从原作中确认真实性的理念……

在生活方式层面上，欧洲诸国走向现代的同时对古物古建产生了广泛兴趣。游历意大利、地中海以及世界其他古迹地的风气盛行。最突出的便是英国人奔赴意大利等地的"求知之旅"（又称"大旅行"）……

在宗教层面上，平民生活更加世俗化，罗马教廷更加保守。教廷对保护的态度和决策继续呈两面性……

在建筑层面上，源于罗马的巴洛克建筑风格得以发展[2]。该风格体现为在文艺复兴古建之上添加新的华丽的元素。某种程度上，标志了罗马教廷的全胜。此后世界各地兴起仿建罗马耶稣会巴洛克教堂的热潮，直接波及修复领域：

---

[1] Israel, J. *Radical Enlightenment: Philosophy and the Making of Modernity 1650-1750* [M]. Oxford: Oxford University Press, 2001, V-VI.

[2] 大体来说，巴洛克建筑风格由以米开朗琪罗为宗师的手法主义（Mannerism）演变而来。关于巴洛克建筑风格特征、起源及发展参见陈志华：《外国古建二十讲》[M].北京：生活·读书·新知三联书店，2012 年，第 135—150 页。

早期及中世纪基督教建筑被认为属于较次级别建筑而被改造，所谓的巴洛克式整容。一些优秀古迹不仅得不到保护，反而遭到破坏。

再看意大利，15世纪末一系列战争之后，虽有短暂和平，但多数时期为异族统治，暴乱不断，虽继续保持在欧洲的文化中心地位，但经济实力大大下降，这便直接削弱了古建保护活动。

于是我们发现：意大利的古迹保护由文艺复兴时期的"一枝独秀"，如今被镶入到欧洲"百花齐放"的大镜框之中。之前的领头羊地位被后起之秀法国、英国、德国赶超。但作为古代经典发源地，17、18世纪的意大利为欧洲建筑保护理念的发展提供了两个"功夫在诗外"的特别铺垫：一是绘画修复，二是考古。

绘画修复：从尊重原作到时光留色

17世纪杰出的古物、艺术史学家贝洛里（G. P. Bellori，1613—1696）为我们提供了有关当时意大利绘画修复的权威资料。作为罗马圣卢卡美术学院（Accademia di San Luca）院长，贝洛里是当时学院派绘画和雕塑界的核心人物，并身兼数职。我们关注的是他1670年接任的古物保护专员职务，其职责包括调查古建现状、记录古迹发掘活动并对出土的物件加以描述和分类。这再次印证了意大利画家与雕塑和建筑的密切关系。贝洛里也因其1672年出版的《现代画家、雕塑家及建筑师的生平》被誉为"17世纪的瓦萨里"。

《现代画家、雕塑家及建筑师的生平》记载了包括卡拉齐（A. Carracci，1560—1609）以及马拉塔（C. Marata，1625—1713）在内的众多艺术家的生平和作品。书中不仅翔实描述了当时艺术领域的活动，更充分阐释了其古典主义艺术观。该书的导言收录了贝洛里1664年发表的关于艺术哲学的演讲，为当时的艺术创作与批评确立了古典主义规范，贝洛里也被公认为古典主义的推动者和代言人（当时艺术领域的另两大派别是巴洛克及现实主义）。除了仰慕古典，贝洛里还强调关注画作所表达的内容，如尝试辨认探寻画作的主题、深层意义及其背后的文学渊源。至于修复，他倾向尊重原作。1693年，画家马拉塔在修复梵蒂冈宫签署厅中拉斐尔的壁画，尤其是《雅典学院》画作的破损处时，贝洛里对马拉塔的忠告是：对原作的处理要极其谨慎。

马拉塔是 17 世纪罗马著名画家兼绘画修复师。早在 1672 年，他就开始清洗修补卡拉齐、巴罗奇（F. Barocci，1526—1612）及洛托（L. Lotto，1480—1556）的画作，并琢磨出一些绘画修复新方法。贝洛里去世后，马拉塔继续对梵蒂冈宫签署厅等处的修复。这些修复虽然有些背离贝洛里的忠告而运用了更多的覆盖或更新原作的手法，但总体上说，他尊重了原作且有节制地使用水粉颜料，为后代修复提供了样板。其名言"任何比我更有资格配得上拉斐尔画作的人都可以擦去我的修补工作而代以他的笔迹"，这可谓绘画修复理念中可逆性原则的第一次直接表述（另两个原则是"可识别"及"最小干预"）。

如果说"尊重原作"延续了文艺复兴以来的传统，"欣赏并风靡古旧色调"则为 17、18 世纪意大利绘画领域所特有。对该现象的总结词"patena"（英文为 patina，中文可译为"古锈、古旧色泽"等）最初出自意大利艺术史及传记作家巴尔迪努奇（F. Baldinucci，1624—1697）1681 年出版的《托斯卡纳艺术与设计词典》（*Vocabolario Toscano dell'Arte del Disegno*），并被归为"画家的专用术语"。画家又称之为"皮肤"，意指因时光给画作表面带来的暗淡古色，常常也会起到加强画面的功效[1]。

这古色，既得到英国人的发扬光大，亦遭到其反对，如英国桂冠诗人德莱顿（J. Dryden，1631—1700）在诗中大赞"时光古色"[2]。英国散文家爱迪生（J. Addison，1672—1719）在自己办的杂志《旁观者》（*Spectator*，1711年，No.83）中撰文，畅想时光给画作带来的奇妙影响。英国画家贺加斯（W. Hogarth，1697—1764）却在其小品文的结集《美的解析》里对这一类观点不以为然。他认为某些油画材料经过一段时间会逐渐变褐变黄，但这种效果并不能改善画作，反而会造成破坏，德莱顿的诗句有一些难以成立，需要更多依据[3]。贺加斯该观点还体现于其 1761 年创作的讽刺鉴赏家的漫画《时光烟

［1］ Brandi, C. "The Cleaning of Pictures in Relation to Patina, Varnish, and Glazes" //Price, N. S., Talley, M.K. & Vaccaro, A.M. (eds.) *Historical and Philosophical Issues in the Conservation of Cultural Heritage* [M]. Los Angeles: The Getty Conservation Institute, 1996, 380.

［2］ Dryden, J. & Scott, W. *The Works of John Dryden, Now First Collected in Eighteen Volumes Vol. XI,* [M]. London: J. Ballantyne & Co., 1808, 90. "时光将早已备好的画笔／以它成熟之手，重润你的画面／让色醇厚，让调赭褐／加几分时光独有的优雅／在你的声名所传之未来／它带来的美比拿走的更多。"

［3］ Hogarth, W. *The Analysis of Beauty* [M]. 1st ed., London: J. Reeves, 1753, 120.

熏的图画》(画作下方的两行诗句昭显了贺加斯的立场：以自然和自我感受，而非人云亦云（ To Nature and your self appeal, Nor learn of others, what to feel)。有趣的是，贺加斯的讥讽，反让更多的人欣赏德莱顿的诗句，赞美时光古色。

"时光古色"有时的确是年代久远带来的特效，有时则是艺术家人造的，如普桑（ N. Poussin，1594—1665)、洛朗（ C. Lorrain，1600—1682)、杜格（ G. Dughet，1615—1675 ）等人都喜用一种熏黑的凸玻璃来塑造所向往的色调，以区分光影。人为"古色"不免矫揉造作。然而不管如何，"时光古色"对当时乃至日后的建筑保护都有特别贡献。某种程度上，修复绘画时，尊重原作而做最少干扰亦是对时光古色的坚守。"时光古色"在后来的建筑保护中则超越其当初的局限，跃升为重要概念。

关于绘画的清洗、上光、古色处理及修复手法，在 18 世纪得到进一步发展，突出实例有由威尼斯美术学院院士爱德华兹（ P. Edwards，1744—1821 ）1778 年开始主导的威尼斯国有绘画藏品的修复。在爱德华兹倡议下，威尼斯元老院通过了一系列当时十分新颖的绘画修复及保护原则，可谓现代意义上的文物保护的开端，如修复人即便有良好愿望，也不能随意移去原作的内容或添加别的东西。 此外，爱德华兹还组织了一个预防性保养项目，以避免画作遭到破坏，并给出了有关除尘、保持表面清洁以及定期观察渗水状况的细则。

18 世纪，随着科技的发展，有关人文科学与手工艺关系的辩论还波及了修复人员的素质和地位，形成的共识是：一个修复人员必须适应原作的不同风格，同时必须掌握与修复方法和技术有关的特殊技能，可见绘画修复已经职业化。这对日后建筑修复的职业化不无启发。

考古：古迹遗痕

18 世纪起，罗马附近及其东南地区得到一系列地下挖掘，其中对古城庞贝（ Pompeii ）及与其毗邻的滨海小镇赫库兰尼姆（ Herculaneum ）和斯塔比伊（ Stabiae ）的考古发掘最为引人注目。三座城均靠近那不勒斯和地中海，公元 79 年突然被维苏威火山喷出的火山灰和熔岩掩埋，之后的漫长岁月里虽时有发现地下古城的传言，但直到 18 世纪初才真正被发现乃至挖掘。

赫库兰尼姆及斯塔比伊的挖掘相当困难，迄今只挖出其中一部分，庞贝的

挖掘则较为成功。没有任何一座城像庞贝那样得到如此充分的挖掘，其城市街道、广场及房屋都保存良好，是当今世上唯一完全与当时结构相符的城市，东西向街道（Decumanus）及南北向街道（Cardo）组成的城市状如棋盘。作为公元1世纪古罗马第二大城，庞贝城几乎囊括了古罗马时期所有的建筑类型：神庙、斗兽场、大剧院、蒸汽浴室、商铺、娱乐场、豪华别墅等。对这些遗迹的发掘让历史和考古学家了解到许多公元1世纪古罗马人的生活和建筑状况，遗址本身可谓一座罕见的天然历史博物馆，为意大利的古建修复和保护提供了第一手参考资料。

点评：

有关庞贝遗址挖掘及文物的保护却并非一帆风顺。像此前所有地下发现一样，初期亦是出现淘宝热、掠夺性和破坏性挖掘，且仅仅为充实皇家收藏。随着挖掘的深入，诸多重大考古成果得以逐步显现并引起轰动，如英国建筑师克拉克（W. Clarke，1807—1894）19世纪30年代初出版的有关庞贝的专著，除了详细的文字描述还附有诸多挖掘遗址的图片（图1.15），克拉克的著作也一版再版。然而直到18世纪60年代初，尚无对挖掘遗址及文物的有效保护措施。当地政府甚至下令拆毁建筑中"那些无用的古老彩画"，上好的大理石雕像、马赛克以及青铜器上的"岁月古色"均被清洗。考古学家维加（F. La Vega，c.1737—1815）1765年开始系统地整理所挖掘的材料，采用系统方法对挖掘区做整体安排而展开现代意义的考古发掘，破坏才告一段落。英国历史和古物学家戴艾（T. H. Dyre，1804—1888）1867年出版的有关庞贝废墟的专著长达600多页，除了展示了更多的遗址图片，还展示了诸多照片（图1.16），显示出挖掘深度和广度的递进。之后的挖掘持续至今。

基于庞贝的经验和教训，18世纪后半叶至19世纪初，西西里古代遗址开始挖掘之时，当地政府随即展开对遗址及文物的修缮和保护，并于1778年成立西西里第一个文物保护的政府部门，显见意大利对考古发掘保护意识的提高。

点评：

意大利17世纪以来的考古发掘不仅为本地带来亮点，考古发掘中的发现亦对英

图 1.15 19 世纪 30 年代的
庞贝遗址图片（大广场）
Clarke, W. *Pompeii*

图 1.16 19 世纪中期庞贝
遗址照片（墓地大道）
Dyer, T.H. *The Ruins
of Pompeii: A Series of
Eighteen Photographic
Views*

国产生强烈影响[1]，并成全了德国人温克尔曼在艺术史、考古史上的划时代地位，大大激发了 18 世纪欧洲的古典复兴。

保护与破坏并存

总体来说，17—18 世纪意大利的保护活动不及欧洲那些后起之秀，罗马的教皇们却不受影响，继续梦想将罗马修复打造成基督教帝都。但他们依然具有两面性，所主导的修复依然是保护与破坏并存。这里以罗马万神庙为例。

公元 609 年，万神庙被改作圣母玛利亚与诸殉道者教堂（Santa Maria ad

---

[1] Stiebing, W. H. *Uncovering the Past: A History of Archaeology* [M]. Oxford: Oxford University Press, 1993, 152.

Martyres），由此在中世纪躲过灭顶之灾，却还是屡遭破坏。到了 1400 年，前廊东部竟缺了三根柱。尽管此时它已成为激发众建筑师灵感的源泉，并多次得到不同程度的修复，如教皇马丁五世和尼古拉斯五世均修复过万神庙屋顶，1563 年，大圆厅的入口铜门也得到修复，但直到 17 世纪，三根柱依然缺失，并于 1625 年遭进一步破坏：这一年，教皇乌尔班八世（Urban VIII，在位期 1623—1644）取走前廊支撑天花板的古代铜梁。意大利 19 世纪末期的重要考古学家兰恰尼（R. Lanciani，1845—1929）在其关于罗马废墟考古的名著《古罗马废墟和发掘》里用图片展示了万神庙在约 1625 年的败象（图 1.17）。1626—1632 年，乌尔班八世委派建筑师马代尔诺（C. Maderno，1556—1629）和波罗米尼（F. Borromini，1599—1677）对万神庙予以修复。然而他们对中世纪附加的外部塔楼的修复，可谓间接破坏。两座"新"塔楼也被戏称为"驴耳"载入史册[1]。不过，前廊东部缺失的一根柱子得以弥补。有关此次修复的文字被大张旗鼓地刻于大圆厅入口的两扇古代铜门上，保留至今。

此后的 17、18 世纪，教皇们大多对万神庙有所修复，如教皇亚历山大七世（Alexander VII，在位期 1655—1667）不仅希望重新装修万神庙大圆厅，在穹顶藻井贴上自己家族（Chigi）标志的图案，将穹顶上部的露空天窗加上琉璃透明盖以减少雨水、潮气等给室内带来的破坏，还发愿将万神庙外部前广场拓宽如从前一样宽广，并拆除四周拥挤的房屋，移走广场上的小贩摊位，将这个地表高于万神庙的广场降到与万神庙前廊持平……1662 年，他将大任交给贝尔尼尼（G. L. Bernini，1598—1680）及 C. 丰塔纳（C. Fontana，1638—1714）。

贝尔尼尼的功力在此再现。他三次借口自己能力有限，婉拒修理大圆厅穹顶，实则是赞赏并保护大穹顶原有设计[2]。而该设计，如大穹顶 28 行方形藻井之间的拱肋与其下墙体上层的壁柱、下层的科林斯柱头不对齐等，遭贝尔尼尼之前众多文艺复兴建筑大师的质疑。在这些人看来，它不符合古典秩序 / 法则（立面上下，实对实、虚对虚）。除了帕拉第奥和米开朗琪罗，差不多所有名师都提出过修改建议，或画图纠正。

---

［1］很多人将"驴耳"归为贝尔尼尼手笔，实在冤枉。贝尔尼尼此后所有关于万神庙的画作都略去这两只耳朵。有意为之？我们不得而知。

［2］Marder, T. A. "The Pantheon in the Seventh Century" // Marder, T. A. & Jones, M.W. (eds.) *The Pantheon: From Antiquity to the Present* [M].Cambridge: Cambridge University Press, 2015, 310, 312.

上：图 1.17 大约 1625 年的万神庙

Lanciani, R. *The Ruins and Excavations of Ancient Rome*

下：图 1.18 法尔达大约 1665 年所绘万神庙外景

Falda，G. B. etc. *Il nuovo teatro delle fabbriche et edificii in prospettiva di Roma moderna, sotto il felice pontificato di N.S. papa Alessandro VII*

　　但贝尔尼尼修补了门廊东侧缺失的另两根柱子以及开裂的门楣，将万神庙之前的广场地表降到与万神庙持平，拆掉广场周围一些拥挤的房屋并扩大了广场。有趣的是，所有这些都基于对折中方案的考虑。因为万神庙的管辖权名义上归属当时的罗马市政府，现实中，对该建筑的处置权层层叠叠。教皇有些权力，圣母玛利亚与诸殉道者教堂牧师会有些权力，一些行会对其内的小礼拜堂还有些权力。没有绝对决定权的教皇只能妥协。例如：若将广场地表高度全部下降，需重新布置整个广场的排水系统，广场周边所有房屋的标高都需要调整。工作量太大，只能放弃。最终便是将广场从北到南逐渐降低高度至万神庙前廊处，与之持平。广场上摊贩赶不走，因为摊位租金对牧师会太重要了。广场也未能彻底拓宽。至于将那个露空的天窗给罩住更是不可能，那会改变这座古老建筑的古代特征，触犯众怒。意大利建筑师、雕刻家法尔达（G. B. Falda, 1643—1678）大约于 1665 年所画之图（图 1.18），表现的该是贝尔尼尼修复万神庙的理想意象。事实上，修复后的广场没有画中宽广。前廊柱子及万神庙建筑主体倒符合修复后的情形。

　　教皇克莱蒙十一世（Clement XI，在位期 1700—1721）对万神庙的修复以清洗开始。这项 1705 年开始的工程由教皇的弟弟阿巴尼（O. Albani, 1682—

图 1.19 帕尼尼 18 世纪 30 年代绘制的万神庙内景

原画现藏于华盛顿国家美术馆（National Gallery of Art, Washington, D.C.）

1751）和一位主教出资组织，具体工作由当时的罗马古物保护专员巴尔托利（F. Bartoli, 1670—1733）主管。巴尔托利列举了一系列需要采取的必要修复措施，并要求不采用任何酸性材料清洗，不改变室内原始形态。然而操作时，一些斑岩及大理石石板清洗后却还是被重新安排了。

随着对大圆厅内所有斑岩及大理石表层的成功清洗，一些破损的柱头及壁龛里缺失的柱子也得到修补。一些代表家族或团体安放在祭坛的杂乱设施被移走，半圆形及弧形凹室里的贴面也得以重新装修。这些工作由建筑师斯帕奇（A. Specchi，1668—1729）负责。

1711 年清洗补缺完工后，又开始改建大圆厅内半圆凹室处，包括祭坛、祭坛上方天盖及圣礼容器等构件。这项工作持续到克莱蒙十一世去世后的 18 世纪 30 年代。罗马画家帕尼尼（G. P. Panini，1691—1765）于 1734—1740 年绘制的多幅《万神庙内景图》表达的该是这次大修后的效果（图 1.19）。这几张画也成为万神庙 18 世纪的缩影，被广为流传和引用，如同图 1.18，这些图表达的也是理想效果，不全是真的。但不管如何，它为万神庙招来了更多游人和仰慕。

事情不久生变。因为 1753 年的一场事故，万神庙亟须修复，罗马市政府却一时无能应对。有工具及修复技术的唯有圣彼得大教堂建筑维修部（the Fabbrica di San Pietro）。1755 年，罗马市政府与该维修部的两位首席工匠阿尔贝蒂尼（T. Albertini，生卒年不详）及科西尼（G. Corsini，？—1759）签署修复合同。第二年，两人却将修复费用涨到头年的近三倍。可以想见罗马市政府的愤怒以及随之而来的争吵。负责支付修复费用的圣彼得大教堂建筑维修部负责人红衣主教科隆那（G. Colonna，1708—1763）乘机独揽修复大权。结果，1756 年 3 月，罗马市政府将自中世纪以来一直列入罗马保护名录的万神庙从名录上撤下[1]，也让当时的罗马文物保护专员韦努蒂（R. Venuti，1705—1763）丢掉了对万神庙修复的监督权。

可喜的是，修复继续进行。两位工匠毕竟是圣彼得大教堂建造大工匠扎巴里亚（N. Zabaglia，1664—1750）的高徒，他们甚至发明了可移式脚手架对大穹顶进行全面修复（图 1.20）。可悲的是，大穹顶修复成功后，对其下墙体上层部分的修复（或因本身年代久远，或如后来所指责的故意人为）失败，墙体上大部分本已磨损的大理石板贴面无可挽回地粉粹了。因此，市政府决定将所有的古代贴面都移开重新处理。这一移，使那些残存的古老石板竟彻底消失了。最后修复演变为完全重新装修穹顶之下的墙体。

负责设计墙体上层部分的建筑师是号称装饰天才的波希（P. Posi，1708—1776）。教皇本笃十四世（Benedict XIV，在位期 1740—1758）曾多次表示要让这座教堂完美而不移走其中的古代元素。而波希 1757 年年初设计的两张图（图 1.21），主要依据 17 世纪 C. 丰塔纳对万神庙的重建计划而非古代模式，这恰恰背离了本笃十四世的意愿。后者 1756 年重病卧床，1758 年去世，没机会到场巡视。继任教皇克莱蒙十三世（Clement XIII，在位期 1758—1769）没生病，却也没到场巡视，亦没要求对其时的万神庙修复做任何改动。1758 年，所有的石作修复完工。1759 年开始修复两扇大铜门[2]，并于同年彻底完工。

当时的罗马，没人公开评论这场修复。从那里寄出的匿名信刊登于伦敦的《每月评论》，指责教皇严格的审查制度，不准在当地表达意见。可以想见人

---

[1] Pasquali, S. "Neoclassical Remodeling and Reconception, 1700-1820" // Marder, T. A. & Jones, M.W.(ed.) *The Pantheon: From Antiquity to the Present* [M].Cambridge：Cambridge University Press，2015,343.

[2] 颇为不幸，某天施工中，铜门居然倒塌并砸死工匠科西尼。

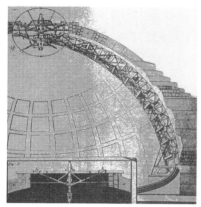

上：图 1.20 可移动式脚手架示意图
意大利建筑师及雕刻家皮拉内西大约 1790 年
绘制

下：图 1.21 波希的设计图之一
虽遭批评却也反映了当时的大众审美：匀
称齐整。

们私下的批评。波希的设计也让当时以蚀刻和雕刻当代罗马以及古代遗迹而著名的意大利建筑师及雕刻家皮拉内西（G. B. Piranesi，1720—1778）等人反思回味。后学认为：这反映了意大利从之前某种与生俱来的有着较为顺畅传承传统的时代步入易变的现代社会之时，建筑师所面临的核心问题：如何重新定义现在与往昔的相互作用、如何展现历史文脉或语境中的当代创造性[1]。这其实也是当今值得思考的问题。

　　所幸上述所有修复包括波希的修复均没有改变万神庙的主体结构，之后的万神庙又历经修复，两只"驴耳"于 1882 年开始的修复中被拆毁。1980 年，万神庙被 UNESCO 列入世界遗产名录，保存完好至今（图 1.22—1.23）。

---

[1] Kirk, T. *The Architecture of Modern Italy: The Challenge of Tradition 1750-1900, Vol.1* [M]. New York: Princeton Architectural Press, 2005, 18.

左：图 1.22 万神庙外景
右：图 1.23 万神庙内景
大穹顶下的墙体基本保留波希的设计

三　19—20 世纪初

起伏碰撞

这是追赶的百年。意大利走向国家统一，走向现代保护。然而在头十几年里，因为教皇国政权的轮番交替，保护活动常遭变故。足见古迹保护与意识形态的关系紧密。

1799 年，占领意大利的法军撤退。1800 年，教皇庇护七世（Pius VII，在位期 1800—1809、1814—1823）重立教廷，尤其强调要保护法军占领时受损的古物古建及艺术品。尽管重组的各部门如财务部、艺术参议院等之间职权混乱、人员懒散而导致保护政策执行不力，但是此时的教皇国从保护法案到

修复项目，都颇有起色。其中两个人功不可没，这两个人便是1801年被任命为罗马古物保护专员的费亚（C. Fea，1753—1836）和1802年被任命为艺术宝库总管（Ispettore delle Belle Arti）的卡诺瓦（A. Canova，1757—1822）。

首先，研习法律出身的古物学家费亚为教皇起草了保护法案。1802年，该法案得到教皇签署。虽然该法案在执行时有相当的误差，但比之前历任教皇的保护法案都有进步，如强调古物及艺术品的公众特性，还规定所有古物及艺术品包括建筑物须向国家登记，实行原地保护……任何一座古建筑，除非古物专员认为不再重要，不得遭到破坏……

早在1784年，费亚撰写的关于罗马废墟的要文就被列入温克尔曼艺术史著作的附录，是了解罗马保护及破坏历程的重要文献。在费亚的推动下，1804年开始，考古学家们再次展开对罗马君士坦丁凯旋门、塞维鲁斯凯旋门、万神庙、大角斗场等处的考古发掘，为日后保护提供依据。

作为新古典艺术雕塑家的卡诺瓦，积极推动确立新的保护准则。他强调从对古代艺术品和自然的研究中找寻灵感，并遵循温克尔曼原则，认为对有血有肉的杰作动手是对圣物的亵渎……因此，修复应该被控制在不得不做的最小范围内。修复的目的不是修复，而是保存古代遗留的所有碎片[1]。

除了费亚和卡诺瓦，圣卢卡学院的成员如康波雷西（G. Camporesi，1736—1822）、斯特恩（R. Stern，1744—1820）、瓦拉迪耶（G. Valadier，1762—1839）等均是当时修复项目的功臣。此外，罗马市政府也参与城墙护理以及大角斗场、纪功柱、凯旋门之类古迹的修复。

"好景"不长，1809年，教皇国又被拿破仑占领。异族统治使先前的保护活动难以继续，如新政解散教会的决定让诸多教堂遭到破坏，文物艺术品流失。好在当时的法国深受意大利文化熏陶，包括拿破仑在内的政界、文化界要人都对罗马仰慕有加，于是罗马作为法兰西第二帝都得到重视。法国人也有意延续之前的修复活动，还是让费亚担任古物保护专员，并要求他介绍教皇庇护七世有关罗马古迹的所有议题[2]。1789年开始的法国大革命之后，法国

［1］ Jokilehto, J. *A History of Architectural Conservation* [M]. Oxford: Butterworth-Heinemann,1999, 76.

［2］ Ridley, R.T. *The Eagle and the Spade: Archaeology in Rome during the Napoleonic Era* [M]. Cambridge: Cambridge University Press, 1992, 31-35.

在保护理念和保护活动方面走到欧洲前沿[1]，且动作迅速，当年就颁布了有关罗马古迹保护的法令，次年建立古迹和民用委员会（后由罗马城市美化委员会代替）。行政官员的设置却也相当繁复：除了远在巴黎的以法国内政部部长第一代蒙塔利韦伯爵（Count of Montalivet，1766—1823）为首的大臣官僚，还有派往罗马的教皇国内务部部长杰兰多（J-M de Gérando，1772—1842）、罗马行政长官图尔农男爵（C. de Tournon，1778—1833）、罗马皇家资产主管达鲁（M. Daru，1774—1827）等。1812 年年底，两位建筑师吉索（G. de Gisors，1762—1835）和贝尔托（L-M Berthault，1770—1823）又被派往罗马督阵。

可喜的是，本土派（费亚、卡诺瓦及上述圣卢卡学院诸人）继续担纲。大家一起规划诸如泰伯河的改善、桥梁、公众散步场所、古建古迹等的修复、扩建及考古发掘等工作。但本土派与外来派的分歧与碰撞可想而知。

1814 年，拿破仑被迫放弃教皇国，教皇庇护七世重新掌权。法国在罗马主导的所有项目都未来得及兑现。然而，他们开启了修复罗马主要古迹及考古发掘的系统化历程。这些新方式为日后意大利保护领域带来硕果，如吉索及贝尔托 1812 年对修复提图斯凯旋门"拆解、重组、完形"的建议，几年后得到斯特恩、瓦拉迪耶等人响应。贝尔托 1812 年设计的以古罗马广场考古区及其周围以山丘为主题的卡匹托利欧花园方案（图 1.24），启发了 70 多年后罗马市政议员巴切利（G. Baccelli，1830—1916）有关罗马大型考古区的计划：大约 27 公顷的保护区以卡匹托利欧山、古罗马广场、帕拉蒂诺山（Palatine）及大角斗场为中心，向罗马皇帝尼禄的"金殿"遗址、马克西姆斯马戏场（Circus Maximus）、卡拉卡拉浴场及南边的阿匹亚古道延伸。罗马的一些文化学会还建议将该区的古迹与其起伏的丘陵地综合考虑作为遗址公园，加以整体保护。虽然这项计划最终也未能实现，但其中的思考对意大利的未来有相当启示。

在行政上，复位后的庇护七世立即废除了法国人的保护法规。前述 1802 年保护法案重新生效。1820 年，经过局部修订后，该法案不仅在罗马施行，还启发拿波里于 1822 年设立了古物及艺术品保护委员会。其中的基本原则在罗马及拿波里一直运用到 19 世纪 80 年代，才由相关法律替代。从短期行为看，庇护七世所主导的保护项目也跟法国人不同，重点从城市景观及公共设施又

---

[1] 参见本书第二章有关章节。

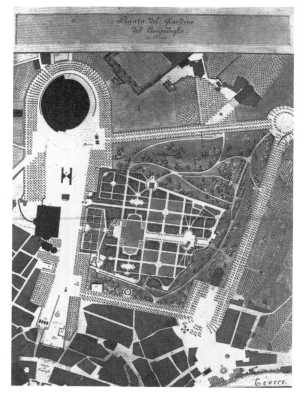

图 1.24 1812 年贝尔托设计的以古罗马广场考古区及其周围以山丘为主题的卡匹托利欧花园方案

贝尔托认为此前的罗马过于注重单体古迹，而没把这些古迹与更为广泛的综合计划相关联。罗马未来保护应以古罗马广场为中心，将卡匹托利欧山及其现存的古迹与大角斗场连接。为此，他 1812 年计划在帕拉蒂诺山上建造一系列公共散步区，从中心广场及大角斗场一直延伸到马克西姆斯马戏场、亚努斯凯旋门（arch of Janus）以及位于泰伯河岸的科斯梅丁圣玛丽教堂（S. Maria in Cosmedin）前的两座庙宇。让所受保护的古迹不仅作为罗马古典的再现，还构成帝国当代乃至未来的辉煌框架。

Jokilehto,J. *A History of Archi-tectural Conservation*

转回单体，如提图斯凯旋门、大角斗场等。贝尔托强调的古罗马广场区域依旧备受关注，斯特恩和瓦拉迪耶还为其制定了新规划，发掘范围却大大缩小。

保护三手法

19 世纪前二十年的起伏之际，三种保护手法值得关注。

第一种手法体现于 1807 年 6 月完工的大角斗场加固。中世纪就有名言：只要大角斗场屹立，罗马就屹立；大角斗场倾覆，罗马就倾覆；而罗马倾覆之时，世界也就完了。因此，即便这座又被称作圆形剧场（amphitheatre）的场所在文艺复兴时期沦为采石场而屡遭破坏，教皇们仍轮番对其做尽可能的维护以保其不倒。18 世纪中期被宣布为圣地后，保护它的呼声更高。然而，18 世纪中期的大角斗场东部已经濒临倒塌（图 1.25）。19 世纪初的大地震更加剧了危机。

左：图 1.25 大角斗场 18 世纪中期，东部严重受损。威尼斯画家 A.卡纳莱托（A.Canaletto，1697—1768）18 世纪中期的画作

右：图 1.26 斯特恩扶壁，至今屹立

　　如何保之不倒？有人提议干脆将可能倒塌的部分拆除，或沿可能要倒塌部位的斜线将上部拆除，从而减轻脆弱的拱券所受的压力。这些提议遭到以康波雷西、斯特恩及建筑师帕拉奇（G. Palazzi，1740—1810）为核心的修复团队的反对。他们认为拆除会导致太多原始构件的丧失，并提出不带拆除的方案：在破损墙壁的外部砌筑扶壁，提供强有力支撑以对抗断裂部分带来的外推力；在破损拱券内部砌筑一道交叉墙，连接扶壁、柱、拱券等，从而加固内部结构。最终的工程报告由斯特恩签字，后人由此推测加固的扶壁由斯特恩设计[1]。教皇对这项加固工程十分满意，并将其列为教皇国 19 世纪头十年最重要的建筑工程之一。

　　法国建筑师吉索在其 1813 年有关进一步修复大角斗场的报告中，却对这个扶壁持讽刺态度：如果在每一处濒临倒塌的部位都如此处理，大角斗场将会被众多的支撑墙埋没[2]。该扶壁今天依然可辨，与大角斗场其余部分颇有些不同（图 1.26），让人不禁认同吉索。然而它毕竟加固保存了当时所存的所有

---

［1］ Ridley, R.T. *The Eagle and the Spade: Archaeology in Rome during the Napoleonic Era* [M]. Cambridge: Cambridge University Press, 1992, 40.

［2］ Ibid.

碎片。这些碎片也成为见证历史的记录，体现了卡诺瓦的保护理念：尊重原始材料，对原有建筑进行最小干预的纯粹性保护。这可谓意大利走向现代保护的重要一步。从现实角度看，据我们实地考察，大角斗场东边的交通压力巨大，若无该扶壁支撑，也许大角斗场还真难以屹立至今。

保护大角斗场及考古发掘在法国人执政期间继续进行。但因为1812年的再次强震等因素影响，大角斗场日趋脆弱。1820年，其朝向古罗马广场方向的外圈结构呈现不稳迹象。瓦拉迪耶奉命建造木支撑墙加固。三年后，瓦拉迪耶提出进一步加固计划，重建部分缺失的建筑，从而形成扶壁。他的方法是模仿古物，甚至在一些细节上都如此。由于经济原因，新加部分只在第二层柱子一半以下位置、起拱点、柱础、柱头以及檐口处采用与原始建筑材料相同的凝灰石；其他处则用砖代替，并仔细模仿古代形态，在表面覆以古色壁画，使之看上去仿佛是凝灰石。这些措施代表了第二种保护手法：依据对原有建筑形态的推测，忠实模仿或重建原有建筑的缺失部分，再现原有建筑形态。

第三种手法体现于1817—1823年对提图斯凯旋门的修复。提图斯凯旋门由图密善（Domitian，51—96）为纪念其公元81年去世的兄长提图斯（Titus，39—81）而建。凯旋门主体为白色大理石，中心部分可能是凝灰石。12世纪，弗兰吉帕尼（Frangipani）家族在争控罗马的武斗中将它变成自家军事堡垒的一部分。他们不仅在凯旋门上方建了小屋，还拆除其两翼，在两侧建造宫邸……原先固定凯旋门外墙大理石的青铜箍不见踪影，很多大理石部件佚失。即便如此，其精湛的浅浮雕艺术得到文艺复兴时期包括帕拉第奥在内的多人关注。遗憾的是，它并未得到修复。到了19世纪初，更显残破（图1.27）。

贝尔托的卡匹托利欧花园方案中，提图斯凯旋门处于要地（大角斗场与古罗马广场之间，是古罗马广场东南角起点、新卡匹托利欧花园主干道起点、古罗马圣道最高点），加上其艺术价值高，法国人将它的修复列为重点。虽然大家都同意拆除拱门之上的中世纪小屋，罗马本土派提议在重新连接凯旋门外墙大理石及铁栓之前，加固两侧的支撑，而外来派吉索和贝尔托则认为凯旋门任何一侧的支撑都不合适，必须拆除。他们提议建造脚手架支撑拱顶，拆解凯旋门原有构件，再将它们原址组装，以简约方式重建佚失的部分，从而形成一个完全整体。外来派终占上风，凯旋门一侧的修道院被拆。然而法国人还没来得及实施进一步拆解就撤离罗马，留下少了一侧支撑、更加危险

图 1.27 美国画家 J. 万林（J. Vanderlyn，1775—1852）大约 1805 年绘制的提图斯凯旋门

一侧的东端靠弗兰吉帕尼家族建造的宫府（已是残破的修道院）支撑，一侧（帕拉蒂诺山方向）的西端靠疑似扶壁的构架支撑。顶上中世纪所加小屋处长满野草。

的烂摊子。难怪修复这座凯旋门成了复位后的庇护七世的首务。

　　1817 年，修复由以斯特恩、瓦拉迪耶以及康波雷西等人组成的委员会负责。最初，委员会计划用螺栓将散落的构件重新固定归位，施工时却发现原件过于破损，无法归位。因此，采用吉索和贝尔托几年前的提案，先由斯特恩主持建造脚手架，支撑濒临倒塌的结构，并对地基做了些发掘。1818 年，斯特恩开始委任有关石匠承担砖石修复，但此时他已抱病在身。直到 1820 年斯特恩去世后由瓦拉迪耶接手，工程才得以继续：原始构件被仔细打上戳印后逐件拆解，再在一个按原有凯旋门比例和尺度的新建砖砌内核上重组归位。大量佚失的部分以凝灰石贴面新建。这些凝灰石贴面外形与原有大理石墙面看上去比较协调，不过失去了原来的浅浮雕及圆柱上的凹槽。可能有经济原因，却代表了一种修复新方式：保留原始构件，在佚失处建造与原先类似的轮廓，以协调的方式补全、完形，同时又区分出新建部分与原有旧部件。这也就是常为今人所推崇的既延续传统又体现创新。1823 年，完工后的提图斯凯旋门一方面得到高度赞赏，另一方面却也遭到严厉谴责。但不管如何，它成为 19 世纪以来意大利修复古建的样板。

点评:

标明新旧的手法显然是受温克尔曼的启发。这种手法早在安蒂诺里（G. Antinori，1734—1792）1790—1792 年修复罗马蒙特齐托里奥（Montecitorio）方尖碑时就有所运用。有趣的是，到了 19 世纪初，这种源于罗马的手法反由法国人首先提出，显示了法国 18 世纪以来保护理念的先进。

上述三种手法尤其第三种在后来的修复中或多或少被运用，如大角斗场 19 世纪中叶的修复采取的基本是第三种手法。我们在下面的章节中，亦将看到这种新手法极大地启发了意大利现代保护理念的发展。大角斗场和提图斯凯旋门本身则成为罗马迄今为止保护最好的经典建筑之二（图 1.28—1.30）。

走向现代保护

17、18 世纪的落后给 19 世纪的发展带来契机：充分运用、辨析、消解他国（如英、法、德）的先进经验，从单体修复到保护城市肌理运动，到立法管理，再到理论构建，四大层面交叉重叠，相辅相成。

单体修复，从文艺复兴以来相当长时期里仅仅关注古典古迹，转向积极修护中世纪及其后的历史性建筑。开始阶段，多采用符合当时潮流的手法，如 19 世纪初瓦拉迪耶对罗马圣帕塔雷奥教堂（San Pantaleo）及圣阿波斯托利教堂（SS. Apostoli）立面的修复，都采用新古典主义风格。随着哥特复兴，又开始采用哥特式样。如 1848—1850 年，埃斯滕斯（P. S. Estense，1803—1880）为特伦托（Trento）圣彼得教堂加建哥特式新立面。米兰大教堂，博洛尼亚的圣贝乔尼奥教堂，克雷莫纳的市政厅，佛罗伦萨的圣十字教堂、圣母百花大教堂，锡耶纳的锡耶纳大教堂等的修复无不烙上时兴的风格式样。19 世纪中期后，法国人勒-杜克成为意大利修复建筑师的楷模[1]。当时意大利的重要修复师如佛罗伦萨的马泰利（G. Martelli，1792—1876）、巴卡尼（G. Baccani，1792—1867）、马塔斯（N. Matas，1798—1872）、法布里斯（E. de Fabris，1808—1883）、马泽伊（F. Mazzei，1814—1864）、卡斯特拉奇（G. Castellazzi，

---

[1] 关于勒-杜克，参见本书第二章有关内容。

上：图 1.28 大角斗场外景
现状
瓦拉迪耶修复的部分
（画面左方）至今可见

中：图 1.29 大角斗场内景
现状

下：图 1.30 提图斯凯旋门
现状

1834—1887），威尼斯的梅杜纳（G. Meduna，1800—1880）、博彻特（F. Berchet，1831—1909），锡耶纳的帕提尼（G. D. Partini，1824—1895）等人均精于风格式修复手法。卡斯特拉奇1884年开始的对佛罗伦萨圣三一大殿（Santa Trinita）的修复甚至被后人誉为对勒-杜克风格式修复的最佳运用[1]，但该修复却遭到英国以莫里斯为首的古建保护学会（SPAB）的反对[2]。其实早在此前，就有意大利本土多面手建筑师博伊托（C. Boito，1836—1914）发表论文反思风格式修复带来的问题。此后的意大利修复建筑师梅拉尼（A.Melani，1859—1928）更于1899年撰文呼吁意大利修复人忘掉勒-杜克的修复理论。在梅拉尼看来，无论卡斯特拉奇对圣三一大殿还是帕提尼对锡耶纳大教堂，还是马泽伊对佛罗伦萨巴尔杰罗宫（Bargello）的修复，都是对原有建筑的残酷谋杀。有意思的是，这些被谋杀的建筑在今天都是瑰宝。但无论如何，当时的争论为意大利走向现代保护奠定了重要基础，一批既深谙风格式修复手法又有自己见解的建筑修复师涌现出来，如鲁比亚尼（A. Rubbiani，1848—1913）、邓德拉德（A. D'Andrade，1839—1915）等。

保护城市肌理运动始于19世纪中期，随经济的改善，在米兰、佛罗伦萨、威尼斯等城市兴起的拓宽街道、拆除城墙、建造或拓宽广场的更新运动，极大地破坏了城市的历史肌理。这遭到英国反修复旗手拉斯金、SPAB以及意大利本土保护人士的反对。如米兰的政论家卡坦纽（C. Cattaneo，1801—1869）在19世纪60年代极力反对在米兰大教堂前建造广场。1890年，当佛罗伦萨的改造威胁到阿尔诺河（Arno）老桥及其他重要建筑的存亡时，一些市政府议员、佛罗伦萨的普通市民乃至意大利之外的欧洲人，尤其是英国人，都给予了强烈关注，而且于1898年成立保护佛罗伦萨学会[3]。包括知名作家、艺术家、政府官员在内的一万多人签署请愿书，要求保护佛罗伦萨，使之免受现代发展带来的破坏。如今，佛罗伦萨阿尔诺河老桥一带依然保持原有的魅力

［1］ Thompson, N. M. "Reviving the past greatness of the Florentine People: Restoring Medieval Florence in Nineteenth- Century" // Marquardt, J.T. & Jordan, A. *Medieval Art and Architecture after the Middle Ages* [M]. Newcastle upon Tyne: Cambridge Scholars Publishing, 2009, 178.

［2］ 关于莫里斯及SPAB参见本书第三章有关内容。

［3］ Stubbs, J.H. & Makas, E.G. *Architectural Conservation in Europe and the Americas* [M]. New Jersey: John Wiley & Sons. Inc., 2011,14.

（图 1.31）。罗马、威尼斯等地的保护运动亦是如火如荼，如罗马的一些建筑师及保护人士借鉴英国古建保护学会及法国古迹理事会（Amis des monuments）的模式，于 1890 年成立建筑及艺术保护学会（Associazione artistica fra i cultori di architettura，AACAR），从行政管理、保护立法、理论建设、修复手法及项目协调诸方面保护罗马古建。学会成员包括当时罗马各个领域的精英。威尼斯的保护运动更是吸引了全球人士——尤其是英国保护人士——的广泛介入。如此的保护运动可谓现代建筑保护的一大特征。

在立法管理方面，随着意大利在 19 世纪 60 年代的国家统一进程开始加速发展，建筑保护的立法和管理也得到发展。1870 年，意大利教育部开始编制具有重大历史或艺术价值的建筑名录，并将之分级划分、区别对待。1872 年，意大利教育部设立最高管理部门"古迹和博物馆中央委员会"，并于 1881 年改组为古建筑及文物管理委员会，负责对历史建筑实施保护[1]。1882 年，意大利教育部通过一项有关保护古物古建的法令并签署相应的通令，第一次尝试从国家层面立法保护文化遗产[2]。

理论构建层面更为精彩，为此我们在下文将专题展开。

从语言文献式到历史性修复的理论构建

首先是语言文献式修复（Restauro filologico/Philological restoration），因为与语言学类似的历史学研究方法而得名。此理论最初受拉丁文将"古迹"（monumentum）定义为"题刻"（scriptum）或"文献"（document）的启发。根据这个定义，建造古迹，目的在于记录传承某种信息。于是古迹应被看作一种文献，其上的"题刻文本"是查证历史的重要来源，应予以分析、解读，而非篡改伪造。

随着人们对历史性认知的发展，"题刻文本"的含义也得以延伸，这不仅仅包括实际的题刻铭文，还包括具有历史价值的结构材料。就是说具有历史

---

[1] Jokilehto, J. *A History of Architectural Conservation* [M]. Oxford: Butterworth-Heinemann, 1999, 198.

[2] Gianighian, G. "Italy" // Pickard, R. (ed.) *Policy and Law in Heritage Conservation* [M]. London & New York: Spon Press, 2001, 185.

图 1.31 佛罗伦萨阿尔诺河老桥一带的历史肌理

价值的结构材料也是一种文献。

语言文献式修复理论的奠基人当推米兰学院艺术史学家帕拉韦西尼（T. V. Paravicini，1832—1899）。此人深受英国理念的影响，有关修复的立场从早期注重各个历史时期的风格特征，转向英国人所推崇的保守性维护理念，并发展出自己的理论：古迹与文献均反映了不同时期的镜像（包括优点和缺点）。损失一处文献／古迹固然会导致历史空白，而一份文献或古迹被伪造后带来的后果更为严重。因此，他强烈谴责在修复时随意添移物件。

帕拉韦西尼的学说得到英国保护运动旗手莫里斯的赞赏和引用，又反过来在意大利影响深广，并由上节提及的多面手建筑师博伊托发扬光大。这位威尼斯艺术学院的毕业生和教员早期受折中学派建筑修复观点的影响及风格式修复手法的训练，仰慕勒－杜克对卡尔卡松及皮埃尔丰城堡的修复，并在自己的修复项目，如 1858 年对威尼斯玻璃岛（Murano）圣玛利亚和圣多纳托教堂（Santa Maria e San Donata）的修复中身体力行。他也受老师埃斯滕斯的影响，思考这座 10 世纪教堂与威尼斯最古老岛屿托尔切洛岛（Torcello）上的建筑，以及与威尼斯主岛上圣马可大教堂之间的转型关系[1]，对历史传统进行思考。

1860 年开始，博伊托从威尼斯艺术学院辗转到米兰布雷拉美术学院（Accademia di Belle Arti di Brera）及米兰理工大学（Politecnico di Milano）任教，与以帕拉韦西尼为中心的米兰学圈交往渐多，其有关修复的语言文献式思考亦趋于成熟。自 1879 年之后，他在不同场合（如罗马工程师及建筑师大会、都灵世界博览会）发表多篇论文和讲座讨论修复，在意大利产生巨大反响，并逐渐形成自己的修复理念，被后人誉为介于勒－杜克与拉斯金之间或合成两者的"第三种方式"——语言文献式修复。在博伊托看来，勒－杜克将自己当作原初建筑师的做法非常危险，修复师应全力保存古迹悠久的艺术性和画意，而非篡改、伪造原来的建筑。历史建筑如同手稿残片，如果文献学家试图补充手稿佚失的部分，却不将添加的部分与原始部分做必要区分，是严重错误的。然而拉斯金的绝对历史主义观，只能被动保存或维护历史建筑而不做主动修复，会给历史建筑带来更深的伤害。显然，博伊托并不反对修复，而是强

---

[1] Plant, M. *Venice: Fragile City 1797-1997* [M].New Haven and London: Yale University Press, 2002, 186.

调合适的修复方式。

　　1893 年，博伊托将自己有关修复等议题的论文结集成书，出版专著《美术艺术实践、修复、竞赛、法律、职业、教学等问题》（*Questioni pratiche di belle arti: restauri, concorsi, legislazione, professione, insegnamento*）。其中题为"建筑修复"（restauri in architettura）的章节既是对自己 10 年前论文的修订，也是他关于修复的最终表述[1]。借一句中国古话"欺时耻，欺世更耻"开头，全文贯穿苏格拉底式问答，显出博伊托兼为作家的风趣[2]。作家之前有关建筑修复的七条建议被修正为八点简短说明：

　　　　（1）区分新、旧构件的式样；

　　　　（2）区分新、旧建筑材料；

　　　　（3）有节制地运用装饰型材；

　　　　（4）在所修复的历史建筑附近展示那些拆卸下来的老构件；

　　　　（5）在所修复的每一构件处要有修复的日期或某种常用标识；

　　　　（6）在修复的历史建筑上设置修复工程的碑文；

　　　　（7）关于修复工程各个阶段的记叙和照片，应当置于所修复的历史建筑或者附近的公共建筑内，或者印刷出版；

　　　　（8）承认修复中的败笔。[3]

　　文中，博伊托还根据年代将修复分为三类：考古修复（restauro archeologico）、图画修复（restauro pittorico）以及建筑修复（restauro architettonico）[4]。考古修复的对象多属古罗马时期乃至更早的古迹，修复时尤其要注重考古发掘，因为古物各部件都具有内在的重要历史价值，发掘一定要极其谨慎，尽可能保存原

　[1] 该论文 2009 年被译成英文，发表于美国明尼苏达州立大学主办的有关保护的学术期刊《前路》（*Future Anterior*）。

　[2] 博伊托是威尔第生命中最后两部歌剧的脚本作者的兄长，他也是个不错的作家。在英语国家的大学图书馆，博伊托更为人知的作品是其小说《情感》（*Senso*）。

　[3] Boito, C. "Restoration in Architecture：First Dialogue" // *Future Anterior, Journal of Historic Preservation History, Theory and Criticism* [J]. trans. Birignani，C. Minneapolis: University of Minnesota Press, Vol 6. No.1 2009, 76.

　[4] Ibid., 75.

物留存的信息，记录所有碎片的相对位置，撰写详细发掘日志。修复宗旨在于保持和稳固其存在的完善性而非形式上的完整，任何必要的支护或加固必须与古物有明显区别。图画修复的对象为中世纪建筑，这些建筑具有图画般外观，除了维修和加固，某些时候，可以对原始构件做些替换。因此，博伊托批评英格兰人有关保护威尼斯总督宫柱头的方法，认为应重新复制这些柱头的核心部分，再重新安装柱头周边那些原有的雕饰部件，换下的原始构件另行保存于方便现在和未来学习者前往和研究的不远处（博物馆）。博伊托也支持重建圣马可教堂里那些破损的砖结构，以保证大理石和马赛克贴附在良好的基础之上。但不管如何，此类修复宗旨在于保证"图画般外观"。建筑修复的对象为文艺复兴以来的"现代"建筑，使其具有建筑之美。修复时需要区分原始构件中那些具有重要考古和历史价值的部分，这些部件不能替换。没有重大考古价值且业已腐败的部分，可以模仿其原始造型，做必要替换。在确定具备清晰文献资料的前提下，可以采用风格式手法修复甚至重建。

点评:

　　从这三类修复中的不同侧重可看出博伊托对修复传统的继承和取舍。然而在实际操作中，继承和取舍的界限模糊而随机，如在设计罗马维托利奥·伊曼纽二世（Vittorio Emanuele II）纪念馆时，博伊托支持萨科尼（G. Sacconi, 1854—1905）的方案。而实施该方案需要拆除卡匹托利欧山周边诸多中世纪及文艺复兴时期的建筑，并新建一座色彩并不协调的纪念馆。此时的博伊托并不在意拆除，并认为拆除的部分没有新建的建筑重要，因为新建建筑展现了时代创造性。这座新建筑亮丽的白色至今依然与周边的古色不太相融，而常被人们讽刺为婚礼蛋糕或打字机，但它已演变为罗马的象征（图 1.32、1.33）。

　　除了理论著述，博伊托还极大促进了意大利政府从国家层面对建筑保护的管理和标准化，并制定相应保护政策、宪章和法规。如他 1879 年在罗马工程师及建筑师大会上发表的论文，1882 年成为当时意大利历史建筑修复的操作指南。他还是 1883 年《意大利修复宪章》（*Carta Italiana del Restauro*）的主笔。从前文所述其 1893 年专著的标题也可看出他有关修复的广阔思路。为此，他常常被誉为意大利现代保护之父。此外，博伊托还出版专著论述中世纪建筑，

上：图 1.32 罗马维托利奥·伊曼纽二世纪念馆
下：图 1.33 从古罗马广场方向远眺罗马维托利奥·伊曼纽二世纪念馆
读者可将此图与图 1.3 比较，足见其间的历史持续性。

不仅推动意大利从唯古典建筑独尊转向关注中世纪建筑，还高度肯定了乡土建筑，提倡对意大利文化身份的挖掘[1]。

点评：

　　面对意大利 19 世纪 80 年代风起云涌的现代主义建筑思潮，博伊托坚持认为未来新建筑不能与传统断裂，因为这种断裂会导致其丧失生命力、诚实的表露以及大众语言，从而失去道德和民用功效[2]。这种态度虽遭到一批向往创新的现代主义建筑师或评论家的质疑，却还是影响了意大利现代主义建筑的发展进程。意大利的现代主义建筑师们大多关注乡土建筑、文脉语境和地方传统。

　　"江山代有才人出。"博伊托有关修复的理念为他的门生贝尔特拉米（L. Beltrami，1854—1933）继承，并得到发展。跟老师一样，贝尔特拉米根据建筑的不同类型采取不同的修复方式。如对于古罗马遗迹，修复仅限于砖石结构，并避免对装饰性大理石做过多细节修复。对中世纪或文艺复兴时期建筑的修复则不同。然而不管如何，文献档案是修复的必要基础。在此基础上，这位学生更发展出"历史性修复"（restauro storico）手法：不仅强调所修复建筑的文献意义，更体现历史文献的严谨。修复不能基于想象而应扎根于可靠的史料。因此，此类修复的关键是严谨，精确度往往以毫米计。而在严格尊重历史的前提下，又可突破结构或材料的传统局限，大胆采用新结构新材料。底线是保证历史、结构、形式及材料之间的协调统一。

　　与其老师主要成就在于建筑理论不同，贝尔特拉米虽也在报刊发表论文，但他为后人所乐道的更在于实际修复项目。其重要作品有 1893—1905 年对米兰斯福尔扎城堡的修复重建，以及 1902 年开始的威尼斯圣马可教堂钟楼的重建预备。即便在实践中较难说清"历史性修复"与广受诟病的"风格式修复"的差别，但因其严谨的实际操作，贝尔特拉米被誉为意大利第一位现代保护建筑师。

---

[1] Sabatino, M. *Pride in Modesty: Modernist Architecture and the Vernacular Tradition in Italy* [M]. Toronto: University of Toronto Press, 2010, 25, 27.

[2] Etlin, R. *Modernism in Italian Architecture, 1890-1940* [M]. Cambridge: MIT Press, 1991, 19.

四 20 世纪以来

更有跨界人——乔万诺尼

20 世纪的意大利涌现出更多的杰出人物、理论流派……繁荣了本国，也推动了国际上保护宪章和原则的制定。这里先说被誉为"20 世纪英雄"[1]的乔万诺尼（G. Giovannoni，1873—1947）。

和博伊托、阿尔伯蒂等前辈一样，乔万诺尼也是跨界人，且更为特别。前辈们基本在人文和艺术类多科跨界，乔万诺尼跨人文、艺术与工程三界。1895 年从罗马大学土木工程专业毕业后，乔万诺尼又花了一年工夫，获得医学系与工程学系合设的城市卫生硕士学位。1897—1899 年，他还师从意大利著名艺术史学家文图里（A. Venturi，1856—1941）。自文艺复兴以来，意大利可谓跨学科人文艺术大师的摇篮，这个国家的科学与人文学科却泾渭分明，没什么交集。乔万诺尼此等独特跨界带给他开阔的视野，在土木工程、建筑学、艺术和建筑历史及建筑技术诸领域游刃有余，对建筑保护尤其是历史城镇的保护做出了重要贡献，并终身致力于科学与人文的结合。他的远见还激发了意大利的保护从单体拓展到整个都市区域[2]。

如前所述，意大利 19 世纪中期以来的城镇更新极大地破坏了老城的历史肌理，中世纪遗留的老城区也面临日益严重的交通拥挤、居住密度超高、卫生条件低劣等问题。这些是当时欧洲所有老城面临的矛盾，急需改进。由此，在欧洲发展出针对这些问题的两大对立的解决模式：一种以欧斯曼（G-E. Haussmann，1809—1891）主导的巴黎大改建为代表，主要措施是拆除诸多历史建筑；另一种以奥地利建筑师、规划师西特（C. Sitte，1843—1903）为代表，强调中世纪风景如画的城镇空间以及城镇发展的连续性，认为历史性城镇是一种

［1］ Semes, S. View from Rome (Blog)，https://www.traditional-building.com/Steve-Semes/?p=435.

［2］ Zucconi, G. "Gustavo Giovannoni: A Theory and a Practice of Urban Conservation" // *Change Over Time* [J]. Philadelphia: University of Pennsylvania Press, Vol. 4, No.1. Spring 2014, 78-86.

激发现代设计灵感的美学模式[1]。老城无须进行大规模拆除也能适应现代生活。

乔万诺尼认同西特理念，不赞同大规模交通、无限扩张的现代发展，但他清楚地认识到历史城镇与现代发展的不匹配……他不反对以改善卫生和交通为目的经过理性考量的适度变化，却反对肆意拆除，并发展出一系列符合生活条件和逻辑的理念和具体操作指导，如淡化（diradamento）、文脉语境（ambientalismo）和对次要建筑（architettura minore）的关注[2]。

淡化意在通过有选择地修剪街区肌理来保持城镇原有的基本特征。如让城镇扩张项目远离市中心，将机动车交通迁出历史性街区，避免新街道分割历史区域。但为了建设必要的现代服务设施或改善交通，也可拆除一些不重要建筑而腾出空间，创造一些带花园的广场——所谓老街区的"小肺"……如此"淡化"不仅为拥挤的老街区带来清新空气，亦开阔了景观。文脉语境理论认为历史建筑的尊严和品质依靠与周边较为普通的历史环境的共存，这种环境是主要建筑与次要建筑之间的自然延伸。因此，城镇保护的重心应从古迹里恢宏的宫殿、教堂等主要建筑转向整体历史环境，包括次要建筑。一座城市的发展来自不同时期的积累，这些不同的时期必定产生不同类型或风格的建筑形式，次要建筑往往比恢宏的宫殿等主要建筑更有韵味，所传递的视觉及画意价值以及与恢宏宫殿对比带来的视觉震撼，对保护城市的肌理意义深远。在"淡化"过程中，对次要建筑的拆除必须谨慎而非大规模强拆，减少历史街区密度的同时要保护历史街区的原有特征。当涉及在历史街区加建新建筑时，乔万诺尼建议建筑师要注重"新""老"之间的视觉协调，保证建筑环境的完整性和持续性。

"淡化"等理念见于论文《老城新建：罗马的文艺复兴街区》（*Vecchie città ed edilizia nuova: il quartiere del Rinascimento in Roma*）中，1913 年发表于当时的著名期刊《新诗集》（*Nuova Antologia*, Vol.48, No. 995, 1913, 449-472）。"淡化"等决策最先运用于 1907—1911 年在乔万诺尼主导的罗马文艺复兴街区的都市项目中。20 世纪二三十年代又在佛罗伦萨、威尼斯、

---

[1] Bandarin, F. & van Oers, R. *The Historic Urban Landscape: Managing Heritage in an Urban Century* [M]. Chichester: Willey-Blackwell, 2012, 11.

[2] Toxey, A.P. *Materan Contradictions: Architecture, Preservation and Politics* [M]. Surrey: Ashgate, 2011, 81.

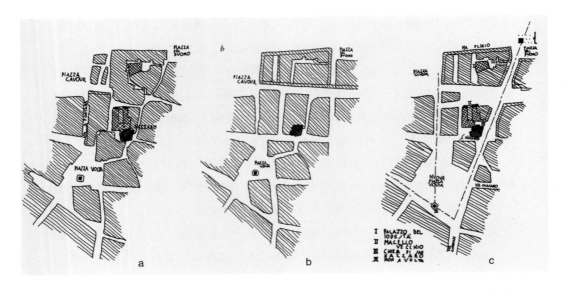

图 1.34 "淡化"在科莫老城中心规划中的运用示意，意大利建筑师 G·特拉尼 1927 年设计提案
a. 当时的现状
b. 总体规划
c. 1927 年 11 月特拉尼以淡化理念对总规的改动提案
　　Etlin, R. *Modernism in Italian Architecture, 1890-1940*

巴里、锡耶纳、科莫等城镇街区改造项目中得到施展，其中被后学认为最有趣的项目当推意大利现代主义建筑运动先锋人物、七人小组（Gruppo7）创始人之一特拉尼（G. Terragni，1904—1943）于 1927 年年底以淡化理念对意大利北部科莫老城中心总体规划的改动提案（图 1.34a、b、c）。该提案通过巧妙的清除，保留了原总体规划中决定拆除的几座纪念性建筑，以及整个街区的伦巴式建筑肌理，并开辟了新的小型广场。新开辟的道路不仅连接城中三座广场，引导当地居民和游人的日常生活或访问路线而改善了交通，还通过将纪念性建筑置于道路或广场尽头或节点等手法展现了新的而又具有历史意义的美学景观[1]。

　　1931 年，乔万诺尼将与"淡化"相关的理念、决策及其在城镇改造中的实践纳入专著《老城新建》（*Vecchie città ed edilizia nuova*）出版，从中可见其

---

　　[1] Etlin, R. *Modernism in Italian Architecture, 1890-1940* [M]. Cambridge: MIT Press, 1991, 120-123.

一贯主张：将城镇看作融合新（创新）、旧（保护）的最佳处。历史城市因其地形结构、质朴外表、街区特色、主要与次要建筑的合奏以及重要单体历史纪念性建筑，其本身就是一座大型历史纪念性建筑。对单体历史纪念性建筑所实行的保护、清除、反思以及制定的相关法律和标准，同样适用于历史城市。

点评：

　　《老城新建》一书在意大利当时的建筑界掀起巨大波澜，其中有乔万诺尼与其同事皮亚琴蒂尼（M. Piacentini，1881—1960）[1]关于如何融现代建筑于历史城镇的争论。后者虽也同意顾及传统，但更关注现代功能需要，倾向"拆除"。这两大对立理念，也是当时罗马建筑学院关于历史建筑保护及城市规划教学的核心。两者间的争端还导致乔万诺尼时任主席的建筑及艺术保护学会的解散，在乔万诺尼倡议下，意大利建筑历史研究中心（Centro di Studi per la Storia dell'Architettura）于 1939 年成立[2]。这一系列事件无疑影响了一大批建筑学人，包括乔万诺尼的学生，日后成为意大利城市形态学集大成者的穆拉托里（S. Muratori，1910—1973）。此人在威尼斯的作为，我们将在本书最后一章述及。

　　除了从事城市规划，乔万诺尼 1927—1935 年担任罗马建筑学院主任，1935—1947 年在该校开设历史建筑修复课程，并与意大利政府及市政部门合作，担任各种与建筑、艺术相关的委员会委员 20 余年，一生倾心历史城镇及建筑的修复保护。他关于单体建筑保护的理论主要体现于 1929 年出版的《建筑的历史和生命力问题》（*Questioni di Architettura nella storia e nella vita*）一书中。他认为历史建筑的日常维护、修补和加固最为重要。在采取这些措施后，若确有必要，可考虑使用现代技术，但其目的是为保存构筑物的真实面

---

[1] 1942 年罗马世界博览会 E.U.R. 建筑的主要设计人，因与墨索里尼法西斯政府的特别关系，常被称作墨索里尼"御用"建筑师，最能体现或阐释墨索里尼势力从崛起到消亡（1922—1943）期间建筑政策的复杂性。如墨索里尼政府时而支持古典建筑风格压制现代建筑，时而取缔在设计中采用历史建筑风格的做法。20 世纪 30 年代，墨索里尼政府基本采用皮亚琴蒂尼倡导的折中古典与现代主义的"剥离式古典风格"。

[2] Cataldi, G. "From Muratori to Caniggia: The Origins and Development of the Italian School of Design Typology" // *Urban Morphology* [J]. 2003, 7 (1), 19-34.

貌，尊重古迹的整体"艺术生命力"，而非仅停留于古迹初始的建造阶段及形式；任何添加物都应明确注明日期，并将之视为主体的一部分而非装饰物，同时还须基于精准数据而建。至于修复类型，乔万诺尼从博伊托的历史分期转向修复手法来分类：1. 简单加固（semplice consolidamento）：仅对因严重受损而难以继续承重的结构部分予以加固，恢复其承载能力，不对原建筑大动干戈；2. 重构或复位修复（ricomposizione）、"解析修复"（anastylosis）：拆除受损或倒塌部分，重新加固和修缮主体结构后，予以复位，并做全面维护；3. 解体修复（liberazione）：去除后期附加的不合理构件，恢复历史建筑原貌；4. 复原或翻新（completamento e ripristino/innovazione）：基于严谨的科学考据，补遗历史建筑中佚失的部分，恢复建筑局部或整体的完整，但补遗处应与原有建筑的材质、颜色及肌理有所区分，可采用新的有所创新的建造方法、技术、材料等。

显然，乔万诺尼继承博伊托的同时有所拓展。博伊托视古迹为历史文献，乔万诺尼则将之延伸到建筑外观、功用乃至整体文脉语境。在修复手法上，强调科学和批判的方法。因此其保护理论常被称作"科学性修复"（restauro scientifico）。与博伊托一样，乔万诺尼也认为最好的修复应不可见，亦不排斥现代建造方式与技艺，如用水泥填补，使用金属材料或隐蔽的钢筋混凝土加固结构。然新材料的使用不能超越历史建筑所能承受之度。实施时，尺度最难把握，乔万诺尼由此遭到批评。但不管如何，他深深影响了两次世界大战之间意大利人的修复观，并对意大利以及国际层面的保护宪章的制定做出了重要贡献。最为世人熟知的、关于历史性纪念建筑等修复的 1931 年《雅典宪章》主要出自乔万诺尼之手。他还参照 1931 年《雅典宪章》，为意大利制定了专门的宪章《古迹修复规范》（发表于 1932 年年初）。

点评：

1. 勒·柯布西耶操刀的于 1933 年国际现代建筑协会（CIAM）第 4 次年会上提出的关于城市规划的《雅典宪章》认为，只要不处于不健康的居住条件，历史建筑应该得到保护。为避免破坏，主要交通应维持在主要历史街区之外。如果因为卫生和健康原因让拆除合法化，勒·柯布西耶建议引进绿化，通过在单体建筑周边提供更多的空间强化其建筑价值。这显然不同于其之前的激进态度。笔者推测，他应该是受到了乔万诺尼的影响。

2. 1938 年，乔万诺尼被墨索里尼政府委任为"1931 年宪章研究委员会"主席。不久，因理念不合辞职。墨索里尼政府另成立委员会，并委任两员当时尚且年轻的大将、艺术史建筑史评论家阿尔甘（G. C. Argan，1909—1994）以及后来成为意大利修复史上丰碑的布兰迪（C. Brandi，1906—1988）为主席。乔万诺尼强调现代对往昔的延续，两位新人注重让现代艺术免受对历史的虚假恶劣模仿的影响，并尽可能保护历史资源不与新模仿的作品相混。乔万诺尼的影响力渐弱。"二战"后，因与墨索里尼政府貌似亲密的关系以及反现代主义立场，乔万诺尼的名声受损，其理论被忽视，并遭到一些批评，但他依然深深影响了一大批建筑规划师，如阿斯滕戈（G. Astengo，1915—1990）1955 年对阿西西城（Assisi）的规划被认为遵从了乔万诺尼的理论，并确立了保护规划的一些基本原则[1]。阿尔甘的学生、意大利著名马克思主义建筑史学家塔夫里（M. Tafuri，1935—1994）在其 20 世纪 60 年代末期的著作中充分肯定了乔万诺尼的贡献。1990 年以来，乔万诺尼更被重新认识。 此后出版的差不多每一本讲述欧洲建筑和城镇保护的英文专著都会提到他的开创性贡献，并公认他为"城市遗产"及"资源保护"概念的发明人[2]。说他是意大利历史城镇"保护之父"，并不夸张。

辩论不止：评判性修复

语言文献式、历史性、科学性修复可谓 20 世纪头 30 年意大利修复领域的主流。将历史建筑视为"历史和艺术的文献"几成定论，有关修复的总体方针也基本确定。然而，随着对艺术和建筑思考的新发展，上述戒律遭到质疑。如上述点评提及的两员大将阿尔甘和布兰迪认为，科学性修复纵然冠以"科学"之名，其本质在于"训诂"，即通过实证主义和分类的方式关注艺术品的进化和风格来理解艺术，尤其是建筑。而所有这些，不足以成为对历史建筑的历

---

［1］ Siravo, F. "Planning and Managing Historic Urban Landscapes"// Bandarin, F.& van Oers, R.(eds.) *Reconnecting the City: The Historic Urban Landscape Approach and the Future* [M]. Chichester: Wiley-Blackwell, 2014,164.

［2］ Rodwell, D. *Conservation and Sustainability in Historic Cities* [M]. Oxford: Blackwell Publishing, 2007, 33.

史性认知。形成历史性认知需要在通盘的批判性评估及审美欣赏两方面做更多工作[1]。

之前的修复理念却也没有完全失效，而是被批判地继承发展。如阿尔甘同样认为修复应基于对艺术品的文献学调查，重新发现和展示古物的原始"文本"，但调查和展示要立于统一和科学的基础之上，需要严谨科学的"训诂"。修复不仅仅是修复佚失部分，还是基于真实性之上重塑艺术品，要特别关注所用的材质。为此他提出两类不同的修复方式：一类是保守修复（restauro conservativo）——优先考虑加固艺术品材质，并防止劣化；一类是"艺术修复"（restauro artistico）——基于对艺术品批判性评估而采取的一系列措施[2]。

"二战"给欧洲带来前所未有的大破坏，导致战后各国对受损建筑紧迫而大规模地或以原有形式修复重建，或保存残留并对所毁部位以别样形式重建。战前倡导的修复手法及指导方针都难以应对，对一些法规的执行也面临动摇，于是给评判性修复理念的发展带来机遇。除了阿尔甘和布兰迪，朗吉（R. Longhi，1890—1970）、帕内（R. Pane，1897—1987）、博内利（R. Bonelli，1911—2004）、加佐拉、德安杰利斯（G. De Angelis d'Ossat，1907—1992）等人都可谓新理念的急先锋。如帕内对1943年遭轰炸的那不勒斯中世纪圣克莱尔教堂（Santa Chiara）修复时，因室内丰富的巴洛克装饰几乎全毁，经过一番批判性评估，他决定只保留残存的中世纪构架，其他部分以现代式样重建，并认为自己所展示的并非技术而是如何赋予教堂新的生命，以均衡的方式铺开教堂的历史与现代两个层面。在帕内看来，此前的某些修复准则过于严格，难以解决新问题。新形势下的修复应有新高度，包括创新，若做得好，修复本身也可成为一件艺术品。因其富于感染力的语言，帕内关于圣克莱尔教堂修复的文章常常被推崇为"评判性修复"的重要宣言。博内利同样认同并阐明修复作为评判性过程、创造性行为的两大特征。

---

[1] Carbonara, G. "The Integration of the Image: Problems in the Restoration of Monuments" // Price, N.S., Talley, M.K. & Vaccaro, A.M .(eds.) *Historical and Philosophical Issues in the Conservation of Cultural Heritage* [M]. Los Angeles: The Getty Conservation Institute, 1996, 238.

[2] Jokilehto, J. *A History of Architectural Conservation* [M]. Oxford: Butterworth-Heinemann, 1999, 224.

点评：

帕内和加佐拉还因为协助起草 1964 年《威尼斯宪章》（*Venice Charter*）为后学赞赏探讨[1]。《威尼斯宪章》的诞生是"二战"之后 20 来年意大利建筑领域发展的必然结果，帕内和加佐拉功不可没。该宪章不仅是意大利保护领域的里程碑，还直接催生了古迹保护的国际性非政府机构国际古迹遗址理事会（ICOMOS），并确立推广了国际保护领域的现代保护原则，如将单体修复概念拓展到保护单体及其所在的整体环境，注重老建筑的新用途、关注古迹发展史中不同的历史阶段和层面的原真性，关注城镇以及景观地带的多样性历史区域等。ICOMOS 至今是古迹保护的重要国际机构，上述的保护原则也或多或少在世界各地依然有效。

在所有的评判性修复理论家或实干家中，布兰迪的影响最甚。因为他让评判性修复理论成为意大利 20 世纪 50 年代之后影响范围最广、时间最久的保护理论。

1906 年生于锡耶纳的布兰迪，最初主攻法律及人文学科，学生时代深受 20 世纪意大利最重要现代哲学和美学大师克罗齐（B. Croce，1866—1952）的熏陶。他 30 年代与阿尔甘一道在罗马呼吁成立保护艺术品的中央修复研究院（Istituto centrale del Restauro），并于 1939 年担任该研究院院长。其时的他，志在对艺术及建筑的定义以及研究与修复相关的哲学和美学问题，也开始对克罗齐的教义产生质疑而关注日耳曼哲学和美学，对当时流行的哲学思潮如符号学、结构主义等提出激烈批判。他撰写的大部头著作主要涉及美学和诗学领域，于 1963 年出版的《修复理论》（*Teoria del restauro*）不足 50 页，为其之前所发表的有关修复文章的结集，某种程度上算是其美学和诗学研究的副产品。然而正是这本小书，让他成为意大利现代修复史上的丰碑。可谓"功夫在诗外"的最佳注脚。

我们认为布兰迪为现代保护理论发展所做的重要一步是，将拥有功能属性

---

[1] Guerriero, L. "Piero Gazzola and Roberto Pane's contribution to the draft of the Venice Charter" // Hardy, M.(ed.) *The Venice Charter Revisited: Modernism, Conservation and Tradition in the 21st Century* [M]. Newcastle upon Tyne: Cambridge Scholars Publishing, 2008, 59-70. 以及 Pane, A. "Drafting of the Venice Charter: Historical Developments in Conservation" [C]. ICOMOS Ireland 12th Annual Maura Shaffrey Memorial Lecture, 2010, 1-13.

的建筑以及那些总称为实用艺术的物件定义为艺术品，并将这些物件与普通纯功能性工业产品加以区分：普通工业产品如椅子的生产过程由其功能需要决定，艺术品则来自其独特的创造性过程。对艺术品的认知、赏析、审美并非审视其功能是否合理，而是对其创造性过程（艺术价值）的确认。因此，一般性工业产品与艺术品必须遵循不同的修复准则。前者，修复目的在于恢复其功能属性。后者，功能属性的重建只是修复的次要因素或依附因素，对艺术品创造过程的（再）确认才是至关重要的。这种确认需要经历一个评判性过程。

如此修复观的哲学和美学的内涵和逻辑，既受克罗齐启迪，亦与胡塞尔、海德格尔的路数类似，认为艺术品的产生并非对自然的模仿，而是艺术家自己独特的创造性过程。这个过程的开端为艺术"直觉"……现实中的诸多因素在艺术家创作意识中逐渐构成"图像"……最后艺术家将"图像"落实到具体的"材质"。因此，除了审美的"图像"，艺术品还有另一个特性——让审美"图像"得以呈现的物质载体——"材质"。艺术品一旦以物体形式完成，便进入物理世界的时间历程而具有历史性。于此，艺术品获得二元特性：审美的和历史的。修复必须兼顾如此双重性的不同诉求。此外，作为物质的艺术品，不仅仅是各部分的几何总和，而且是艺术家根据其理念将所有要素按特殊方式构建而成的一个整体。即便原始材料已经支离破碎或沦为废墟，"整体"依然以其不可分割的统一性潜在于各部分之中。修复必然受制于如此原始的整体统一性。

布兰迪对修复的定义便是：修复是方法论上的特定时刻或契机（the momento metodológico/methodological moment）：认知艺术品物质形式上的统一性及其美学、历史双重性，从而让艺术品传至未来[1]。

点评：

一些中文翻译略去"方法论"。但我们认为"方法论"是该定义的关键字眼。于此，将修复提升到哲学高度。尽管有学者以调侃式语言评价布兰迪对这个"the momento metodológico/methodological moment"到底指什么可能自己也不太明白，而是引用克罗齐有关哲学的定义（哲学为历史的 the momento metodológico/

[1] Brandi, C. *Teoria del Restauto* [M]. Torino: G. Einaudi, 1977 (1st edition in 1963), 6.

methodological moment）。这种从方法论角度界定修复的做法让从前基于经验性的修复职业上升为一个基于方法论的保护学科，意义空前。

上述定义引出两条公理：一是修复仅仅恢复艺术品的物质形式；二是修复必须旨在重建艺术品潜在的统一性，前提是，不做艺术或历史的伪造品，不擦除时光遗留在艺术品上的种种痕迹[1]。第一条公理论及的物质形式的载体、材质，不仅具有美学的与历史的双重性，还有结构与外形双重性。前者是后者的基础，后者则是艺术品的表皮……修复时应对二者做出评估和取舍。若出于安全需要，如加固修复，就应该只限于加固组成结构部分的材质，而不要干预外形。此外，对材质的探讨还引申到历史建筑的物理语境（physical context）所呈现的空间性。换言之，建筑的空间性不单限于建筑物本身，还包括周边的文脉语境，保护也就需要拓展至周边的文脉语境。

点评：

乔万诺尼也早就提出保护周边的文脉语境。显然，连同建筑一起保护周边语境是 20 世纪以来的大趋势，激发我们对中国国情的思考：因为传统木构的耐腐力弱，因为 1949 年之后"左"倾意识形态带来的破坏，因为 20 世纪 90 年代之后经济大潮带来的破坏，中国历史城镇及建筑的"形"已遭到不可逆转的毁灭性破坏！也许我们应当借鉴此类将结构与外形区别对待的方式，走一条写意式保护之路，修复、保护或重建历史城镇及建筑特有的诗情画意。

艺术品的历史性，则存在于两类不同的时刻。一类是艺术品被创造时的原初历史，带有当时那个时代的痕迹；一类为当下历史。一件持续至今的作品，在其传承的历史长河里，历经变化，修复应保留这些痕迹，同时也绝不能忽略艺术品当下的历史。因此，布兰迪重视由绘画修复发展而来的"古锈"概念，不赞成"考古式修复"。"古锈"，可谓材料的积垢，经年累月之光，是历史证据也给材料表面带来独特的艺术效果，不可轻易抹去；而考古式修复往往过分注重原初历史。

---

[1] Brandi, C. *Teoria del Restauro* [M]. Torino: G. Einaudi, 1977 (1st edition in 1963), 7, 8.

美学与历史性发生冲突时，最终的解决方案并非二者妥协，而是通过艺术品本身固有的适应性达成。从艺术品的特殊性角度出发，艺术品首先体现的是艺术性，历史因素应该让位。当留有潜在统一性的艺术品上附有掩盖或干扰其艺术形象的添加物时，本着美学原则，移走这些添加物又是合法的。然而，当这些添加物已经融为艺术品的意象，清除它们则意味着篡改历史。因此，是否移走添加物，必须对建筑的审美与历史价值孰重孰轻做"批判性评估"。

基于艺术品的整体性，布兰迪特别重视对艺术品佚失部分的处理，并引入了格式塔心理学原理[1]。如格式塔心理学关于整体与部分试验研究中的"图形"与"背景"概念认为，人的知觉始终被分为图形与背景两部分。图形是一个格式塔，是突出的实体。背景则是尚未分化的衬托图形的东西。人们在观看某一客体时，总是在未分化的背景中先看到图形。该概念运用到绘画修复时表现为：当破损之画的残缺或空白处被填补之后，被填补的部分即变成图形，而原为图形的画作反沦为背景，喧宾夺主。有人建议以中立颜色处理空白，使原图依然能够作为图形保持其前景的凸显地位。然而，严格来说，油画里没有中立色（任何色彩会立即跟其周围的颜色产生补色和对比色关系）。布兰迪的解决方式是：对空白的处理应有别于周边的色彩，同时又要与原画有关联。这种方式逐渐发展为绘画修复领域里一个专门技法——垂直影线法（tratteggio）或水平影线法（rigatoni）[2]。在建筑修复中的体现则是：修复历史建筑时，应保证新的要素不成为图形，而维持原始建筑的图形地位……布兰迪还进一步提出三个细则：第一，任何补全应近距离易识别，且不要扰乱之前已修复的艺术品的统一性（可识别）；第二，只要是用于直接构成艺术品图像的外观而非结构的材料部分，就不能替换（最小干预）；第三，任何修复都不能妨碍未来必要的干预措施，而应为之提供便利（可逆转）。

---

［1］ Brandi, C. "Postscript to the Treatment of Lacunae" // *Future Anterior* [J]. Minneapolis: University of Minnesota Press, Vol. IV, No.1, 2007, 59-64. 这是布兰迪 1961 年在纽约召开的第 20 届国际艺术史大会上演讲稿英文译文。英译者是 C. Rockwell 及 D. Bell。原文标题为：Il Trattamento delle Lacune e la gestalt Psycologie。

［2］ Vaccaro, A. M. "Reintegration of Losses" // Price, N. S., Talley, M. K. & Vaccaro, A.M. (eds.) *Historical and Philosophical Issues in the Conservation of Cultural Heritage* [M]. Los Angeles: The Getty Conservation Institute, 1996, 329.

布兰迪亦是跨界人。1939年起，他除了任中央修复研究院院长（至1959年），还从事美学、诗学研究和教学，创办学术杂志，组织领导修复等工作。1948年起，又承担UNESCO的保护项目，参加国际会议、提供咨询等，20世纪80年代初还到中国考察。其修复理论也逐渐成为一套评估规则，不仅指导本国的修复保护（如直接影响了意大利1972年《修复宪章》），还成为1964年《威尼斯宪章》及国际层面保护宣言及指南的重要参考以及诸多国际建筑保护专业培训课程的基本方针。

点评：

1. 布兰迪在英语国家的影响并没有我们以为的那么巨大。《修复理论》虽经国际著名修复专家、国际文化资产保护与修复研究中心（ICCROM）第一任荣誉主席保罗·菲利波（P. Philippot，1925—2016）等人的精彩阐释和推介，在英美世界掀起波澜，但直到2015年才正式出版英译单行本。这本英译本以及同年在美国召开的布兰迪与现代保护理论研讨会，也没有激发英语世界对《修复理论》过多的热忱。不仅因其语言艰深晦涩，也许更在于布兰迪与英语世界艺术史学界相悖的美学观。前者所注重的主观性艺术评估美学对后者来说近乎一种诅咒。后者认为自己所从事的工作是科学的、客观的[1]。

2. 非建筑师非修复师的他，将绘画修复理念成功植入建筑修复，又一次证明欧洲绘画、雕塑与建筑关系紧密。

3. 他在南欧、波兰、比利时以及拉丁美洲等地虽然声名显赫，却也遭到质疑，质疑者认为其注重二维画作的修复理论较难运用到三维的建筑修复中，阻碍建筑师修复时的创造性（也是欧洲建筑与绘画艺术开始分离的标志）。其过分注重美学的倾向及废墟不能修复的断言，亦遭排斥。然而他大部分修复理论至今有效，其隐含在修复观之下的人道主义视野，让后人认识到修复不仅仅是辅助性技术活，还是对艺术品的评判性赏析过程，是对艺术理解过程中的哲学和美学研究。因此，即便不能完全理解其修复理论，读读其中的某些词句，你也能获得灵感。意会，无须言传？！

---

[1] Kanter, L. "The Reception and Non-Reception of Cesare Brandi" // *Future Anterior* [J]. Minneapolis: University of Minnesota Press, Vol. IV, No.1, 2007, 31-44.

走向多元

随着战后重建等修复项目趋于完成，意大利修复建筑师开始以较为灵活的心态对待修复和保护项目，有关修复的理念走向多元。

我们首先看到的是被称作"罗马学派"、以倡导评判性修复为主的修复流派，如前述评判性修复理念的急先锋们以及罗马大学的诸学者教授，如瓒德（G. Zander，1920—1990）、马里亚尼（G. M. Mariani，1928—2002）、卡尔博纳拉（G. Carbonara，1942— ）等。这些人虽对布兰迪修复理论长时期持质疑态度，却大体继承其主要衣钵，如修复应基于科学技术支持的评判、最小干预及潜在性可逆原则等。他们也参照拉斯金理念，注重保护，将保护比作预防药物，而把修复比作手术。如卡尔博纳拉1987年指出，保护是一种预防工作，一种维稳和不断维护的工作，应先基于环境，然后针对单体，实施时要避免那种给原物带来重创的干预性修复[1]。

另外的两大流派是"纯碎式保护"和"保全式恢复原状"。前者以米兰理工大学建筑学院建筑师、教授巴兑斯基（M. D. Bardeschi, 1934— ）及贝利尼（A. Bellini, 1940— ）为代表。后者以罗马第三大学（Roma Tre）建筑学院建筑师、教授马科尼（P. Marconi，1933—2013）为代表[2]。

"纯碎式保护"流派关注原物所有的历史层面或碎片，而非像评判性修复那样对历史层面或碎片做选择性评判。显然，这种保护更带有英国人拉斯金的风格，如巴兑斯基1978—2000年主持修复米兰理性宫（Palazzo della Ragione）时，强烈反对任何改变结构的提议，而最大限度继承往昔留下的任何遗痕。2009年完工的那不勒斯神庙大教堂（Tempio Duomo, Pozzuoli）修复，巴兑斯基秉持类似原则，保护该教堂包括古罗马时期、巴洛克时期以

［1］ Bellanca, C. "Current Trends in the Restoration and Museum Conversion of Old Buildings" // Bellanca, C.(ed.) *Methodical Approach to the Restoration of Historic Architecture* [M]. Rome: Alinea Editrice, 2011, 23.（英译本，从2008年意大利文版译出。译者：D. S. Jokilehto）

［2］ Campanelli, A. P. "The Restoration of the New: the Colours of the Facades in 18th/19th –Century 'Style' in Rome" // Bellanca, C.(ed.) *Methodical Approach to the Restoration of Historic Architecture* [M]. Rome: Alinea Editrice, 2011, 56.

及 20 世纪前 10 年的改造等历史层面。这种注重文献的保护倾向很快得到同辈建筑师托尔塞罗（P. Torsello，1934—）以及许多年轻人的响应，并引起对拉斯金及李格尔的回顾。这一流派因其核心人物居住于米兰，又常被称作"米兰学派"[1]。需要指出的是，"纯碎式保护"对新添加持开放态度，如巴兑斯基在米兰理性宫修复时设计了一座新室外安全楼梯。如此新旧强烈对比的建筑语言既得到赞扬（给古建带来新激情），亦遭到批评（模糊了中世纪宫殿的价值）。

"保全式恢复原状"流派关注美学层面及其当初的建筑构成，强调建筑与其他艺术的差异，注重建筑的外观，甚至赞同部分重建或翻建历史建筑当初的外表"风格"。这听上去颇似早被批判的风格式修复。然而，马科尼在罗马及庞贝的一些修复或重建项目中，令人信服地运用传统构筑技艺，展现了实践和哲学层面的双重优雅。且马科尼也不仅仅限于注重美学层面的重建或修复。2003 年，他在罗马开设研究生课程，探讨历史性乡土城镇的保护。足见在新形势下，修复家的多元性。当然，也可说他继承了前辈们的跨界传统。

点评：

　　读者不妨将这里的三大流派与本章前文谈到的三种保护手法做些对比。

随着科技进步，20 世纪下半叶的意大利保护建筑师有更多机会运用新的建筑材料和技术，如建筑保护工程师圣保莱西（P. Sanpaolesi，1904—1980）特别关注建筑材料的耐久性，并重点研究化合物化学硬化后对石材所产生的影响，由此通过保护古迹的原始"标签式"材料免受进一步腐坏，延伸历史建筑材料的存在，同时又保留时光给那些材料带来的特色。这就是说既防止材料腐坏又维持时光之痕（"古锈"），而非彻底清洗。建筑师米尼西（F. Minissi，1919—1996）试图通过现代科技解决保护领域的一大难题：在考古

---

[1] Musso, S. F. "Conservation/Restoration of Built Heritage: Dimensions of Contemporary Culture" // Lombaerde, P. (ed.) *Bringing the World into Culture: Comparative Methodologies in Architecture, Art, Design and Science* [M]. Amsterdam:University Press Antwerp, 2010, 92.

挖掘处建造大型庇护建筑物，保护遗址免受天气及旺达尔主义的破坏。在考古遗址建造大型庇护物而形成博物馆是 20 世纪 50 年代常见方式。米尼西 1957 年为西西里阿美利纳广场（Piazza Armerina）古堡别墅（Villa del Casale）设计的以透明塑料及钢材为骨架的围合庇护结构可谓当时最大型建造物之一。这种在大规模多重遗址间建立视觉联系的方式常常被称作透明式保护[1]，而米尼西在罗马及西西里设计的多处博物馆项目如今也都成为需要保护的经典。[2]

在博伊托的倡导下，意大利建筑领域早在 19 世纪末即开始关注乡土建筑，该传统即使在第二次世界大战期间也没有完全间断，20 世纪 70 年代更得到挖掘，连一些追求现代主义的建筑师也本能地眷顾传统和乡土并活化性利用和保护历史建筑。如建筑师斯卡帕（C. Scarpa，1906—1978）以敏锐和离合的方式，将精细而高品质的设计元素融入历史建筑，其经典之作有 1958—1964 年实施的维罗纳古堡修复。他将古堡改造成一座博物馆，把新的建筑元素巧妙地纳入历史建筑的语境，可谓新旧缝合的极佳范例。有关他的故事，我们在下篇再做铺展。除了修复或改造，多数意大利建筑师在历史建筑之间或附近设计新建筑时，也都自觉不自觉地寻求新旧间对话，此类作品多为博物馆设计。如建筑师布鲁诺（A. Bruno，1931— ）注重历史层次与场所精神，在尊重现存建筑肌理的前提下，根据现代需要，实施相应的干预手法，添加物多采用现代材质、样式。他著名的作品实例有都灵附近利沃里城堡中的现代艺术博物馆。

20 世纪 80 年代以来，意大利屡遭地震、洪水及泥石流、滑坡等天灾的破坏，建筑保护领域面临的主要任务之一依然是重建被毁的结构。人们因此开始关注如何预防毁坏和如何重建。至于采取何种方式重建，总也伴随激烈辩争，辩争的焦点在于受灾古迹的意义及原真性。我们在本书最后一章谈及 1996 年威尼斯凤凰歌剧院火灾后修复时，再做评说。

［1］ Vivio, B.A. "Transparent Restorations: How Franco Minissi Has Visually Connected Multiple Scales of Heritage" // *Future Anterior* [J]. Minneapolis: University of Minnesota Press, Vol.11, No.2. 2014, 1-17.

［2］ Vivio, B.A. "The 'Narrative Sincerely' in Museums, Architectural and Archaeological Restoration of Franco Minissi" //*Frontier of Architectural Research* [J]. Nanjing: Southeast University, Vol. 4（3）, 2015, 202-211.

20 世纪 90 年代以来，更涌现出一批新型保护建筑师，如罗马的隆格巴迪和曼达拉（Longobardi and Mandara）建筑事务所创建计算机数据库作为庞贝的保护规划工具[1]。

随着历史建筑修复保护渐趋多元，乔万诺尼在 20 世纪头十年种下的保护历史城镇的种子于 50 年代中期开花结果，如前文所提阿斯滕戈 1955—1958 年对阿西西的规划，为此后意大利历史城镇的保护和规划提供了宝贵参考：保护修复历史城镇时，不引入新的道路和当代新建筑，而基于将历史区域当作一个自我独立的整体，限制城市扩展，从而保护古镇及其周边景观。阿斯滕戈还强调把城镇与其周边农业景观当作一个不可分离的和谐整体，城镇的历史中心与周边景观在规划中同等重要……这项规划最终并未被阿西西市政府采纳，却被许多人视为意大利规划实践的转折点[2]。比较图 1.35 今日阿西西与图 1.36 阿斯滕戈做的机动交通规划，不难看出整座城市形态是基本一致的。

著名的"十小组"（Team X）核心人物德卡洛（G. De Carlo，1919—2005），1958—1964 年对意大利中部山区小城拉斐尔的故乡乌尔比诺的总体规划采用了与阿斯滕戈不同的手法[3]。前者对城镇做视觉分析时关注整座城镇所具有的图画意象，广泛运用照片示例，并认为阿西西城镇规划中的重要部分是修复。后者着重乌尔比诺历史中心以总督宫为主干的景观，也不认为修复是对历史城镇最好的处理方式。然而，德卡洛同样关注保护乌尔比诺的历

---

[1] Stubbs, J.H. & Makas, E.G. *Architectural Conservation in Europe and the Americas* [M]. New Jersey: John Wiley & Sons. Inc., 2011, 23.

[2] De Pieri, F. "Visualizing the History City: Planners and the Representation of Italy's Built Heritage: Giovanni Astengo and Giancarlo De Carlo in Assis and Urbino, 1950s-60s" // Pendlebury, J., Erten, E.& Larkham, P. J. *Alternative Visions of Post-War Reconstruction* [M]. London & New York: Routledge, 2015, 58.

[3] 对两者不同规划手法的分析参见 De Pieri, F. "Visualizing the History City: Planners and the Representation of Italy's Built Heritage: Giovanni Astengo and Giancarlo De Carlo in Assis and Urbino, 1950s-60s" // Pendlebury, J., Erten, E.& Larkham, P. J. *Alternative Visions of Post-War Reconstruction* [M]. London & New York: Routledge, 2015, 54-71. 以 及 Gabrielli, B. "Urban Planning Challenged by Historic Urban Landscape" //van Oers, R., Haraguchi, S., Tournoux, M. etc. (eds.) *World Heritage Paper 27: Managing Historic Cities* [M]. Lawrence, C. etc.trans., Paris:World Heritage Centre, UNESCO, 2010, 23-24.

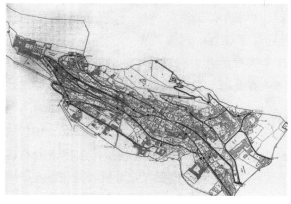

上：图 1.35 从天上看 21 世纪阿西西，谷歌截图

下：图 1.36 意大利建筑规划师 G. 阿斯滕戈 1955—1958 年规划提案，阿斯滕戈对阿西西历史中心的机动交通规划

史和文化，坚持将新校区建于城外。此后 40 余年缓慢实施总体规划的进程中，他设计了诸多富于创造性的新建筑，不仅谨慎地使它们融入老城的历史肌理，还注重与城镇现代社会生活的协调[1]。对比图 1.37 德卡洛对乌尔比诺所做的多重视觉分析，与图 1.38 今日乌尔比诺城市空间形态和街道布局，我们看到原有风格基本得到保持。

另一重要成果当推韦努蒂（G. C. Venuti，1926— ）、切尔韦拉蒂（P. Cervellati，1936— ）以及贝内沃洛（L. Benevolo，1923— ）等建筑规划师 20 世纪 60 年代陆续开始的对博洛尼亚（Bologna）历史中心（老城）的建议和规划。他们将老城肌理归纳为一系列建筑类型（主要为 4 组）加以系统研究和

[1] De Carlo, G. *Urbino: The History of a City and Plans for Its Development* [M]. Guarda, L. S. trans., Cambridge & London: MIT Press, 1970.

左：图 1.37 意大利建筑规划师 G. 德卡洛 1958—1964 年规划提案，德卡洛对乌尔比诺整个城镇的视觉分析

　　De Carlo, G. *Urbino: The History of a City and Plans for Its Development* M]. Cambridge & London: MIT Press, 1970, 71.

右：图 1.38 从天上看 21 世纪的乌尔比诺，谷歌截图

分析，并从中挑出需要重现的建筑类型予以保护。具体实施时，通过系统整合、对结构的技术改进以及建筑内部的重组等手法，对历史建筑施以结构性重建，将城镇中心区域的新建部分与古老肌理融为一体。特别值得学习的是，这种新旧融合，不仅仅注重美学和视觉特征，还考虑其背后更为庞大的整座城镇的综合体系，包括物理环境、社会和经济结构。如在复原历史中心区域的历史肌理的同时，尝试社会住房的规划试验，保持城市邻里原有的社会和经济构成，将整个保护进程与维持街区原有的功能及社会形态（如原住人口）相结合。

点评：

　　因资金及复杂的社会、政治、经济等因素，一些项目并未得到展开，并导致居民与决策者之间的冲突，显示出理想与现实的反差。然而不管如何，今日博洛尼亚老城长达 20 英里极富特色的拱廊街、林荫道和广场，让其成为意大利保护最好的历史中心之一。20 世纪 60 年代以来在该城的诸多整体性保护观如"反发展""人与房子一起保护"等至今有效。在保护、规划及社会学等层面的多重开创性思考也使

其广受欧美学者的探讨[1]。台湾著名都市研究学者夏铸九亦撰有论文，并开设讲座详解博洛尼亚老城的保护经验[2]。

总之，20 世纪 60 年代以来，人们普遍认识到历史城镇中心的特殊品质以及因开发导致的衰败，从而催生出保护历史建筑及历史城镇中心的立法措施和规划指导。保护历史城镇的中心成为意大利规划者的共识，对这一共识的探讨在 1975 年欧洲理事会组织的都市遗产研讨会上达到高潮。80 年代开始，在欧美国家呈现对历史城镇中心周边被废弃的旧工业区再利用和保护的新趋势，将破旧工业区改造为第三产业的活动区和服务区，不仅可以保护工业遗产，还能够振兴城市经济。90 年代以来，保护历史城镇中心的理念被演化为保护整座历史城市，就是说，保护城镇中任何可能失去的记忆和特征。规划领域还认识到：历史城镇不单是各类历史建筑和城市肌理的简单总和，而且是通过历史、地貌、自然和社会表现出的完整系统。如此理念在 21 世纪更被拓展为保护自然、田园风光以及文化景观的区域性和地方性的综合规划和保护。

点评：

1. 从 19 世纪下半叶至 21 世纪，意大利城镇保护层层递进。如今，无论走进哪一座意大利城镇，总能感受到其悠久的历史（图 1.39）。这显然离不开在保护及规划理念和立法上的层层递进。

2. 我们在以下三章将看到，20 世纪 60 年代开始的对历史城镇中心的关注亦是整个欧洲的总体趋势。21 世纪以来，因为功能上的多样性以及身份认同的重要性，

［1］代表性论著有：Calavita, N. "Urban Social and Physical Preservation: The Case of Bologna, Italy" // *Housing and Society* [J]. Minneapolis: University of Minnesota, Vol.7, No.2, 1980, 142-149; Tiesdell, S., Oc, T. & Heath T. *Revitalizing Historic Urban Quarters* [M]. London: Routledge, 1996, 106-109; Watson, G. B. & Bentley, I. *Identity by Design* [M]. Oxford: Butterworth-Heinemann, 2007. 127-154; Bravo, L. "Area Conservation as Socialist Standard-bearer: A Plan for the Historical Centre of Bologna in 1969" // *Docomomo E-Proceedings* [C]. December 2009, 44-53; Gabellini, P. "Case Study Bologna: From Urban Restoration to Urban Rehabilitation" // Bandarin, F. & van Oers, R.(eds.) *Reconnecting the City: The Historic Urban Landscape Approach and the Future* [M]. Chichester: Wiley-Blackwell, 2014, 107-112.

［2］夏铸九、黄永松：《都市保存的欧洲先行者——意大利波隆尼亚的经验》，载《文化资产、古迹保存与社区参与研讨会论文集》[C]. 1996，14—34。

图 1.39 锡耶纳老城广场一角
广场贝壳，高低蜿蜒。
街巷几路，文化年轮。

这种关注不仅仅在于遗产保护，还涉及更为广泛的从社区政策的制定到社会凝聚力到经济发展的诸多管理议题，其中对管理进程起重要影响的三大关键主题是：城市价值、政治和体制的构架、管理工具和干预手法[1]。

立法、管理、教育和科研

立法

15世纪以来，罗马教皇不时颁布法令保护古物。1860—1871年的国家统一进程中，意大利人积极发展相关法案。然而直到1902年的《古迹法案》（*Monument Act*），才正式确立国家对历史建筑、具有艺术价值和历史价值的不可移动及可移动物件、考古发掘遗址、博物馆、画廊及艺术物件全面系统的保护[2]。

受1931年的《雅典宪章》启发，意大利政府于1932年颁布《古迹修复规范》，为常规性修复和保护设立标准，并对建筑中现代材料的运用给予指导性规定。同年，又颁布《纪念性建筑修复宪章》。基于二者的主要原则，意大利教育部于1938年发布一系列有关历史建筑的修复规范。随着保护议题从历史建筑向历史城镇中心、园林及环境延伸，1939年，意大利政府颁布其立国后两部最重要保护法案：一部是《艺术及历史物件保护法》（*Law N. 1089, Tutela delle cose d'interesse artistico o Storico /Protection of Objects of Artistic and Historical Interest*）——保护包括历史建筑在内的文化遗产；另一部是《自然景观保护法》（*Law N.1497, Protezione delle bellezze naturali/Protection of Natural Beauties*）——保护包括林园及花园在内的自然环境。这两部法案均对此前意大利的保护法案做了进一步定义和强化，其效力一直持续到1999年[3]。

---

[1] Pickard, R. & de Thyse, M. "The Management of Historic Centres: Towards a Common Goal" // Pickard, R. (ed.) *Management of Historic Centres* [M]. London & New York: Spon Press, 2001, 274-290.

[2] Gianighian, G. "Italy" // Pickard, R(ed.)*Policy and Law in Heritage Conservation* [M]. London & New York: Spon Press, 2001,186.

[3] Ibid..

点评：

意大利对自然景观的保护立法深深影响了 20 世纪国际建筑保护的走向。1981
年，国际古迹遗址理事会与国际历史园林委员会起草了《佛罗伦萨宪章》。1982 年，
作为《威尼斯宪章》附件，它提出了保护历史园林及花园的保护方法和方针。这对
英国的园林保护亦有直接的引导，如自 1990 年至今，英国将园林保护纳入英国遗
产保护法定的管理框架之内。

"二战"给意大利带来的破坏虽不及德国、法国、英国严重，却也导致紧
迫而大规模的复原和重建，之前的建筑保护指导方针及宪章所界定的规范标
准都难以满足需要。战后的修复热也唤起意大利民众的保护意识。这一切促
使意大利不断完善和拓展保护立法，如 1967 年颁布的《城市规划法》制定了
保护历史城市的条款，1968 年制定的相关法律专门保护历史城镇中心。然而，
20 世纪 50 年代之后，意大利保护立法走向成熟的同时也走向烦琐，其法律条
款多以数字标示，且不断变化，让外行难以确认。这里仅简要介绍 20 世纪 70
年代后诸多法案中的核心法[1]——1999 年议会通过的《联合法》，因是对上述
1939 年颁布的两项法律的合并而简称《联合法》。顾名思义，该法脱不开前述
两法案的大体框架。

《联合法》2004 年经过调整修改，更名为《文化和景观规范》（*Codice dei
beni culturali e del paesaggio*，Code 42/2004）。该规范将可移动性文物、不可移
动性文物、景观及自然环境、考古区等纳入一个专门法律框架，统称为文化
遗产。2008 年，意大利政府对规范稍加更新后，作为保护领域的核心法使用
至今。

管理

意大利政府强调国家保护文化遗产的权利。文化遗产不能像其他私人财
产那样完全由私人自由支配，其拥有者、使用者和管理者应承担相应的保护
义务并接受相关限制。为保证中央政府对文化遗产实行合法性干预，意大利

---

[1]　有关其他法案，参见朱晓明，《意大利中央政府层面文化遗产保护的体制分析》，载《世界
建筑》[J]. 北京：清华大学《世界建筑》杂志编辑部，2009/06，114—117。

政府在积极立法的同时，采取以中央政府为主、地方政府为辅的垂直管理模式。由于意大利历经分裂，文化遗产分散于不同的地方政府、机构、私人等处，上述垂直管理力求在中央与地方[1]之间寻求平衡。对于重要遗产，中央政府在立法、经费、技术控制、国家文献编目、文物监管员的派设、重要活动开展等方面起主导作用。中央政府负责宏观规划，大区拥有地方自治权，可向中央政府、议会建议更改宪法。此外，大区有权制定独立的城市法、进行文物评估管理地方立法、制定景观规划、履行城市与古迹管理权等。省则是大区的派出机构，执行大区的法律规定，编制城市总体规划。地方政府虽有自治权，但必要时中央政府有权通过特别立法从现存法律中剥离出保护对象（比如某历史城市的街区或考古区），对其进行独立保护。

19 世纪末，意大利王国统一后，主管意大利历史建筑保护的中央政府部门为教育部。1975 年，借欧洲建筑保护年东风，意大利政府成立文化及环境遗产部，显现了政府保护部门逐渐独立化和专职化。1998 年，文化和环境遗产部被改组重建为文化遗产及活动部，综合统一管理历史建筑遗产和现代艺术、新建筑、博物馆、电影院、体育、旅游等部门。这既是对部门的精简，也是对管理范围的拓宽和整合，可谓当代保护大趋势：保护与发展并列纳入"文化"的范畴。而将保护项目与保护活动并列则体现另一大趋势：保护进入全民生活。民间保护社团机构如意大利历史建筑协会、考古俱乐部、环境基金会、博物馆之友、"我们的意大利"、意大利艺术品自愿保护联合会、意大利古宅协会等非政府机构，开始扮演重要角色。地方政府的保护管理部门主要有各大区设立的文化遗产保护局（如负责大区内的文物保护）及各市设立的文化遗产保护机构（对文物登录、维修等）。

此外，意大利还设有两家独特的管理部门——监督局与宪兵司令部。关于前者，早在 1907 年意大利即颁布《文化遗产监督法》(Tutela Act)，在全国设文物监护人，作为中央与地方政府有关保护管理的联络人。1998 年文化遗产及活动部组建后，文物监督人从属于该部直接领导的建筑历史环境监督局。后者成立于 1969 年，作用介于军队与警察之间。

---

[1] 1975 年开始，意大利行政区划分为 20 个大区（其中 5 个特区）、98 个省、8099 个市。管理模式分为自上而下的中央、大区、省、市四个级别。中央与大区均有立法权（五个特区则有特别立法权）。

教育、科研

迄今为止，意大利有关文化遗产保护的最权威教育科研机构当推 1939 年成立的位于罗马的中央修复研究院（现名修复与保护高等研究院，Istituto Superiore per la Conservazione ed il Restauro，ISCR），以及前身由美第奇家族创办于 1588 年位于佛罗伦萨的艺术品修复研究所（Opificio delle Pietre Dure，装饰性石材加工工作间，OPD），两者均隶属于意大利文化遗产及活动部，设有四年制课程。此外，还有附属于各大学的历史建筑保护机构，如罗马大学建筑系历史建筑保护研究生院，以及独立的保护培训机构，如威尼斯建筑遗产职业培训中心等。诸多大学的建筑系亦开设了有关历史城镇和建筑保护的课程。

点评：

20 世纪以来，意大利的历史建筑和城镇保护从立法、管理到科研教育全面发展，包罗万象却也驳杂繁复，恰如意大利自己人维科的预言：走向民主的同时亦体验混乱。

Sacré Coeur
23/02/18

法国巴黎圣心教堂

第二章 法国

如果说"伤怀"催生了意大利人的
保护,"破坏"则惊醒了法国人的修复。

上一章,我们顺时代递进,线性铺开。本章通过切片,展现法国在建筑和城镇保护领域的独特贡献。篇头小语以点示之:

——与意大利长期分裂的政治体制不同,法国自路易十四时代就确立了君主专制的中央集权。法国是全球最早从国家层面立法保护历史建筑的国家。

——意大利在14—16世纪以文艺复兴引领潮流,法国是17世纪启蒙思潮中心、18世纪欧洲大陆资产阶级革命策源地、18世纪末19世纪初欧洲浪漫主义的风口浪尖。1789年开始的法国大革命标志着现代意义的建筑修复与保护的开端。19世纪上半叶发端于法国的风格式修复广为欧洲修复者学习模仿,又遭后来智士的抨击修正。随着新思潮的涌现,20世纪的法国发展出"历史语境""区域保护"等新概念。

——国家层面管理并没有扼杀个体发挥。相反,法国的修复领域拥有特别的强势个体——维奥莱-勒-杜克。以勒-杜克为核心的风格式修复对法国乃至整个欧洲的建筑修复产生深远而广泛的影响。

——法国人注重建筑遗产的整体性以及建筑遗产如何融入"活着"的现实,有关历史建筑的修复保护总是伴随着当代需要和现代性发展。

——国家层面的立法导致过多的行政干预,某种程度上抑制了地方保护的能动性。

一 国家层面的历史建筑保护

大革命：从旺达尔主义到保护

法国大革命是欧洲史上最为激荡的事件之一。合乎现实需求，也是历史必然：废除了若干世纪以来的封建王权。"自由、平等、博爱"替代传统君主制统领下的阶层等级观，贵族和天主教会把持的宗教特权被推翻，现代社会的大幕由此拉开。然而，大革命攻击几乎所有现存的权力机构，祛除种种传统、习俗乃至更改日历，强行粗暴地将现代与传统一刀斩断，对艺术品和历史建筑的毁坏可谓惨烈。一般认为，1789 年 7 月 14 日巴黎巴士底狱被攻陷并捣毁，是为"大破坏"之开端。随之而来的破坏从两层展开：一是言辞：更改诸多城市、广场、教堂之名，因这些名称体现封建制王权意识形态或宗教印记，有悖于新时代，需要代以象征"自由、博爱、平等"[1]的名称；二是物件：国王、贵族的私有财产被没收充公，他们的宫殿、城堡、雕像，乃至墓穴均遭捣毁和拆除。

两个层面相辅相成，易名使这些名称的载体失去原有的品质和地位而遭进一步毁坏，大批历史建筑被捣毁，艺术品流失。中世纪教堂和修道院多遭灭顶之灾，其内的圣坛、墓碑乃至雕像均难以幸免。作为大革命爆发地，巴黎遭受的破坏尤为惨烈，原有的 300 多座教堂仅剩 1/4。巴黎圣母院伤痕累累，竟于 1794 年沦为葡萄酒仓库。说大革命带来的破坏超过此前 200 年来因文艺复兴及巴洛克时代建造所累积的所有破坏[2]，毫不夸张。

所幸，修复与破坏总是交替发生。意大利如此，法国亦如此。大革命导致的大破坏随即遭到谴责，这谴责带来对古迹的关怀乃至修复保护，如古物学者米林（A-L Millin，1759—1818）1790 年开始出版六卷本《国家历史性纪念建

---

[1] 如路易十五广场易名为革命广场（Place de la Révolution），后为协和广场（Place de la Concorde），教堂之名或简单去掉带宗教色彩的"圣"（Saint-）前缀，或者干脆以其所在地为名。

[2] Erder, C. *Our Architectural Heritage: From Consciousness to Conservation* [M]. Paris: UNESCO, 1986, 122.

筑文集》，第一卷即提出"历史性纪念建筑"（monument historique）概念，它包括古代城堡（châteaux）、大修道院（abbayes）、修道院（monastères）以及所有能再现法国历史上重大事件的物件或建筑。萧伊认为米林的工作仍停留在古物学者角度，意在通过提供（历史建筑的）图像及相应的描述来拯救那些将遭破坏的物件[1]。即便如此，米林提出的新概念还是唤醒了法国人的保护意识。

具有特别意义的是，这次大革命跟以往任何一次都不同，因为这一次，国王、贵族、教会的私有财产不仅仅被破坏，还被没收充公为国家财产。

大革命政府本打算出售这些被没收的财产以充金库，但遭到革命委员会一些成员反对。这些人提议另立一个委员会专门照看这些物品。反对派领头人米森–胡基（F. P. de Maison-Rouge，1757—1820）还从国家遗产和国家财产两个层面提出"国家遗产"（patrimoine national）概念。若卖掉，这些财产会再次落入私囊，变成私人遗产而非国家遗产，失去让大部分民众接触的机会。反之，人们可从对家族遗产（patrimoine de famille）的自豪转为对国家遗产的自豪，从而获得一种新型爱国观和国家意识[2]。该想法得到大革命政府的认同。于是，国家有责任照料保护国家遗产。新一轮保护便有了两个质的飞跃：一是把保护提升到国家层面，二是把保护落实到行动，保护从上述古物学者米林倡导的对"历史性纪念建筑"的文献或刻印图板保护走向实物保护。

大革命后不久，法国立法命令各市、州政府将国家财产列出清单并建立监管体系，如1790年10月，国民制宪议会（L'Assemblée nationale constituante，即前国民议会）颁布律令，要求有关部门"尽其所能评估并保护属于国有财产的古迹、教堂及其他宗教建筑"。之后，历史建筑委员会成立，对应受保护的建筑列出清单并落实保护措施。随后的几年，委员会名称和构成虽屡有变更，却一直致力于保护，并推动了1810年开始的法国第一次大规模历史性纪念建筑普查。

与罗马教皇一样，大革命政府亦具有强烈的两面性：在基于平等、爱国等原则发布保护法令的同时，又觉得必须清除那些封建遗产而颁布法律让圣像破坏运动合法化。关键时刻，是一些睿智的个体或"孤独英雄"发挥作用，

［1］ Choay, F. *L'allégorie du Patrimoine* [M]. 2nd éd., Paris: Seuil Nouv, 1999, 74.

［2］ Swenson, A. *The Rise of Heritage* [M]. Cambridge: Cambridge Press, 2013, 32.

将大革命的法国从"破坏的缩影扭转为保护的诞生地"[1],如1793年,政治家拉卡纳尔(J. Lakanal,1762—1845)及数学家罗梅(C. Romme,1750—1795)呼吁保护历史古迹及艺术品,并催生了政府于同年颁布对历史古迹及艺术品毁坏者实施惩罚的相关法律。布卢瓦主教H.格里高利神父(H. Grégoire,1750—1831)自1794年1月始,连续向国民制宪议会递交了多份报告,谴责破坏行为。其中一份报告借用公元5世纪旺达尔人洗劫罗马的典故,将破坏文化艺术的野蛮行为定义为——旺达尔主义(Vandalism)。

点评:

1. 反对者认为格里高利神父夸大了破坏程度。然而"旺达尔主义"作为专有名词留给了历史,给法国人敲响了长鸣警钟。大革命100多年后出生的法国艺术史学家雷奥(L. Réau, 1881—1961)1958年出版专著追忆旺达尔主义的起源及其在不同时期对法国历史古迹的破坏,并将之做多重区分[2]。

2. 格里高利神父强调历史古迹在不同历史时期的文献价值,因此需要将古迹作为整体保护。他还强调历史古迹只有在需要保护时才能移至他处,否则应保留于原地。尤基莱托认为,这种关于历史古迹道德层面的理念,既让人追忆温克尔曼,也预示了拉斯金及19世纪末的现代保护运动[3]。

因为"破坏"与"反破坏"的不断较量,即便破坏行为远没有完全停止,大革命仍孕育出前所未有的保护理念、法律及相关举措:如"国家历史古迹"概念、"国家遗产的科学和艺术"概念及其教育功能、国家管理遗产的

[1] Swenson, A. *The Rise of Heritage* [M]. Cambridge: Cambridge Press, 2013, 25.

[2] 雷奥认为破坏性是人的本能,并引用了拉丁格言"时光侵蚀历史古迹,但历史古迹最大的敌人是人"。这种人类破坏行为(旺达尔主义)有多重不同的原因和类别:或因为报复、嫉妒、或因为恶意的快感,或因为战争、革命、宗教、伦理道德、政治狂热、不同的利益及美学观,或因为修复,或仅仅因为愚蠢,等等;如大革命时期对教堂修道院的破坏是因为不同的信仰;在古代裸体雕塑的敏感部位贴上葡萄叶子是因为所谓的伦理道德;某些古玩家及考古学家将古物及艺术品从其原来的"语境"剥离出来,转到新"语境"(如异地博物馆)则因为利益及不同的美学观。(Réau, L. *Histoire du Vandalisme: Les monuments détruits de l'art français* [M]. Paris: Robert Laffont, 1994, 1, 9-27.)

[3] Jokilehto, J. *A History of Architectural Conservation* [M]. Oxford: Butterworth-Heinemann, 1999, 72.

职责、将国家遗产列出清单并进行分类的做法等，都具有划时代意义，并对欧洲其他国家产生影响。从此，国家认同（National Identity）抑或民族主义（Nationalism）成为保护各自国家遗产的重要动力，亦让各国的保护行为上升为"运动"（Movement）[1]。"国家遗产"及"历史古迹"等概念，比以往古物学上任何一个类似概念所涵盖的意义都更为广阔，可谓历史建筑保护走向现代的重要标志。此外，法国人还开始关注国家遗产及其周边的环境。

1830年，自由主义君主路易·菲利浦一世（L. Philippe I，在位期1830—1848）登基，开启了法国"资产阶级"的"黄金时代"。同年，设立了法国历史上第一位历史性纪念建筑保护总督导（Inspecteur général des monuments historiques）职位，维泰（L. Vitet，1802—1873）担任总督导。法国的建筑保护从此走上"正轨"，上述大革命时期所有关于保护的理念、法律和举措都被成功植入国家法规和政策性文件。这些法规、文件极大地推进了法国历史古迹保护，也影响了欧洲其他国家乃至全球。

又见两种立场

大革命时没收的资产主要有两类：可移动资产与不可移动资产。对这些资产的不同照料方式预示了现代保护运动的两大分支：博物馆保护及建筑保护。本书旨在阐释后者。但不妨先对前者做些叙说，以图展现围绕博物馆保护的两种立场。读者可将之与上一章意大利人有关雕塑修复的两大对立立场以及下一章将要讨论的英国人修复与反修复立场做些对比。

我们先简要回顾博物馆的起源和发展。4000多年前，埃及和美索不达米亚的统治者便喜好收藏珍品奇物，如公元前3世纪，建于埃及亚历山大城的缪斯神庙专用于收藏文化珍品。之后，各个历史时期的博物馆如佛罗伦萨乌菲齐博物馆等，在收藏的同时也为艺术品保护做出贡献。然而这些博物馆均源于个人收藏行为，藏品仅供私人参观。直到18世纪，欧洲才出现向公众开放的博物馆，如巴黎市区的卢浮宫（图2.1）从1775年起向公众开放。但这

---

[1] Glendinning, M. *The Conservation Movement: A History of Architectural Preservation: Antiquity to Modernity*[M]. London & New York: Routledge, 2013, 65-78.

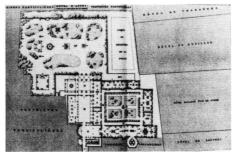

左：图 2.1 1830 年之前的卢浮宫东立面
  Galignani's New Paris Guide
右：图 2.2 法国古迹博物馆 1809 年平面
  Inventaire général des richesses d'art de la France: Archives du Musée des monuments français,
  Vol 1, Paris: 1883

初期的"公共"博物馆卢浮宫依然限于"收藏"，仅对公众有限开放。

1793 年，法国大革命政府通过了一份有关艺术、科学及教育的文物名录及有关文物保护的文件，文件强调教育的基本角色，提出为教育服务的物品，可从被查禁的机构（图书馆、博物馆）的藏品中发掘。同年颁布的另一项法令更将博物馆列为可移动文物的庇护所。于是，上述数不胜数的"被没收的可移动资产"就从开始时的存放馆逐步并入博物馆，其中最著名的便是卢浮宫。卢浮宫因其内藏有可移动的古代文物，不仅向公众全面开放，成为史上第一座真正的公共博物馆，其功能也从单纯"收藏"走向集"收藏"、"教育"和"保护"于一体。

点评：

1. 博物馆的"收藏"性仅为愉悦个人或家族，新增的"教育"和"保护"功能显示一个社会对古代文物的历史性认知，可谓质的飞跃。

2. 法国在确立国家层面历史古迹保护的同时促进了博物馆学发展，博物馆从此与历史古迹保护关系密切。

另一座比卢浮宫更具特别意义的"博物馆"，由巴黎南郊原小奥古斯汀修道院（Petits-Augustins，图 2.2，现巴黎国立高等美术学院所在地）改造而来，初期仅存放些雕塑及绘画艺术品。1791 年，自学成才的考古学家勒诺瓦（A.

Lenoir，1762—1839）被任命为收藏馆馆长。1795 年，收藏馆作为法国古迹博物馆（Le musée des Monuments français）向公众开放，在法国文化遗产保护史上抹了一笔重彩。该馆不仅因其所宣称的"保护"功能，更因他人对其功能的挑战，显示了两种截然不同的保护立场及手法。

勒诺瓦的做法是：列出藏品清单后对这些藏品予以分类，并按年代顺序陈列。藏品除了从大革命所破坏的场所如圣丹尼修道院皇家墓地抢救的破损建筑物件，还包括设法从法国他处收集而来的一些保存完好的古迹古建，包括雕塑、古人墓、教堂立面等。在勒诺瓦看来，这些物件是他从大革命狂热的破坏中拯救出来的杰作，将这些残片依时间、风格顺序陈列到博物馆是一种保护。他还认为全法国都应当建立类似的博物馆，构成一种从史前到当前世纪的综合大观。遗憾的是，勒诺瓦对中世纪艺术理解有限，一些不同文物的残片很多时候竟被混到了一起，遭到批评。

最严厉的批评来自考古学家和艺术批评家德甘西（Q. de Quincy，1755—1849）。有意思的是，德甘西对中世纪艺术的理解水平并不比勒诺瓦高。他批评的不是混淆残片的无知而是大前提：反对让艺术品离开原址被搬迁到他处。说白了，这位仁兄反对博物馆，认为将艺术品搬移、收集其碎片并将之系统分类等做法意味着建立死亡的国度。这种认知后来成了一句名言："分离即破坏。"即便因政见不同而屡遭监禁，德甘西在狱中仍坚持写信，强烈抨击拿破仑自 1797 年开始实施的掠夺意大利艺术品的政策，认为意大利本身就是座伟大博物馆，其中的艺术品与意大利的天地天然和谐。这些艺术品一旦离开意大利，和谐将不复存在。此外，他还从道德层面谴责这种民族扩张式掠夺。这些观点极大地影响了当时法国的艺术家，也唤醒了欧洲他国保护自己民族的艺术及建筑遗产的意识。"艺术品属于其所在地的文化和地理语境"（如中世纪雕塑应被保存在中世纪环境中）几乎成为时人共识。

我们看到的其实是两种对立的立场：一种认为将一件艺术品和建筑从其原始地搬到条件更好的他处，可使其得到更好保护。一种认为，如此粗暴地切断历史建筑与其原始地语境的关系，并将之置于他处（如公共博物馆），不仅不是保护反是破坏。这两种态度代表了有关文化遗产和艺术品保护的两种模式。20 世纪 60 年代之后，第二种模式渐占上风，如文化遗产的"不可移动性原则"以及"连带环境保护"原则，均优先考虑文化遗产与原生环境的关系。

英国学者斯塔拉 2013 年出版的专著《法国古迹博物馆 1795—1816》的副标题"杀戮艺术而创造历史",亦能让我们看出一些当代学者的立场[1]。

点评：

1. 勒诺瓦的古迹博物馆于 1816 年被拆,小奥古斯汀修道院也让位给美术学院。具讽刺意味的是,拆除及改组不是德甘西的功劳,而是因为拿破仑时期的官方从政治到视觉文化均倾心于罗马帝国的辉煌而对中世纪建筑兴趣不大。这显示了王权对保护的重大影响。

2. 法国人自 19 世纪中叶始热衷举办有关古迹的展览,如 1855—1937 年有关古迹的 16 次世界展览中有 6 次在巴黎举办（仅次于巴黎的是伦敦,举办了 5 次）[2],原因众多,或为了发挥古迹的教育与娱乐功能,或因为国家机构历史建筑保护委员会的大力推动,或为了保证法国古迹保护领域在世界的霸主地位等。不可否认的是,这其中有来自勒诺瓦古迹博物馆的启示录效应。

历史和文学的旁枝侧叶

法国大革命之后,欧洲呈现自由竞争新局势。然而,战争频繁,社会纷乱,政治黑暗。历经憧憬和失望的历程之后,人们发现大革命所确定的资产阶级制度远非启蒙思想家所描绘的那么美好,社会各阶层尤其知识分子对启蒙思想家的"理性王国"深感失望,于是努力寻找新寄托,浪漫主义思潮应运而生。该思潮始于德国,并迅速波及英、法,且在后两国达到高潮。一般认为,此高潮分三波延伸：第一波大约始于 1805 年,以英国湖畔诗人（华兹华斯、柯勒律治及骚塞）、法国夏多布里昂及史达尔夫人为代表；第二波发端于英国诗人拜伦（其 1815—1825 年的作品风靡欧洲）,随之是雪莱、济慈等诗人；第三波高潮大约于 1827—1848 年回归法国,以法国历史文学之父雨果为顶梁柱。

---

[1] Stara, A. *The Museum of French Monuments 1795—1816, Killing Art to Make History* [M]. London: Ashgate, 2013.

[2] Swenson, A. *The Rise of Heritage* [M]. Cambridge: Cambridge Press, 2013, 156.

　　浪漫主义的文学地位早有定论，这里无意奢谈，仅对其在法国的旁枝侧叶略做梳理：法国浪漫主义如何推动了历史建筑（尤其是中世纪城堡和哥特式教堂）的保护，乃至法国的国家层面保护体系。

　　我们先说第一波高潮的法国先驱夏多布里昂（F-R de Chateaubriand，1768—1848）。此君一生矛盾而激烈，开创了新文风乃至新流派，写作手法却是新瓶装老酒；关于革命及宗教的观念骤然兴变，出任拿破仑政权要职不久又追捧路易十六王朝；留恋旧社会秩序又向往新兴资产阶级的自由；笃信宗教又追求自由并且极端崇尚个人主义……这与其特殊的家庭背景密不可分，也是1789—1830年法国社会思潮动荡不宁的产物，体现了世纪末启蒙主义向浪漫主义过渡的"迷茫一代"和"世纪病"心态。

　　通常来说，夏多布里昂的作品以其去世后于1848—1850年出版的《墓外回忆录》最有成就，但他于1802年出版的《基督教的真谛》也颇值得一提。这不仅在于该书轰动了当时几乎整个法国，并促进大革命之后法国天主教的复兴乃至19世纪之后欧洲文化和宗教的发展，更在于其对保护中世纪艺术及哥特式教堂的贡献。该书写于18世纪90年代作者流亡英国之际，目的是为了维护受启蒙思想家（如伏尔泰）及法国大革命期间政客们攻击的天主教。1802年，该书于法国面世，首版包括抒情散文集以及之前发表的两本畅销小说《勒内》和《阿达拉》。散文集从基督教教义教条、基督教诗歌、基督教艺术与文学、基督教风俗礼仪四个层面颂扬基督教的真善美。看似宣教之作，却非空洞说教，而将基督教与古代及异教文明相比较，论述基督教对艺术的贡献，让读者理解中世纪及其历史和艺术价值，创造了一种基于历史比较的文学批评方法。书中对兰斯大教堂等哥特式教堂及巴黎圣母院的抒情式推崇，对大革命期间惨遭重创的中世纪哥特式教堂无疑是一顶极为有效的保护伞。

点评：

　　1. 雨果14岁时立志说："我愿成为夏多布里昂或什么都不是。"马克思视夏多布里昂为"法国虚荣心最典型化身"。司汤达预言：1913年之后没人读夏多布里昂。预言却失效。夏多布里昂的作品至今为法国人所喜爱，并作为法兰西精神发展历程的见证被广泛阅读。别林斯基将其誉为法国浪漫主义之教父。

　　2. 一般认为，夏多布里昂对美洲丛林和大草原奇异风光及古代废墟富于抒情色

彩的描写，成为浪漫主义文学异国情调和"废墟"描写的滥觞。其实，描写"废墟"早就是英国诗人的长项（参见本书第三章）。

3. 早在夏多布里昂之前，法国理性主义即认识到中世纪哥特式建筑的价值。然而夏多布里昂对发生于建筑内的历史事件及场景的生动描写和联想，以其特有的文学魅力让哥特式教堂之美震撼人心，足见文学的力量。

如果说夏多布里昂所做的是一种间接启示，雨果则开始了直接宣战。针对19世纪20年代因捣毁大量古代城堡和修道院而被法国浪漫主义作家们称作"黑帮"（La Bande Noire）的团伙，雨果1823年以《黑帮》为题作诗，发出强烈的"保护"呼吁[1]。一年后，雨果撰文《对破坏者的斗争》[2]，再次呼吁保留中世纪教会建筑。他认为"中世纪值得珍爱的古迹"是"古老民族光荣的证据，其上记录着有关国王以及民族传统的记忆"。因此，保皇派及共和派都要尊重古迹。针对拉昂（Laon）市政府的破坏行为，雨果将《对破坏者的斗争》拓展发表于1832年的《两个世界评论》（La Revue des Deux Mondes）。文章认为来自国王时代的建筑不应该由于其与压迫势力有关就要被砸毁。这些建筑同样讲述了法国历史。保护旧王朝的历史建筑是进步表现而非反革命行为。雨果与格里高利神父的思路一致，为政府机构的保护政策奠定了广泛的民间基础。

1831年，雨果发表了自己第一部真正的长篇小说《巴黎圣母院》，并在第三卷专辟两章描述巴黎圣母院的建筑艺术以及对巴黎城市建筑的鸟瞰，让尘封已久的巴黎圣母院得以重振，并上升到振兴整个民族的高度。在雨果看来，巴黎圣母院既不属于纯罗马血统也不属于纯阿拉伯血统，它反映的是从罗马风建筑到哥特式建筑的过渡，其价值绝不亚于任何一类纯风格建筑。因为如此过渡显示了艺术渐变中的某种微妙之处，若没有遗留下来的巴黎圣母院，如此将尖拱嫁接到开阔穹顶的微妙渐变也就荡然无存了……这些建筑绝非单纯个人的创造，而是社会的结晶……是整个民族的积累，是时代的积累[3]。在谴责破坏的同时，雨果还对破坏进行归类比较：

---

[1] 该诗发表于雨果帮助下于1824年1月创刊的评论杂志《法国博物》（La Muse français）。

[2] 该文1829年发表于《巴黎评论》（La Revue de Paris）杂志。

[3] Hugo, V. *The Hunchback of Notre Dame* [M]. Shoberl, F. trans., Philadelphia: Carey, Lea and Blanchard, 1834, 98.

查看巴黎圣母院这座古老教堂……时间施加的破坏远少于人为破坏，尤其是职业艺术人士的破坏……从这座艺术废墟上，我们可发现不同程度的三种破坏：首先是光阴，在这里那里撕开裂口然后弄得到处锈迹斑斑；其次是革命，政治的或宗教的革命，就其本质而言，都是盲目狂暴，闹哄哄冲击艺术古迹……再就是时髦风尚，越来越愚蠢荒唐，从文艺复兴时期种种杂乱堂皇的风尚开始，层出不穷，导致了建筑的衰落。事实上，时尚比革命带来的坏处更多……[1]

点评：

1. 雨果的文字亦为历史建筑的现代评估提供了基础，因为他不是将教堂孤立看待，而视之为巴黎古城最重要的组成部分，最佳鸟瞰观景处。这可谓保护区概念之源头。在唤醒法国公众保护意识的同时，作为艺术委员会成员，雨果还对当时的一些修复项目如 19 世纪初对圣丹尼修道院的不当修复提出谴责。其"对古建最恶劣的破坏来自于人"的观念值得当代中国修复者深思。

2. 雨果在《巴黎圣母院》里借教士克洛德之口说了些神秘之语，诸如小东西压倒庞然大物，"literature"扼杀"architecture"。我们以为雨果意在表达对一种新技术——印刷术的恐慌，应理解为"文字或书本"扼杀"建筑"，而非某些中国学者所理解的狭义的"文学"杀死"建筑"。

夏多布里昂和雨果对法国历史建筑保护的贡献，得到法国第一任历史性纪念建筑保护总督导维泰的肯定。在维泰看来，如此文学魅力比那些保护学者的文字更能说服大众热爱保护古迹。维泰自己也是剧作家和历史学家，他对法国北方诸省历史建筑所做的考察报告，以及对中世纪艺术的研究和鉴赏，极大地促进了当时法国历史建筑的保护，并为法国古迹保护领域带来一种批判和分析精神。

1834 年，接替维泰职位的第二任总督导是作品具有浪漫主义艺术特征的现实主义作家梅里美（P. Mérimée，1803—1870）。梅里美的父亲在巴黎综合理工学

---

[1] Hugo, V. *The Hunchback of Notre Dame* [M]. Frederic, S. trans., Philadelphia: Carey, Lea and Blanchard, 1834, 93, 95-96.

院从事古建保护研究，他也算是子承父业。梅里美青出于蓝而胜于蓝，成为该行业中的里程碑。作为总督导的梅里美，强烈建议政府参与保护古迹（如说服议会提供保护资金）并致力发展国家层面的保护政策。他还向各省长发布命令，要求各省编制古代文物清单。1837 年 9 月，在他的积极倡议下，法国内政部成立历史建筑保护委员会（Commission des Monuments Historiques），研究普查清单中的历史建筑，创立"列级"（classér）体系。梅里美认为，原则上所有时期所有风格的历史建筑都值得保护，但最终把重点放到中世纪建筑上，是因为这些建筑更能体现法国传统，足见其为提升国家形象不遗余力。正是梅里美为勒－杜克的风格式修复铺平了道路，后者与法国国家层面的立法体系一起被当代保护专家誉为法国对保护领域的两大贡献[1]。显然，梅里美是这两大贡献的重要推手。

点评：

看重梅里美的内务部长基佐（F. P. G. Guizot，1787—1874）是位历史学家。基佐之所以成为部长得益于另一位历史学家提也尔（A. Thiers，1797—1877），因为提也尔推动的 1830 年法国七月革命，让奥尔良公爵路易·菲利浦登上国王宝座。这些错综复杂的关系表明：与其说法国的历史建筑保护是法国历史和文学的旁枝侧叶，不如说历史和文学好比巨网一般笼罩呵护了法国的历史建筑，而非"杀"之。上文所述及人物，有的以文字唤醒国民大众保护意识，有的在国家政府机构担任要职，促使法国从国家层面保护历史建筑及艺术品，他们既推动了法国国家层面的保护，又保持了个体的自由和创造性。这种国家与个体相辅相成的局面值得当代中国人深思。

时光跳至 20 世纪 60 年代，作家马尔罗（A. Malraux，1901—1976）接过前辈的接力棒，谱写出 20 世纪法国历史建筑保护新篇章。我们稍后再做描述。

管理与立法

1830 年基佐担任内政部长之后，极大地促进了国家层面的古迹保护。在基

---

[1] Stubbs, J. H. & Makas, E. G. *Architectural Conservation in Europe and the Americas* [M]. New Jersey: John Wiley & Sons. Inc., 2011, 41.

佐看来，一个国家的历史不仅书写于纸上，也体现于古迹上。法国历史上每一个重要时期的伟大建筑都有一些保留至今，而国家是其唯一载体。只有国家才有能力采取措施与诸省一起建立较为"现代"的管理制度，并引导大众更好地认知历史性纪念建筑。因此，基佐设立了历史性纪念建筑保护总督导职位，其职责有二：第一，督察全国范围内所有应受到政府重视的具有古迹地位的建筑，将它们"列级"汇编成确切完整的清单／名录；第二，负责管理列入清单的历史建筑的修复事项。鉴于此任务的艰巨和繁重，1837 年直接受内政部领导的历史建筑保护委员会成立，协助总督导工作。这个七人小组委员会随即对全国各地的历史建筑展开多层面调研，并确立了对历史建筑的考察程序。

由于资金有限，列级的原则主要是适用维护和保护政策及适应经济上的紧迫要求。整体策略是，对需要修复的历史建筑分级处理，大笔资金仅拨给那些需要完全修复或多处修复的历史建筑，其余的资金，先拨出小笔资金用于实施一些减缓毁坏速度的维护，等到有经费时再对这些历史建筑大修。1840—1849 年，被列级的古迹数目从 934 个增至 3000 个，其中多数为宗教构筑物或高卢–罗马废墟。萧伊认为，这种国家层面的措施可以实现行动上的统一，而在英国，由于存在不同的意识形态和教义，无法实现此类统一。不足的是，如此统一削弱了地方古物学会和机构的权限，因为集中化造成这些机构被边缘化，未能在合作中发展各自的潜力[1]。但不管怎样，集中化开启了法国国家统一立法管理的保护模式。思考与实践并重的工作方法造就了法国历史建筑保护领域第一批真正的职业修复人员，这些人还充分运用最新技术，如在梅里美支持下，将当时新发明的照相技术用于实践，在修复前后进行拍照比较。这些照片日后成为法国建筑遗产档案中的精品，在法国人举办的古迹保护展览中大放异彩。

经过一段艰难历程，1887 年，法国终于颁布了第一部历史建筑保护法，该法明确指出作为法国文化遗产的历史建筑保护的范围和标准，并组建由建筑师组成的历史建筑委员会，负责法国文化遗产的筛选及保护。从此，基于国家利益的"历史性纪念建筑"成为一个法定概念。这部法律于 1913 年修订后成为法国建筑保护史上著名的《1913 年古迹保护法》。针对 1905 年政教分

---

[1] Choay, F. *L'allégorie du Patrimoine* [M]. 2nd éd., Paris: Seuil Nouv, 1999, 109.

离给宗教建筑管理带来的混乱，新法以"公共利益"替代原来的"国家利益"，将那些被 1905 年制定法律排除出国家层面保护体系、却又具有较高价值的宗教建筑重新纳入国家管理和资助的保护范畴。根据历史建筑的历史、艺术价值，《1913 年古迹保护法》列出两类不同层面的保护方式：一类为对列入历史建筑正式名册的建筑列级保护（Monument Historique classé），从历史或艺术的角度对历史建筑进行保护，这一方式需要经过严格的登记和保护程序；一类为对列入历史建筑附属名册的建筑注册登记（Monument Historique inscrits）。附属名册上的建筑为历史艺术价值稍差或较为多见的历史建筑，保护要求相对从简，主要是对其出现的变化做必要的监督和管理。

至 1930 年，法国多数历史建筑获得政府经费资助，得到修复保护。此后，有关建筑遗产保护的法规、文件不断得到修正，所涉范围从 1913 年的"历史建筑"（列级保护和注册登记）延伸到景观地（列级保护和注册登记），到历史建筑的周边环境（500 米半径保护范围），到保护区，到建筑、城市和景观遗产区等。其基本思想一以贯之，即维持较为完备的国家层面的立法管理体系。管理框架由中央政府、地方政府、咨询机构、科研及私人社团共同构成。最高决策机构为隶属中央政府的法国文化部，下设文化遗产司，负责文化遗产的保护及法国国立历史建筑博物馆、古迹信托、若干文化遗产保护研究教学及信息搜集机构的管理。此外，创立于 1914 年的文化部下属"历史建筑保护基金会"也发挥重要作用至今。

读书卡片 2：

到了 20 世纪 30 年代末，法国完备的建筑遗产保护体系使其成为全世界保护领域的领头羊。这个体系随着法国的传统法律框架，被输出到法国在世界各处的殖民地和保护国。许多国家尽管已经独立，依然保留法国式立法和遗产保护管理网络。"二战"之前累积的建筑保护经验，为战后难以想象的恢复和重建需求提供了基石。从而成就了许多留存至今的建筑保护机制。

——译自 J. 斯塔布斯《时光的荣耀——建筑保护的全球视野》（Stubbs, J. H. *The Time honoured: A Global View of Architectural Conservation* [M]. New Jersey: John Wiley & Sons. Inc. p.218.）

二　风格式修复

花儿为什么开？

19 世纪初的法国积极参与罗马的古迹保护，在自家实施的保护手法也基本与意大利"接轨"，如 1807—1809 年对奥朗日凯旋门的第一次修复加固，即是基于对原有构造充分尊重的前提，将所有缺失的部分由素面石头构件补全而非重建。1809—1813 年对尼姆圆形露天剧场的修复手法与 1806 年意大利人第一次修复罗马大角斗场的手法类似，除中心圆场区域及周边的中世纪建筑被拆除外，其他带有罗马特征的遗留乃至裂缝均予以保存。

至 19 世纪 30 年代，法国的修复多基于严谨的考古研究，干预被限定在最小范围，一如 19 世纪 40 年代法国重要的历史建筑修复评论家、考古学家、艺术品和艺术古迹委员会秘书迪德龙（A.N. Didron，1806—1867）的名言所述：对于古代纪念性建筑，加固胜于修补，修补胜于修复，修复胜于重建，重建胜于装修。在任何情况下，都不能有任何添加。最重要的是，也不要有任何去除[1]。

据梅里美公开发表的言论，我们不难推断，身为保护总督导的作家同样赞成其同事迪德龙的修复观。他在一份写于 1843 年的报告里指出：负责重大修复工程的建筑师应避免一切改动，严格如实地遵循被保护物件原有的形状。对没有记载的物件，艺术家应加强研究和调查，参考同一时期同一国家的建筑，并按照相同的形式和比例复制[2]。

但问题是：古罗马时期的古迹修复可参照意大利经验，中世纪建筑的修复却没了样板。19 世纪的前 30 年，法国的多数建筑师和施工人员对中世纪建筑结构及营造技艺知之甚少，也无缘获得相关培训。巴黎的几大重要修复工程如

---

[1]　Jokilehto, J. *A History of Architectural Conservation* [M].Oxford: Butterworth-Heinemann, 1999, 138.

[2]　Ibid., 168.

圣丹尼大教堂（Cathédrale royale de Saint-Denis）、圣日耳曼奥塞尔教堂（Saint-Germain-l'Auxerrois）以及巴黎圣母院（Cathédrale Notre-Dame de Paris）的修复皆不能令人满意，与其说是保护，不如说是人为破坏，遭到雨果在内诸智士的谴责。梅里美亦深感此类手法的危险。这些修复工作亦导致法国修复界乃至历史建筑保护委员会成员之间的激烈辩论，辩论持续到 19 世纪 40 年代，基本上分为两大阵营。

第一阵营继承 19 世纪 30 年代之前的传统保守式立场，主张按原状保存现有的遗留（最小干预），即使这些遗留是残损的。论据是，古迹是历史的见证人，不能篡改其纪实文献性证据，而应原封不动地保留。此外，古迹带有古物的气息和光辉，若被新形式替换，古老的气息和光辉将永远消亡。

第二阵营主张古迹不仅仅为历史建筑，更有现实意义，如中世纪宗教建筑依然是举行与古代相关的礼仪的场所，并为基督徒提供庇护。对这些古迹的修复要强调传统的延续性。为此，第二阵营对古迹做了两类"质"的区分。古罗马的古迹遗留是遥远的文明，是业已封笔的历史篇章，应被视为一部文献档案或片段，应保存现有的遗留。而中世纪建筑，如教堂，代表一种继续存活的传统，修复或保护是为了保障其作为社会生活的一部分继续发挥作用。对这类"活着的"历史建筑的修复必须采取必要的干预，以维持其基本结构的稳定，保证其可以用作历史档案证据，同时达到艺术的完整性。

对"活着"的强调，使那些精通中世纪建筑结构技艺的人物备受瞩目而被委以大任。传统保守式修复派逐渐落了下风，如施密特（J-P Schimit，1790—186？ ）在其任职文化部期间撰写的《宗教建筑手册》里的那些闪光思想，逐渐受到冷落乃至被遗忘。

由于对中世纪建筑的认知逐步加深，建筑师及工匠得到了更好的培训，担当重任者变得更加自信。一种新的"完全修复"理念或学科建设羽翼渐丰，并迅速成为当时法国修复界的主流，且引领欧洲。这种修复旨在将构成古迹的所有建筑或者建筑物局部不仅从外观，还要从基本结构上修复到"属于它们自己的风格"，于是被冠名为"风格式修复"。

点评：

1. 施密特被遗忘的思想在 200 年后得到荷兰建筑史学者邓斯莱根（W. Denslagen）

的肯定，邓并以《让·菲利浦·施密特与艺术及文物委员会》（"Jean-Philippe Schimit and Comité des Arts et Monuments"）作为自己书中有关法国建筑保护章节的标题[1]。

2. 尤基莱托认为这种新修复观与历史主义观念紧密相连。从这个角度来看，风格式修复的昌盛可谓历史必然。有趣的是，历经一代人辩论的"胜方"遭到后来者的抨击，而抨击者的观点很大程度上与当年辩论的"败方"类似。当年的"胜方"何以得胜？绝非由于上述对"活着"的强调那么简单。然而本书不打算直接回答，仅以"复描"的笔触再现风格式修复的领导者——被后世公认的修复之父、西方建筑史上的思想灯塔——维奥莱-勒-杜克的片段故事。相信读者能从中找到些见仁见智的答案。

维奥莱-勒-杜克

1814 年，勒-杜克（Viollet-Le-Duc，1814—1879）生于巴黎一个上流社会家庭。其时，他爱好文学、艺术和收藏的父亲刚刚升职为杜勒里皇宫的副监督。美丽而多愁善感的母亲同样爱好艺术和文学。外祖父是个有名望的建筑承包商和建筑师，去世多年却一直是家族的精神支柱。勒-杜克童年时代与外祖母、继外祖父、父母、姨父母和单身舅舅所居住的五层大宅就是外祖父所建，并作为姨母和母亲的陪嫁为大家共有。他的父母崇尚古典理性并坚定保皇，每周五都在这栋离卢瓦广场和国立图书馆数步之遥的大宅里举办晚间沙龙。舅舅则是反对君主制、反神权的浪漫主义共和派，每周日下午召集沙龙，沙龙的常客有司汤达等文学大师以及维泰、梅里美等决定当时法国建造和修复事务的权威人士。这些名流权威主导了当时巴黎的文化风向。显然，日后的修复之父从小就站在建构社会文化的高度上，受到批判性思维论战的影响。

这个外人眼里的上层之家却饱受大革命及其带来的朝代更替的困扰，在 19 世纪初期巴黎这个名利场里有着比常人更为恼人的失望和热望。勒-杜克本就忧郁的母亲意识到丈夫难成出色作家而感到格外压抑，舅舅意识到自己不能成为顶尖画家改而从事艺术评论。时常光顾沙龙的名流更刺激了这两个人的野心，于是他们倾力培养下一代——勒-杜克和他的弟弟，具体事务由

[1] Denslagen, W. *Architectural Restoration in Western Europe: Controversy and Continuity* [M]. Amsterdam: Architectura & Natura Press, 1994, 84-94.

舅舅全权负责。小勒－杜克的聪慧很早被舅舅看好，然而，母亲与舅舅强烈的望子成龙之心，使他们培养勒－杜克时总是在给予赞扬的同时又伴以严厉的责骂。小少年所受的压力可想而知，这便造就了一个奇特而充满矛盾的反叛天才和多面手。他大胆自信却深感卑微，勤勉好学却厌恶学校……尤擅长描绘，细致精准。他成年后超人的劳作被一位同时代英国人记录下来，令我等后辈感叹不已：早7—9点在工作室工作；9—10点，会客间隙用早餐；10点开始，在画室不间断工作直到晚6点吃晚餐；晚7点至午夜在图书馆读书、思索和进行文学创作[1]。如此紧凑的日程中依然穿插了大量旅行。旅行都安排在夜间！

少年时代，他常受同学欺负，性情孤僻焦躁。16岁中学毕业会考后便宣布以建筑为主业、绘画为副业的人生志向，但拒绝就读布扎体系"美院"（École des Beaux-Arts），而到家族朋友的建筑事务所实习。实习之余，则与舅舅一起到巴黎以南的奥弗涅（Auvergne）及普罗旺斯（Provence）等地游历观摩。18岁时丧母的巨大悲痛让他更加潜心读写、绘画……独行到巴黎以北的诺曼底地区……恋爱并结婚……加拿大当代学者布雷萨尼（M. Bressani）在其2014年出版的大作里运用心理分析手法详细解析了修复之父的少年经历：童年巴黎圣母院玫瑰窗前奇特的惊慌、对舅舅的积怨、丧母后的失落惶惑……结论：悲丧（Mourning）和双重捆绑（Double Bind）对日后勒－杜克的修复实践影响至深[2]。

点评：

顺着布雷萨尼的说辞往前走，我们来到格式塔心理学门前，尚未叩门就颇有些茅塞顿开？！勒－杜克的"完全修复"不正是补全缺失图形的心理需要吗？这个说法没有科学依据，但可以肯定的是，丧母后到巴黎以北法国中世纪建筑之摇篮诺曼底的游历，奠定了少年日后倾心哥特式建筑的人生走向。而此前随舅舅的旅行多集中于古罗马遗留。

［1］Wethered, C. *On Restoration, by E. Viollet-le-Duc and a Notice of His Works in Connection with the Historical Monuments of France*[M]. London: Sampson Low, Marston, Low and Searle, 1875, 101-102.

［2］Bressani, M. *Architecture and the Historical Imagination: Eugène-Emmanuel Viollet-le-Duc, 1814–1879*[M]. Farnham, Surrey: Ashgate, 2014, 3-36.

少年时代急速结束。20 岁的勒－杜克闪电式结婚生子，并于巴黎附近一家私立学校谋得教授绘画的差事。次年（1835）他便抛下妻儿到意大利游历，亲身体验帕埃斯图姆和西西里的希腊多立克式庙宇，庞贝和罗马的废墟，罗马、佛罗伦萨和威尼斯的诸多文艺复兴教堂，挥笔创作水彩画、速写、素描。这些画作中有关废墟的全景及修复后的壮观图画，让我们看到他的古建筑修复意识已初露端倪。17 个月后他返回巴黎，被委任为法国皇家档案馆建筑工程助理巡视员，同时为法国浪漫主义作家诺迪埃（C. Nodier，1780—1844）与男爵泰勒（J. Taylor，1789—1879）合著的多卷本《古代法国的风景如画浪漫之旅》一书绘制插图，亦为宫室绘画……这期间，他乡归来的勒－杜克更倾心于自家的中世纪建筑，屡屡外出实地考察，途中还结识了当时法国对中世纪研究最精深的考古学家高蒙，并研习高蒙的古物课程。与其他中世纪研究学者不同，勒－杜克对哥特式建筑[1]结构的逻辑和理性表现出特别的兴致。

再说他结识的修复界教父式要人维泰和梅里美。这两个人推动了法国中世纪建筑的保护，对中世纪历史和艺术也有良好的理解，却未必精通建筑技术细节。他们所聘的建筑师对中世纪建筑结构及技艺也不甚了了，尤其是这些人绘图能力也差劲，很难精准表达本来就难以绘制的哥特式建筑全貌。二位教父对勒－杜克精美的画作和才华的赏识也就不仅仅是出于人情了。

1838 年，勒－杜克以观察员身份加入新成立的民用建筑理事会（Conseil des Bâtiments Civils），并被委任为皇家档案馆的建筑工程助理巡视员。两年后，在梅里美提议下，他开始负责修复维泽莱的圣玛德琳教堂。作为当时修复界的新手，获此重任，除了因为他精美的画作，不能不说是"天时、地利、人和、人不和"的综合结果（详见本书第五章）。

1842 年夏，圣玛德琳教堂修复一期得到梅里美赞赏之时，法国修复界

---

[1] 哥特式建筑初见于 12 世纪的法国（1140 年开始兴建的巴黎圣丹尼圣殿通常被认为是最早的实例），在当时普遍被称作"法国式"建筑。文艺复兴后期，"哥特式"作为专有名词出现并带有贬意，其建筑特征包括尖拱门、肋状拱顶、飞扶壁（飞券）、自由的开窗方式以及花窗玻璃带来的室内神秘之光……整体风格呈现为高耸瘦削、神秘、哀婉……其在欧洲的流行地区主要有法国、英国、德国、西班牙北部以及意大利北部，流行时期大致为 12—16 世纪初。有关哥特式建筑的佳例介绍，参见英国建筑历史研究学者那特根斯（P. Nuttgens，1930—2004）的名著《建筑的故事》（*The Story of Architecture* [M]. London: Phaidon Press, 1997, 2nd ed., 158-175）。

发生了一件大事：美院出身的德布雷（F. Debret，1777—1850）主持修复的圣丹尼大教堂北部塔楼突然倒塌，这对急需表现修复力度的梅里美和历史建筑保护委员会无疑是一大打击。本就不怎么得委员赏识的德布雷只能引咎辞职。相比之下，勒－杜克对圣玛德琳教堂的修复就值得大书特书了，其中不为梅里美和委员会认同的细节就忽略不计了。德布雷的继任者杜班（F. Duban，1798—1870）辞职不久，勒－杜克顺理成章地接替了他的职务。同时，他继续负责圣玛德琳教堂的修复（该工程持续至1859年），并被委任为巴黎圣礼拜堂（Sainte-Chapelle）的修复副手。在工作中，他与项目负责人、也是老朋友的拉叙（J. Lassus，1807—1857）关系发展甚好，于是二人决定合作参加在巴黎圣母院的修复竞赛。1844年，该合作方案获胜，次年开始实施，这成就了勒－杜克职业生涯中最重要的节点。到1846年，他已被公认为法国修复界的绝对权威，各种职务、头衔接踵而至，如1853年他当选为宗教文物建筑总督导……在他的带动下，风格式修复风靡19世纪下半叶的欧洲。他本人不仅获英国RIBA金质奖章，还承担了比利时、荷兰、瑞士等地的修复工程。

他没有接受过学院式教育，其精湛的技艺和理念通过游历、阅读、思考、实践及担任各种职务得以锤炼。除了建筑和艺术，他还广泛涉猎山脉、地理、家具、服饰和武器等领域，为包括《考古年鉴》在内的多家期刊撰写文章，著书立说。除了这些学术专著，他还创作普及建筑及绘画知识的小说，已出版的著作中有8部涉及建筑[1]，其中最主要的是1854—1868年出版的十卷本大作《法国11到16世纪建筑分类辞典》（*Dictionnaire raisonné de l'architecture française du XIe au XVIe siècle*）以及分别于1863年、1872年出版的两卷本《建筑讲义》（*Entretiens sur l'architecture*）[2]。前者按词条编纂方式考察法国中世纪建筑的方方面面，包括建筑类型、结构、构件及其缘起和后延，可谓中世纪建筑及其细部发展的百科全书。尤为珍贵的是书中穿插了大量法国中世纪建筑实例并配有作者亲自绘制的4500多幅插图。后者原计划将被用作他1857年创办的建筑工作室的教材，共两部：上部梳理从远古时代、古希腊时期、古

---

[1] 关于诸书的简介参见 Hearn, M.F.(ed.) *The Architectural Theory of Viollet-le-Duc: Readings and Commentary* [M]. Cambridge : MIT Press, 1990, 15-19.

[2] 两本巨著的法文原版均有多种电子版本。即便不懂法文，读图也受益匪浅。中国建筑工业出版社于2015年出版谈话录中文版《维奥莱－勒－迪克建筑学讲义》，译者：徐玫、白颖。

罗马时期、拜占庭时期、中世纪、文艺复兴时期到 19 世纪的建筑特征及建筑设计原理并展望未来；下部设置了构造、建造、教育、装饰、雕塑、家居建筑及建筑的竞标和施工管理等具体专题，讨论有关建造过程中的实际方法。

点评：

他少年时代拒绝美院，后来的人生却总是与该美院吵闹不休，竟在人家学堂对面或隔壁开讲，传授与对方不一样的学识。估计美院奈何不得，只好推行教改，并于 1863 年收编他为本校教授。但这座象牙塔最终还是拒绝了勒－杜克。他在美院的教学生涯虽短，自己的建筑工作室也不成功，却仍然继续撰写并最终结集出版了二卷本建筑学讲义。

两部巨著如此博大精深，离不开作者对建筑及艺术尤其是中世纪以来建造技艺的深刻认知。在意国游历之时，勒－杜克就同时考察了古典建筑与哥特式建筑，并对后者表现出特别兴趣，认为学习后者应先从古典建筑中汲取营养，而对后者的梳理首先要立于科学分析的基石上，抽象后再建立原型。他像解剖一部机器那样探索哥特式建筑的建造技术，并通过创意性图解方式做出理性解释（图 2.3），在确认哥特式建筑结构优于古典建筑的同时，还向后人描绘了一幅理想化的哥特式大教堂（图 2.4）

点评：

奇才却也绝非横空出世。16 世纪的德洛姆（P. de l'Orme, 1514—1570）、17 世纪的德杭（F. Derand, 1588—1644）都仰慕哥特拱券的有效和经济而提倡以此法国传统抗衡意大利古典倾向。卢浮宫东立面柱廊设计者佩罗（C. Perrault, 1613—1688）更是质疑以维特鲁维为代表的古典建筑法则，认为建筑之美并非总是遵循古典柱式法则而带有"任意"因素，并与特定的社会习俗密切相关。17—18 世纪的一大批理论家，如弗雷曼（M. Frémin, 生卒年不详，活跃于 1665—1704）、科尔德穆瓦长老（J. L. de Cordemoy, 1655—1714）、弗雷齐耶（A-F Frézier, 1682—1773）、洛吉耶（P. M. A.Laugier, 1713—1769）以及建筑师苏夫洛（J. G. Soufflot, 1713—1780）等，均认为哥特式建筑的框架结构体系优于古典建筑。只是他们仍推崇简洁、清晰的古希腊建筑的形体美，努力构筑一种综合哥特式结构和

希腊建筑几何美的所谓"希腊—哥特综合式"（Greco-Gothic Synthesis），让新建筑既有哥特式建筑的高耸通透又有古希腊建筑的方整简洁。到了 19 世纪上半叶，在普金（A. W. N. Pugin，1812—1852）等建筑师以及夏多布里昂、雨果等文人的倡导下，哥特式建筑复兴已成欧洲大趋势。勒 - 杜克的贡献在于：强调哥特式建筑结构与其外在形式相互依赖的理性关系，并将哥特式建筑归纳为一套结构与功能理性法则合为一体的有机系统和理论范式，每一个构件及其美学表述都源于明确的结构和功能原因。因此，建造方法和使用功能是决定建筑的真正因素。建筑必须理性表现材料与功能间的相互关系。一个建筑师，首先应当学习分析历史建筑的方法，其次了解所处时代的使用条件，然后做出恰当的设计。于是，在成为结构理性主义代言人之时，他也成为功能主义先驱。此外，他视哥特式结构原理为一种普遍原理，这种普遍原理可以运用到以铸铁材料建造的新建筑设计中，如他设计的音乐厅（图2.5），可谓 20 世纪中期出现的空间网架结构的先驱。

勒 - 杜克的部分著作于 19 世纪 80 年代中期被译成英文，其中对哥特式建筑广而深的剖析，强烈的功能主义、理性主义倾向以及对新材料的倡导，影响了一大批新艺术运动及早期现代主义建筑运动中的跨时代大师，我们这里可以列出一长串名单：巴塞罗那的高迪（A. Gaudi，1852—1926），布鲁塞尔的霍塔（V. Horta，1861—1947），巴黎的吉玛（H. Guimard，1867—1942）、博多（A. de Baudot，1834—1915）、佩雷（A. Perret，1874—1954）、舒瓦西（A. Choisy，1841—1909）、勒·柯布西耶（Le Corbusier，1887—1965），阿姆斯特丹的贝尔拉格（H. P. Berlage，1856—1934），费城的费内斯（F. Furness，1839—1912），芝加哥的沙利文（L. Sullivan，1856—1924）、莱特（F. L. Wright，1867—1959），旧金山的梅贝克（B. Maybeck，1862—1957）等。20 世纪的英国建筑史学家萨莫森（J. Summerson，1904—1992）更将勒 - 杜克与意大利文艺复兴时期的大师阿尔伯蒂并列为欧洲建筑史上的两座思想灯塔[1]。有意思的是，后辈大师们各取所需，发展出的理念大相径庭，如勒·柯布西耶的"居屋机器"、莱特的"有机建筑"等。而勒 - 杜克有关"建筑学是科学"的论点则得到 20 世

［1］ Sommerson, J. *Heavenly Mansions and other Essays on Architecture* [M]. New York: Norton, 1963,143.

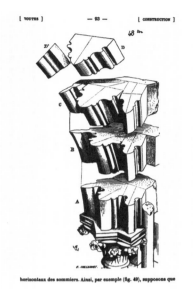

左：图 2.3 哥特式结构解析

勒 - 杜克运用鸟瞰及散点透视画法表现哥特式建筑之时，独创了一种基于法国比较解剖学创始人乔治·居维叶（G. Cuvier，1769—1832）解剖学原理的分解透视法，展现自己有关哥特式建筑的理念。这种画法当时常用于生物和自然科学或工程贸易机械原理插图。自被勒 - 杜克引入建筑学，至今影响建筑界。

Viollet-le-Duc, E. *Dictionnaire raisonné de l' architecture française du XIe au XVIe siècle.*

中：图 2.4 以兰斯大教堂为模型的理想化的哥特式大教堂

拉叙 1857 年去世之后，勒 - 杜克独揽余下的巴黎圣母院修复大权。他执拗地加上拉叙生前反对的中央塔尖。也许这幅图是答案？为了理想！我们在曾让莫奈追光的鲁昂大教堂周边绕圈再绕圈、惊叹再惊叹之时，想到的也是这幅图。

Viollet-le-Duc, E. *Dictionnaire raisonné de l' architecture française du XIe au XVIe siècle.*

右：图 2.5 勒 - 杜克设计的音乐厅

屋顶用铸铁杆组成等边三角形网络结构，将屋顶荷载流畅地传递到 8 根独立支柱以及周边的砖石墙体。

Viollet-le-Duc, E. *Entretiens sur l' architecture*

纪下半叶意大利著名建筑师罗西（A.Rossi，1931—1997）的高度赞赏。1964
年，罗西在意大利文初版的名著《城市建筑学》里认为：勒－杜克通过对住
房布局的研究，再现了城市核心的形成，为法国住房类型的比较研究指明了
方向[1]。

勒－杜克虽然备受现代建筑大师敬仰，其本人自 19 世纪 60 年代开始亦设
计了一些新建筑，但这些设计以及建成作品均未引起反响。总体来说，其主
要贡献在于对历史建筑的修复（旧），其修复观主要体现于有关修复工程的修
复草案、报告及《分类辞典》第 8 卷中的"论修复"一章。

我们从"论修复"的开篇说起。

RESTAURATION, s. f. Le mot et la chose sont modernes. Restaurer un
édifice, ce n'est pas l'entretenir, le réparer ou le refaire, c'est le rétablir dans un
état complet qui peut n'avoir jamais existé à un moment donné. Ce n'est qu'à
dater du second quart de notre siècle qu'on a prétendu restaurer des édifices d'un
autre âge……[2]（"修复"之词及"修复"之事都是很现代的。修复某栋
建筑，不是"维护"，不是"修理"，亦不是"重建"，而是将之重整至
一种完成的状态或成品，这种成品很可能在任何既往的年代都从未真的有
过。能够将另一时代的建筑物真的修复出来，这思想仅始于 19 世纪过去了
25 年之后……）[3]

勒－杜克提出的修复大致有三层含义。第一，"修复"是将历史建筑重整

[1] Rossi, A. *The Architecture of the City* [M]. Cambridge: MIT Press, 1982, 109.

[2] Viollet-le-Duc, E. *Dictionnaire raisonné de l'architecture française du XI e au XVI e siècle* [M].
Vol. 8. Paris: B. Bance, 1854, 14.

[3] 本段中译文综合参考怀特海德（Whitehead, K.D.）编辑的《勒－杜克建筑分类辞典英译节
选》（*The Foundations of Architecture: Selections from the Dictionnaire Raisonné* [M]. New York:
George Braziller Inc. , 1990, 195.）以及赫恩（Hearn, M. F.）编辑的《勒－杜克的建筑理论》（*The
Architectural Theory of Viollet-le-Duc: Readings and Commentary* [M]. Cambridge: MIT Press, 1990,
269.）。《论修复》中译全文可参看刘东洋的译文：http://dyl703.wordpress.com/2009/10/02/《论
修复》上；http://dyl703.wordpress.com/2009/10/02/《论修复》（下）亦可参看陆地的译文：http://
blog.sina.com.cn/s/blog_8e15a8d801013xs6.html.

到一种完成状态的成品，这种"成品"可能历史上都不曾有过。如果说前半句尚能容忍，后半句则是公然"篡改历史"。因此，尽管勒－杜克的修复理论和实践因其特有的理性逻辑和精湛技艺具有特别的魅力而引领欧洲，却不断遭到反对。我们在上章所言的意大利文献式修复、历史性修复、评判性修复等诸多现代保护理论流派的奠基人都曾迷恋过勒－杜克，最终却都转向批判并建起各自的新体系。下章将要谈及的与勒－杜克同时代的英国人拉斯金和莫里斯更是对风格式修复展开无情抨击，并提出"保守性维护"与之对抗。第二，视"修复"为"现代的"。尽管勒－杜克并未就什么是"现代的"做阐释，但关于"现代"的提法开创了先河，启发了建筑保护领域一代乃至数代人对建筑保护"现代性"的思考。第三，认为修复另一时代的建筑物，仅始于 19 世纪过去了 25 年之后，并在接下的段落以亚洲和古罗马为例，说明二者都没有从事过类似的修复实践，还从历史的视角将"建筑修复"实践予以分类，类似于尤基莱托所论述的传统社会与现代社会两种不同的建筑保护方式。从这个层面来看，勒－杜克还是修复史学家。不过其"19 世纪过去了 25 年之后"的断代遭到古物学者圣保罗（A. Saint-Paul，1843—1911）的质疑，后者列举了一些 19 世纪之前就有的修复实例。

虽然第一层含义饱受责难，后两层含义却熠熠生辉。"论修复"一章中的诸多表述至今依然有效，如修复前"精准确定建筑物之上每个局部的年代和特征，并基于此类确凿的记录撰写一份正式报告，这类报告应包括文字、绘图和图示"，"面对中世纪建筑之上缺失的部分，定要三思。最为重要的是找到匠人们当初制作建筑时的真正尺度感"，"一定要使用上好的材料和建造方法……一定要在可能的情况下通过强化老建筑的抵压力，补偿建筑业已发生的弱化情况……选材是修复时所有要素中最为重要的要素。诸多建筑之所以面临毁坏，就因为当初建造时建造材料的不佳"，"负责修复的建筑师必须要了解他所修复的建筑的风格和形式，了解该建筑所属的门派。还有，他必须懂得建筑的结构、解剖、性情……因为他首要的任务是要让这栋建筑活着"，"最有效的方式就是修复者把自己放到原来建筑师的位置上，试着想象，如果那个建筑师在世，当他面对我们所做的方案时，会怎么做"……

勒－杜克的修复实践也并非责难者所说的那么不堪，如 1848 年他和梅里美合写的报告涉及修复实践的若干层面，诸如工地组织，从脚手架搭建到砖石

工程、排水系统、防火设施、建筑材料、装饰、雕塑、彩色玻璃乃至家具的处理等。此外，他还对绘图（包括彩图及施工图）的细部标注予以规定，提出对于石材等业已退化的原始材料，替换的新材料应采用同类型号及样式……报告编辑完成后，成为保护、维护和修复宗教建筑及特殊教堂的指南，被当时的法国修复界所遵守。此前的修复理念从未如此系统而不能作为准则予以推广，这份指南第一次从实际及现代性角度确立了有关修复的体系并使之职业化。因此，虽然他屡遭非议，仍被公认为"修复之父"。

灯火阑珊

勒－杜克一生修复了百余处历史建筑，主要为教堂、城堡和古镇，如维泽莱的圣玛德琳教堂、巴黎圣丹尼大教堂、巴黎圣母院、巴黎圣礼拜堂、亚眠大教堂，图卢兹的圣塞南教堂、卡尔卡松城堡、皮埃尔丰城堡，等等。第一项修复可谓勒－杜克的修复业起点，也是他建筑修复理念的成型处。虽说早在1835年他即认识到哥特式建筑的理性逻辑，但直到接触圣玛德琳教堂，通过考察该教堂所体现的罗曼式建筑向哥特式建筑的转变，以及其间各种或拙劣或用于加固的修复和增建，才真正认知哥特式结构的理性逻辑，其风格式修复观正是基于在该教堂修复实践中的点滴积累。为此，本书在下篇将他对该教堂的修复作为特别案例予以讨论和解析，而有关后三项修复的画作则成为法国历史建筑展览中出现次数最多的图片（图 2.6—2.8）。

经他修复的历史建筑，大都经受住了自然和人为的侵蚀，并被镀上层层时光之魅，成为法国建筑艺术之瑰宝。需要再次强调的是，"修复之父"的修复作品在完成之时及在后来的修复界，并非一边倒全都得到赞扬。相反，却是备受谴责，原因之一在于太多的改动或者说对原作过于大胆的干预。圣玛德琳教堂几乎被推倒重建，他接手圣丹尼大教堂修复时的第一件事便是拆除北塔楼。若将他对圣丹尼大教堂修复后的不对称西立面（图 2.9）与原有的圣丹尼修道院模型（图 2.10）对比，则不难理解人们的谴责。然而，因为北塔楼近乎完全倒塌，不如此大动干戈，这座巴黎最早的大教堂将面临消失的危险。即便是大教堂内部也遭到很多改动，至少到1875年，这所修道院大教堂在历经70年荒废之后，终于恢复其神圣之位。今日所见大教堂的西立面虽有缺憾，内部依然

图 2.6 勒 - 杜克关于图卢兹的
圣塞南教堂修复的画作

图 2.7 勒 - 杜克关于卡尔卡松
城堡修复的画作

图 2.8 勒 - 杜克关于皮埃尔丰
城堡修复的画作
　图 2.6—2.8 Viollet-le-Duc,
　E. etc. *Galeries Nationales*
　Du Grand Palais

令人震撼（图 2.11—2.12），给后人留下观摩学习早期哥特式结构的良机。

对照 19 世纪 30 年代有关巴黎的专著里所附的巴黎圣母院插图（图 2.13），可以看出经勒－杜克修复后的圣母院（图 2.14）大体保持了原样，但细节上却因变化多多而遭到谴责。但即便遭谴责，他仍继续在法国各地修复再修复，因为如果不及时修复，这些建筑物可能会永久消失。正如 1843 年勒－杜克与拉叙在巴黎圣母院修复竞赛提案里所言，巴黎圣母院需要用一种全新的方式修复，而不可能采取像修复奥朗日罗马凯旋门时所采取的那种保守方法。那种古迹可以合法地被保留为废墟，而对于一座仍保持实用和象征功能的建筑，修复者有义务恢复其昔日荣耀[1]。另一个原因是其强势地位[2]，还有，如萧伊在比较英国与法国时所言，对法国人来说，"不应触动"的古迹很少……事实上，在法国，一处历史古迹既不被认为是遗迹，也不被认为是涉及情感记忆的圣物，它首先是一件历史确定的并能接受理性分析的物品，然后才是一件艺术品……修复必定是维护的另一面，是必要的[3]。事实上，当以雨果为代表的浪漫主义者注重大教堂的历史价值之时，那些生活在教堂的神职人员（使用者）更在乎保证教堂的世俗性使用功能，修复也就势在必行。

随着法国在普法战争中的败落和梅里美的谢世，勒－杜克逐渐淡出公众视野。1874 年，他迁居瑞士洛桑，1879 年于洛桑去世。1914 年，他从前的学生古（P. Gout, 1852—1923）出版第一本勒－杜克传记[4]。随后的大半个世纪，勒－杜克及其代表的风格式修复在法国依然被效仿，有关他的展览和研究不断，他的建筑理念也广受现代建筑大师仰慕。需要指出的是，自 20 世纪 20 年代末开始，勒－杜克有关哥特式建筑理性的阐释遭到前所未有的质疑[5]。此后的理论家对勒－杜克的修复多持否定态度，如雷奥将勒－杜克的修复等同于对

---

[1] 转引自 Camille, M. *The Gargoyles of Notre-Dame: Medievalism and the Monsters of Modernity* [M].Chicago: University of Chicago Press, 2009, 4.

[2] 可以说，勒－杜克创立了一个以自己为首的修复帮。他倚仗与梅里美和历史建筑委员会的良好关系，极力排挤由巴黎美院培养的古典派和教会建筑师。

[3] Choay, F. *L'allégorie du Patrimoine* [M]. 2nd éd., Paris: Seuil Nouv. 1999, 119.

[4] Gout, P. *Viollet-le-Duc, sa vie, son oeuvre, sa doctrine* [M]. Paris: É. Champion, 1914.

[5] 参见 Denslagen, W. *Architectural Restoration in Western Europe: Controversy and Continuity* [M]. Amsterdam: Architectura & Natura Press, 1994, 130-139. 书中还通过科隆大教堂、布尔日大教堂、巴约大教堂等实例说明哥特式建筑并非勒－杜克所分析的那般理性。

左上：图 2.9 巴黎圣丹尼大教堂西立面
右上：图 2.10 巴黎圣丹尼修道院模型
右下：图 2.11 巴黎圣丹尼大教堂内部的皇家墓地
左下：图 2.12 巴黎圣丹尼大教堂内部

上: 图2.13 巴黎圣母院
1830年之前的西立面
Galignani's New Paris
Guide

下: 图2.14 巴黎圣母院西
立面现状
基本维持勒-杜克的修复。

历史建筑的毁坏[1]。邓斯莱根认为哥特式建筑的建造虽具有伟大的创造力且看上去"理性",却也与经验、直觉,尤其是建筑师的表现力相关。勒-杜克对哥特式建筑构造的阐释同样具有创造力,但那是来自他自己的19世纪的创造力(一种对哥特式建筑的理解而非哥特式建筑的现实)。正是他的这种理解使他不适合作为见证人(见证古往今来的实际建造、工艺,包括其中的错误)来保护这些历史建筑[2]。我们认为邓斯莱根的批评较为中肯,也解释了为什么很

[1] Réau, L. *Histoire du vandalisme*: *Les monuments détruits de l'art français* [M]. Paris: Robert Laffont, 1994, 677-683.

[2] Denslagen, W. *Architectural Restoration in Western Europe: Controversy and Continuity* [M]. Amsterdam: Architectura & Natura Press,1994,133.

多人在批评勒－杜克的修复时，都提到其修复后的作品缺乏诗意或生气（如美国小说家亨利·詹姆斯 1882 年拜访卡尔卡松城堡时即如是说），却又不得不佩服其精湛的修复技艺。

1965 年，勒－杜克于 1845—1879 年间修复改造过的图卢兹圣塞南教堂因为破败急需修复。负责修复的建筑师珀帕（S.Stym-Popper，1906—1969）在开始修复教堂中心塔楼时，提出将教堂重建成勒－杜克修复之前的式样。珀帕提案得到历史建筑常驻代表团（Délégation permanente des monuments historique）的同意。教堂中心塔楼的一期修复于 1970 年完工，此后的修复工作由建筑师布瓦雷（Y. Boiret，1926—　）接手。虽然大多数图卢兹当地人希望保留勒－杜克修复时添加的新罗马风元素（图 2.6），但布瓦雷提议将教堂修复到勒－杜克修复之前的模样（图 2.15）。这种所谓的"解修复"（Dérestauration）提案引起巨大争议，但历史建筑保护委员会最终于 1979 年接受了布瓦雷提案。其原因众多，最主要在于，勒－杜克修复时的更改并非基于不可辩驳的考古证据，而是基于风格统一的原则让建筑变得全新[1]。布瓦雷的解修复于 1992 年完工。这种对勒－杜克修复作品的"解修复"既可看作对勒－杜克修复的批判和矫正，也可看作对 1964 年《威尼斯宪章》的呼应：恢复原真。当然，正如对勒－杜克的修复评价见仁见智，对这种解修复的理解亦是见仁见智。

20 世纪 90 年代以来，对修复保护理念的重新发掘以及日益增多的建筑改造实践，引发了对勒－杜克的重新评估。令人感慨的是，那些曾遭谴责的随意移动被认为展示了建筑的变革，表现了新旧之痕，而非静止地僵化处理历史建筑。勒－杜克修复时注入的现代性也再次被挖掘，如对中世纪有精湛研究的芝加哥大学艺术史教授卡米耶（M. Camille，1958—2002），在他去世 7 年后出版的巨著《巴黎圣母院的石像鬼：中世纪主义与现代性怪兽》中认为，勒－杜克 1843—1864 年对巴黎圣母院的修复将这座 13 世纪的标志性建筑成功转型为现代性纪念建筑[2]。盘踞于巴黎圣母院檐壁间形态各异的、并非中世纪原件的上百尊石像鬼怪兽不再被非议为无厘头添加，而是勒－杜克的历史性再

---

[1]　Boiret, Y. "Saint Sernin de Toulouse: Restauration des Couronnements et Toitures" //ICOMOS *Information-Juiller/September*[J]. No. 3, Naples: Edizioni Scientifiche Italiane,1990, 3-4.

[2]　Camille, M. *The Gargoyles of Notre-Dame: Medievalism and the Monsters of Modernity* [M]. Chicago: Chicago University Press, 2009.

左：图 2.15 布瓦雷的解修复提案

右：图 2.16 梅尔松 1881 年绘制的巴黎圣母院

ICOMOS *Information-Juiller/September*

Barbou, A. *Victor Hugo and His Times*

创造，象征了一个富于想象的往昔，体现了他将历史建筑修复到"时光永驻"的修复观。

点评：

半人半兽及蝙蝠是勒－杜克最爱描绘的题材之一，为巴黎圣母院设计石像鬼可谓得心应手。这些石像鬼，有的有排水实际功用，有的纯为装饰，历来是艺术家们所关注的对象。如插图画家梅尔松（L. O. Merson，1846—1920）1881 年创作的与雨果《巴黎圣母院》同名的插图《巴黎圣母院》（图 2.16），即从勒－杜克加建的石像鬼那儿捕捉到了圣母院的独特浪漫。有趣的是，石像鬼与中国古建筑上的避邪吻兽极为类似。

随着人们对建筑保护的日益重视，有关勒－杜克的研究也成为显学。如前所述，布雷萨尼 2014 年出版近 600 页的巨著，详析大师的生平、建筑思想及修复实践[1]，堪称迄今为止英语世界对勒－杜克最完整的研究。而在 2013—2015 短短的两年间，除了一些再版书籍，法国亦出版了 7 本以勒－杜克为标题的新版专著[2]。

2014 年，巴黎古迹博物馆为纪念大师诞辰 200 周年举办的展览，以及配合展览发行的单行本均以《勒－杜克——一个富有远见卓识的建筑师》为标题，当是对勒－杜克最恰当的总结。因为不管赞成还是反对，人们公认：这是位向前远眺的先驱。从石像鬼滴水的缝隙里，到满怀过往的乡愁外，他总是向前，向前远眺。

点评：

1. 英国德裔建筑艺术史学家佩夫斯纳（N. Pevsner，1902—1983）从维多利亚时代的感性（Victorian sensibility）与笛卡尔式逻辑（Cartesian logic）的角度，分析比较了拉斯金与勒－杜克的异同，诙谐、中肯、深刻，向我们展现了英式与法式美学概念的差别。这种差异加上两人不同的背景（前者为作家、理论家，后者为建筑师、实干家），必然带来不同的修复观[3]。此处想说明的也是勒－杜克的建筑师实干背景（毕竟英国也出现了斯科特那样的勒－杜克式人物）。

2. 将勒－杜克的风格式修复与法国国家层面的立法保护并列为法国对世界建筑保护领域的两大贡献，表明勒－杜克在法国建筑保护历程中的丰碑地位。这也向我们展示了法国的一个有趣现象：个人权力与集权相得益彰。就是说，总有些孤独英

［1］ Bressani, M. *Architecture and the Historical Imagination: Eugène-Emmanuel Viollet-le-Duc, 1814–1879* [M]. Farnham, Surrey: Ashgate; 2014.

［2］ 7 本书分别是：（1） *Coffret viollet-le-duc* [M]. Maxtor France Rungis, 2013.（有关勒－杜克各修复项目的系列书）（2） Bercé，F. *Viollet-le-Duc* [M]. Paris: Editions du Patrimoine Centre des monuments nationaux, 2013.（3） Dendaletche, C. *Viollet-le-Duc : La traversée des Pyrénées* [M]. Urrugne: Editions Pimientos, 2013.（4） de Finance, L. *Viollet-le-Duc : Les visions d'un architecte* [M]. Paris: Editions Norma, 2014.（5） Blanchard-Dignac, D. *Viollet-le-Duc (1814—1879) : La passion de l'architecture* [M]. Bordeaux: Sud Ouest editions, 2014.（6） Poisson, G. *Eugène Viollet-le-Duc : 1814-1879* [M]. Paris: Editions A&J Picard，2014.（7） Crochet, B. *Viollet-le-Duc et la sauvegarde des monuments historiques* [M]. Rennes: Éditions Ouest-France, 2015.

［3］ Pevsner, N. *Ruskin and Viollet-le-Duc: Englishness and Frenchness in the Appreciation of Gothic Architecture (Walter Neurath Memorial Lecture 1969)* [M]. London: Thames and Hudson, 1969, 9-43.

雄与集权对抗成功。

三 现代的冲击及启示

从欧斯曼巴黎大改造开始的现代性大潮

"保护意味着挖掘过去用于现代""保护与现代性紧密相连"已成当代西方建筑保护领域的共识，如尤基莱托和格伦迪宁均在各自大作里分析保护的"现代性"[1]，并将历史建筑修复和保护理念的发展进程称作"现代保护运动"。这种"现代性"轨迹在法国尤为明显。相信读者不需要提醒，就能想到勒－杜克关于修复定义里的"现代"一词。

勒－杜克以"现代性"修复法国的历史建筑之时，另一位"现代"大师欧斯曼闪亮登场。勒－杜克嘴上说"现代"，也拆了很多老建筑，用的却是前人的技艺、材料和风格（或罗马风或哥特式），再多的干预，也还是基本复原老模样。欧斯曼则在连根推倒数不胜数的老建筑之后，竖起了新面目——"现代"技术的玻璃和铸铁。

说欧斯曼是"傀儡"绝对是对现代大师智慧和魄力的贬低，但这场巴黎改造大业的确有位重要幕后推手——刚上任的当朝人、拿破仑一世的侄子拿破仑三世。拿破仑三世被流放英国期间，曾为朋友的城堡做过部分设计，自诩为建筑师。回巴黎后，据说他常常手执铅笔沉溺于一堆堆类似森林和巴黎街道设计的规划图纸之中。1853 年，欧斯曼宣誓任职塞纳省省长之时，拿破仑三世递给新省长一张经自己修改的巴黎改造图，据说该图正是后来巴黎大改造的蓝本。

事情也非全是君主凭空而来的个人意志。彼时的法国乃至整个欧洲在工业革命冲击下，面临一系列社会经济和文化转变，城镇建设出现新高潮。急剧膨

[1] Jokilehto, J. *A History of Architectural Conservation* [M]. Oxford: Butterworth-Heinemann, 1999, 1-20; Glendinning, M. *The Conservation Movement: A History of Architectural Preservation: Antiquity to Modernity* [M]. London & New York: Routledge, 2013, 1-6.

胀的巴黎时刻面临诸如破败的住房、拥挤的交通、恶臭和瘟疫流行等城市问题。之前的历任政府都对巴黎做过或多或少改造，如大革命时期成立的艺术委员会企图打通贯穿东西的里沃利大道（Rue de Rivoli），并在塞纳河左岸规划了未来的圣米歇尔大道（Boulevard Saint-Michel）。拿破仑一世同样重视巴黎的改造，继续疏通里沃利大道，重新延长塞纳河西岸的河岸等。之后，复辟时期的路易十八和查理十世以及七月王朝时期的路易·菲利浦均不忘改造和建设。问题是：症结根深蒂固，必须全面改建，且时不"我"待。这便有了欧斯曼 1853 年开始的近 20 年大刀阔斧的改建：从交通道路到街区到住房到城市排水，到一系列包括医疗卫生及娱乐设施在内的市政设施的全面系统改造。如此天翻地覆的建设，从工程伊始至 21 世纪一直饱受争议，并成为一个长久不衰的研究话题。老证据、新挖掘无穷无尽。这里无意深入此话题，仅举正反方部分要点。

反方：大大破坏了历史建筑，毁了巴黎

——为修建贯通巴黎南北的大道，巴黎市中心即巴黎圣母院所在的城岛（Île de la Cité，又译西岱岛）被推平，原来布满中世纪建筑的小岛被改造成一个沉闷的行政中心，仅剩几件历史建筑，如巴黎圣母院。

——大巴黎数不清的中世纪及文艺复兴时期的建筑和私人宅邸被拆除，一些街区如杜勒里皇宫和皇家官邸周边的街区彻底消失。巴尔扎克所描绘的美巴黎永不复见。

——并未真正改善某些街区的居住环境。

正方：美观、现代、卫生

——赋予巴黎整体统一和风格协调的品质（与勒-杜克有一拼）。打通交通的做法与新的道路规范结合，促成了城市居住建筑类型的诞生，住宅的建设质量空前提高。建筑设施的分配符合特定场所的特点。

——为城市划分了 4 级层次结构的种植区：香榭丽舍林荫大道（Champs-Élysées）、广场、公共花园，以及郊外林园[1]，为巴黎创造了一个开敞的绿化空间体系。

---

[1] Choay, F. *The Modern City: Planning in the 19th Century* [M]. London: Studio Vista, 1969, 19.

——依然保留了很多古典语言的要素和形象，一些重要道路的延伸处均对准历史建筑或标志，作为视觉尽头之焦点。

正方还对大肆拆除予以谅解。如萧伊认为，分析欧斯曼巴黎大改造时，要区分两种遗产——旧城肌理和历史建筑。当时的历史建筑保护早已被置于国家层面，欧斯曼当然非常了解。他认可的"有价值的历史建筑、有珍贵艺术价值承载回忆的建筑"大体符合当时对历史建筑保护的认知标准。至于对旧城肌理的漠视，应该被理解，因当时尚未出现"城市遗产"概念。"城市遗产"概念应由英国的拉斯金提出，奥地利的西特予以发展，最后由意大利的乔万诺尼于1913—1914年确立。法国基本没参与该概念的孕育[1]。

支持也好，反对也罢，双方都意见一致的是：欧斯曼的大改造带来一个现代巴黎。正如意大利建筑史学家塔夫里在20世纪60年代末所言，欧斯曼让巴黎成为现代资产阶级社会的机构场所。如此论点得到20世纪其他城市规划学者的认同和引用[2]。21世纪初出版的标题含"欧斯曼"的两本书，《欧斯曼：他的生平和时代以及对现代巴黎的打造》以及《巴黎的重生：拿破仑三世、欧斯曼以及建构一个现代城市的求索》亦带有相同关键词：现代[3]。另一本建筑界牛人之作《巴黎：现代之都》，主旨在于展示现代都市的兴起，标题虽不带"欧斯曼"，整本书立足的主要事件却也是欧斯曼的巴黎大改造[4]。

下面要说的，便是现代主义建筑大道上的急先锋勒·柯布西耶1925年为巴黎邻里改造所做的"沃伊森规划"（Plan Voisin）。这个诗一般的方案宗旨在于划分城市功能、增加绿化空间、建立实

---

［1］萧伊（Choay, F.）著，邹欢译，《欧斯曼与巴黎大改造》，载《城市与区域规划研究》[J]，2010年第3期，北京：清华大学建筑学院，124—141。

［2］Panerai, P., Castex, J. Depaule, J. C. & Samuels, I. *Urban Forms: The Death and Life of the Urban Block* [M]. Samuels, O.V. trans., London: Architectural Press, 2004,1. 据1997年法文版（初版1977年）翻译。

［3］Carmona, M. *Haussmann: His Life and Times, and the Making of Modern Paris* [M]. P. Camiller, trans., Chicago: Ivan R. Dee, 2002; Kirkland, S. *Paris Reborn*：*Napoleon III, Baron Haussmann, and the Quest to Build a Modern City* [M]. London: Picador, 2014.

［4］Harvey, D. *Paris, Capital of Modernity* [M]. New York & London: Routledge, 2003. 哈维这位当代西方新马克思主义研究代表将欧斯曼巴黎大改造放在1848年与1871年两次革命的框架中。导言里，他一连用了好几个才气横溢的排比句对比1848年之前与之后。言下之意，1848年之后，那是一定要走向现代性的，即便没有欧斯曼，也会有其他的什么曼。真如此？！

用样板房、合理化集体居住环境等，并且比欧斯曼的规划更激进，因为它会让巴黎的心脏——塞纳河右岸市区约 2 平方英里的老房子彻底消失（图 2.17 中央"L"形地带），代之以墓地般的混凝土森林高楼。声称自己就是欧斯曼的勒·柯布西耶于是以欧斯曼为例说明激进的必要："欧斯曼在巴黎正中切了个大口，并展开最令人惊叹的一系列大动作，似乎巴黎再也受不了他这种手术实验。然而今天的巴黎能够存续下来，不正是他大胆的结果吗？……他的成就真是令人钦佩，在混乱毁灭之际，他托起了帝国的金融。"[1]

即便如此，勒·柯布西耶也不得不有所尊重，在规划区南面，保留了从巴黎圣母院到星形广场之间几乎所有蕴含普世价值的历史建筑：荣军院、卢浮宫、杜勒里花园、协和广场和战神广场。

点评：

即便少之又少，毕竟有所留。有趣的是，拆别人的设计作品之时，勒·柯布西耶要求法国政府将自己设计的建筑纳入保护名录。考虑到他的建筑作品的影响力及价值，法国政府还真听了、做了……2016 年 7 月，勒·柯布西耶设计的散布于 7 个国家的 17 处建筑（其中 10 处位于法国）被列入联合国教科文组织世界遗产名录。于是，我们又回到本节开头的话题——"保护与现代紧密相连"。这个互为表里的两极对当今中国的城镇规划不无警示。

沃伊森规划没能得到实施。估计勒·柯布西耶本人也意识到这个规划不现实，因而他多次强调，这不是巴黎市中心规划实施方案，只是希望通过如此研究及展览引起公众对城市规划及城市生活新模式的反思和讨论。

点评：

就像对欧斯曼的解析常常联系到政治（说他的巴黎大改造很大程度上为了满足拿破仑三世的军事需要：为军队提供可自由施展的足够宽敞的道路。为此有人说他反革命），也有人议论勒·柯布西耶是个法西斯主义者。三部由记者或评论家撰写的

---

[1] Le Corbusier *The City of To-morrow and Its Planning* [M]. F. Etchells trans, London：The Architectural Press, 1947, 166. 根据 1925 年初版的法文版《城市规划》（*Urbanisme*）翻译。

重新审视勒·柯布西耶政治理念的新书[1]，以及为纪念大师逝世50周年在巴黎蓬皮杜中心举办的他的个展，将论战推向高潮⋯⋯

在勒-杜克、欧斯曼、勒·柯布西耶等丰碑人物掀起的现代大潮下，说法国人是"将现代性注入历史建筑修复或改造的弄潮儿"，毫不夸张。20世纪80年代初，法国总统密特朗力排众议，采用世界知名华裔美籍建筑师贝聿铭（I. M. Pei，1917— ）的设计，在卢浮宫拿破仑庭院建造了一座现代建筑风格的玻璃金字塔，作为整座博物馆的参观入口。1989年，金字塔成功落成（图2.18）。它是否与代表法国权力的原有古建协调，见仁见智。毋庸置疑的是，该金字塔促成了卢浮宫向法国当代权力宝座的转变[2]。尽管存在争议，这种融合现代与古典建筑风格的手法实际上引领了21世纪博物馆修复与改造的新潮流。

从单体修复到建筑和遗产价值发展区

工业革命以来，几乎所有的欧洲城镇都面临经济发展带来的问题：老城衰败。人们开始认识到需要保护的不单是孤立的历史建筑单体，更应包括周边的历史语境和当代环境。这也是欧斯曼巴黎大改造敲响的警钟。但如上文所提，法国没有参与1913年之前有关"城市遗产"概念的孕育。1911年有关巴黎城建法令提出的"纪念性视廊"仅仅要求里沃利大道两侧的建设考虑环境景观协调。1913年《历史建筑保护法》虽也提到对历史建筑周边环境做相应的协调处理，但并未明确任何具体范围和措施，它主要关注的还是建筑单体。

"一战"期间，一些法国城镇被当作前沿阵地，遭毁灭性破坏，如兰斯城（Reims）四分之三的建筑被夷为平地或受损惨重，几乎整座城镇都消失了。因此重建就不仅仅意味着对有价值的地标性单体的重建，而是整个城镇。像欧洲他国一样，法国有关重建的争论，亦分作两大对立阵营：面向过去和面向

[1] de Jarcy, X. *Le Corbusier, un fascisme français* [M]. Paris: Albin Michel, 2015; Perelman, M. *Le Corbusier-Une froide vision du monde* [M]. Paris: Michalon, 2015; Chaslin, F. *Un Corbusier* [M]. Paris: Seuil, 2015.

[2] Byard, P. S. *The Architecture of Additions: Design and Regulation* [M]. New York & London: W.W. Norton & Company, 1998, 67.

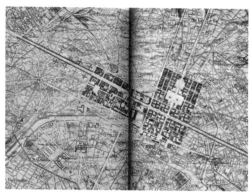

上：图 2.17 沃伊森规划示意图
Le Corbusier, *The City of To-morrow and Its Planning*

下：图 2.18 卢浮宫拿破仑庭院及玻璃金字塔

未来。多数法国人认为，面对整座建筑乃至其周边环境完全缺失的情况，像英国人拉斯金、莫里斯 19 世纪末倡导的那种保守性维护（只适合依然矗立的建筑）就失去参考作用，应该采用法国本土的风格式修复方式。

兰斯重建争论中，曾有人关注传统，如著名雕塑家罗丹提议保留废墟，当地市民也反对美国洛克菲勒提供资金带来的美国现代性干涉。然而罗丹方案被否。由于美国总统威尔逊到访以及当地提案乏善可陈，有着哈佛背景的布扎体系建筑师福特（G. B. Ford，1879—1930）的方案被采纳[1]：城中街区多为现代风，外围辅以郊区花园、绿地和工业区，宽敞道路通至城中心……如此重建让我们再次看到现代性在法国建筑保护进程中的深深印痕。不过一些标志性历

[1] 应该说，美国经费对现代方式重建有推波助澜之"功"。事实上，正是美国洛克菲勒基金会 1924 年提供的可观经费催生了对凡尔赛宫大理石庭院和枫丹白露进行风格式修复的火爆局面。

史建筑，如兰斯大教堂、圣雅各教堂等，均由历史建筑保护委员会指定的建筑师忠实于原件复制。兰斯大教堂的重建虽采用了现代钢筋混凝土结构屋顶，但其附近街区建筑属于布扎体系的古典风格，表现了对历史建筑的局部尊重。

点评：

　　与"一战"中惨遭破坏的比利时城镇伊普尔（Ypres）的重建相比，这里的尊重微乎其微。伊普尔重建之始就明确表示不采用现代方式而尊重过去。一些主要历史建筑几乎被复印式复原，城镇街区采用传统佛兰芒文艺复兴风格（Flemish Renaissance）辅以当地伊普尔风。这种手法成为后来欧洲很多城市战后重建的样板。

　　随着城镇重建项目的铺开，法国政府意识到保护整体环境的必要，于是开始对需要保护的整体环境做出盘点，并推出相关保护措施，如1919年颁布的法国第一部城市规划法《高努代法》（Loi Cornudet）及1924年的相关法案，均要求所有人口超过1万人的城镇、塞纳省内的所有城镇以及被列入一份特殊清单的城镇进行有关"拓展和美化"的城镇规划。这类规划需要得到历史建筑保护委员会的同意。随之，"城镇规划"（urbanisme）作为专有名词被纳入法律框架，从法律层面上保护私人财产并控制城市发展。1930年的《景观地保护法》更将保护范围扩展到风景地及城镇，并确立了初步清单名录。重要实例有1928年以清除非法搭建窝棚开始的圣米歇尔山（Mount Saint-Michel）保护（图2.19），以及1929年开始的凡尔赛宫（Versailles）景观保护（图2.20）。

　　1930年颁布的《景观地保护法》还提出可在国家行政法院对其做出"公用"声明的历史建筑周围划出保护区。遗憾的是，由于战后重建的急迫性，所谓的"历史环境及保护区"概念并未落实。其时的法国在城镇整体环境保护领域落后于欧洲其他国家，如英国和意大利。直到1943年的《古迹周边环境法》才开始明确规定，在列级或注册登记的历史建筑周边，建立一个以该建筑为圆心的500米半径保护圈。如此保护圈主要基于视觉美学：或位于历史建筑500米可视范围内，或从某个重要景点可同时看到二者（二者间距小于500米）。几乎每一座法国城镇都有至少一座列级或注册登记的历史建筑，随之而来的是每一座城镇都有一个保护圈，可见覆盖面之广。然而保护圈概念起于"二战"前夕，主要为应对战时之需。虽较之前的单体保护迈出一大步，却因过于僵

左：图 2.19 圣米歇尔山——法国最重要的朝圣地之一
1979 年被列入 UNESCO 世界遗产名录。

右：图 2.20 凡尔赛宫殿及花园平面示意图
1979 年被列入 UNESCO 世界遗产名录。　　罗隽绘

化遭到质疑而未能得到推广。

　　"二战"让法国城镇再受重创，如位于诺曼底地区、中世纪欧洲最繁华的"百钟空中回响之城"鲁昂（Rouen），以及弗朗索瓦一世于 16 世纪创建的诺曼底第二大城勒阿弗尔（Le Havre）等，均遭大面积毁坏。与"一战"后重建相比，此时的重建可谓多样化：

　　——类似于华沙或伊普尔的重建模式：如滨海"海盗之城"圣马洛（St-Malo）老城中心（"二战"中 90% 的建筑被毁）重建时，几乎是对原 17—18 世纪建筑的忠实复制；

　　——白板式现代重建：如布雷斯特（Brest）、洛里安（Lorient）、圣纳泽尔（St. Nazaire）、马赛（Marseille）以及著名现代派建筑师佩雷为勒阿弗尔所做的重建，均以现代方式进行；

　　——现代重建与传统复建混合：如 1917 年设计了美国费城富兰克林公园大道的法国著名城市规划师格雷贝（J. Greber，1882—1962）主导的鲁昂重建，在老城中心围绕鲁昂大教堂的街区采用传统式复建，在塞纳河对岸区域则以现代方式整体重建；

　　——对战前街区模式做简化戏仿，辅以当地民居式样：如由建筑师尼尔曼斯（J. Niermans，1897—1989）和规划师勒沃（T. Leveau，1896—1971）主

图 2.21 圣马洛老城
城墙完整，古典天际线优雅。

持的因敦刻尔克大撤退而闻名的敦刻尔克城（Dunkerque）重建，采用现代式样，却又带地方特色，颇具勒－杜克遗风，却又让人感觉有些不协调。

多样化带来不同的亮点。如圣马洛复建所维持的古老肌理散发出遗世独立的别样韵味（图 2.21—2.24），复建的鲁昂老城街区饱含昔日哥特式摇篮的历史墨迹（图 2.25—2.29）。这些城市今天都成为世界级的旅游城市。

佩雷为勒阿弗尔所做的重建规划带来现代城市的新秩序（图 2.30—2.32），其本人设计的圣约瑟夫大教堂则成为早期现代主义建筑风格的楷模（图 2.33）。

然而，重建带来的标准化建设，20 世纪二三十年代以来兴起的现代建筑运动以及重建部分多位于城镇郊区等因素，使得法国"二战"之后的诸多重建对历史环境和城市景观等议题的考量不足。勒阿弗尔即便因大师的前卫规划不乏亮点而于 2005 年被列入联合国教科文组织世界遗产名录，若将其现代风格的城市景观与圣马洛和鲁昂这类保留历史特色的城市景观相比，则难免令人感到沉闷。可以想见其他现代方式重建的平庸。

另一个问题便是大量的拆除。诸多老城在战火中遭到破坏，原就封闭拥挤的老街区进一步颓败，很难达到卫生标准。而城镇尤其大城市周边，又面临

左上：图2.22 圣马洛古城东南角街区

该街区18世纪通过填海而建，即所谓的海盗风格（Corsaires）富人区。1944年，多数房屋毁于战火。战后该街区在法国历史建筑委员会资深建筑师科尔农（R. Cornon，1908—1982）主持下忠实于原样复建。

右上：图2.23 圣马洛夏多布里昂街

这条作家诞生地街巷1848年以其名字命名。至今留有该城最古老风格的房屋。图右侧第一道黑门通向作家故居。

下：图2.24 夏多布里昂墓地所在的格朗贝岛

这座古城墙外百步之遥的潮汐岛（Grand Bé），退潮时可以步行抵达，作家之墓给古城再覆一层文学古锈之魅。

高速发展带来的交通拥挤和堵塞。为此，重建必然涉及大量拆除。如此拆除在消除脏乱的同时，很快让人们醒悟到老城的历史肌理同时也遭到破坏，有特色的历史街区不复存在。20世纪50年代末，当地方"战后重建"逐渐扩展到全国范围的"城镇更新"之时，"如何改造城镇的中心"成为重要议题。这亦是全欧洲的共同问题。在法国，一个重要人物应时登场，他便是刚刚被委任为文化部部长、作家出身的马尔罗。他在1962年递交给国民议会的报告里指出："在过去的一个世纪，许许多多的历史建筑构成了各个民族的历史遗产……但如今的各国不再仅仅只看重杰作。只要是反映其昔日历史的事物，国家都开始感兴趣……保护一个历史街区需要既保存外部亦更新室内……修复需要调和迄今为止看上去互为抵触的两大目标：保护我们的建筑和历史遗产、改

左上：图 2.25 鲁昂大教堂北立面局部
透过这历史的拱中之拱，你也许能更好地领悟大教堂，苍苍而澄明。

左下：图 2.26 鲁昂大教堂西立面
这座曾经让莫奈追光又追光的大教堂，其深沉的中世纪气息、巨大的体量，让你很难想象它是战后复建的。莫奈的画作从不表现完整的西立面。这幅完整的摄影图右上留一道黑卷边，是为纪念。

中上：图 2.27 鲁昂圣马可洛教堂
火焰哥特式建筑的见证，与鲁昂大教堂遥遥相望。"百钟空中回响之城"名不虚传。

中下：图 2.28 鲁昂诺曼底议会法院
法国最大的民用哥特式建筑。

右：图 2.29 鲁昂大教堂附近传统街区
随处可见的哥特式石头建筑和半木结构的房屋让你仿佛置身于中世纪，而这一切大多为"二战"后复建。

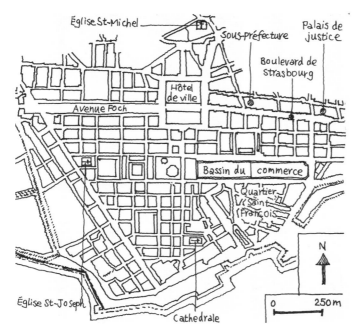

图 2.30 重建后的
勒阿弗尔城市中心
地带平面示意图
何晓昕绘

善法国人的生活和工作环境。"[1]

　　该报告构成法国历史上著名的《1962 年 8 月 4 日法》，又称《马尔罗法》(*Loi Malraux*)，标志着法国"保护区"(Secteur sauvegardé) 概念及制度的诞生，也是法国第一次从立法层面关注历史区域而非仅仅关注优秀单体。于是，国家可在城镇中心或其他"体现历史的、美学的特征，其建筑群体或局部需要得到保护、修复"的区域建立保护区。保护区内所有的建筑，不管其自身作为单体是否重要，都需要得到保护和修复。任何保护和修复措施都需要经过行政管理部门的特别审批程序。有关保护区的政策还强调，城镇更新不仅是物质更新，更重要的评估标准是：能否改善环境品质并带来新活力。显然，该法令将城市遗产的保护与现代发展综合考量，又一次体现法国建筑保护的强烈特征——保护与现代性并存。

　　《马尔罗法》不久即被并入城市规划法，从法律上将建筑遗产保护与城镇

---

[1] 转引自 Loew, S. *Modern Architecture in Historic Cities: Policy, Planning and Building in Contemporary France* [M]. London: Routledge, 1998, 33-34.

左上：图 2.31 勒阿弗尔现代风格天际线
中部之塔为圣约瑟大教堂（Église St-Joseph）。

左下：图 2.32 佩雷设计的市政厅（Hôtel de Ville）现状
其周边均为混凝土建造的标准式住宅。

右：图 2.33 圣约瑟大教堂室内现状
教堂外形朴素，内部闪烁着现实与魔幻交错的斑斓色光。

规划相关联，将遗产保护与发展并列，从而引导了一些公共资金投入到历史街区的修复，避免了不明智开发带来的侵蚀。英国学者洛（S. Loew）曾总结《马尔罗法》有两大重要因素：首先注重城市的建筑环境，其次注重规划。保护区内的新建筑或原有建筑上的添加改造，都需要基于保护的准则而决定最终是否实施[1]。

［1］ Loew, S. *Modern Architecture in Historic Cities: Policy, Planning and Building in Contemporary France* [M]. London: Routledge, 1998, 34.

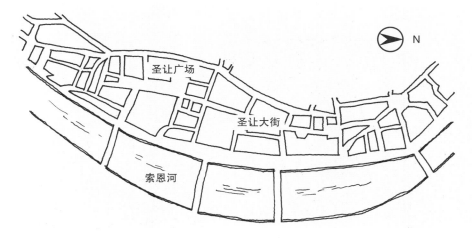

图 2.34 里昂圣让保护区总平面示意

何晓昕 绘

　　鉴于法国国家层面保护的传统，这些保护区项目由以巴黎为总部的"保护区国家委员会"总管。保护区经由该委员会界定后，再被委托给由政府任命的地方建筑师，由地方建筑师制定具体保护或修复方案。第一个被确立的保护区是里昂老城（Vieux Lyon）的圣让（Saint Jean）保护区（图 2.34）。

　　作为高卢罗马时期的都城之一，里昂拥有大量优美历史建筑，然而到了20 世纪 60 年代，沿索恩河（La Saône）蜿蜒铺展的老城一片颓败，到处是脏兮兮的破旧老屋。60 年代初，在当时里昂市长的推动下，一个城市高速路开发项目跃跃欲试。马尔罗通过将大量单体建筑纳入列级保护，成功阻止了这场开发。1963 年，里昂借召开"老街区"（les quartier anciens）为题的全国大会之机，成立了里昂老城修复综合公司。沿圣让大街（Rue St-Jean）实施的两项试点工程于 1964 年 5 月动工，开启了法国第一个保护区的建设。

　　约 30 公顷的保护街区内近一半建筑为庭院布局。试点项目主要致力于整修庭院并厘清其中一些早期建筑的历史特征，如将其内建于 19 世纪的纺织厂及工人住宅上升为历史景观，并基于原样整修的原则，在外墙施以与传统做法相符的粉刷，室内加建必要的厨房、厕所，以改善居住条件。在此基础上，还计划修建围绕老城区的环路、停车场，只允许老城区居民开车进城，在老城区进行红绿灯控制等，通过这些措施来缓解老城交通压力。然而，尽管项目开始实施时就极力避免高档化，由于其近乎完美的建筑学宗旨及高昂费用，工程进展缓慢而令人痛苦。项目完工后，原居民中的多数穷人和老人未能重

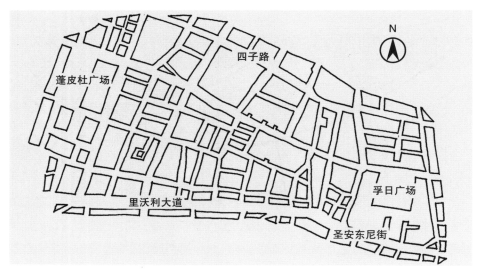

图 2.35 马莱保护区示意图
何晓昕 绘

返原居住地。

接下来划定的保护区是占地 126 公顷的、著名的巴黎马莱街区（Marais，图 2.35）。

与里昂老城比，马莱年轻得多。这个曾经的沼泽地直到亨利四世于 1605 年下令建造王宫才得到开发，并于 17 世纪出现建设小高潮，形成了一个集宫殿、酒馆、商铺、作坊、公寓住宅于一体的富丽场。然而，早在 19 世纪初，这里就显现出衰败迹象。到 20 世纪 60 年代，这里的环境已低于巴黎整体水平，人口居住密度几近巴黎平均值的两倍（前者 585 人/公顷，后者 300 人/公顷），街区内 70% 的住户没有户内厕所。所幸的是，这些街区的历史特征（如其内 176 栋"列级保护"建筑以及 526 栋"注册登记"建筑）终于引起人们的重视，它于 1965 年被确定为巴黎的第一个保护区。

与里昂圣让保护区复兴类似，此处的重点亦在于对街区历史环境的整治和修复，如调整 19 世纪时对街区的增建、加建以及过度建造。项目的实施同样以试点工程打头阵，包括围绕托黑尼坊（Place de Thorigny）及皇家公园大街（Rue du Parc Royal）展开的修复，朝马莱西北方展开的修复以及沿花园—圣保罗大街（Jardins-Saint-Paul）一带的修复。就像华沙战后重建时参照了 18 世纪著名威尼斯城市风景画家贝罗托（B. Bellotto，1721—1780）有关华沙的风景画[1]，这里的庭院清理及复兴，也试图参照著名的杜尔哥巴黎地图（Plan de Turgot）[2]。庭园或花园里一些后来被称为"寄生物"的加建几乎全被拆除，让复兴后的马莱重现杜尔哥巴黎地图所描绘的庭园广场和花园。停车的新需求通过在某些庭园的地下层兴建小型车库得以巧妙解决。此外，将名人居住过的房屋改造为博物馆或名人故居如毕加索博物馆、雨果故居等（图2.36）——大大地提高了整个街区的品质。

同样，复兴后的马莱街区在得到赞许的同时亦遭到批评，批评者认为修复工程进展缓慢费用高、中央政府的控制削弱了私人及地方的主动性、缺乏对社会和公众利益的考量……即便遭受如此批评，此后法国仍持续推行保护区政策，并以平均每年确立2—3个保护区的速度平稳发展。据2011年出版的《欧美建筑保护：经验与实践》一书，法国境内至2011年已经拥有100多处保护区。入选标准主要取决于建筑品质及历史价值，地方政府的接受程度，经济可行性以及所在城镇的规模、需求及风格构成等因素[3]。

总体上说，这些保护区极好地保护了法国城镇的历史风貌。里昂老城于1998年被列入联合国教科文组织世界遗产名录，充满活力的多功能马莱保护区也成为巴黎最有特色、最富吸引力的街区之一（图2.37）。2015年，巴黎举办特展，回顾了马莱街区的保护历程，这既是对所取得成就的总结，也是肯定。

---

[1] 贝罗托以描绘欧洲城市如德累斯顿、华沙、维也纳、都灵的风景画而著称。这些画作除了在华沙重建中发挥重要作用，也为德累斯顿的重建提供了范本。

[2] 该图由1729—1740年任职巴黎行政区首长的杜尔哥（M-É Turgot，1690—1751）委任法兰西皇家绘画暨雕刻学院成员、透视学及建筑学教授布勒泰（L. Bretez，生卒年不详）于1734—1736年绘制。画家被授权进入府邸住屋及花园等处实地勘测描绘，精准而详尽地反映了巴黎1734—1736年的面貌，包括所有的街道、建筑物及林园。18世纪欧洲从文艺复兴继承而来的潮流是摒弃以绘画形式表现城市而追求更加技术化和数学化的几何形平面图。布勒泰教授逆势而为，采用卡瓦列雷（Cavaliere）的鸟瞰透视系统，不管远近，只要两栋建筑的尺寸相同，便以相同大小的附图表示。1736年画作完工后，经法兰西科学院雕刻家卢卡（C. Lucas，1685—1765）之手，被分割刻制于21块铜板之上，于1739年出版。

[3] Stubbs, J. H. & Makas, E. G. *Architectural Conservation in Europe and the Americas* [M]. New Jersey: John Wiley & Sons. Inc., 2011, 44.

左：图 2.36 孚日广场（Place de Vosges）一隅的雨果故居
右：图 2.37 马莱街区著名的孚日广场

点评：

　　圣让和马莱街区复兴后所遭受的批评，也是欧洲乃至全球几乎所有老城复兴所面临的共同难题：老城历史街区修复改造后带来的商机让这些街区的地价及基础设施费用等暴涨，原来的低收入或老年常住居民不得不搬出，复兴后的历史街区成为富贵阶层的特区，即人们常说的"绅士化"。20 世纪 60 年代博洛尼亚老城改造时人们一开始就意识到如此问题，提出了将街区与人一起保护的口号，结果依然难以摆脱所谓"绅士化"带来的冲突。为解决这一难题，20 世纪 60 年代以来，欧洲保护领域的一大宗旨便是：保护活动不仅关注物理环境、历史及艺术价值，还要考量社会及经济议题。1975 年颁布的《阿姆斯特丹宪章》即倡导"综合保护"，不光看外表，还要考虑历史中心的社会形态以及居住于其中的民众。然而，此后的几十年里，所谓的"绅士化"冲突不仅没有改善反而更加激化，亦广遭社会学家谴责。名著《美国大城市的死与生》出版 50 周年之际，美国当代社会学研究学者佐金（S. Zukin）出版了力作《裸城：城市原真性场所的死与生》，批评单纯追求历史建筑视觉原真性的历史街区改造："如此原真性追求已经沦为权力的工具……一种有意选择的生活方式，一种表演。"正是如此原真性追求赶走了那些为历史街区带来原真性的原居民，导致历史街区建筑的原真性（物理原真性）与原有底层居民生活的原真性（社会原真性）之间的断裂，让城镇丢了魂。佐金在末尾提出："我们不能将原真性仅限于建筑，而应达成一种对以人为本的城镇原真性的认知。"[1] 此观点值得当代中国城镇规

[1] Zukin, S. *Naked City: The Death and Life of Authentic Urban Places* [M]. Oxford: Oxford University Press, 2010, 4 , 246.

划及保护从业者借鉴。然而，事情总是抨击容易，做起来难，尤其是在一些拥有悠久历史底蕴又充斥当代低俗习气的历史街区，如何在物质原真性与社会原真性、大众习俗与精英文化或所谓的"绅士化"之间寻求平衡，是最为重要也最难把握的。

保护区对城镇的整体保护功不可没，然而国家政府的过多干涉，削弱了地方保护的能动性，也迫使地方政府发出分权呼吁。该呼吁得到 1983 年颁布的《地方分权法》的回应。新法律在维持国家政府权力的同时，实行权力下放。有关"历史建筑""景观地"及"保护区"等"国家利益"层面的保护及管理权依然归国家政府部门掌控，但地方政府开始对具备地方价值的遗产拥有自主保护权。地方政府可在"历史建筑周围以及更为普遍的因美学或历史原因而值得保护或价值重现的街区或景观地"建立"建筑及城镇遗产保护区"（ZPPAU，Zone de Protection du Patrimoine Architectural et Urbain），取代之前的 500 米可视范围保护圈。随着对景观及环境的关注度日益提高，1993 年法国政府颁布了《景观保护及价值体现法》，在原有的 ZPPAU 基础上，增加"具有公共利益的较为普遍的景观"，形成一个完整的"建筑、城镇及景观遗产保护区"概念（ZPPAUP，Zone de Protection du Patrimoine Architectural, Urbain et Paysager）。随着国际上对文化多样性的倡导，以及法国自身对有关可持续性发展立法的需求，2010 年，"建筑、城镇及景观遗产保护区"概念被"建筑和遗产价值发展区"（AVAP/AMVAP：Aire de Mise en Valeur de l'Architecture et du Patrimoine）替代。新的 AVAP/AMVAP 从建筑、遗产以及环境（包括景观）的多重层面，综合考量规划和治理项目的宗旨以及地方城镇规划中的可持续性，从而保证现状以及所规划、整治的建筑与空间的品质[1]。从保护区到 AMVAP，体现了法国人对保护的阐释从"单纯保护"向"价值重现"的转变，这显然是一条与时俱进的路线。现代性介入也是不言而喻的。

---

[1] 关于从保护区到 ZPPAU 到 AVAP 的发展过程及操作，参见邵甬、阿兰·马利诺斯，《法国"建筑、城市和景观遗产保护区"的特征与保护方法——兼论对中国文化名镇名村的借鉴》，载《国际城市规划》[J]，2011 年第 26 卷第 4 期，北京：《国际城市规划》杂志编辑部，78—84。

近现代建筑的保护

20世纪20年代，法国就有人希望将"一战"的一些重要遗址列为古迹保护。然而《1913年古迹保护法》规定"古迹"必须具有"考古"价值，让这些近代建筑没资格被列级或注册登记。1930年的《景观地保护法》将历史建筑保护范围扩大，一些近代建筑被乘势纳入保护体系，如阿戈纳（Argonne）西北的最高山丘沃夸山（Vauquois）被列为景观保护区之后，山下"一战"期间让法军最终战胜德军的约22公里长的战时地下隧道随之被纳入保护范围。可见法国是欧洲最早开始保护近代建筑的国家之一。

"二战"后，将战争中的殉道场或废墟列入保护范围的呼声更为高涨，如纳茨维勒—施特鲁特霍夫集中营（Natzweiler-Struthof）及格拉讷河畔奥拉杜尔（Oradour-sur-Glane）均被纳入一定的保护程序。某些特殊近代建筑也得到保护，如曾经两次出任法国总理的克列孟梭（G. Clemenceau，1841—1929）在巴黎的公寓和花园1931年转为博物馆之后，于1955年获得受国家保护特权。1957年，时任历史建筑保护总督导的肖韦尔（A. Clauvel，1895—1974）尝试将150座近现代建筑列入保护清单。同年，佩雷设计、1913年落成的香榭丽舍大街剧院在历经8年申请之后，被列入历史建筑列级保护清单[1]。然而，法国此时并未确立任何关于近现代建筑保护的通用准则或标准。

1959年，巴黎市政当局为兴建一座学校，决定拆除巴黎西郊的萨伏伊（Savoye）别墅。该别墅建于1921—1931年，堪称现代主义运动的旗帜。它在"二战"中伤痕累累，急需修复。但因其设计师勒·柯布西耶当时还健在，该建筑够不上当时的历史建筑列级标准。勒·柯布西耶立即致函两位老友，当时的法国文化部部长马尔罗及现代建筑史学家吉迪翁（S. Giedion，1888—1968）。马尔罗本就仰慕勒·柯布西耶的作品，也关注现代主义建筑。吉迪翁

---

[1] 更多细节参见 Versaci, A. & Cardaci, A. "The Origin of the Conservation of the 20th Century Architecture in France: The Action of Andre Malraux in Favour of Le Corbusier's work" // *Heritage Architecture Landesign Focus on Conservation Regeneration Innovation Le vie dei Mercanti XI Forum Internazionale di Studi* [C]. Napoli: La scuola di pitagora editrice, 2013, 424-433. 亦可参见邵甬，《法国建筑·城市·景观遗产保护与价值重现》[M]，上海：同济大学出版社，2010，85—89。

对现代主义建筑的关注更是不言而喻。两位要人加上勒·柯布西耶的其他关系网，把保护萨伏伊演变为一场由多家机构（CIAM、苏黎世高工、UNESCO 等）联合的国际战役。最终，通过将该别墅的土地拥有权从教育部（拟建中学的主人）转让给文化部，这座最能体现勒·柯布西耶新建筑五要点的经典之作终获保留。尽管它并未因此而被纳入国家认定的保护名录，但围绕萨伏伊的保护之争被认为是现代主义建筑保护的"里程碑"[1]，马尔罗于 1961 年 4 月终于着手修改原先的保护法，加入了保护近代杰出建筑的条文，为保护 20 世纪以来的近代建筑提供了法律依据。

1963 年，马尔罗内阁成员奥洛（A. Holleaux，1921—1997）组织编写了一份"现代建筑"保护清单，里面包括具有代表性的已过世建筑师的作品。这些作品或展现杰出的思想性，或采用先进的技术材料（如混凝土、金属）。在此基础上，时任艺术博物馆馆长的贝塞（M. Besset，1921—2008）女士又根据时间顺序和主题，将清单里的建筑分为 20 世纪初期的现代主义建筑与 1925—1940 年国际式风格建筑两类。因最先由马尔罗提议，两份清单均被称作"马尔罗清单"。历史建筑高等委员会却对该清单持保留意见，并建议将保护现代建筑的议题推后至少 50 年。他们认为历史建筑的保护业已艰巨，不可承受更多。然而车轮一旦启动，必定向前。至 1964 年年初，5 座现代建筑被正式列入保护清单，包括新艺术运动大师吉玛设计的犹太教堂和住宅、勒·柯布西耶的马赛公寓。不过萨伏伊别墅仅被视为重要的"公共建筑"，直到 1965 年柯布西耶去世后才被列入历史建筑名册，显见建筑规模也是当时的评估标准。

20 世纪 70 年代，随着近处巴黎中央菜市场（les Halles）被拆除，远方美国文化界对"现代主义建筑"的反思，越来越多的法国人意识到保护近现代建筑的必要性。1974 年，时任文化部部长居伊（M. Guy，1927—1990）及其技术顾问富卡尔（B. Foucart，1938—2018）又一次倡导保护 19 世纪和 20 世纪的近现代建筑。与制定马尔罗清单时历史建筑高等委员会迟迟不回应的态度相反，此时的保护机构从中央政府到各大区保护官员皆积极跟进，很快制

---

[1] Prudon, T. *Preservation of Modern Architecture* [M]. New York: John Wiley & Sons, 2008, 7. 关于萨伏伊别墅在现代建筑保护进程中的作用及其作为纪念性建筑的意义参见 Murphy，K. D. "The Villa Savoye and the Modernist Historic Monument" // *Journal of the Society of Architectural Historians* [J]. Oakland: University of California Press, 2002, Vol. 61. No. 1, 68-89.

定出一份《从 1830 年至今的历史建筑》清单。经过三次会议逐一排查，最终有 220 处历史建筑被纳入保护名册。

虽仅为名册而非列级，到 20 世纪 80 年代，对近现代建筑的保护不仅已成为共识，手法也走向成熟，保护范围也不再仅限于明星建筑师的作品或标志性建筑。1984 年开始，依然由文化部牵头，将从前以地域编制清单的方式改为以类型划分，如铁路工程、医院、游泳馆、商店、工业遗产。保护对象也被拓展到方方面面，从文化遗产、工业遗产到日常生活场所，如商店、剧院、餐厅、咖啡馆、酒吧等。

1987 年，在伊乌（Éveux）召开的"20 世纪的建筑遗产问题大会"将近现代建筑保护推向一个小高潮。有关入选保护清单的标准得到进一步厘清：如独创性、标本作用、技术革新、在当地社区的重要性和认知度以及推广的意义。所考量的视角不仅是历史的、文化的，还有社会的和经济的。1983 年设立的"建筑、城镇及景观遗产保护区"（ZPPAUP）的规则同样适用于近现代建筑。1999 年，法国文化部推出"20 世纪遗产标签"，将更多的近现代建筑纳入保护。至 2015 年，超过 2300 栋建筑或建筑群被纳入标签保护之列。

点评：

法国对近现代建筑的保护大体与欧洲其他国家及美国的趋势相同。如 1987 年法国掀起保护现代主义建筑小高潮，次年，荷兰建筑师发起成立"保护和记录现代主义运动的建筑、基址及其邻里的国际工作小组"（International Working Party for Documentation and Conservation of Buildings, Sites and Neighbourhoods of the Modern Movement, 简称 Docomomo），这些促使各国与建成环境有关的当局、机构公司、教育团体以及个体充分认识现代主义运动的意义；鉴别、确定并创设有关现代主义建筑作品的记录档案，包括文件记录、草图、照片、档案以及其他文档材料；反对拆除或破坏有意义的现代建筑，并鼓励开发、推广适当的保护技术及方法。

需要指出的是，近现代"名册历史建筑"的修复或保护，遇到了不同于历史建筑的新技术和新材料，如合成密封胶、塑料以及各式各样的复合建筑构件等，因此更难保护。再者，很多此类建筑的历史地位并不显赫，相当多的建筑现存状态远非完美，使用功能也不甚合理。与其说是对其进行维修式保

左：图 2.38 20 世纪 90 年代修复后的萨伏伊别墅外观依旧却不再幽静

右：图 2.39 萨伏伊别墅修复后僵化的室内空间，当然，你也可以说是高贵的静默

护不如说是改造和再利用，并且是创造性再利用。风格式修复再次受到青睐也就顺理成章了。

　　在过去 50 多年的时间里，萨伏伊别墅的修复和保护最能说明上述困境抑或建筑修护和保护所面临的物质和哲学意义上的挑战。原因如下：第一，自1961 年确定被保护，萨伏伊经过 1963—1967 年、20 世纪 70—80 年代以及 90年代多次修复，频率不可谓不高。这说明原始构件、材料的脆弱和修复之难。第二，这座当初的郊外私人别墅，四周的环境幽静。虽说 90 年代末期修复后的外形及色彩（图 2.38）使其恢复至 30 年代初建时的状态，但由于其附近于60 年代兴建了中学等原因，幽静不如从前。周围环境的巨变是所有历史建筑的困境。现代建筑所面临的周边环境变化带来的压力更大。第三，修复后的萨伏伊别墅的功能由当初的居住变为博物馆，对外开放。这种功能转变也让其室内空间的品味不如从前（图 2.39）。

英国国会大厦

第三章 英国

　　……情感，对往昔的向往，引发
英国人保护。

　　英国对建筑遗产的认知及立法晚于意大利和法国。但因其19世纪以来在世界经济、文化及政治舞台上的领导地位，英国所保护的建筑和构筑物在数量和质量上都无与伦比。19世纪以来英语在全球的霸主地位，又让英国的建筑遗产成为可"拜访"（实地访问或语言阅读）人数最多、最重要的全球性市场。英国是全世界发展遗产旅游业的国家中当之无愧的典范。

　　英国领导了伴随都市化的工业革命，比他国更早更彻底体验到经济活动及居住模式的变革。至1851年，急剧增长的人口中半数以上居于都市或城镇。如此巨变让19世纪的英国站到保护"往昔"的前沿。其建筑保护与城镇及乡村规划紧密关联，对正面临都市化旋风及旅游潮的国家和地区有特别的示范意义。

　　英国人推崇循序渐进式经验主义，而不是像欧洲大陆那样崇尚抽象的理性哲学。加上对往昔某种骨子里的崇敬，英国对保护的贡献既有美学层面的"风景如画"，也有哲学层面的"反修复"，并最终促使"保护"观取代"修复"观。这种认知上的巨变将欧洲建筑保护运动推向真正的现代阶段，使人们更为关注文化遗产的内在伦理及日常维护而非伤筋动骨式修复。

　　渐进式改良传统让英国避免了法国大革命式的血腥和社会惊变，国家亦未形成高度集权。因此，英国建筑保护的另一独特之处在于民众的自发性，它拥有全球最为庞杂而权威的民间保护组织。

一 美学及哲学基石

"大旅行": "风景如画"—崇高—废墟……

大体上说，都铎王朝（Tudor，1485—1603）的建立，预示了英国中世纪的结束和近代的开端。平稳发展的经济奠定了英国在欧洲的重要地位。同时，英国人广泛吸取文艺复兴的营养，贵族的教育和文化活动由中世纪简单粗陋的骑士训导转向绅士熏陶。17世纪开始，包括艺术家、文学家、考古人士、建筑师在内的贵族子弟纷纷前往法、意、希腊、中东等国家与地区，感受异国情趣，认知古典，提高自身的文化水平和鉴赏力。这一场悠长而浪漫的"启蒙之旅"，被冠以"大旅行"（Grand Tour）之名延续至19世纪，极大地促进了英国社会教育和文化的发展，也促进了英国的建筑保护。"大旅行"的积极作用可归纳为以下两点：

其一，造就了无数优秀建筑师及古迹研究学者[1]。这些人对古希腊、古罗马及其他地区古迹做了系统的梳理、勘测和研究，并将这些成果和经验带回英国。1750年之后，英国发行了一系列出版物介绍古希腊、古罗马及近东的古迹[2]，让英国人对古迹有了全面而深刻的认知，催生了英国的新古典主义，为日后对本国古迹的勘测调研乃至修复带来方法学上的启示，亦唤起英国人对"往昔"的特别眷恋。

---

[1] 英国最早的文艺复兴时期建筑师琼斯（I. Jones，1573—1652）17世纪初开始游历意大利，前后长达数十年。回到英国后将维特鲁维有关比例及对称等的古典原则运用到自己的设计中。100年后，被誉为英国自然景观园林之父的肯特（W. Kent，1685—1748）同样游历意大利长达十年。苏格兰著名建筑师亚当（R. Adam，1728—1792）与法国建筑师合作在意大利展开对古迹的测绘，出版测绘图纸。建筑师斯图尔特（J. Stuart，1713—1788）和勒维特（N. Revett，1720—1804）对希腊雅典古迹展开测绘……总之，18世纪之后，凡有影响的英国建筑师无不拥有他乡游历背景。
[2] 主要有1753年、1757年出版的由考古学家伍德（R.Wood，1717—1771）撰写的有关今叙利亚境内古罗马时期遗址巴尔米拉（Palmyra）及巴勒贝克（Baalbek）的勘测成果；1762年、1789年、1795年、1816年出版的由建筑师斯图尔特和勒维特撰写的有关希腊雅典勘探成果的多卷本《雅典古物》（*The Antiquities of Athens*）。

其二，"大旅行"归来之人对异国古迹古物的狂热最终唤起了本国民众保护本土的古迹乃至中世纪教堂的热情，如分别创立于 1717 年及 1734 的古物学会（Society of Antiquaries）和艺术爱好者学会（Society of Dilettanti）[1]，日后都成为保护"往昔"的中坚力量。19 世纪以来，英国各地相继成立类似学会，支持研究和保护英国本土的古迹。

自伦敦圣保罗大教堂的设计者、建筑师雷恩（C. Wren, 1632—1723）开始，贯穿整个 18 世纪，英国的建筑环境良好[2]，便是得益于一批爱护往昔的建筑大师。如设计布莱尼姆宫（Blenheim Palace，丘吉尔庄园）的剧作家兼建筑师、造园师范布勒（J. Vanbrugh，1664—1726）在 18 世纪初成功游说了对伦敦赫尔本城门（Holbein Gateway）的保存。追随雷恩和范布勒的建筑师，如霍克斯莫尔（N. Hawksmoor，1661—1736）、吉布斯（J. Gibbs，1682—1754）在设计新建筑时尊重原有建筑。伦敦的一些街区如考文特花园（Covent Garden）、摄政大街（Regent Street）、布卢姆斯伯里（Bloomsbury），在当时的开发中均注重保存原有肌理。其他城镇（如牛津、剑桥、切斯特、约克、巴斯、爱丁堡等）在开发时，各自原有的中世纪肌理都得到较好保存。

基于对古希腊、古罗马及中世纪的深刻认知，18 世纪的英国人确定了自己的美学理念："风景如画"（Picturesque）和"崇高"（Sublime）。前者孕育于意大利浪漫主义绘画和雕刻中所描绘的古典景观及古代遗址，并逐渐与英国本土园林景观、蜿蜒小径及废墟纪念性小品建筑的神秘感相连；后者也是舶来词，初现于相传由希腊修辞学者和哲学评论家朗吉弩斯（D.C. Longinus，？—273）撰写的论文《论崇高》中。该文自 17 世纪晚期多次被译成英文，"崇高"原指哲学和修辞意义上伟大的构想、词汇的提升、情绪的强化。这两大美学理

---

[1] 对学会成员斯图尔特和勒维特前往雅典等地的资助等举措，可谓艺术爱好者学会对英国建筑保护最重要贡献之一。不过学会成立初期尚未成熟，不仅涉足所谓的高雅艺术，亦闲聊些低俗"性"话题，并不时嘲弄下宗教。读者不妨一读美国当代学者瑞德福德（B. Redford）2008 年出版的专著《艺术爱好者学会：十八世纪英格兰的古怪及古风》（*Dilettanti: The Antic and the Antique in Eighteen-Century England*）。艺术评论人罗兰（I. D. Rowland）2009 年在《纽约书评》的评论标题"一个既蠢又雅的俱乐部（A Silly, Very Cultured Club）"可谓对该学会矛盾特征做了恰到好处的总结。如此亦庄亦谐的气质依然弥漫于当今的英国社会。某种程度上，这也算英国精髓了。

[2] Erder, C. *Our Architectural Heritage: From Consciousness to Conservation* [M]. Paris: UNESCO, 1986, 167.

念均被融入英国本土实践尤其是景观园林的布置。18 世纪始，英国兴起自由式自然风景园林。至 19 世纪，整个欧洲的园林设计都推崇"风景如画"和"崇高"，对抗之前流行的凡尔赛宫式对称轴线园林。

"风景如画"和"崇高"也成为英国建筑保护的美学基石。这两大理念与不规则的古老建筑，特别是废墟结合，深深影响了英国人对乡村、城镇以及废墟景观的规划和保护。对废墟的保护亦构成英国建筑保护的重要内容。

"风景如画"与废墟保护相结合的最好体现当推北约克郡喷泉修道院和斯塔德利皇家水园（Fountains Abbey & Studley Royal Water Garden）。1720—1740 年，斯塔德利皇家水园的景观布置，不仅通过一些小桥小瀑布疏导斯科尔河（Skell），在河边开辟月亮形水池，还在水池周边建造富有风景如画装饰意味的虔诚之寺及其他雕塑小品，以唤起往昔的浪漫情怀（图 3.1）。1768 年水园业主又买下相邻的 12 世纪喷泉修道院废墟（图 3.2—3.3），将两者合并为一座大型林园。该园被完好保存至今。

这种将园林与废墟镶嵌的手法代表了英国风景如画运动的高峰。废墟结合绿地小径、水面等风景如画的自然景观造景手法也成为英国人的长项。即便在 21 世纪的今天，不管是荒野（图 3.4—3.5）还是城中（图 3.6），蓝天、绿树、溪流、残石，随处可见废墟，风景如画是永恒。

点评：

1. 如果说"风景如画""崇高"源于异国，有关废墟的理念可谓英国人固有。对废墟的领悟和描写历来是英国诗人的长项。随便即可列出一串名单：乔叟、乔叟的传人爱德蒙·斯宾塞、莎士比亚、弥尔顿、华兹华斯……均是写废墟的好手。19 世纪英国小说家狄更斯面对罗马的大角斗场废墟时，竟发出感叹："感谢上帝，它成了废墟！"足见英国人对废墟的迷恋。

2. 当代英国城市中对废墟最令人感叹的保护当推考文垂大教堂"二战"后的重建（图 3.7—3.8）。它不仅特意保留了战争中被毁的大教堂废墟，新设计从平面到立面到体量力求与废墟协调和谐。[1]

---

[1] 有关细节参见大教堂重建设计建筑师斯彭斯（B. Spence，1907—1976）的专著 *Phoenix at Coventry: The Building of a Cathedral* [M]. London: Geoffrey Bles Ltd.，1962.

上：图3.1斯塔德利皇家水园现状

前景为小瀑布层叠的斯科尔河，中景为雕塑小品及月亮形水池，水池之外树丛中若隐若现的柱式小屋即虔诚之寺，树丛上方为八角小亭。远方斯科尔河通过瀑布之后形成一个巨大湖泊。1986年废墟与水园一起被列入联合国教科文组织世界遗产名录。

中：图3.2喷泉修道院废墟现状

它也是英国最大的废墟遗址。前景树根与废墟之间为斯科尔河。临河而建是英国修道院的特征之一。厨房及厕所横跨河流，厨厕垃圾、排泄物等随时随河水带走。修道院的饮用水则来自附近山上水井。图中高塔原为教堂。远方树木长于沙石山上。修建修道院的石材均开采于附近沙石山。

下：图3.3废墟残存的内部现状

前方尽头处为横跨斯科尔河的厨房、厕所等房屋遗迹。

145

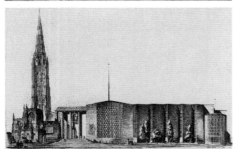

上：图 3.4 罗基（Rocky）修道院废墟
同样临河而建，厨房、厕所横跨水上。

左上：图 3.5 比斯顿（Beeston）城堡废墟

右上：图 3.6 北桥（Northbridge）城堡废墟
如今成为该镇风景如画的花园。

左中：图 3.7 考文垂大教堂重建立面设计图

左下：图 3.8 考文垂大教堂重建后的平面图
图 3.7—3.8 Spence, B. *Phoenix at Coventry: The Building of a Cathedral*

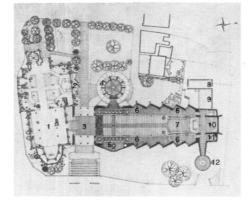

1. 大教堂战后废墟遗址
2. 书店
3. 入口大厅
4. 合一礼拜堂
5. 洗礼池
6. 经文碑區
7. 圣坛
8. 教堂司事住房
9. 饭厅
10. 圣母礼拜堂
11. 基督蒙难地（Gethsemane）礼拜堂
12. 基督的仆人／工业礼拜堂

哥特复兴与教堂修复

英王亨利八世（Henry Ⅷ，1491—1547）决意与不准其离婚的罗马教廷决裂，引发英国的宗教改革。1534 年亨利八世颁布解散大修道院的《至尊法》（the Act of Supremacy）。根据该法案以及之后伊丽莎白女王的增补法律，大批教堂修道院财产被没收，并引发圣像破坏运动。众多的中世纪教堂、修道院被毁，哥特式教堂作为天主教教皇象征亦遭轻视。然而 17 世纪之后，饱受"大旅行"熏陶的有识之士依然喜爱哥特式建筑。神秘低调的中世纪修道院更引起包括弥尔顿（J. Milton，1608—1674）在内的诸诗人的仰慕，连一些对中世纪建筑颇有微词的古典主义建筑大师，如雷恩，都赏识中世纪的精湛工艺。

到了 18 世纪中期，哥特式建筑成为时尚。贺拉斯·沃波尔（H.Walpole，1717—1797）在 1749 年开始以哥特式样改建自家的夏季别墅草莓坡山庄（Strawberry Hill House），并因为山庄赋予的灵感创作出恐怖小说《奥特兰托城堡》（Castle of Otranto）。这本恐怖小说的风行，又反过来促进了其时的英国人对哥特式建筑的欣赏和向往。以哥特式风格设计或改造宅邸和别墅成为建筑界的时尚，并渐渐演变为一场哥特式建筑的复兴。

哥特式时尚或复兴建筑师在设计、改造的同时，亦从事修缮，如建筑师埃塞克斯（J. Essex，1722—1784）以哥特式风格设计诸多剑桥大学"新"建筑的同时，也修缮剑桥的诸多老建筑，并对伊利大教堂（Ely Cathedral）、林肯大教堂（Lincoln Cathedral）等做大范围修复。这些修复尽量遵循哥特式建筑的结构，将其恢复到初始时的状况，并疏通内部空间。例如，对伊利大教堂的修复包括对屋顶和东段墙体的加固、将唱诗坛东移等。如此修复显然带有风格主义倾向，尽管当时英国尚未出现风格式修复。

当时最时尚的乡村房屋设计建筑师怀亚特（J. Wyatt，1746—1813）自 1787 年开始，亦主持修复了英格兰诸多大教堂，如索尔兹伯里大教堂（Salisbury Cathedral）、利奇菲尔德大教堂（Lichfield Cathedral）、赫里福德大教堂（Hereford Cathedral）、达勒姆大教堂（Durham Cathedral）等。怀亚特的修复与埃塞克斯乃至雷恩的手法并无特别不同，主要也着重对教堂内部结构及空间的整合，使其保持风格上的一致，同时对功能做些疏通改善。然而除了加固，怀亚特移

走了很多建筑部件。这个"移走"的做法，遭到抨击。如同样提倡哥特式风格、并对英格兰中世纪建筑做详细研究且著书立说的卡特（J. Cart，1748—1817），对怀亚特式修复即持批评态度。在卡特看来，此类修复通常都会对那些遗留下来的珍贵纪念性建筑造成不利影响，导致粗糙模仿或毁损；如此修复其实是进一步破坏。卡特所做的多为对一些教堂及其修复的勘测、研究以及评论。

点评：

显然，18 世纪的英格兰历史建筑的修复，尤其是大教堂的修复，与哥特复兴有十分重要的关联，有趣的是，这场复兴之初，"修复"与"反修复"之争就已露出端倪。

1789 年法国大革命之后，英格兰王室意识到教堂对安抚民心、平复动乱的重要性，遂鼓励新建或修复被毁的中世纪教堂[1]。王室的鼓励，原有的思古幽情，加上工业革命带来的国力强盛以及大批教堂被毁（稀缺）而城市人口急剧增长（急需）等因素，18 世纪末在英格兰及威尔士掀起修复或再造大教堂、修道院的高潮。这种伴随着哥特式复兴的教堂建造、修复热在 19 世纪维多利亚时代（1837—1901）达到鼎盛后，延续至 20 世纪上半叶。建造、修复的教堂数量之多史无前例。

点评：

1. 此时的法国亦在修复高潮中。法国与英国的做法却大不同。前者从国家层面统一管理，后者各自为政。虽然英国国会 1818 年通过一项《教堂建造法案》（*Church Building Act*），并拨款上百万英镑，但这笔款项主要用于建造新教堂，修复更多依靠的是私人团体。修复建筑师们虽有职业行会的约束，但多是各自为政，如上述怀亚

---

[1] 中文统称为"教堂"的建筑有四大类：1. 小教堂或礼拜堂（Chapel），有驻堂神父或主理牧师一位；2. 圣堂或礼拜堂（Church），通常为传道区或牧区所在地，有主任司铎或主任牧师。教友或会友多的教堂甚至有执事或助理执事；3. 座堂或大教堂或主教堂（Cathedral），通常为教区主教的驻地；4. 圣殿（Basilica），通常为总主教或大主教所在地，或为特殊宗教事迹发生地，仅有天主教设此类"教堂"，中文里意大利的"教堂"多属此类。英国几乎没有该类圣殿。圣殿和其他类型教堂最重要的差异是，圣殿的内殿只有高级别教士才可进入，教堂的内殿则是所有信徒共餐的休息处，所有会众都可进入。从这个差别也可看出教堂在英国的大众化倾向。

特及其门生多是独立承揽工程。很多教堂尤其知名大教堂如索尔兹伯里大教堂、达勒姆大教堂都经过多位修复建筑师之手。因此，我们今日所见的英国教堂多呈混杂风貌。此外，与法国教堂多矗立于城市中心不同，英国教堂虽有位于城市的，但更多地遍及乡野。这种不同也反映了英、法不同的社会和文化背景。工业革命带来"现代"与"往昔"的对比尖锐而直接，但英国民族传统的渐进改良式思潮使得所发生的一切远不及法国具有大革命式的颠覆性。

2. 本书第一章提到欧洲经典抒情诗的两大杰出人物：意大利的彼特拉克和英国的华兹华斯。前者创立了贵族时代抒情诗，追求偶像崇拜；后者开启了民主、混乱时代对诗歌的祈福和诅咒。我们梳理意大利建筑保护历程时发现，彼特拉克体现了意大利建筑保护的基本特征。这里，我们看到英国的建筑保护与华兹华斯不无干系，走的是民间或者说民主之路。读者不妨回读第二章，与英国人不同，法国文人、诗人选择走向政府，并协助国家层面的保护。

3. 本章标题为英国，重点在于英格兰。此时苏格兰的修复热与德国的状态类似，主要在于城堡。

修复时各自为政的局面于 19 世纪 40 年代开始得到规范，这得益于剑桥大学两位毕业生于 1839 年创立的剑桥卡姆登学会（Cambridge Camden Society，CCS）[1]。学会初衷在于传承天主教传统仪式，建造符合要求的教堂及开展有价值的修复。一些著名教堂修复建筑师，如萨尔文（A. Salvin，1799—1881）、布 特 菲 尔 德（W. Butterfield，1814—1900）、斯 科 特（G.G.Scott，1811—1878）等，均是会员。学员的言论多发表于其自办的期刊《教堂建筑师》（*The Ecclesiologist*），其观点引领了当时英国的修复潮流。

在审美倾向上，CCS 推崇 13 世纪开始的英格兰鼎盛期装饰哥特式[2]。如《教堂建筑师》1844 年发表的文章《写给教堂建造者的一些话》里指出的，唯

[1] 该学会与 19 世纪中期英国国教圣公会（Anglicanism）的高教会（high church）关系密切。影响巨大的同时被指控策划复辟教皇的统治，于 1845 年解散。1846 年易名为"教堂建筑学会"（Ecclesiological Society），基地搬至伦敦。

[2] 哥特式建筑在英国的发展大致分三个阶段：12—13 世纪早期英格兰哥特（Early English Gothic），13—14 世纪鼎盛期装饰哥特（Decorated Gothic），14—15 世纪晚期垂直式哥特（Perpendicular Style）。

一正确的教堂建筑应该是装饰哥特。有关的修复手法同样发表于《教堂建筑师》。从文字看，CCS 的修复原则与此前饱受诟病的怀亚特的手法不可同日而语。然而，CCS 成员在修复实践中依然采取一系列拆除或改造措施[1]，大大地削弱了历史建筑的原始风貌。19 世纪 40 年代开始，有关修复与反修复的争论此起彼伏。

反修复

争鸣的发起人当推美术家、建筑师普金。他为温莎城堡内部工程及装饰所做的设计广受赞赏，并协助建筑师巴里（C. Barry, 1795—1860）设计了英国建筑史上的丰碑——议会大厦。虽说在某种程度上，普金是当时英国建筑界的局外人，又因疯病而早逝，但这位雄辩家关于建筑的言论影响深远。

作为虔诚的天主教徒，在普金眼里，古典建筑属异教，不可模仿，唯有哥特式建筑才是真正的基督教建筑，英国中世纪晚期哥特式建筑又是英国匠人建造基督教建筑的辉煌期，是宗教之真（理）与自然之真（实）的最佳体现。人们有责任建造或修复类似中世纪晚期的教堂建筑，为此方能引导日趋功利的社会回归基督教精神，这是道德上必须的，亦是重塑英国民族精神的最佳模式。因此，普金极力反对罗马教皇所主导的巴洛克式奢华。关于英格兰哥特式建筑复兴的原因存在众多因素，普金的言行无疑是其中之一[2]。这些对修复的影响是，确定了当时的教堂修复以哥特式为主导。其 1841 年出版的《尖券式或基督教建筑的真实原则》（*The True Principles of Pointed or Christian Architecture*）及 1843 年出版的《关于基督教建筑复兴的辩解》（*An Apology for the Revival of*

---

[1] 有关具体拆除措施参见 Cole, D. *The Work of Sir Gilbert Scott* [M]. London: Architectural Press, 1980, 229-231.

[2] 这些因素包括：1. 人们无法容忍希腊式复兴在实用方面的缺失、摆脱考古批评的需求、对应用古典单一语汇设计的厌倦等，这些使希腊式复兴思潮渐弱。2. 与"古典复兴"注重理性而导致建筑外观较为生硬不同，哥特式复兴建筑在空间布置上灵活而富于变化，更易创造如画效果，符合 19 世纪浪漫主义精神和宗教伦理道德观，尤其当哥特式浪漫特征被小说家司各特（W. Scott, 1771—1832）笔下的中世纪场景增强之时。3. 对英国、法国、德国来说，新古典主义及希腊式复兴均属外来风，唯有哥特式风格才能真正表达本民族的审美主张。4. 皇家品味的影响。1837 年登基的维多利亚女王，作为虔诚的基督徒，推崇哥特式样。5. 普金、拉斯金等精英人士的推动。

Christian Architecture），则进一步确定哥特式建筑复兴应当遵循的两大讲求真实性的准则：第一，建筑（外观）上不应有任何形式特征无助于便利、构造及恰如其分；第二，所有的装饰在于丰富构造的本质。如此原则不仅对修复产生极大影响，亦开创了现代主义结构理性先河。为此，当代美国学者莱文（N. Levine）将这位哥特式复兴人和法国理性古典建筑师拉布鲁斯特（H. Labrouste，1801—1875）并列为继德国建筑师申克尔（K. F. Schinkel，1781—1841）及英国建筑师索恩（J. Soane，1753—1833）之后对建筑理论（例如装饰与结构）发展最有贡献的两座丰碑[1]。

推动哥特式复兴的同时，普金提出反修复，认为怀亚特是"捣毁建筑的恶魔"（monster of architectural depravity）[2]，并挑起一场修复与反修复大辩论。

1846 年，历史学家弗里曼（E. A. Freeman，1823—1892）发表有关教堂修复的小册子，认为当时最常见的事是糟糕的修复。他指出：除非必要的修理，建筑师最好要让建筑保留其原有形态[3]。1847 年，CCS 对弗里曼的论点予以回顾，并将修复归纳为三类："破坏式"（destructive）、"保守式"（conservative）、"折中式"（eclectic）。CCS 反对不尊重过去的破坏式。然而即便认为保守式修复最为保险，CCS 倡导的仍然是折中式[4]。这种折中抑或言行不一在 CCS 会员斯科特身上体现最为明显。

受普金影响，斯科特投入大量的时间和精力研习哥特式建筑，一生所修复的建筑多达 800 余处。他在修复与反修复论战中发表了论文《一份关于忠实修复古代教堂建筑的请求》（*A Plea for the Faithful Restoration of our Ancient Churches*）。从题目看，他推崇普金的艺术真实性，反对破坏式修复而倾向温和保守式。在实践中，斯科特的修复有很多可取之处，如当他派遣同为修复师的儿子前往修复奇切斯特大教堂（Chichester Cathedral）中心塔楼时，要求

---

[1] Levine, N. *Modern Architecture: Representation & Reality* [M]. New Heaven: Yale University Press, 2009, 116-148.

[2] Hill, R. *God's Architect: Pugin and the Building of Romantic Britain* [M]. London: Allen Lane, 2007, 118.

[3] Freeman, E. A. *Principles of Church Restoration* [M]. London：J. Masters, 1846, 10, 17.

[4] Pevsner, N. "Scrape and Anti-scrape" // Fawcett, J. (ed.) *The Future of the Past, Attitudes to Conservation 1147-1974* [M]. London: Thames and Hudson, 1976, 42-43.

左：图 3.9 里彭大教堂内部现状
右：图 3.10 威斯敏斯特修道院北面现状
入口亦在修复中。

儿子在清理瓦砾的同时，对每一处建筑构件做记录，拍照存档以备后用。然而，他立足于将修复对象恢复到中世纪建筑的成熟期风格，以获得纯净的建筑形态，这与当时法国的修复权威勒－杜克的风格式修复颇为相合。斯科特也因此被时人称作"英国的勒－杜克"。作为 CCS 成员，斯科特的修复手法遵循 CCS 原则，既强调要将建筑最古老的部分保留，又认为要将"不合适"的移走，如他修复北约克郡里彭大教堂（Ripon Cathedral）（图 3.9）时，几乎移走了其内所有的 14 世纪遗留，而将之恢复到 13 世纪风格。这种"移走"让斯科特屡遭抨击。还有就是重建是否要忠实于原作的问题，如他自 1849 年开始一直到退休之时，对伦敦威斯敏斯特修道院（图 3.10）的修复。虽然成功加固了破损建筑的结构，却遭到最为严厉的抨击，尤其是他对北耳堂（North Transept）立面的重建，被认为是建筑修复的最差实例之一[1]，因为该重建不忠实于原作。

[1] Fawcett, J. "A Restoration Tragedy: Cathedrals in the Eighteenth and Nineteenth Century"// Fawcett, J. (ed.) *The Future of the Past, Attitudes to Conservation 1147-1974* [M]. London: Thames and Hudson, 1976, 88.

点评：

1. 如今在英国随处可见的教堂，很多得益于斯科特。有意思的是，跟勒－杜克一样，除了修复，这位建筑修复师亦热衷于运用新材料、新技术。

2. 争论的焦点之一在于修复时是否真实，类似于今人论修复时必提的"原真性"（authenticity）。历史建筑经历了漫长岁月之后，不可避免地老化、损坏、倒塌乃至彻底消失。为挽救历史建筑的生命，必须修复。问题是：如何修复？如何保证修复后的建筑依然拥有修复前的建筑风貌、肌理、材质、技艺、情境、诗意等"原真性"？见仁见智……普金和斯科特虽都站在反修复阵营一边，却并非绝对反修复。

绝对反修复的是拉斯金（J. Ruskin，1819—1900）。这是位博学的作家、艺术史学家和评论家，其有关建筑的开创性著作是 1849 年出版的《建筑之七盏灯》（*The Seven Lamps of Architecture*），还有于 1851 年和 1853 年出版的两卷本《威尼斯之石》（*The Stones of Venice*）、1854 年出版的《建筑及绘画讲座集》（*Lectures on Architecture and Painting*）。他并未专门著书立说论述修复或保护，但他的《建筑之七盏灯》里有关修复的精彩而犀利的评述奠定了英国建筑保护的哲学根基。这"七盏灯"包括"奉献之灯"（the Lamp of Sacrifice）、"真实之灯"（the Lamp of Truth）、"力量之灯"（the Lamp of Power）、"优美之灯"（the Lamp of Beauty）、"生命之灯"（the Lamp of Life）、"记忆之灯"（the Lamp of Memory）和"遵守之灯"（the Lamp of Obedience）。有关修复的犀利评述多见于"记忆之灯"：

> 无论是公众还是那些从事保护古迹的职业人，都没有理解"修复"一词的真正含义。修复意味着一栋建筑要经受所有的破坏。这破坏不会留下残存让人收集，这破坏充斥着对所毁之物的虚假描述。在这一重要问题上，我们不要自欺欺人。就像不能让死人复活，建筑中曾经伟大或美丽的任何东西都不可能复原。我在上文坚持视为整个生命的东西，亦即只有工匠的手眼才能赋予的那种精神，永远也召不回来。其他时日，某一建筑也许会被赋予另一种精神，但那时它已是一幢新建筑；已逝的工匠的精神已无法召唤，也无法指挥并引导他人之手和思想。（记忆之灯，18）……让我们不要再谈修复。这件事彻头彻尾就是个谎言。你可以像模仿尸体制作人体模型一般模仿一座建筑，你的建筑模型可以拥有旧墙的外壳，而里面就仿佛骷髅一般。可这样做

有什么好处？我看不出，也不关心。然而古建筑给毁了。这破坏比倒塌成一堆瓦砾或化为一堆烂泥更为彻底无情。（因为人们）从荒废的尼尼微（Nineveh）所采集到的远比重建的米兰城要多。（记忆之灯，19）[1]

针对拉斯金的评述，斯科特回应道：那些既是古迹同时又在使用中的历史建筑（即"活着的建筑"，如教堂），若不经常修缮，将无法存活。斯科特还在 1862 年英国皇家建筑师学会（RIBA）会议上宣读长文，进一步阐述自己的折中观点，并将历史建筑及古代遗迹分作四大类："纯粹的古迹"，如史前巨石柱；教会建筑及世俗建筑的遗迹；正在使用的建筑；晚期建筑中的古代遗存残迹。而对于不同的类型，应当做不同处理。

不管斯科特如何走中间路线，拉斯金的评述对当时疯狂的风格式教堂修复无疑是一记重拳，也是一剂良药。也正是其有关"真实性"的阐述，奠定了日后英国建筑保护的哲学根基。斯科特在上述长文里，也同意拉斯金的观点，对于使用中的建筑，应尽最大可能不改动其中属古代遗留的部分。

除了反修复，拉斯金对哥特式建筑精神的赞美、对乡村环境的热爱、对风景如画等美学理念的推崇，均深深影响了英国建筑修复保护以及新建筑的发展。他关于有"生命"的建筑遗产的观点——"我们没有任何触动它们的权利，它们不是我们的，部分属于其建造者，部分属于我们之后人类的所有后代"[2]，激发了 20 世纪之后从民族利益出发的保护运动，因为古建筑是维护社区、民族或国家整体的最佳武器。

点评：

1. 拉斯金对乡村环境的热爱深受华兹华斯的影响。我们也再次感受到生于英国人文胜地"湖区"的大诗人对英国建筑保护领域潜移默化的启示。从这个角度来看，拉斯金的出现绝非偶然。

2. "修复损坏原真性"这一观点他人早已提出。然而是拉斯金犀利的评论以及他对"生命"的强调，赋予了反修复新的道德力量……本着废墟崇拜的浪漫主义传统，

［1］ Ruskin, J. *The Seven Lamps of Architecture* [M]. Sunnyside, Orpington, Kent: George Allen, 1889 , 6th ed., 194, 196.

［2］ Ibid, 197.

拉斯金对"活着的"古迹的维护所依托的是激情而非逻辑,与支持勒-杜克干预性修复的实证论形成强烈对比。

3. 拉斯金是福音派(evangelical)基督徒,曾参加针对法国世俗派勒-杜克"风格式修复"的讨伐,对自己国家的教堂因被疯狂过度修复而遭受毁坏特别痛心。他如此激烈地反修复,也就不难理解。这也跟其理论家而非实干型建筑师的背景有关。他毕竟没有碰到修复实践中错综复杂的细节,思考难免理想化、情绪化。我们在上章谈及勒-杜克时,曾指出佩夫斯纳从英国性与法国性角度对勒-杜克与拉斯金做诙谐有趣的比较。两位大师有诸多共同点,都推崇哥特鼎盛期(High Gothic,或可以称作 13 世纪中期尖拱式哥特或装饰哥特),都热衷于石头及地质学。然而拉斯金是理论家,是"情感魔术师"(a conjurer with feelings),勒-杜克是实干家,是"事实记录人"(a reporter of facts)[1]。虽然都推崇哥特式,二人却有着本质的不同:拉金斯推崇之,是因为哥特式风格是匠人的日常圣典,哥特式艺术富有生命力与美,其结论来自直觉感知而非逻辑。勒-杜克推崇之,是因为哥特式建筑由睿智的建筑师设计,哥特式结构体现了理性和科学精神,其结论来自逻辑推理。勒-杜克对社会持乐观态度,向前看;拉斯金憎恨当前时代,使劲向后看。这一切决定了他们关于修复截然不同的立场。从欧洲建筑历史的发展进程看,拉斯金赢了历史建筑保护的论战,勒-杜克则在大胆鼓吹使用新材料方面取胜;拉斯金的文字流芳百世,勒-杜克修复的建筑名垂千古。所以,虽然立场不同,但并没有"这一个"杀死"那一个"。

保守性维护

拉斯金是理论家而非建筑师,其反修复理念并未提供某种替代风格式修复的实际手法。直到 1877 年,反修复才成其气候并演变为一场保护运动。这年 3 月,为反对斯科特关于蒂克斯伯里修道院(Tewkesbury Abbey)的修复方案,设计艺术家、作家、诗人、社会活动家和英国工艺美术运动的主导者莫里斯(W. Morris,1834—1896)致信《雅典娜神庙》周刊[2],提议设立一个学会,监督

---

[1] Pevsner, N. *Ruskin and Viollet-le-Duc: Englishness and Frenchness in the Appreciation of Gothic Architecture (Walter Neurath Memorial Lecture 1969)* [M].London: Thames and Hudson, 1969,16.

[2] 这是一份于 1828—1923 年在伦敦发行的期刊,内容涵盖文学、工艺美术、音乐、政治及大众科学。

如此破坏性修复行为。之后不到一个月，莫里斯联合拉斯金以及一批反修复杰出人士，创立了英国历史上著名而划时代的古建保护学会（SPAB）。莫里斯随即为新学会起草宣言，向三类人（维多利亚时代志得意满的小资产阶级民众、爵士勋爵和教会的主教们、以斯科特为代表的建筑师们）发出呼吁。因为，正是这三类人对古建破坏最大。（该论点与上章所提雨果的论点一致。破坏文化遗产的不是自然灾害，而是人类自身。）

该宣言可谓英国建筑保护运动史上的丰碑。当代英国建筑保护学者厄尔（J. Earl）将之称为现代建筑保护的"哲学基石"[1]。它的基本精神有二：第一，当今的保护不应局限于任何特定风格，而要对现存建筑所保留的所有信息做关键性评估；第二，古代纪念性建筑之所以能代表一定的历史时期，是因其原真性材质没有受到干扰或修复。历史建筑的价值在于其材质肌理的原真性。去掉这些，或修复或仿制都将导致原真性的丧失而沦为赝品。因此，SPAB 对修复的主导原则是"原真性"，手法是"保守性维护"（conservative repair）、"以日常护理避免建筑物衰败"（to stave off decay by daily care）。

读书卡片 3：

> 正是为了所有不同时代和风格的建筑，我们恳请并呼吁那些与古建打交道的人士，要对它们实施保护（protection）而非修复（restoration），要通过日常维护来避免建筑物衰败，要通过显然（仅仅）作为撑持或覆盖的手法来加固某处危墙或修理某处漏雨的屋顶，而不要伪装成其他艺术。此外，还要抵制一切对现有建筑装饰或肌理的篡改。如果古老的建筑不再便于使用，就应该新建一栋建筑，而非强行改造或扩建一栋老建筑。我们应当善待古建，它们通过传统方式创造而来，应当被奉为艺术古迹。现代艺术的插手必定会带来破坏。如此，唯有如此，我们方能避免让所学的（知识）变成自己的陷阱；如此，唯有如此，我们才能保护住我们的古代建筑，带着敬意，以启发性方式把它们传给后人。
>
> ——译自 W. 莫里斯《古建保护学会宣言》（*William Morris:Manifesto of the Society for the Protection of Ancient Buildings*. https://www.spab.org.uk/about-us/spab-manifesto/ ）

---

[1] Earl, J. *Building Conservation Philosophy* [M]. Shaftesbury: Donhead, 3rd ed., 2003, 25.

点评：

如此修复与反修复之争，奠定了英国在世界建筑保护领域的领头羊地位。如果说法国大革命之后的法国从政府层面带来的修复标志了现代保护运动初露端倪，英国人这场修复与反修复之争中产生的"保守性维护"理念则显示了现代保护运动走向成熟。如果说大旅行是英国人对异国的借鉴和融合，反修复则是对异国手法的抗争和拒绝。两点均值得中国古迹修复者借鉴。

SPAB 倡导的"保守性维护"理念于 19 世纪末开始由其建筑师会员推广到实践，并贯穿整个 20 世纪的英国。保护范畴也从历史性纪念建筑（如教堂）推广到更多的普通建筑（如住宅等）。早期推广中的重要人物，有堪称工艺美术建筑运动之父的韦伯（P. Webb，1831—1915）、工艺美术建筑运动干将勒瑟拜（W. Lethaby，1851—1937）、1911—1936 年任 SPAB 秘书长的帕伊斯（A. Powys，1881—1936）等。其中帕伊斯的著作影响颇盛，如他 1929 年首版的《古建筑修复笔记》，几十年来一直被视为英国建筑保护实践的权威手册，直到 2015 年还再版发行[1]。基于 SPAB 的修复原则，帕伊斯强调修复中的特别技能以及修复对古建勘探的重要性，并重点论述了如何认知现代建筑。这些论点也显示了英国建筑保护运动中的现代性。

点评：

1. 这场颇具现代性的建筑保护运动呈两大特色：一是将建筑保护伦理层面上的职责落实到宪章法律中，一是"原真性"成为保护的基本原则。这两大特色对世界上很多国家的建筑保护都有所影响和贡献，并体现于 1931 年的《雅典宪章》、1964 年的《威尼斯宪章》、1994 年的《奈良原真性文件》……对原真性的追求也加强了建筑保护进程中的系统化和科学化探索。

2. 中国有关原真性的思考应该始自 20 世纪 50 年代中期梁思成提出的"修旧如旧"。20 世纪 80 年代之后，"修旧如旧"还是"修旧如新"，成为中国修复界不可回

---

[1] Powys, A. *Repair of Ancient Buildings, Society for the Protection of Ancient Buildings* [C]. 1981 年、1995 年、2015 年多次再版。有关介绍参见 SPAB 官方网站：https://www.spab.org.uk/publications/repair-of-ancient-buildings/。

避的大议题。21 世纪以来，诸多专家学者意识到有关思考应当结合中国传统文化、传统木构的独特语境，如《2005 年曲阜宣言》，在承认国际核心修复原则的前提下，提出符合中国木构体系损毁规律的修复准则：更换构件是常规，复建是常态……近年来更有学者对这种独特的语境做深层研究和挖掘，如中国历史建筑研究专家朱光亚通过一些具体实例，探讨了影响中国历史建筑真实性的三大传统概念：形制、意境和气[1]。

随着时代的递进，SPAB 的工作重点从当初的反修复转移到对教育的倡导以及对修复专业知识的传播，从而有效改善了公众对历史遗址概念的理解，促进了有关保护的立法改革[2]。

点评：

耐人寻味的是，斯科特的设计作品如圣潘克拉斯·米德兰德大酒店（St. Pancras Midland Hotel）、伦敦阿尔伯特纪念亭（Albert Memorial），在后世得到修复、保护和热爱。前者作为酒店的同时，还充当圣潘克拉斯火车站门面和中庭。1935 年，旅馆关闭，建筑也几乎惨遭拆毁，却终在保护社团的努力下得以保存，并于 1967 年被列为一级名录建筑。2004 年开始，这座著名的维多利亚哥特式建筑终于得到修复，更名为圣潘克拉斯复兴酒店，于 2011 年开放并继续充当圣潘克拉斯火车站的门面和中庭（图 3.11—3.12）。阿尔伯特纪念亭 1970 年被列为一级名录建筑，并于 90 年代末得到修复。纪念亭周边台阶及主体又分别于 2006 年、2013 年得到进一步修复和保护。当初的纪念亭模型（图 3.13）则一直完好保存于维多利亚—阿尔伯特博物馆（V&A Museum）。显然，一百多年前水火不容的辩论双方的作品都成了"永久"艺术品。"风格式修复"与"保守性维护"之争也延续至今，并将同样永久地走向未来，在不同国家及不同时期各占上风，例如在法国，多数情形下依然偏好风格式修复。

---

［1］Zhu, G. "On the Authenticity of Timber Structure Conservation Influenced by Chinese Culture" //*Revisiting the Philosophy of Preserving Wooden Structure: Value of Wooden Structures in Asian and the Concept of Authenticity, International Conference 2015* [C]. Nara, Japan.

［2］Donovan, A. E. *William Morris and the Society for the Protection of Ancient Buildings* [M]. New York: Routledge, 2008, 3.

左上：图 3.11 圣潘克拉斯复兴酒店中庭
充当圣潘克拉斯火车站站台及服务设施。
左下：图 3.12 圣潘克拉斯复兴酒店及国际火车站外观
右：图 3.13 伦敦阿尔伯特纪念亭模型

二 现代保护运动的展开

国家立法之始

英国人不屑于集权。直到 19 世纪末，英国有关历史建筑的保护主要依赖
个体以及由个体组成的社团、学会。这些个体、社团关于保护的呼吁及行动成
果卓著，尤其是拉斯金、莫里斯和 SPAB，为英国的建筑保护打下哲学根基的同
时，极大地促进了公众督促保护的自愿性机制。自此，英格兰个人化保护特征
更为显著，如 1895 年，社会改革家慈善家希尔（O. Hill, 1838—1912）与律师、
公务员亨特（R. Hunter，1844—1913）以及英国教会牧师、诗人及政治家罗恩

斯利（H. Rawnsley，1851—1920）联手成立国家信托（The National Trust），将私有社团的能量推向极致。19世纪80—90年代，各地由私人社团组织的摄影学会亦开始对各自所在地区展开遗产普查，并于1897年成立国家图片记录学会（National Photographic Record Association），将保护推演为一场群众运动。

英国人却也逐渐意识到官方保护的重要性。早在1841年，作家、古物学家布里顿（J. Britton，1771—1857）即与时任议员的休姆（J. Hume，1777—1855）讨论并计划申请成立由下议院管辖的古物保护咨询委员会。修复大师斯科特亦提议成立古物委员会（Antiquarian Commission），协助监管对历史建筑的修缮。1845年，国会又收到类似建议。然而，直到一位杰出人物介入，从国家层面立法管理并保护历史建筑的议题方被真正提上议事日程。此人便是自学成才的典范，集银行家、政治家、生物学者和考古学者等多重身份于一身的卢伯克（J. Lubbock，1834—1913）。

正是在卢伯克不懈的努力下，1882年，英国政府终于通过英国第一部《古迹保护法》（Ancient Monuments Protection Act），在全英"册定"68处古迹（Scheduled Monuments，其中英格兰29处，爱尔兰21处，威尔士和苏格兰18处），加以保护。68处古迹几乎全部为纪念性构筑物，如史前石墓、石圈、石柱、古墓等史前遗迹，中文文献多将之译为"在册古迹"，此处沿用。其中最为著名的有索兹伯里附近的巨石阵（图3.14—3.15）。因为这项特别贡献，卢伯克与拉斯金、莫里斯一起被厄尔誉为英国现代建筑保护史上的三杰[1]。

卢伯克出席了1878年SPAB第一次年会。作为伦敦大学校长、伦敦郡议会主席、自由党下院议员，他是当时极有影响力的公众人物。早在1873年，他就提交过一份《国家古迹保存草案》，内容比1882年法案更为全面。但因为英国根深蒂固的私有财产权益等原因，该草案没能得到议会通过。卢伯克之后连续于1875年、1876年、1877年多次递交类似提案，均受挫。直到1882年，提案才在内容大为精简的前提下得以通过。由此可见，从哲学思想到立法到实施，需要杰出的公众人物，需要时间，需要斗争，也需要妥协。

然而，教堂等尚在使用中的历史建筑没能列入在册，第一位古迹督导里弗斯（A. P. Rivers，1827—1900）几乎是光杆司令。里弗斯所采用的修复手段主

---

[1] Earl. J. *Building Conservation Philosophy* [M]. Shaftesbury: Donhead 3rd ed., 2003, xiii.

图 3.14—3.15 1867 年出版的有关巨石阵的专著中巨石阵透视及平面图 （由作家亨利·詹姆斯撰写文字说明）

James,H. Plans and photographs of Stonehenge and of Turusachan in the Island Lewis, with Notes Relating to the Druids and Sketches of Cromlechs in Island

要是莫里斯式保守性维护。里弗斯 1900 年去世，古迹督导的职位空缺长达十余年后，政府才任命皮尔斯（C. Peers，1868—1952）接替。因此，《古迹保护法》实则形同虚设，然而它标志着政府第一次承诺对建筑维护承担职责，启动了"注册名录"的保护机制。如此机制一旦启动，就不可能逆转，并将逐渐成势。[1]

1882 年《古迹保护法》于 1900 年得以修订：增加了在册古迹数量，确立了公众访问在册古迹的权利，也使地方政府能够管理照看在册古迹。但这份法规仍坚持将那些尚在使用（住人）的建筑物排除在"注册"范围之外，这意味着依然使用的建筑物的拥有人不能向政府申请保护经费。同理，政府也不能对那些在日常居住中遭受毁坏的建筑物采取保护行动。因此，这份修订后的法规依然没什么实际效用。英国的建筑保护实践在当时的欧洲较为落后。大体上，英国的历史城镇与欧洲大陆的一些历史城镇有所不同。18 世纪以来，虽然二者均受到工业及现代化冲击，前者基本呈发散性增长而非后者那样老城与新城明显对立。又因为英国社会早熟的改良传统，英国人意识到脏乱的

[1] Delafons, J. *Politics and Preservation: A Policy History of the Built Heritage 1882-1996* [M]. London: E & FN Spon, 1997, 25.

工业区与历史乡村、城镇的区别，因而一些优美的乡村城镇早已被视为神圣而不可侵犯之地。与欧洲大陆老城由中世纪山墙主导不同，英国大多数老城镇建筑多是18、19世纪呈横向发展的古典式样[1]，其中一些老城镇（如牛津及剑桥）的历史建筑多是级别较高的建筑而较少受到威胁。因此，英国政府立法保护的迫切性不及欧洲大陆，这种不力导致大批次级乡村庄园和城镇建筑被毁。

政府不作为，激起学者们纷纷著书立说发出呼吁。英国艺术史学家、爱丁堡大学美术系教授布朗（G. B. Brown，1849—1932）1905年发表了当时最有影响力的保护著作《关爱古迹》，通过列举欧洲大陆如丹麦、法国、希腊、意大利等国家及德国的黑森（Hesse）、普鲁士及其他地区保护立法的时间，证明英国立法的滞后，给国人敲响警钟。也是在布朗推动下，1908年，英国成立三大皇家历史古迹委员会，分别负责英格兰、威尔士及苏格兰的古迹保护。三大委员会经费有限，也明确表示不能提供修复经费，但它对英国日后的建筑保护实践有方法学上的启示——对古迹进行"盘点登记"。三大委员会成立后开始陆续提交古迹盘点报告，除了盘点需要保护的遗址及古迹，还推荐其他需要保护的遗址及历史建筑清单，指出中央政府与地方政府保护古迹的差别。两类名单都标注"在册"字样，足以引起对保护分类与等级的大辩论。

在三大委员会推动下，1913年，英国政府终于通过新法律《古迹保护强化及修正法》（*Ancient Monuments Consolidation and Amendment Act*）。该法律可谓英国第一个真正能够用于建筑保护实践的法律，比如，授权古迹保护委员会（Ancient Monuments Boards）和艺术品保护委员会（the Commissioners of Works）对在册古迹发出"保存指令"（preservation order）。委员会并根据公众利益，以历史的、建筑的、传统的、艺术的或考古的价值为标准，盘点登记并公布更多古迹。古迹保护也扩大到周边区域，可谓后来广泛用于英国的"保护区"的萌芽。问题是"保存指令"需要得到议会确认，手续烦琐，难以执行。

---

[1] Glendinning, M. *The Conservation Movement: A History of Architectural Preservation: Antiquity to Modernity* [M]. London and New York: Routledge, 2013, 179.

点评：

即便国家层面开始立法保护历史建筑，英国的私人学会、社团依然活跃，且与官方机构齐驱并驾。如 1907 年，议会授予国家信托特别权利，管理整个国家优美的乡村、海岸线、珍贵的历史建筑等。如今，国家信托的管理范围虽限于英格兰、威尔士及北爱尔兰（http://www.nationaltrust.org.uk/）（苏格兰另有成立于 1931 年的苏格兰国家信托），但它仍是英国最大的"地主"，也是最重要的遗产保护慈善机构之一。这种政府与非政府机构共同构成的保护网络，可谓当今世界上建筑遗产保护最为庞大的网络。

两次大战之间

如上所述，因国家层面的法规力度不够，20 世纪 20 年代开始，各种公益保护组织展开如火如荼的"保护战"，屡有失败，却毫不影响其战斗力。这里从两大层面梳理英国公益保护组织在此期间的作为与贡献。

其一 对英格兰乡村景观的保护

英国景观及地方史研究学者霍斯金斯（W. G. Hoskins，1908—1992）富于感染力的名著《英国景观的形成》告诉我们：盎格鲁－撒克逊人大约于 450—1066 年之间，让英国成为遍布村庄和优美景观之地[1]。虽然 13 世纪开始的充满暴力欺诈的圈地运动持续到 18 世纪，并最终迫使大批乡民到城市谋生，导致村庄荒凉，但乡村景观并未消亡，农业尚在，沃土尚存。这一方面归因于英格兰温润的自然气候；另一方面，正如很多史学家所分析的，英国资本主义发展模式不同于法国大革命，英国社会仍然由贵族阶层主导，这些贵族是英国乡村土地及财富的拥有人；工业革命带来的机遇诱惑他人前往城市苦战，贵族们却留在乡间优哉游哉地"玩"着农业技术。尽管这些乡村像爱尔兰诗人哥尔德史密斯（O. Goldsmith，1728—1774）在其田园长诗《荒村》里

---

[1] Hoskins, W.G. *The Making of the English Landscape*[M]. London: Hodder and Stoughton, 1955, 38-60.

所谴责的那样"在沃土与乐土之间"有一条宽阔鸿沟[1]，但贵族们继续在广袤的沃土之上，再覆层层乐土。英国人继续为其优美的乡村风光而感到自豪。

事情在 20 世纪初，尤其第一次世界大战之后发生了巨变——英国经济及农业生产模式迥异于战前，汽车及其他便利工具如地铁、电车及火车的普及带来喧闹拥挤的交通，城市人口不断增长并向郊区蔓延……从前的"优雅、静谧、纯净"被（机动车、公路网、加油站、广告牌、带状的开发新区、城市郊区等）"密集、喧闹、脏乱"代替。英格兰乡村，无论是其神话版传统还是迷思版现实，均遭到前所未有的威胁。

威胁和失落也成为英国 20 世纪 20—30 年代精英分子最关注的话题。这些精英于是推动创建了诸多公益社团学会，呼吁政府及公众保护关爱英格兰乡村。当时著名的城镇规划师阿波克隆比（P. Abercrombie，1879—1957）1926 年发表著作《英格兰乡村的保存》，质疑在城市到郊区之间涌现的大量建筑群，并指出因经济发展带来的此等城市扩张，缺乏统一管理，大批蔓延到乡间的轻工业工厂、郊区住宅、广告牌等，将会毁坏英格兰乡村传统的自然和人文景观[2]。同年，阿波克隆比提议成立英格兰乡村保护理事会（Council for the Protection of Rural England，CPRE）。与 SPAB 毫不改动历史建筑的理想式保存观不同，CPRE 承认现代性的不可逆转，其所反对的不是城市发展，而是缺乏理性没有人文情怀的无限制性城市发展。其保护重点不是遍布于英格兰乡村的古迹古建，而是即将为城镇所吞没的乡村景观。因此，CPRE 极力提倡综合考虑城乡规划与保护，如划分不同的区域综合管理并控制城市及其郊区的蔓延，倡导在城镇周围设立绿化带（green belts），遏制开发商的带状发展（ribbon development），从而保证英格兰乡村的传统景观环境。

前述的国家信托，自 1895 年创立至 20 世纪 30 年代，关注的重点同样在于英格兰乡村景观。而随着 20 世纪初考古学空中摄影的发展，考古学家也开始关注英格兰乡村环境及其考古遗址。先驱当推考古学家克劳福德（O. G. S. Crawford，1886—1957）。作为英国地形测量局（Ordance Survey）第一任考古

---

[1] Goldsmith, O. *The Deserted Village* [M]. New York: D. Appleton & Co., 1855, 34.

[2] Abercrombie, P. *The Preservation of Rural England* [M]. London: Hodder and Stoughton Ltd., 1926.

官员[1]，克劳福德 20 世纪 20 年代开始系统而详细地绘制英格兰乡村所拥有的考古遗留。他的工作前所未有地极大地促进了对英格兰乡村景观及古迹的理解和保护。

1923—1931 年，英国的在册古迹猛增到 3000 多处。私立保护社团，如国家信托，功不可没，却非一帆风顺，有胜也有败。

例如，索尔兹伯里巨石阵周边地区在"一战"期间被用作空军基地，一些大型军用建筑及天线严重破坏了石环巨阵的景观。战后，此等战时建筑本应予以拆除，结果不仅没有被拆，1927 年更有小道消息说该处土地将出售作为住宅开发区。后来，在公众的压力下，其土地由国家信托购置，从而避免了商业开发，那些现代军用建筑也逐渐得以拆除[2]。

又如，因为农业衰落，贵族们乡间庄园的收入减少，而诸项税收税率猛增（地产的遗产税税率上涨尤其明显：1904 年为 8%，1919 年增为 40%，1930 年涨到 50%），乡间府邸的维持变得越来越难。保护社团当时的共识是：只有业主继续居住，房产才能得到更好的保护。于是，1937 年开始，国家信托推出"乡村庄园计划"（Country Houses Scheme），让那些业主将房产所有权永久性转让给国家信托，由国家信托负责地产维护，业主继续在房产内居住。条件是：允许其地产向公众开放（一般来说，1 年不少于 30 个开放日），以此获得地产税的减免。但多数业主对该计划持怀疑态度。即便有免税优惠，这些贵族们也不屑于政府的参与。在他们看来，乡间庄园是自己的家，不是建筑艺术，更不是国家遗产。他们尤其不愿让自己的领地向公众开放。因此，英格兰"乡村庄园计划"难以纳入政府的立法保护系统。公众虽然因这些庄园所拥有的大型林园对之产生兴趣，但与贵族的意愿之间存在难以调和的冲突。为解决这些争端，某些地方政府通过购买乡村庄园并将之开辟成面向大众的公园。然而，总体上说，乡村庄园并未得到应有的保护，府邸或被拆除，或被改造成茶点小屋或博物馆的仓库。当时的建筑师和艺术家也仅仅青睐建于 15—17 世纪乡

---

[1] 英国地形测量局（OS）是英国网格参考系统的权威，该局开发的网格系统被广泛应用于测量资料编制及地图绘制。英国几乎所有的道路导览书籍与地形地貌相关的政府出版物皆参考该系统。

[2] Champion, T. "Protecting the Monuments: archaeological legislation from the 1882 Act to PPG16" // Hunter, M.(ed.) *Preserving the Past: The Rise of Heritage in Modern Britain*[M]. Stroud: Alan Sutton, 1996, 49.

土风格的小型庄园或房舍，而国家信托最早的"乡村庄园计划"仅仅涉及中世纪或都铎时期的府邸，建于 17 世纪之后的大型庄园普遍遭到轻视。据专家统计，超过 5% 的乡间庄园于两次大战之间被拆除[1]。可见社团、学会的能力有限，最终还是需要政府出面参与。

点评：

　　尽管权力有限，这些屡败屡战的保护社团对英格兰乡村保护的贡献卓著。如今的英格兰乡村依然散发出优雅静谧的独特魅力，这很大程度上要归功于这些斗士。从心理学角度看，"革命""斗争"是人类的天性，英国人将这种天性用于"保护过去和历史的战斗"，而非简单粗暴地"斗地主"，值得中国人深思，尽管可能有些太迟。

其二　对城镇的保护

"一战"粉碎了英国贵族的乡村梦，大都市伦敦也厄运来袭。接下来的 20 多年里，伦敦的历史建筑，尤其是 18 世纪之后建造的建筑，屡遭灭顶之灾。政府立法弱不禁风，抗争的主力依然是民间社团、学会。

1919 年，伦敦主教宣布关闭或出售包括著名建筑师雷恩及霍克斯莫尔设计的教堂在内的 19 处教堂之时，政府几乎无能为力，出手抗击的是创立于 1912 年的伦敦第一个保护环境的公益社团伦敦学会（London Society）。该学会不断抗争，呼吁公众的同时游说政府。1926 年，议会终于出面，借助伦敦学会的请愿书，让伦敦主教改变了主意。

20 世纪 20—30 年代，伦敦学会还为保护伦敦的一些广场和花园而奋战，如尤斯顿火车站附近的尤斯顿广场（Euston Square）、莫宁顿新月（Mornington Crescent）花园、恩斯利（Endsleigh）花园等。然而，战斗常常失败，不仅优美的广场继续遭到破坏，还因为商业开发需要，诸多建于 18—19 世纪的历史建筑，尤其是贵族府邸，惨遭拆除。由开创英国园林自然风格的肯特设计的德文郡宫（Devonshire House）1924 年被拆；由擅长设计大型宫殿式建筑的武利亚米（L. Vulliamy，1791—1871）设计的多切斯特宫（Dorchester House）毁于

---

[1] Mandler, P. "Nationalising the Country House" // Hunter, M.(ed.) *Preserving the Past: The Rise of Heritage in Modern Britain*[M]. Stroud: Alan Sutton, 1996, 99.

1929 年；由苏格兰新古典主义建筑师亚当设计的蓝斯丹宫（Lansdowne House）1934 年被拆；由帕拉第奥著作的英译者建筑师韦尔（I. Ware，1704—1766）设计的切斯特菲尔德宫（Chesterfield House）1935 年被捣毁；由亚当兄弟设计的位于威斯敏斯特区的 24 栋新古典式连体排屋阿德尔菲露台屋（Adelphi Terrace）于 1936 年全部被毁。

鉴于如此多建于 18—19 世纪的建筑物被毁，小说家、记者戈德林（D. Goldring，1887—1960）撰文反击并指出：SPAB 的保护运动缺乏效率，有必要创立新社团。在一些 SPAB 成员协助下，戈德林联合一批保护运动干将于 1937 年成立 "乔治集团"（Georgian Group）。该集团早期的激进言行虽冒犯了 SPAB 的一些保守分子，却恢复了普金—莫里斯式杂家论战传统，为保护伦敦 18—19 世纪的历史建筑立下汗马功劳。乔治集团早期的成员多为来自历史、文学、美学、建筑以及政界的精英分子，致力于保护建于乔治时代（1714—1837）的建筑物。至于建于后来的维多利亚时代的建筑物，只有尤斯顿拱门（Euston Arch）之类的优秀建筑物才在考虑之列。此外，他们关注一座建筑不仅仅从保护历史古迹的角度着眼，还会把该建筑作为都市景观重要组成部分的价值及其本身的建筑、艺术价值考虑在内。

当代英国建筑学者彭德尔伯里（J. Pendlebury）认为，乔治集团如此赞赏乔治时代建筑，是出于对维多利亚时期建筑及郊区的拒绝以及对 19 世纪工业城市的憎恶，同时也反映了他们对现代主义建筑的推崇。因为乔治时代建筑所体现的优雅、朴素及简洁与现代主义建筑所崇尚的思潮相吻合[1]。乔治集团早期的一些建筑师成员同时也是成立于 1933 年激进的 "现代主义建筑研究集团"（Modern Architectural Research Group）的会员即为佐证之一，如会员埃切尔斯（F. Etchells，1886—1973）还是勒·柯布西耶著作的英译者。

伦敦的民间保护团体积极保护大都会的历史建筑之时，英国其他的一些历史城镇亦相继成立民间保护团体，保护各自的城镇和建筑，如莎士比亚故乡埃文河畔的斯特拉特福（Stratford-upon-Avon）1923 年成立斯特拉特福保存委员会，委托阿波克隆比起草以保护为主要议题的规划报告。阿波克隆比的报告将莎士比亚故居作为保护重点，保护方式既考虑保守性维修，亦兼顾将古老的

---

［1］ Pendlebury, J. *Conservation in the Age of Consensus* [M]. London & New York: Routledge, 2009, 39.

建筑肌理传递到新建筑的修复。他鼓励新建筑采用 17 世纪木构风格，避免让建筑物的古典风味仅仅流于表面。该规划报告的另一前瞻性在于强调对该镇的保护以"说英语地区的文化"为重点，而非狭隘的地方保护。后来，牛津、剑桥、巴斯等历史城镇亦相继成立保存集团，呼吁公众并敦促当地政府部门立法，保护当地的历史建筑，并对影响当地历史文化景观的新建筑建造加以控制。

乡村及城镇保护的学会社团的两面夹击，推动英国政府于 1933 年通过《城镇和乡村规划法》(*Town and Country Planning Act*)。该法第一次将城镇规划与乡村规划相提并论，并引入"建筑保存令"(Building Preservation Orders)，授权地方政府对那些具有特殊建筑价值或历史意义的历史建筑发出"保存令"，但是，该法没有对"注册名单"做具体规定，还是难以带来实质性行动。

1939 年开始的"二战"中，很多历史建筑被炸毁了，遏制了保护运动的开展。不过也终止了战前商业发展带来的破坏，并赋予公众以及议会新的驱动力来关注并保护建筑遗产。1941 年，两位著名学者戈弗雷（ W. Godfrey，1881—1961 ）和萨莫森自愿成立国家建筑记录小组（ National Buildings Record ），第一次系统收集那些受到威胁的历史建筑的图片和按比例绘制的图纸，并将这些资料记录在案。该记录小组也成为后来国家古迹记录（ National Monument Record ）的基础。

"二战"之后

"二战"给欧洲带来巨大破坏，战后的欧洲诸国相继展开重建，英国自不例外。早在战前，英国人即开始关注城镇及乡村规划、发展及保护。战后的重建和保护，在乡村与城镇两个层面同时展开。1944—1947 年的《城镇和乡村规划法》(*Town and Country Planning Act*)更是增加了一项新条款，将具有特殊建筑价值或历史意义的历史建筑编入"名录建筑"(Listed Building)清单[1]。创建历史建筑名录清单并将历史建筑分成 I、II、III 三个等级的做法使得该法规成为英国保护手法及立法意义上的双重里程碑——确立了从国家层面

---

[1] 多数中文著作将"Listed Building"译为"登录建筑"。我们以为如此翻译，易生误解，故译为"名录建筑"。

对古建筑进行分类登记的保护方法及法律依据。该法规还第一次将"国家遗产"概念引进古建筑保护。然而，创建名录建筑清单的进程及具体保护实践曲折而缓慢，因为该法规并没有授予地方规划部门真正的权力，无法阻止房屋所有人拆除自己所拥有的列入名录的古建。有效解决方法是：所有者在拆除或更改名录建筑物之前必须向政府提出特别申请[1]。这听似简单的半步之遥，英国人一走竟是 20 年。在这缓慢的跋涉中，英国的历史建筑保护趋于完备并融入规划体系的主流。下面的梳理依然沿乡村与城镇两条线展开。

1. 保护乡村庄园

正如我们在一些描述"二战"时期英国的电视电影里所见，很多的英国乡村府邸被用作战时医院、堆栈或军营总部、收留所。在这些功能变更中，乡村庄园遭到进一步毁坏。战后因为建筑材料之类的物资的缺乏，受损的庄园得不到修复。战后的经济困境及高税收，也让这些庄园的所有者——地主难以返回老宅。社会的变化使用人等服务人员相当匮乏，那些地主即使有能力返回，亦难以像从前那样优哉游哉。乡村庄园的命运面临着有史以来最大的挑战。

虽然国家信托的乡村庄园计划在战争期间有所收效，如诺尔（Knol）、查乐科特（Charlecote）、克利夫登（Cliveden）、西威科姆（West Wycombe）等庄园皆得到较好的保护，但当时国家信托的秘书、作家利斯－米尔恩（J. Lees-Milne, 1908—1997）已经感到战后面临的任务超出了国家信托的资源能力。利斯－米尔恩还发现，从前坚守自家庄园的地主们，如今都在寻找最佳方式摆脱庄园。

事情总是存在两面，"二战"后的地主无望重返自家大宅之际，因为贵族特权的动摇，民众对贵族的敌意有所减弱。大型乡间庄园开始被视为建筑艺术品，而不再被单纯当作社会等级象征。那些在战前忽视 18—19 世纪建造的乡村庄园的学者和保护人士如佩夫斯纳、萨莫森、科尔文（H. Colvin, 1919—2007）、贝奇曼（J. Betjeman, 1906—1984）、卡森（H. Casson, 1910—1999）、理查兹（J. M. Richards, 1907—1992）等，纷纷著书立说，或走向广播电台赞扬乡间庄园。如

---

[1] Delafons, J. *Politics and Preservation: A Policy History of the Built Heritage 1882-1996* [M]. London: E & FN Spon, 1997, 61.

此变化虽不能立即带来相应的保护措施，毕竟让事情向好的方向发展。

再看"二战"后上台的工党内阁，虽然大多数内阁成员并不关心乡村府邸，但其财政大臣多尔顿（J. Dalton, 1887—1962）却特别担忧乡间庄园的现状，并在其1946年财政预算里设立了一个5000万英镑的国家土地基金（National Land Fund），用于买下那些条件尚可的乡间府邸及其庄园土地，从国家层面（为了公众而非个人）将之永久性保存。多尔顿的想法与战前的一些保护团体类似，主要在于保护乡村景观而非单纯乡间府邸。但国家信托期望该土地基金里的部分经费也能够用于修复保护乡间府邸，并开始游说多尔顿，买下那些业主难以维持的乡间府邸及其庄园土地，甚至将其房产收为国有[1]。不料，多尔顿于1947年11月突然下台，接任的克里普斯（S. Cripps，1889—1952）对乡间土地并无主见，但迫于国家信托的压力，于1948年成立由资深公务员高尔（E. Gower，1880—1966）担任主席的"优秀历史建筑保护委员会"（The Committee on Houses of Outstanding Historic or Architectural Interest），考察英格兰乡间的历史建筑。

1950年6月，该委员会推出日后广受保护人士所议的《高尔报告》。该报告的积极意义是：确立英格兰乡村庄园的艺术价值——国家瑰宝，并提议对优秀的庄园业主免除遗产税，提供相应补助经费，减轻屋主维持庄园的负担。报告还指出，庄园所有人及国家信托而非国家是这些"瑰宝"的最佳监护人。瑰宝不仅仅指乡村府邸自身，更是一个集家具、收藏、花园、林园以及家族传统等于一体的整体，是一种"生活方式"。只有当业主自愿放弃继承权并维持其居住权时，国家信托才可接管庄园。而在极少情况下，只有业主完全放弃其房屋所有权，国家才可能接管。《高尔报告》还摒弃多尔顿的乡间庄园国有化计划，让国家信托成为替代国有化的唯一选择。问题是，当时的工党及1951年接替工党的保守党政府均不能完全消化《高尔报告》的细节。政府虽于1953年在该报告基础上推出《1953年历史建筑和古迹法》（*Historic Buildings and Ancient Monuments Act*，1953），并成立面向英格兰、威尔士、苏格兰的历史建筑理事

---

[1] 国家信托这种对公众资金的依赖倾向甚至使其被看作国有工业而遭到讽刺，参见 Mandler, P. "Nationalising the Country House" // Hunter, M. (ed.) *Preserving the Past: The Rise of Heritage in Modern Britain*[M]. Stroud: Alan Sutton, 1996,102.

会（Historic Buildings Councils，HBC），让政府大臣可以在 HBC 的建议下，划拨经费用于修理和维护优秀乡间庄园，也让大臣们可以帮助地方政府获得修复经费，但具体操作却不温不火，乡村庄园并未得到应有的保护。据专家的统计数据，20 世纪 50 年代甚至是英国自 1875 年以来乡村府邸遭到毁坏最多的年代之一[1]，一些府邸或被改建缩小，或被卖给学校、医院等机构。

令人感到乐观的是，"二战"后的一些贵族业主开始自寻出路，在"放弃"与"国有化"之间寻求平衡及商业契机（旅游，鉴赏等）。巴斯第六代侯爵堪称开拓者。为避免高额地产税，受美国人的启发，该侯爵选择离开自己的朗利特庄园（Longleat House），但非完全放弃，而是将府邸的一部分改造成公寓，并于 1949 年复活节期间向公众开放。此等做法随即招来很多地主仿效。10 年后，大约 300 座乡间庄园向公众开放，其中 100 多座属私人所有。这些人的目的并非将自己的府邸完全变成旅游点，而是获得旅游带来的经济利益及 HBC 的经费，从而继续使用并维护府邸。乡间府邸的地主也从 20 世纪 20—30 年代面对农业衰落趋势的沮丧以及 40 年代面临政府国有化时的惴惴不安，走向 60 年代的乐观。

如此潮流下，乡村府邸中的翘楚布莱尼姆宫[2]也开始对公众开放，但其所有人马尔伯罗十一世公爵（11th Duke of Marlborough，1926—2014）曾经对其他庄园主实行对外开放的商业做派持鄙夷之态。1987 年该庄园被幸运地列入 UNESCO 世界遗产名录。目前的庄园为马尔伯罗十二世公爵所有，其管理却早已纳入国家信托的国家层面，并至今对外开放（图 3.16—3.17）。

事情开始良性循环。1962 年通过的《地方政府历史建筑法》使更多的修复经费成为可能。该法规定，只要住屋本身具备优秀品质，即便不是名录建筑亦可获得修复经费。该法还将教堂修复纳入保护体系。20 世纪 60 年代中期，虽然保护的关注点已经移向城镇，但依然有越来越多的人关注乡间历史建筑和景观。

---

[1] Strong, R., Binney, M. & Horris, J. *The Destruction of the Country House*, 1875-1975 [M]. London: Thames and Hudson, 1974, 188-192.

[2] 因为丘吉尔首相，该庄园通常被称作丘吉尔庄园。初建于 1705—1722 年。当时的安妮女王为奖赏马尔伯罗一世公爵约翰·丘吉尔（J. Churchill，1650—1722）于 1704 年击败法军的卓越功勋而建，是英国唯一冠以宫殿之名的非皇家乡村庄园。

左：图 3.16 布莱尼姆宫（即丘吉尔庄园）府邸后规则形花园

右：图 3.17 府邸四周开阔的自然风景园

庄严的府邸和其后规则形花园以及四周宽阔的大草坪、绿树、溪水等自然元素自由组合成的开阔自然风景园也成为英国乡村大型府邸的基本形态。

2. 城镇保护与规划

1882 年之后，历史建筑的保护立法逐步成型的同时，英国现代意义的城乡规划理念也因为对健康与住宅环境的关注而迅猛发展。其中霍华德（E. Howard，1850—1928）的花园城市理论、格迪斯（P. Geddes，1854—1932）的城镇理论都堪称城镇规划史上的丰碑[1]。

到了 20 世纪，保护与规划两大体系逐渐融合。如英国有关都市规划概念的第一条法案、1909 年《住宅城镇规划诸法》的附属条款里即规定："保护历史名胜及自然美之物件。"虽仅为附属条款，在当时也未必有什么实践作用，但是，这种将"保护"纳入"规划"体系的提法，有里程碑意义。

点评：

就像 1882 年古迹保护法依靠杰出人物卢伯克的运作，这一次背后的推动力依

---

[1] 有关英国城镇规划理论及发展参见：Ashworth, W. *The Genesis of Modern British Town Planning: A Study in Economic and Social History of the Nineteenth and Twentieth Centuries* [M]. London: Routledge, 1954; Paul, K. & Cherry, G. E. *The Evolution of British Town Planning* [M]. London: Leonard Hill, 1974; Cullingworth, J. B. *Town and Country Planning in Britain* [M]. London: Unwin Hyman; 11th ed., 1993; Morris E. S. *British Town Planning and Urban Design: Principles and Policies* [M]. Harlow: Longman, 1997.

然是明智的个体：一位自由党议员莫瑞尔（P. Morrell，1870—1943）[1]。事实上，《住宅城镇规划诸法》1908 年的原始提案里并无任何有关保护的字眼。若不是莫瑞尔在最后的关键时刻提出"保护历史名胜及自然美之物件"，1909 年法案就不可能涉及保护议题。

　　1944 年夏，议会再次提出有关城乡规划的提案。其关注的重点是：战后重建中，地方当局如何获得重建的土地支配权以及一些补偿措施等，并没有任何涉及历史建筑的条款。此时，又是一位关键人物，保守党议员基林（E. Keeling，1888—1954）提出有关保护的议题。他呼吁战后重建不应导致历史建筑的拆除，尤其不要拆除乔治时期的建筑物，并提出一系列建议：地方当局应该被要求准备一份历史建筑名录，大臣虽然不用自己准备名录，但有权增加名录，所有建于 1850 年之前的建筑物都要被当作名录建筑，地方当局应对其将要拆除的建筑物提前广而告之（以征得公众同意），等等。基林的提议并未完全被采纳，但不管怎样，最终推动了政府在城乡规划的立法里加入有关保护的条款。如 1944—1947 年颁布的《城镇和乡村规划法规》中，均增加了新条款，将具有特殊建筑或历史意义的古建编入"名录建筑"清单。这份清单不仅仅用于抵制一些开发商的贪婪，更为城镇规划师提供了信息和依据，有助于在规划时做出理性决策，如什么样的建筑应该予以保护，如果扩建需要怎样加以限制。名录的确定虽需要经过多重程序，如咨询地方当局、征求业主意见等，却也形成一条准则：以专家们确定的学术上的标准作为决定名录的首要前提[2]。
　　更为幸运的是，个体促使政府在立法上将"保护"引入"规划"体系之时，规划领域本身涌现出一批关注保护的城镇规划师，其中最为突出的有阿波克隆比以及当时另一位著名的城镇规划师夏普（T. Sharp，1901—1978）。阿

[1] 莫瑞尔之妻莫瑞尔女爵士（Lady O. Morrell，1873—1938）是"一战"后英国知识界、文学界的"风头"人物。其牛津郊外的卡辛顿庄园（Garsington Manor）是当时知识分子的聚集中心。另一中心是以伦敦才女作家伍尔芙（V. Woolf，1882—1941）及其哥哥和姐姐的住宅为大本营的布卢姆斯伯里集团。两大集团的人物常有交集，共同议题是社会平等、反战、女权、性解放，以及工业对古典文明的破坏。最后一项议题对莫瑞尔有关保护的思想显然有促进之功。
[2] 至于如何界定名录建筑及其发展过程，有兴趣的读者可参阅 Saint，A. "How Listing Happened" // Hunter, M.(ed.) *Preserving the Past: The Rise of Heritage in Modern Britain* [M]. Stroud: Alan Sutton, 1996, 115-133.

波克隆比及其同僚在战后受命对大伦敦（Greater London，1945）、巴斯（Bath，1945）、爱丁堡（Edinburgh，1949）、沃里克（Warwick，1949）等城市所做的综合规划，以及夏普对达勒姆（Durham，1945）、切斯特（Chester，1945）、埃克思特（Exeter，1946）、牛津（Oxford，1948）、索尔兹伯里（Salisbury，1949）、奇切斯特（Chichester，1949）等城市所做的综合规划，一方面注重当时英国规划领域的共识，着力于解决现代化带来的困境（机动车带来的交通问题）、求变的压力（开发）以及清理贫民窟的政治需要，力保城镇尤其是内城中心的综合规划避免不受监督的开发；另一方面，作为敏锐的规划师，阿波克隆比和夏普均意识到自己的规划需要解决另一重大问题，即如何协调功能的现代性与当地的历史质量，而历史质量的保证在于如何规划并体现当地的历史特色。

"历史特色"概念使保护的功能从之前的"主要保护单体建筑物"扩展为一种"管理手段"，也就是说，通过对一个地区历史特色的规划和保护来管理一个地区的发展和变化，在"历史特色保护"与"作为有机城市的继续存活"之间寻求平衡。

"历史特色"最初主要是以知觉特别是视觉上的体验为衡量标准，包括对历史建筑及当前所在地的体验。因此，对主要古迹的视觉范围的控制异常重要。这一理念尤其表现在夏普的规划中。夏普1945年的切斯特规划以及1948年的约克规划，都特别注重城堡及大教堂的视觉质量，从而使历史建筑遗产促进当代形式及视觉效果。

在倡导保持历史特色并保护历史建筑之时，阿波克隆比和夏普也都意识到，这种坚持可能与当地的一些发展目标相冲突，如扩展工业和经济的目标，因此需要确保历史建筑在国家层面乃至国际意义上的重要性，从而使历史特色的保护高于狭隘的地方主义。两位规划师还提出历史城镇的特色不仅体现于少数的杰出古迹，也体现于较为次要的历史建筑遗产。

战后的经济紧缩以及一些开发商的控制，使上述两位规划师的一些综合规划在战后初期难以实现。但"历史特色"成为英国历史建筑保护及城市规划体系的重要概念。在城市规划层面，这是英国历史上第一次将城市作为一个整体考虑。在保护层面，"历史特色"使人们意识到应该保护历史区域。

随着战后经济的恢复，20世纪50—60年代掀起城镇中心区开发高潮，激起对一个区域进行保护的需要，也促使保护城镇的特色成为规划领域的重要议题。至此，英国无论是政府层面的立法，还是学术或民间层面的建筑保护理念，均将探索重点由如何保护单体建筑转移到如何保护历史区域乃至城镇。

如此趋势促成英国政府层面保护立法的两大里程碑诞生。一是 1967 年的《公民设施法》（*Civic Amenities Act*，又译《城市文明法》）创立了"保护区"概念，对"具有特别建筑或历史价值、富有特色的值得保存或改善的地区"做整体保护，包括建筑群体、户外空间、街道乃至树木。保护区的规模大小不一，构成也多种多样，如古城镇中心、广场、传统居住区、街道乃至整个村庄等。二是 1968 年的《城镇和乡村规划法》（*Town and Country Planning Act*）第一次对如何控制名录建筑的拆除和改建做出了完备规定，终于走完仅差"半步之遥"的发展历程。两大法案的出台，标志着英国建筑保护体系的基本完善[1]。

点评：

1. 值得一提的是，跟之前的几项法案一样，1967 年《公民设施法》最初亦得益于个体的推动而非政府的考量。这一次的个体是丘吉尔的女婿、曾经担任过英国房屋及地方政府事务部部长的国会议员桑迪斯（D. Sandys，1908—1987）。作为公民信托（The Civic Trust）机构的创始人和第一任会长，桑迪斯让这项重要法案体现了公民信托所关注的议题[2]，诸如改善新、旧历史建筑以及公共空间的质量，改善都市生活的质量，等等。这一法案让保护从单体拓展到整个区域。

2. 阿波克隆比和夏普发展了"城市历史特色"理念，他们的城镇规划都注重对历史特色的规划和保护。然而在阿波克隆比和夏普的规划中，保护只是现代规划的一个背景。20 世纪 60 年代后期，情况发生根本性逆转。保护成为规划的起点和前景。保护开始关注整体环境的质量，就是说不仅仅考虑保护历史建筑单体，还考虑新建

---

[1] 有关 1968 年之前英国各大保护法案的介绍综述，参见 Boulting, N. "The Law's delays: Conservationist legislation in the British Isles" // Fawcett, J. (ed.) *The Future of the Past: Attitudes to Conservation, 1147-1974* [M]. London: Thames and Hudson, 1976, 9-33.

[2] Larkham, P. J. *Conservation and the City* [M]. London and New York: Routledge, 1996, 42. 公民信托成立于 1957 年，2009 年因资金原因解散。在一些机构支持下，同年成立类似机构"公民社会倡议"（National Society Initiative），最终于 2010 年更名为"公民之声"（Civic Voice）。

建筑与环境的关系。保护成为开发管理的动力。我们在之前的两章也已提及，如此历程亦是当时欧洲保护领域的共同走向。

　　对"名录建筑"和"保护区"的保护也构成英国建筑保护实践的基本框架。这些保护实践依然扎根于"风景如画""崇高"及"原真性"的美学、哲学基石之上，在 20 世纪 60 年代末至 70 年代中期逐渐成熟，并派生出与城镇规划密切相关的两大保护理念："城镇景观说"（Townscape）及"都市形态学"（Urban Morphology）。

　　关于保护与城镇景观的方法学，在城市规划研究学者沃兹克特（R. Worskett，1932—2014）1969 年出版的名著《城镇的特征》里得以系统化。沃兹克特将对城镇的"保护"（conservation）与"保存"（preservation）的手法加以区分，认为"保存"仅局限于对某一遗产局部的静态保护，而"保护"不仅仅局限于保护某一栋古代建筑，其含义更广也更为动态，是一个管理的进程。这既要应对当代的变化，又要维护一个地方城镇历史上的精髓。因此，城镇景观的保护进程，也包括在保护的区域内建立新建筑[1]。英国后来发展起来的管理围护区的手法即源于这种城镇景观说。将"保护"与"保存"分开的手法也一直用于指导英国建筑遗产保护实践，直到现在。需要指出的是，城镇景观说常因其过分注重视觉的构成而遭到批评。

　　"都市形态学"概念源于 20 世纪初的德国，其最初对英国城镇保护的影响并不明显。与城镇景观说类似，都市形态学注重对一个地方面临变化时的管理和保护，而不单是保存。保护对象应该是一个地方的整体而非某一单体。20 世纪 80 年代开始，都市形态学开始影响英国遗产保护政策以及对遗产价值的认知。20 世纪末，更有学者认为都市形态学为保护和管理历史区域提供了一个特殊平台——强调建筑形式的持续性，强调对一个地方的历史评估，并提供了一个分析框架（如将城镇景观分解为街道、区块和单体建筑几个层面），从而有利于决策者理解和监控城镇所面临的变化[2]。

［1］ Worskett, R. *The Character of Towns: An Approach to Conservation* [M]. London: The Architectural Press, 1969.

［2］ Pendlebury, J. *Conservation in the Age of Consensus* [M]. London & New York: Routledge, 2009, 36.

三 从摇摆到共识

20 世纪 70 年代

经过 20 世纪四五十年代保护社团的奋斗，经过 60 年代末政府对保护立法的确立，英国的历史建筑保护在 60 年代末走向制度化。人们普遍认识到保护应通过更理性的综合规划来实施，保护在城镇规划中的运作也从幕后走到前台。至 1970 年，全英已有 1000 来处不同的保护区，包括历史性街道、广场、乡村绿地、城镇中心等。1972 年更将 1967 年、1968 年的法规加以推广，保护经费也有所增加，对保护区内非名录建筑的拆除亦加以限制，可见保护实践的推广和强化。然而，随着房地产崩溃引起的经济低迷，政府大力削减经济预算，对保护的态度开始动摇。一些地方当局对保护的关注及实践开始减弱，如爱丁堡城市集团公司对在爱丁堡划分保护区并提供经费显得很不情愿，因为那将是一笔难以承受的经济负担。与保护的关系正逐步密切的规划行业对保护的认知也出现了矛盾。70 年代出版的一些标题情绪化的书籍，如《历史的侵蚀》（1972）、《巴斯城的沦陷》（1973）、《再见，英国》（1975）、《被撕裂的英国》（1975）、《遗产的险境》（1976）、《牛津的侵蚀》（1977）等，既显示出因经济衰退造成社会各界特别是政府层面在保护态度上出现低迷和摇摆，也表明有关保护的斗争更为激烈。不过，尽管摇摆成为新常态，对保护的关注却依然炙热。

政治、经济、文化各方面不同的势力集团，因为各自的理念和利益，对有关项目的争斗也可说达到了白热化程度，连普通民众也加入了争斗。著名的实例有伦敦考文特花园保护区（Covent Garden Conservation Area）的开发之争。该区位于伦敦老城与威斯敏斯特城之间，其中的考文特花园市场为著名建筑师琼斯于 1629—1635 年改建，是伦敦最早经过设计的公共广场。1670 年，花园之北又增建了果蔬市场，成为伦敦的繁华地段。之后的 300 年，该区域屡经改造，尤以附近 19 世纪皇家剧院等设施的修建而闻名。1965 年，大伦敦市议会（Greater London Council，GLC）决定迁移果蔬市场（最终于 1974 年迁出）并提出开发提案，决定拆除该区内三分之二的建筑。该拆除计划随即遭到当地居民、小商

左：图 3.18 考文特花园市场外
如今成为重要的公共活动空间。

右：图 3.19 考文特花园市场内

贩等的反对。这些人的反对角度并非完全出于保护，而是质疑提案缺少公众咨
询、缺少对重新安置居住人口的考量等。幸运的是，他们的反对最终阻止了大
面积拆除，使该小区的基本面貌得以保留。1973 年，GLC 不得不提交一个相对
温和的新提案，否定了当初的拆除计划，并计划将该区域与其内的 245 处名录
建筑一起保护。1972 年考文特花园保护区正式确立，并于 1974 年有所扩展[1]。
经过若干年拉锯，20 世纪 80 年代初，GLC 又与英国最重要的保护机构之一"英
格兰遗产"一起，对该保护区实施再利用规划，打造了伦敦第一条商业步行街。
此后至今的 30 多年，虽屡经曲折，该区的改造成为伦敦保护及利用项目的样
板。改造后的伦敦考文特花园市场成为 21 世纪伦敦重要的公共空间及商业休
闲区（图 3.18—3.19），并推动了 21 世纪伦敦西区核心地带的特拉法尔加广场
（Trafalgar Square）、萨默塞特府（Somerset House）等公共空间的保护和改造。

　　随着 20 世纪 60—70 年代现代主义的衰落，更多的建筑师、规划师开始支持
规划过程中民众的参与，并将对建筑遗产的关注拓展到更为广泛的社会及环境范
畴，而不仅仅停留在建筑和历史的价值层面。有关保护的争论，焦点也从之前单
纯的建筑保护扩展到历史环境保护，乃至对美好环境以及社会公正的呼吁。如此，
支持保护的群体成了某种社会及政治力量，如纽卡斯尔、约克、巴斯等城市均成

---

[1] Pendlebury, J. *Conservation in the Age of Consensus* [M]. London & New York: Routledge, 2009,
65-66.

立了名为"拯救我们的城市环境"的社团，反对新高速公路修建提案。

对环境及社会广泛关注的同时，对建筑遗产的界定也有所拓宽，其中最为突出的便是对工业遗产以及乡村庄园和乡土建筑的保护。

作为工业革命发源地，英国拥有数量众多的重要工业基地，在规模、类型及技术等层面引领全球。这些工业遗产不仅自身资源丰富，且多与水路或铁路等交通枢纽相邻，具有产业生活、技术乃至人文等多重意义。随着 20 世纪以来产业的衰落，1955 年，英国伯明翰大学为工人教育联合会授课的业余历史学者里克斯（M. Rix，1913—1981）撰文提出"工业考古"概念，呼吁保存英国工业革命时期的机械及纪念性建筑。1959 年，英国第一届全国工业考古学研究大会（The National Conference on Industrial Archaeology）明确提出政府必须协助国家的工业遗产研究，并视工业遗产为值得保存的历史财产。这些呼吁和研究很快得到有关当局的重视，如 1968 年，体现现代码头、仓库设计以及港口管理先进水平的利物浦默西河畔阿尔伯特码头（Albert Dock）成功升级为一级名录建筑（图 3.20）。

到 20 世纪 70 年代，这种关注更为迫切。1973 年英国工业考古学会成立，并于同年在英国工业革命的摇篮、世界第一座以铸铁制造的铁桥（图 3.21）所在地什罗普郡（Shropshire）的铁桥峡谷博物馆（Ironbridge Gorge Museum）召开了第一届纪念性工业建筑保护国际会议（the First International Congress on the Conservation of Industrial Monuments），亦促成了国际工业遗产保护委员会（The International Committee for the Conservation of the Industrial Heritage）在 1978 年成立。至 20 世纪 70 年代末，工业遗产概念在英国已十分牢固，亦是诸多与拯救遗产相关的报告或展览的主体；有关工业遗产保护以及再生或活化利用的优秀实例不胜枚举。根据自身工业生产、发展特点及地理位置，这些保护项目大致可分为工业城镇保护及再利用、港口码头改造以及铁路沿线的工业改造及利用等[1]。

---

[1] 有关英国工业遗产保护的诸多实例及详细分析，参见英国对工业遗产研究有突出贡献的学者斯特拉顿（M. Stratton，1953—1999）负责编辑，由数十位包括历史研究学者、保护专家、设计师以及企业家在内的工业遗产保护权威人士撰写的专著《产业建筑：保护和复兴》。Stratton, M. (ed.) Industrial Buildings: Conservation and Regeneration [M]. London: E & FN Spon, 2000，以及邵龙、张伶伶、姜乃煊的论文《工业遗产的文化重建——英国工业文化景观资源保护与再生的借鉴》，载《华中建筑》[J]. 2008 年 09 期，194—202。

上：图 3.20 21 世纪的阿尔伯特码头

下：图 3.21 塞汶河上世界第一座铸铁制造的铁桥

建于 1777—1881 年，不仅得到很好的保护，铁桥峡谷也于 1986 年被列入 UNESCO 世界遗产名录。

英国很多滨水工业区同时也是城市的中心地段，具有得天独厚的景观资源，周边的基础设施良好。经过改造后可作为文化、商业、休闲及居住景观的一部分，包括经济、文化、科技等层面的综合开发潜力，可谓工业遗产乃至城市景观保护的亮点。如利物浦默西河沿岸码头区以及伦敦泰晤士河沿岸的码头区等，日后都为城市带来丰厚的经济效益和优美的城市景观。

将工业地景转型为博物馆是英国工业遗产保护中另一亮点，如达勒姆郡的比米什—北英格兰户外博物馆（Beamish, the living Museum of the North）、伯明翰附近的布莱克乡村生活博物馆（Black Country Living Museum）、什罗普郡铁桥峡谷的布利斯特山露天博物馆（Blists Hill Open Museum，又名维多利亚小镇）等，既让一些历史工业场景得到保留或重建，又引导了旅游业。其中布

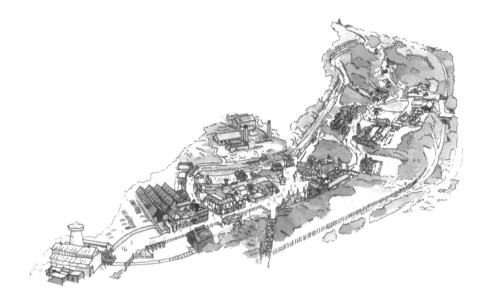

左上：图 3.22 昔日运河
右上：图 3.23 鼓风炉遗迹
下：图 3.24 布利斯特山露天博物馆鸟瞰示意图
向人们展现维多利亚小镇风貌，包括邮局、银行、面包屋等。

何晓昕描绘

利斯特山露天博物馆作为铁桥峡谷地区十座博物馆之一，于 1973 年向大众开放。它着眼于展现当地工业的往昔，包括原址保存的什罗普郡的一段运河（图 3.22）、19 世纪遗留的鼓风炉（图 3.23）以及陶瓷、瓷砖工厂等，也有从附近地区移来的代表什罗普郡及其周边地区特色的工业遗产，如英国著名的土木工程师特尔福德（T. Telford，1757—1834）在达尔文的故乡什鲁斯伯里市（Shrewsbury）之西谢尔顿镇（Shelton）建造的收费站小屋（Tollhouse）、原位

于纽波特镇（Newport）的河谷仓库等，逐渐形成了包括 50 多处景点的维多利亚小镇风貌（图 3.24）。游人徜徉其间，仿佛置身英国工业革命的巅峰时代，体会到昔日产业工人的艰辛生活及工作环境。

纵然轰轰烈烈，20 世纪 70 年代的英国工业遗产保护尚为新起点，英格兰乡村庄园保护则是老传统。本章上一节的讨论指明，经过精英个体、保护社团及政府的共同努力，至 60 年代，乡村庄园保护已广受关注。因此，尽管 70 年代初期的房地产崩溃以及工党政府提高税收的政策再次将乡村庄园推向毁灭的边缘，但大趋势已迥异于 20 年前低潮时。1950 年，《高尔报告》提出诸多保护乡村宅邸及其"生活方式"的建设性提议，但反响平平。到了 1974 年秋，康福斯（J. Cornforth，1937—2004）发表报告《英国的乡村宅邸能够被拯救吗？》，同期于维多利亚—阿尔伯特博物馆还举办了展览《1875—1975 年间乡村庄园 / 宅邸的大破坏》，报告和展览在民间引起大轰动。迫于多方压力，政府于次年减免遗产税及资产转让税，并允许业主创立资产转让免税捐赠基金，用于修缮或维持乡村宅邸。总体上，虽然一些重要的庄园依然被出售，至 70 年代中期，乡村庄园及《高尔报告》所推崇的"生活方式"都得到较好的保护。更多的私人庄园将管理权转交给国家信托，将宅邸及其园林的保护纳入国家信托的国家层面管理体系。

乡村庄园得到良好保护的同时，"二战"以来有关乡土建筑的研究在 70 年代逐渐高涨，如 1970 年出版的《乡土建筑图解手册》在 70 年代多次再版[1]。越来越多的人士介入保护乡土建筑的工作，如 1975 年出版的小册子《英式小屋及小农庄》，强调乡土建筑的重要性并呼吁对其保护[2]。1976 年发表的有关德比郡山区的报告，更提出保护普通乡土建筑，要认识到这种乡土建筑对社区可持续发展的作用[3]。

总之，即便关于保护的政策及实践在 70 年代中期仍处于不确定的摇摆状态，1975 年的"欧洲建筑遗产保护年"（European Architectural Heritage Year，

［1］ Brunskill, R.W. *Illustrated Handbook of Vernacular Architecture* [M]. London: Faber and Faber, 1970. 此书分别于 1971 年、1978 年、2000 年再版，说明人们对乡土建筑的关注。

［2］ Oliver, P. *English Cottages and Small Farmhouses* [M]. London: Arts Council of Great Britain, 1975.

［3］ Tarn, J.N. "The Debyshire Heritage: The Conservation of Ordinariness" // Reynolds, J. (ed.) *Conservation Planning in Town and Country* [M]. Liverpool: University Press, 103-117.

EAHY）还是将英国建筑遗产保护运动推向高潮。EAHY 由欧洲理事会与一系列国际组织联合举办，宗旨在于唤醒欧洲人对自己身边建筑遗产的关注，保护历史建筑及历史名胜区，保护古老城镇和村庄的特色，保证古代建筑在当代的新生角色。英国则将这些宗旨进一步具体化：在实践中，敦促地方政府加强对保护区的保护措施，诸如修复历史建筑、在保护区内减少交通及停车场、创立行人专用区、妥善安置街道的灯光及座椅等。在舆论上，则在全英展开一系列有关历史建筑及环境保护的教育及庆典活动，并成立提供建筑遗产保护经费的全国性基金会。于是我们看到，英国的建筑保护运动由之前的精英主宰向大众普及发展，对建筑遗产的保护也拓展到普通小建筑，如森德兰（Sunderland）的芒克威尔茅斯火车站（Monkwearmouth）、切尔滕纳姆（Cheltenham）摄政王时期的连排住宅之类的小型建筑，亦受到关注并获得建筑保护基金。

普及建筑遗产保护教育的同时，英国人也利用遗产保护年的机遇学习欧洲他国经验并寻求灵感。例如，在英国人眼里，对历史建筑物的清洗，一向是非常"欧洲"的事务[1]，如今，英国城市的历史建筑物也开始了相关的清洗。

点评：

将欧洲诸国拉近并认知各国之间共同的传统，并不仅仅是英国人的需要。可以说，这其实是举办 EAHY 的初衷。EAHY 的最终结果是，欧洲理事会的阿姆斯特丹宣言，强调的也正是"整合或综合"物质及社会意义的保护。"综合保护"概念也一直延伸至日后欧洲的一些公约，如 1985 年侧重建筑遗产保护的《格拉纳达公约》（Granada Convention）、1992 年侧重考古的《马耳他公约》（Malta Convention）。

虽有学者认为 EAHY 过于高调，可能导致其后保护运动的衰退，但英国 20 世纪 70 年代中后期的保护运动则稳步向前。建筑保护实践在坚持原真性的同时，综合考量地方性（place）、社区个性（identity）以及城镇景观（townscape）。然而，随着又一轮经济危机，70 年代末期的建筑保护再次陷入低潮。尽管如此，

---

[1] 英国人日常生活中习惯将自己与欧洲大陆分开，似乎认为自己不是欧洲人。他们也有自己关于亚洲的另类概念。如他们口中的"亚洲人"特指印度、巴基斯坦诸国之人，而不包括中国人、日本人。后两者在英国人的概念中是远东人。

1979 年通过的《古迹及考古区保护法》(*Ancient Monuments and Archaeological Areas Act*) 给英国 20 世纪 70 年代的建筑保护画上了完美句号。该法规在考古遗址引进与名录建筑类似的（若拆除或改动必须提出申请的）保护许可机制，同时规定任何考古区的开发商都应该允许考古考察。

保护机制、框架及主要成就

尽管曲折，20 世纪 70 年代毕竟打下良好基础，使得 80 年代之后，英国从政府到民众对建筑和城镇遗产的保护基本达成共识。辩论由 70 年代的"是否保护"转为"如何保护"。至 90 年代，英国有关保护的政策法规及管理基本趋于完善并取得良好效果。这里分三大层面表述。

1. 确立全方位保护机制

在行政管理层面上，确立以国家政府部门、非政府公共执行机构及地方政府"三驾马车"式管理模式。1997 年之前负责遗产保护的国家政府部门为国家遗产部及环境部。1997 年之后，该工作由文化、媒体和体育部及社区及地方政府部[1]接管。遗产保护的非政府公共执行机构主要有：1983 年成立的"英格兰遗产"（协助国家部门管理保护项目）[2]、1980 年成立的"国家遗产纪念基金会"、1993 年成立的"文物彩票基金会"等（为保护项目提供资金）。地方

---

[1] 文化、媒体及体育部（Department for Culture, Media and Sport）主要负责制定保护法规，鉴定并保护名录建筑、皇家公园、世界文化遗产和国家艺术收藏品等；同时制定艺术、体育、国家彩票、旅游、历史环境保护和博物馆发展方面的国家政策。此外，文化、媒体及体育大臣负责编制记载名录建筑的表格。社区及地方政府部（Department for Communities and Local Government）成立于 2006 年，职责主要包括市区重建、房屋管理、地方政府的保护规划及社区管理等。

[2] "英格兰遗产"的全称为"英格兰历史建筑和古迹委员会"（the Historic Buildings and Monuments Commission for England），1983 年根据《国家遗产法》组建，是英国政府有关英格兰历史建筑和环境保护的重要顾问机构。该委员会通过文化、媒体及体育大臣定期向议会汇报。其运营部分由政府资助，部分资金源于经营向公众开放的遗产及相关服务业的收入及税收。苏格兰地区则有类似机构"历史苏格兰"（Historic Scotland）。2015 年，"英格兰遗产"分裂成两大部分："历史英格兰"（Historic England）以及新的"英格兰遗产信托"。前者继承之前的"英格兰遗产"机构的运行法规和保护功能，但启用新的徽标。后者作为运营英格兰向公众开放的 400 多处遗产地的慈善机构，沿用原有"英格兰遗产"的名称和徽标。有关详情，参见各自的官方网站。

政府主要为各级议会，负责保护各自管辖区内的保护区及其历史环境。

在政策法规层面上，1987 年发布了《保护通告 8/87》，综述政府的保护政策。在以往法规基础上修订增补后，《城镇规划法》《名录建筑及保护区法》于 1990 年通过。1990 年还发布了《考古与规划的规划政策指导（PPG16）》。1994 年发布《规划与历史环境的规划指导（PPG15）》。1998 年发布《历史建筑保护原则的英国标准指导》。2000 年之后，政府部门及"英格兰遗产"多次发出咨询文本，以增强对建筑遗产的保护。除了"英格兰遗产"一年一度的报告，代表性咨询文件有：《地方的权力》（2000 年）、《历史环境：未来的力量》（2001 年）、《保护我们的历史环境：让我们的体制更完善》（2003 年）、《遗产保护的回顾：进步之路》（2004 年）、《对名录建筑甄别原则的修订》（2005 年）、《21 世纪的文物保护》白皮书（2007 年）、《保护的原则、政策和指导：历史环境的可持续性管理》（2008 年）、《建筑遗产保护法草案》（2008 年）等。2010 年颁布的《规划政策宣言：规划历史环境（PPS5）》及同年发布的实用文件《实际指导》（替代 20 世纪 90 年代的 PPG16、PPG15），代表了目前为止的最新政策。

这一系列文件显示如下倾向：将建筑和城镇保护纳入欧洲及世界遗产保护的大系，保护与整体环境的关系更加密切，政府更愿意以颁布咨询政策的方式实现对保护的介入，更加鼓励大众参与，有关保护的文件均可从网上浏览、下载。

在行业及科研层面上，1980 年以来，越来越多的建筑规划师、工程师专门从事建筑和城镇保护实践。1999 年开始，英国实施保护建筑师职业资格注册制度（Architects Accredited in Building Conservation），加强职业保护建筑师的权威。注册保护建筑师的工作涉及建筑保护、维护、再利用、更新以及保护咨询、保护教育等。

英国关于建筑和城镇保护的研究引领全球。著名建筑保护专家费尔登（B. M. Feilden，1914—2008）1982 年出版的《历史建筑保护》[1]一版再版，并被译成包括中文在内的多国文字，成为很多国家教科书式权威读本。费尔登于1977—1981 年担任 ICCROM 秘书长，影响了世界建筑遗产保护的进程。此外，

---

[1] Feilden, B. M. *Conservations of Historic Buildings* [M]. Oxford: Butterworth-Heinemann, 1982.

还有诸多有关保护的经典著作，如建筑历史学家哈维（J. Harvey，1911—1997）的《房屋的保护》[1]亦对国际保护行业做出重要贡献。英国一些有关保护的机构或大学如国家信托、"英格兰遗产"、"历史苏格兰"、爱丁堡大学、巴斯大学、约克大学等均设立有关保护的实验研究基地，或开设关于建筑和城镇保护的硕士课程，发表有关保护技术及方法的新发现、新成果。

本书所用参考文献，多出自英国的专家学者，代表了迄今为止最先进的建筑和城镇保护研究成果。21世纪以来出版的专著不胜枚举，并且涵盖有关建筑和城镇保护的方方面面。有从理论层面介绍保护学科的基本原理、哲学意义、立法发展以及实例分析的综合性专著——如遗产管理和历史建筑保护研究学者俄巴斯利（A. Orbasli）的《建筑保护：原则和实践》、教堂研究和保护专家埃文斯（N.L.Evans）的《建筑保护介绍：哲学、立法和实践》[2]等；有从结构层面解析建筑保护结构和技术实践的专著——如建筑师贝克曼（P. Beckmann）与曾经负责过伦敦塔、维多利亚—阿尔伯特博物馆修复等多项修复工程的修复工程师鲍尔斯（J. Bowles）合著、于2004年出版的《房屋保护的结构层面》（第2版）、工程师及建筑保护研究学者塞奥佐普洛斯（D. Theodossopoulos）的《房屋保护的结构设计》[3]等；有针对某一议题深入探讨的专著——如建筑和城镇保护专家阿舍斯特（J. Ashurst，1937—2008）组织编写的《废墟的保护》，不仅全面阐述废墟保护的理论、原则、具体的技术和工艺以及生态考量，还列举一些实际案例，示范不同废墟的具体保护手法[4]。建筑和城镇保护建筑师英索尔（D. Insall，1926—　）的《活着的建筑：建筑保护的哲学、原理及实践》则从视建筑物为有生命个体的角度，指导修复者如何组织修复项目（如评估房产拥有人的需要、与建筑交朋友、分析及报告、规划项目以及到现场工作），并将与修复保护有关的行动归纳为十大不同程度

［1］ Harvey, J. *Conservation of Buildings* [M]. London: J. Baker, 1972.

［2］ Orbasli, A. *Architectural Conservation: Principles and Practice* [M]. London: Wiley-Blackwell, 2007; Evans, N. L. *An Introduction to Architectural Conservation: Philosophy, Legislation and Practice* [M]. London: RIBA Publishing, 2014.

［3］ Beckmann, P. & Bowles, R. *Structural Aspects of Building Conservation* [M]. Oxford: Elsevier Butterworth-Heinemann, 2nd ed., 2004; Theodossopoulos, D. *Structural Design in Building Conservation* [M]. Abingdon: Taylor & Francis Ltd, 2012.

［4］ Ashurst, J. *Conservation of Ruins* [M]. Oxford: Butterworth-Heinemann, 2007.

的介入：日常建筑护理、有计划的维修、保护、大修、重要改善、修复及重建、复原、现有建筑的改造、历史文脉中的新建筑、对变化中的历史区域的保护[1]。书中还列举大量英索尔建筑事务所几十年来所做的修复保护项目，为修复者提供极为有用的示范。

20世纪90年代出版的《历史房屋的测量和记录》一书，由斯沃洛（P. Swallow）、瓦特（P. Watt）等建筑测绘专家和学者撰写，该书在21世纪初期多次再版[2]。这显示近年来英国保护领域对测绘层面的关注。21世纪的另一亮点，是继续出版诸多有关保护理论与实践的系列丛书——如保护研究学者福赛斯（M. Forsyth）组织具有保护实践经验的建筑师、工程师等专家编写的建筑保护系列丛书，分别从理论及技术（材料、结构）层面探讨如何保护建筑遗产[3]。"英格兰遗产"自2012年开始，在其1988年开始出版发行的英格兰遗产保护技术系列手册的基础上，召集更多的专家学者研究、撰写、出版10卷本大部头系列专著，涵盖建筑保护的基本原则及各种建筑材料的保护，如石作保护、木构保护、金属材料保护、玻璃及其装置保护、灰浆及粉刷的保护、混凝土保护、历史环境保护、屋顶保护、土、砖和陶土保护[4]，可谓博大精深，包罗万象。

---

[1]Insall, D. *Living Buildings: Architectural Conservation, Philosophy, Principles and Practice* [M]. Mulgrave: Images Publishing, 2008.

[2] Swallow, P., Dallas, R., Jackson, S. & Watt, D. *Measurement and Recording of Historic Building* [M]. London & New York: Routledge, 3rd ed., 2016.

[3] Forsyth, M. (ed.) *Understanding Historic Building Conservation* [M]. Oxford: Blackwell, 2007; Forsyth，M. (ed.) *Structures and Construction in Historic Building Conservation* [M]. Oxford: Blackwell, 2007; Forsyth, M. (ed.) *Materials and Skills for Historic Building Conservation* [M]. Oxford: Blackwell, 2008.

[4] "英格兰遗产"1988年开始发行的5卷本英格兰遗产保护技术手册，内容包括石作保护、木构保护等。21世纪开始出版的10卷本包括：2012年出版的 *Practical Building Conservation: Timber*、*Practical Building Conservation: Stone*、*Practical Building Conservation: Metals*、*Practical Building Conservation: Mortars, Renders and Plasters*、*Practical Building Conservation: Glass and Glazing*；2013年出版的 *Practical Building Conservation: Conservation Basics*、*Practical Building Conservation: Concrete*；2014年出版的 *Practical Building Conservation: Roofing*、*Practical Building Conservation: Building Environment*；2015年出版的 *Practical Building Conservation: Earth, Brick and Terracotta*。10卷本均由 Routledge 出版社出版。2015年，"英格兰遗产"拆分为两大机构之后，继续负责该系列专辑出版的机构为"历史英格兰"。

除了保护类专著，英国还编辑发行世界权威学术期刊如《建筑保护学报》（*Journal of Architectural Conservation*），定期报道探讨建筑和城镇保护行业的研究动向和实践。

共识还促成英国各地纷纷成立关于建筑保护的学会、教育机构和公众社团。这种广泛的公众参与，不仅提高了全民素质，还为修复及保护项目的资金提供了保障。

2. 保护框架趋于完备

与健全的保护机制成正比，英国建筑遗产的范围不断拓展，保护实践的框架趋于完整，现存的建筑遗产大致分成如下几类：世界遗产地（World Heritage Sites）、在册古迹（Scheduled Monuments）、名录建筑（Listed Buildings）、保护区（Conservation Areas）、受保护的沉船遗址（Protected Wreck Sites）、在册的历史战场（Register of Historic Battlefields）、在册的历史性林园和花园（Registered Parks and Gardens）。

几大类遗产中最基本的骨架是在册古迹、名录建筑及保护区。前两者是"点"，后者是"面"，遍布全英。对这三大类遗产的管理和保护代表了英国建筑遗产保护实践的基本模式，并且诸多从理论到实践的指导性专著得以出版[1]。这里仅对这三大类遗产的基本概况略做介绍。

在册古迹的名目由国家政府确定，既可是史前考古遗址，也可为自然或自然与人工共同构成的景观。根据文化、媒体和体育部的报告，至2010年，仅英格兰就有大约20,000例在册古迹。

名录建筑保护项目的总负责人亦为政府部门。20世纪80年代以来，具体操作由"英格兰遗产"承担。名录建筑一般分作三类：1.有极其重要价值的建筑物，在任何情况下不得拆毁；2.重要且超过特别价值的建筑物，一般不许拆毁；3.有特别价值的建筑物，需要保护。根据英格兰遗产官方网站的数据，

---

[1] 代表性著作有：Suddards, R.W. & Hargreaves, J. *Listed Buildings: The Law and Practice of Historic Buildings, Ancient Monuments and Conservation Areas* [M]. London: Sweet & Maxwell, 3rd. ed., 1995; Pickard, R. D. *Conservation in the Built Environment* [M]. Essex: Addision Wesley Longman, 1996; Mynors, C. *Listed Buildings, Conservation Areas and Monuments* [M]. London: Sweet & Maxwell, 4th ed., 2006.

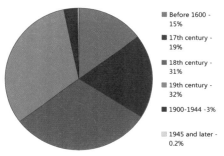

Before 1600 - 15%

17th century - 19%

18th century - 31%

19th century - 32%

1900-1944 - 3%

1945 and later - 0.2%

左上：图 3.25 哈罗盖特土耳其浴室
二级名录建筑

右上：图 3.26 纳尔斯伯勒高架桥
二级名录建筑

左下：图 3.27 21 世纪初英国名录建筑的建
筑年代比例

英格兰遗产网站：http://www.english-heritage.org.uk/caring/listing/listed-buildings/

21 世纪初，仅英格兰即有约 374,000 处名录建筑，其中 92% 为三级，5.5% 为二级，2.5% 为一级。数量之多，让你走在英国的任何地方都能遇到名录建筑。所有城镇的标志性建筑也都被列入名录建筑（图 3.25—3.26）。

入选名录建筑的标准随年代的不同而有所变化。2005 年之后有专门文件进行详细表述，如所有 1700 年之前的遗留无论其形态如何都应被列入名录建筑，大部分建于 1700—1840 年间的遗构亦可列入名录建筑。1945 年之后的建筑则必须有特殊重要性才能成为名录建筑。图 3.27 显示了 21 世纪初英国名录建筑中的年代比例。

保护区的概念来自战后的城镇及乡村规划。因此，保护区与各地规划体系关系更为密切。除了"具有特别建筑或历史价值、具有特色的值得保存或改善的地区"这一笼统定义外，政府部门没有像对待名录建筑那样制定通用全英的准则。基于"特色""地方"原则，保护区主要决策人为地方政府，"英格兰遗产"仅仅介入一些与经费相关的事务。随着"保护区"概念的普及，英国几乎每一座城镇的中心区域都已被列为保护区。城镇的历史性街道、区域、

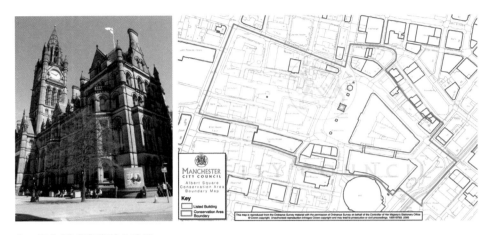

左：图 3.28 曼彻斯特市政厅
曼彻斯特阿尔伯特广场保护区内一级名录建筑

右：图 3.29 曼彻斯特阿尔伯特广场保护区总平面示意图
曼彻斯特市政府网站链接：http://www.manchester.gov.uk/downloads/file/12604/albert_square_
conservation_area_map

广场，有特色码头区，乡村绿地等亦可被列为保护区。几乎每一座城镇的市政
府网站都有关于该城镇保护区的介绍。差不多每一个保护区内都有数栋一级、
二级和三级名录建筑。图 3.29 即为从曼彻斯特市政府网站下载的市政府大楼
前阿尔伯特广场保护区的区域平面图。图 3.28 为该保护区内的一级名录建筑。
一些城镇政府网站关于保护区的介绍差不多就是有关该城历史特色及城镇规
划的权威介绍[1]。一些城镇保护区内的历史街区更设立告示牌，介绍该地段的
历史沿革及著名景点（图 3.30）。人们可随时将街道的现状（图 3.31）与历史
对比，这既是一种对往昔的回顾和教育，也激发新的保护意识。

　　保护区项目注重历史的肌理和视觉美。前述"城镇景观说"及"都市形态
学"可谓保护区的基本指导。如此文脉下，英国大部分城镇的历史街区都得
到了较好保护，其中很多街区成为保护和振兴的样板示范区。如曼彻斯特的

---

[1] 如爱丁堡、北约克郡哈罗盖特（Harrogate）等城市的官方网站均刊登有关各自城市保护区特
色的评估，介绍其城市规划政策的基本构架，亦列举本城的历史发展、考古成果、地理位置、景
观特色、所有的保护区简介，并附上有关各保护区的管理战略、质量维护、保护区边界的复审以
及包括所有名录建筑的清单等详细资料和图片。

左：图 3.30 阿宾登镇（Abingdon）中心保护区内西圣海伦街所立的展示牌介绍该街巷的历史
右：图 3.31 西圣海伦街传统居屋现状

古堡场（Castlefield），通过旅游和文化产业为先导得以振兴；格拉斯哥的商业城（The Merchant City）街区及伦敦的沙德·泰晤士（Shad Thames）街区以住宅建设为先导复兴；诺丁汉蕾丝市场（The Lace Market）街区、伯明翰珠宝（The Jewellery Quarter）街区以及布拉德福德的小德国（Little Germany）街区则通过工业与商业的结合而振兴[1]。这些保护区显然带动了对整座城市的保护。

点评：

　　随着框架的完备，人们对如何保护建筑遗产也基本达成共识。大体原则是：修复前要调查出历史上确凿的信息，反对主观臆测；尊重群体价值、尊重文化、尊重美的原则、尊重历史上各个时期的沉淀遗留；在修缮加固中甄别出新、旧，坚持历史建筑的原真性而避免任何形式的仿造或模仿过去的风格；注重"变化"、以动态视点保护多样化历史建筑群；兼顾古迹的商业价值，考虑修缮后的合理使用。这些原则体现了某些后现代主义印记，却也保持了英国历史建筑保护领域一贯秉持的美学、哲学理念："风景如画"和"原真性"。

　　3. 主要成就

　　大体说，英国建筑保护的主要成就集中于历史城镇、乡村庄园、工业遗产、

---

[1] Tiesdell, S., Oc, T. & Heath, T. *Revitalizing Historic Urban Quarters* [M]. Oxford: Architectural Press, 1996, 80-88, 116-129, 133-158.

花园和林园：

英国大部分城镇，如4座首府伦敦（英格兰）、加的夫（威尔士）、爱丁堡（苏格兰）、贝尔法斯特（北爱尔兰），如1968年开始实施保护的4座试点历史城镇巴斯、切斯特、奇切斯特、约克，如以大学城著称于世的牛津、剑桥，以大教堂闻名的达勒姆、埃克塞特、索兹伯里、考文垂等，都得到较好的保护。其他有特色的历史小城小镇，南部有莎士比亚故乡埃文河畔的斯特拉特福小镇及科斯沃兹集镇群（Cotswolds Villages），北部有北约克郡的温泉小城哈罗盖特、纳尔斯伯勒（Knaresborough）、里彭……数不胜数。这些城镇的保护与各自城镇规划密切结合，强调维持各自历史特色的同时，注重新、旧建筑的协调，注重城镇保护的整体性和持续性。如历史和自然环境均得天独厚的爱丁堡，500多年来一直是苏格兰首府，较少遭受自然的侵蚀和人为大破坏（如幸免于"二战"的炮火），城内的诸多古迹、遗址、历史建筑和景观等多得到良好的保护。此外，不管是中世纪开始建造的老城还是18世纪开始建造的新城，城镇格局及特色均得到良好保存和保护（图3.32—3.34）。基于上述原因，爱丁堡于1995年被列入UNESCO世界文化遗产名录。此后的爱丁堡一如既往地注重新、旧协调，注重持续性和整体性综合保护。整座城中，列入世界遗产地范围的75%以上的历史建筑被纳入名录建筑而得到良好保护。在UNESCO的大框架下，爱丁堡的保护采取整合官方和民间力量的全方位管理机制，由代表苏格兰政府的"历史苏格兰"、代表当地政府的爱丁堡市政府（Edinburgh City Council）以及诸多的公共专业咨询机构或民间学会社团如爱丁堡UNESCO世界遗产、苏格兰建筑遗产学会、苏格兰国家信托、苏格兰城市信托等共同担纲。其中的主要直接执行机构爱丁堡市政府，每隔5年便基于对该城特色的评估，对整座城市的遗产管理规划予以修订。这种评估和修订根据爱丁堡居民的调查（如利用每年8月的爱丁堡艺术节展开的调查）回馈以及各大保护机构——包括诸多国际机构在当地的分支机构（如爱丁堡UNESCO世界遗产、ICOMOS等）——的专家、官员的讨论、咨询结果，并加以反复修改。如此兼容开放的模式值得学习。

乡村庄园保护从两大层面展开。一是府邸建筑：根据其历史及建筑价值等标准，府邸建筑大多被列入不同等级的名录建筑。二是府邸周边的林园：林园也都被纳入不同等级的"在册的历史性林园和花园"（这部分其实与花园和

左上：图 3.32 爱丁堡新城、老城世界遗产地范围示意图
皇家花园以南为由皇家英里大道（Royal Mile，西有爱丁堡城堡，东有圣十字王宫）为主干道的中世纪老城（图中由红色线条环绕），至今保持其中世纪拥挤狭窄的街道模式，多为称作死胡同的 Closes 或 Wynds。皇家花园以北为 18 世纪中期开始兴建的新城（图中由紫色线条环绕），是英国最大、保存最完整的乔治时期城镇。

爱丁堡 UNESCO 世界遗产提供

右上：图 3.33 从爱丁堡的七丘之一卡尔顿山（Calton Hill）远眺爱丁堡老城和部分新城
这座"北方的雅典"如罗马一般，四周拥有七座山峰（七丘）。

下：图 3.34 新城、王子花园和老城
画面左边树木之外为新城的主干道王子大街，中为王子花园步行道、草坪，右为老城。

左：图 3.35 斯窦庄园帕拉第奥式府邸
府邸壮观，门前的黑狮、巨大的广场以及湖泊皆保存良好。

右：图 3.36 帕拉第奥桥和湖面
桥在远树丛中若隐若现，而湖面开阔昭然，看上去好比一幅画，很美。

林园保护交叉重叠）。21 世纪以来，随着文物彩票资金的投入，多数乡村府邸连同其林园得到良好保护，英国自然风景园林的典范斯窦庄园即为一例，它自 1986 年归属国家信托至今，不断得到不同基金的资助，不仅府邸得到持续的维护和修复而保持庄重壮观的历史风貌（图 3.35），林园的自然景观以及各种建筑小品如著名的"哈哈干沟"（ha-ha）、各种水园、纪功柱、贝壳桥、帕拉第奥桥（图 3.36）等也都得到修复，并维持各自不同时代的历史层面和肌理，展现出昔日的风景如画之美。

20 世纪 50 年代以来，英国的工业遗产保护引领了世界工业遗产保护的大方向。自 1986 年至 2009 年，全世界被列入 UNESCO 世界遗产名录中的 21 处工业建筑中有 8 处位于英国：1. 英格兰铁桥峡谷［Ironbridge Gorge，England（1986）］、2. 威尔士布莱纳文工业景观［Blaenavon Industrial Landscape,Wales（2000）］、3. 英格兰德文河谷工业区［Derwent Valley Mills,England（2001）］、4. 苏格兰新拉纳克工业小村［New Lanark，Scotland（2001）］、5. 英格兰索尔泰尔工业住宅小镇［Saltaire,England（2001）]6. 英格兰利物浦海事商业城［Livepool Maritime Mercantile city，England（2004）］、7. 英格兰康沃尔和西德文矿区景观［Cornwall and West Devon Mining Landscape，England（2006）］、8. 威尔士庞特克塞尔特输水道和运河［Pontcysyllte Aqueduct and Canal，Wales（2009）］。显见英国工业遗产保护的力度和成效。

英国拥有世界最著名的花园和林园，这些景观自 20 世纪中期以来不断得到保护。1983 年建立的"在册的历史性林园和花园"体制持续沿用。至 2015 年，已有 1600 多处林园和花园被确定为具有特别的重要价值。在国家信托、"英格兰遗产"等诸多保护机构的推动下，这些花园、林园均得到良好保护，并成为英国旅游业重头大戏。英国有关园林保护及管理的研究和著作亦引领国际潮流，并为保护提供实际指导，如"英格兰遗产"2000 年出版的手册性专著《管理和维持历史性林园、花园及景观》以及由当代园林研究学者哈尼（M. Harney）主编、于 2014 年出版的专著《历史建筑保护中的花园和景观》，不仅从理论上指出林园和花园保护与建筑保护的区别，还提供具体实例分析，帮助从事景观设计的专业人士更好地在实践中保护历史性林园及花园[1]。

　　"英格兰遗产"、国家信托及英国的林园、花园相关机构的网站还提供实践与研究兼备、广度与深度兼备的指导资料，发布有关林园和花园保护的最新信息。相较于建筑，历史性林园和花园的生命特征更为明显，在历史林园中穿插一些现代成分显得更为迫切。为此，"英格兰遗产"于 1999 年启动当代园林遗产计划（Contemporary Heritage Garden Scheme），在一些园林遗产地设计和建造与传统相融的新型园林[2]。此外，自 1990 年始，英国的一些园林遗产地还开始兴建集入口功能与讲解、教育、商用等功能为一体的遗产参观中心。如英格兰萨塞克斯郡维尔德丘陵地带露天博物馆的丘陵地带网壳结构参观中心（Downland Gridshell, Weald and Downland Open Air Museum）、威尔士卡菲利城堡参观中心（Caerphilly Castle Visitors Centre）、苏格兰阿伯丁郡的奥因考古链接公园参观中心（ArchaeoLink Visitor Centre，Oyne）、英格兰约克郡的喷泉修道院参

---

[1] Watkins, J. & Wright, T. *The Management and Maintenance of Historic Parks, Gardens and Landscapes: The English Heritage Handbook* [M]. London: Frances Lincoln, 2007; Harney,M.(ed.) *Gardens & Landscapes in Historic Building Conservation* [M]. Oxford: Wiley-Blackwell, 2014.

[2] 当代园林遗产项目有：伦敦奥斯本府围墙花果园（The Walled Fruit and Flower Garden, Osborn House）、伦敦埃尔森宫南护城河混合花园（The South Moat Mixed Border Garden，Eltham Palace）、林肯城中世纪主教宫殿的步行者花园（The Walkers Garden, Lincoln Medieval Bishop's Palace）、北约克郡里士满城堡内的古战场花园（The Cockpit Garden，Richmond Castle）、伍斯特郡威特利宫的野园（The Wilderness Garden，Witley Court）、多塞特郡波特兰城堡的统治者花园（Governor's Garden, Portland Castle）。有关项目的大致介绍，参见朱晓明《英国当代建筑遗产保护》[M]. 上海：同济大学出版社，2007，110—116。详细资料参见"英格兰遗产"网站以及各项目所在地的官方网站。

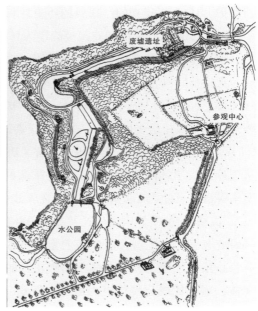

左：图 3.37 喷泉修道院参观中心南立面
右：图 3.38 喷泉修道院及水公园总平面
示意

何晓昕绘

观中心（Fountains Abbey Visitor Centre）等。这些参观中心注重当地环境及地方
材料的运用，都是新旧结合的佳例。如喷泉修道院参观中心朝向喷泉修道院废
墟方向的南立面（图 3.37）采用雪松板以及当地开采的石头围墙，与远处同样
由当地开采的石头建造的喷泉修道院废墟（图 3.1）交相辉映。其院落式布局
以及与喷泉废墟合院朝向大致类似的意向，颇具向废墟致敬的意味（图 3.38）。

新挑战

任何事物都有两面性。英国的建筑保护在 20 世纪 90 年代达成共识的同时，
挑战不断。

管理阶层的焦虑可归结为路能走多远。无论是名录建筑还是保护区，抑或
是其他类型建筑，需要保护的建筑物在逐年增加，势必造成结构的臃肿和经
费的困难，特别是在当前严峻的经济形势面前，挑战愈加明显。这也是全球
保护领域面临的共同问题。

人们普遍认识到，历史环境既体现个人及社区的身份认同，亦具有经济商

品等多重价值，仅仅停留在修理维护层面的单纯的保护和管理已远远不够。对历史环境的定义和管理必须扩展，这既需要包容性论证，也需要多元化辩论。

从建筑保护行业的外延看，问题更多：如何实现可持续性保护？如何与社会、经济、交通等其他因素相结合？如何在保护时考虑到气候变化、节能、"绿色"等环保议题？如何平衡旅游业与建筑和城镇的保护？如何使保护在开发与再开发之间达成平衡？越来越多的建筑保护专家、学者、建筑师、规划师或著书立说，或加以实践，试图寻找解决途径。

可持续性发展理念源于 20 世纪 70 年代。1992 年联合国在巴西里约热内卢的环境和发展会议（UNCED）上将该理念推至高峰，也推向全球，并使之融入诸国的发展决策。其最为核心的定义是：既满足当代人发展需要，又不发展过分，损害后代人发展，要给后代留有资源。保护理念的核心在于保护现存建筑遗产，使之适应当代使用，并传至后代。显然，这两大理念有着天然的亲密关系。然而事情总是说时容易做时难。在实践中，如果过分强调可持续性发展，往往难以有效使用资源；而如果过分强调保护，则可能带来当前巨大的花费。如何平衡？如何建立一个可持续性保护体系？

罗德韦尔（R. Rodwell）在其专著《历史城镇的保护与可持续性》中，着力讨论这两大议题在历史城镇中的作用，并于书末总结出五大机遇或五大解决手法：第一，重新定义"保护"，使其与"可持续性"相关；第二，扭转反都市化的传统，重新定义城镇，使其合乎市民的利益并为市民提供居住、工作、购物和娱乐的场所；第三，确立一个让物质与文化资源价值互为支持合作的资源管理方法；第四，逐步对现存的历史城镇重新排序，确认并保障城镇内所有与可持续性未来有关的有形和无形的文化价值；第五，从整体上强调都市保护的挑战性议题，并将保护作为可持续性发展的决定性因素[1]。麦卡勒姆（D. McCallum）[2]和福尔克纳（K. Falconer）[3]则强调再利用的重要性，认为对

---

［1］ Rodwell, R. *Conservation and Sustainability in Historic Cities* [M]. Oxford: Blackwell Publishing, 2007, 216.

［2］ McCallum, D. "Regeneration and the Historic Environment" // Forsyth, M (ed.) *Understanding Historic Building Conservation* [M]. Oxford: Blackwell, 2007, 35-45.

［3］ Falconer, K. "Sustainable Reuse of Historic Industrial Sites" //Forsyth，M (ed.) *Understanding Historic Building Conservation* [M]. Oxford: Blackwell, 2007, 74-87.

左：图 3.39 利物浦"建筑三美神"正面（面向默西河）

正面天际线得到较好的保护，左为一级名录建筑皇家利物浦大厦（Royal Liver Building），1911 年落成后直到 1961 年一直为英国最高建筑。其上的飞鸟像据说是利物浦的标志抑或保护神。中为科纳德公司大楼（Cunard Building）、右为利物浦港口大楼（Port of Liverpool Building），均为二级名录建筑。三座建筑集体勾勒出英国曾经最著名的天际线，迎接驶向默西港的水手们。三座建筑中，利物浦港口大楼的主入口原本就处于一角。其余两座建筑的主入口均面向主要街道，如今却都改至侧面，不知是否是出于保护的目的。

右：图 3.40 建筑三美神背面

21 世纪以来，三美神周边的新建筑如雨后春笋。图中三栋"新锐"白、黑、灰仿佛三把锋利的钢刃插向三美神之背。车轮朝三美神的反方向滚滚向前。抑或是历史的车轮？

遗产的再利用是保证可持续性开发与再开发的关键。怀特（A. White）在探讨废墟保护时提出"可持续性旅游"概念，指出面对利润丰厚的旅游业，需要制定长远的可持续性策略和管理体制，考察废墟遗址的游客容量，并根据该容量限制游客的人数和类型[1]。

　　俄巴斯利在谈及历史城镇旅游业时，认为旅游业好比从前的工业化，既是独特的经济机遇，也引起生活方式的变化。旅游业需要在历史城镇的经济发展与环境质量之间达成平衡，要对游客的人数实行管理[2]。经过 SPAB 专门训练的建筑保护师海因斯（M. Hines）则认为应对气候变化、经济紧缩及可持续性等问题的有效方法，是对现有建筑进行提升改造，而不是再建新屋。一

［1］ White, A. "Interpretation and Display of Ruins and Sites" // Ashurst, J. (ed.) Conservation of Ruins [M]. Oxford: Butterworth-Heinemann, 2007, 247-248.

［2］ Orbasli, A. Tourists in Historic Towns: Urban Conservation and Heritage Management [M]. London: E & FN Spon, 2000, 3、74.

图 3.41 卡诺瓦（Antonio Canova）的美惠三女神雕塑
美惠三女神出自希腊神话，是妩媚、优雅和美丽三女神的总称。

级和二级建筑在改建时挑战最大，因此这两类建筑应当尽量不做改建。不过，这两类建筑仅占所有建筑总量的一小部分，维持这类建筑可持续性的关键，在于维持使用的同时，减少其能源的消费。那些同样决定城镇特色的、大量建于 19、20 世纪的非名录建筑，可能没有名录建筑重要，但对此类建筑的改建及再利用，对可持续性及环境的保护至关重要[1]。

　　相信在未来，还会涌现出更多的建议和方法。但不管如何，不可能有通用之法。归根结底是新与旧的矛盾，人类永恒的难题。这里贴两张我们 2015 年夏行走于利物浦海事商业城时，所拍摄的码头区（Pier Head）"龙头"建筑，所谓的"建筑三美神"（the Three Graces）照片。天空同样蔚蓝，一张拍得煞费苦心（图 3.39），一张随心所欲（图 3.40）。相信读者看后自会心有灵犀。再看维多利亚—阿尔伯特博物馆里的三女神雕像（图 3.41），将她们与室外建筑相比，不难体会建筑保护的另类艰辛。

———————
　［1］ Hines, M. "Conservation in the Age of Sustainability" // *The Building Conservation Directory, 2011*, http://www.buildingconservation.com/articles/sustainable-conservation/sustainable-conservation.htm.

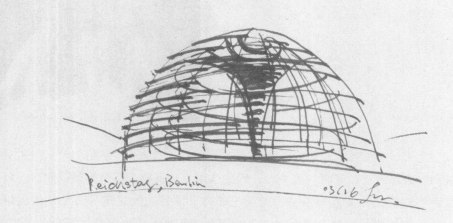

Reichstag, Berlin

03.1.16

德国柏林议会大厦穹顶

第四章 德国

对民族身份的强烈追求，刺激着
德国人，所以保护。

德国没有发展出特别的保护流派。然而，这里有改变欧洲文化和历史进程的巨人，如马丁·路德，如温克尔曼……意大利最早任命古物保护专员；法国最早确定国家层面保护体系；英国最早成立古建学会，也最早提出反修复理念；德国则有引以为傲的对艺术研究、建筑和城镇保护产生深远影响的"历史主义研究方法"。

走近德国的历史建筑，既看到德国人如何向意大利、法国及英国学习，也看到他们如何坚守自己的民族文化和传统，德国所走的线路独特而富于启迪。此外，德国的特别意义还在于"二战"后东、西德两个体系的分隔以及20世纪90年代的两德合并。不同意识形态下的保护理念、实践以及后来的碰撞融合对经历1949年政治体制大转变、90年代改革开放经济大发展的中国有着特别的参考价值。

我们先说几个人。

一 几个人

马丁·路德

马丁·路德（Martin Luther，1483—1546）与古迹保护不相干。然而，他自己就是一座纪念碑或者说古迹，德国造。因为他 1517 年对罗马天主教教廷的抗议迅速演化成一场颠覆欧洲基督教乃至整个社会结构的改革运动，改变了欧洲乃至全人类的历史轨迹。

我们知道，中世纪之后的欧洲文明大致沿文艺复兴、宗教改革、启蒙运动三条主线延伸。宗教改革承前启后——结束罗马教廷专制的宗教统治，预示 17 世纪欧洲启蒙运动倡导的理性文明的兴起。而宗教改革以及随之而来的反改革，既导致罗马教廷体制的变更，亦重塑了欧洲教堂的布局乃至外观。教堂是欧洲建筑极为重要的组成部分。从这个角度来看，马丁·路德可谓欧洲建筑发展史上的里程碑。

本章以他起头，是为象征。最初的因，是一场 7 月的狂风暴雨，听来有些宿命的意味。

那是 1505 年 7 月。危急中，刚刚成为法学硕士的青年路德，向当地矿工的保护神"圣安娜"祈求保护，并发誓做一名僧侣。旋即，不顾家人反对入爱尔福特奥古斯丁修道院，1507 年受封圣职。1508 年被派往不久之前成立的维滕堡大学（Wittenberg）[1] 讲授伦理神学，并研习圣经学、神学四纲（The Four Books of Sentences）等神学理论。1512 年获神学博士学位，并成为维滕堡大学圣经学教授。此时的路德开始反思困扰教会的诸多现实问题（虚伪、堕落、腐败等）及天主教教义［苦修（penance）、义（righteousness）、救赎（salvation）等］，亦逐渐形成自己"唯信称义"（Sola fide/justification by faith alone）的神学观，从精神上否定罗马教廷的权威。

1516 年，罗马教廷为筹集建造罗马圣彼得大教堂等事务所需的资金，再次大量发行赎罪券。早有对抗意识的路德怒火万丈，于 1517 年 10 月 31 日将关于赎罪券效能辩论的《九十五条论纲》钉到维滕堡诸圣堂的大门上[2]。一场宗教改革大幕由此拉开。

---

［1］德国地名中常有后缀"berg"或"burg"，前者意为"山"，后者意为"城堡"。中文多误将此两类不同的后缀统译为"堡"，如海德堡（Heidelberg）。因如此误译早已深入人心，本书将错就错。将"Wittenberg"译为"维滕堡"。

［2］20 世纪末有德国学者认为路德并未将论纲贴到教堂门上，但不管如何，该论纲迅速传播，成为宗教改革导火索。参见 Barzun, J. *From Dawn to Decadence: 1500 to the Present, 500 Years of Western Cultural Life* [M]. New York: Harper Collins Publishers Inc., 2000, 3.

点评：

当代西方学者大致同意：路德的初衷并非是要分裂罗马教廷，而是希望其通过自身改革得到完善，可谓"不情愿的反叛"[1]。但抗议运动为何迅速演变为疾风暴雨式的"天主教分裂"运动？原因有三：与印刷术和宣传力度有关[2]，二者促使一本小书迅速广为传播；与天主教自身的神学发展有关，天主教 1378—1514 年间的每次宗教会议上都有人提改革[3]；与文化背景有关，文艺复兴以来的人文主义思潮极大地削弱了罗马教廷的权威[4]。这里简要介绍一下社会背景和政治背景。所谓社会背景，事实上，当时并不存在我们今天所说的现代意义上的德国。当时德意志地区的偌大版图由 100 多个分散的诸侯领地组成，统属"神圣的罗马帝国"。诸侯们各自为政，经济落后。而彼时欧洲的一些地区成为民族国家之后，逐渐摆脱罗马教廷，让后者的财政收入急剧下跌。但教廷的开支依然庞大，于是更为激烈地压榨分散软弱的"德国"。这激发了包括贵族、诸侯及各层民众在内的德国人对罗马教廷的普遍不满和仇恨。所谓政治背景，西罗马帝国崩溃后，以教皇为首的罗马天主教成为欧洲一统化的精神象征、普世主义的主要源泉。16 世纪前后，随着一些民族国家的崛起，情况骤变，各民族开始追求自己的身份认同（Identity），罗马天主教的普世主义成为羁绊。不过，那些统治根基已较为稳固并称霸欧洲的国家（如法国和西班牙）的君主，因已经成功取得对自己国家教会的控制权，无所谓教会改革不改革，他们甚至乐于利用教会的中央集权，让民众皈依宗教的同时臣服自己；那些虽已建立君主制但尚未称霸欧洲的国家（如英国、丹麦），其君主关心的是减少罗马教皇对自己国家的干预（如免交教会税之类的豁免特权），宗教改革尚未列入议事日程，仅仅在他们与罗马教廷或代表当时普世主义的天主教国家发生冲突时，才想到宗教改革；只有尚未建立"民族国家"的地区，如今天的德国及瑞士等地，对民族身份的追求最为强烈。这些弱小地区自然也就成为反罗马教皇的大本营[5]。对这两

[1] Bainton, R.H. *Here I Stand: A Life of Martin Luther* [M]. Nashville: Abingdon Press, 1978, xii. 这部收入 Abingdon 古典丛书的著作 1950 年初版，其后多次再版，至今畅销不衰。

[2] Edwards, M. *Printing, Propaganda, and Martin Luther* [M]. Minneapolis: Fortress Press, 2005, xi-xii.

[3] Somervill, B. *Martin Luther: Father of the Reformation*[M]. Minneapolis: Compass Point Books, 2005, 11.

[4] Dickens, A. *The German Nation and Martin Luther* [M]. London: Edward Arnold, 1974, 49-71.

[5] 关于路德宗教改革的详细背景参看：Pascal, R. *The Social Basis of the German Reformation: Martin Luther and His Times* [M]. London: Watts, 1933.

大背景的理解，有助于体会德国历史建筑保护进程中强烈的民族主义倾向。

路德的抗议在罗马教廷一石激起千层浪，并触发改革。然罗马教廷号称的改革，在于对抗路德所倡导的改革以及刚刚从天主教分出的新教（Protestantism），因此常被称作反宗教改革。其主轴大戏当推 1545—1563 年间在意大利北部山区小城特伦托多次召开的会议。重要"成果"为 1563 年特伦托会议闭幕时的议决摘要：对原有诸多宗教仪式进行修改。正是这些修改，改变了教堂布局——礼拜堂重新布置、教堂室内被打开、圣坛屏及其他障碍物被移走，等等。瓦萨里对佛罗伦萨中世纪教堂圣十字教堂、圣玛利亚教堂所做的改变即为例证。摘要还推崇教堂平面采用拉丁十字的巴西利卡形制，从而利于渲染宗教的"神圣"气氛。因此，一些耶稣会教堂，如罗马的耶稣会教堂即为拉丁十字。罗马圣彼得大教堂经过两派的反复较量，最终也采用了拉丁十字形制。教堂外观亦随之而变。

点评：

摘要里有关教堂建筑应该朴素的原则未被遵守。当时的意大利时兴巴洛克式样——色彩鲜艳，绘画、雕刻华丽至极。一些中世纪建筑风格尤其哥特式建筑风格遭到摒弃。阿尔伯蒂在里米尼的马拉特斯提亚诺神庙、瓦萨里在那不勒斯奥利维铎山修道院的做法均循此原则。

路德的论点，尤其对修道院生活的谴责，在欧洲得到热烈回应：丹麦 1527 年宣布良心解放，1534 年颁布《教会任命法案》，斩断丹麦教会与罗马教皇的纽带。瑞典国王乘机没收教会的"多余"财产。苏黎世议会解散修道院……如此等等，极大地破坏了教堂建筑。其后，伴随着战争的宗教分歧持续了 100 多年，欧洲尤其中欧的历史建筑和城镇广遭蹂躏。可以说，路德对保护的贡献是"负"而非"正"。然而，因其在历史上极为特别的地位，路德"创造"了德国若干历史性纪念建筑，如他在艾森纳赫（Eisenach）的故居，1689 年火灾后得到重建。19 世纪初，欧美掀起的保护名人故居热中，这些私人建筑跃升为普鲁士国家级纪念性建筑。路德生活工作过的维滕堡的一些建筑群亦得到国家级保护，其 1521 年被罗马教廷驱逐后的隐居地瓦特堡（Wartburg，路德

图 4.1 路德雕像之一
位于汉诺威市场教堂（Marktkirche）
一侧。

隐居期间将《圣经·新约》译为德文，该地因此常被认为是现代德语的诞生地），是德国保存最为完好的城堡之一。如今，这些建筑群多被纳入 UNESCO 世界遗产名录。此外，路德的雕像也遍及德国各地（图 4.1、4.35）。

温克尔曼

说来，温克尔曼（Johann Joachim Winckelmann，1717—1768）是个穷孩子，但他喜爱高贵的希腊语及拉丁语。他后来在哈雷大学及耶拿大学学习神学和医学，志趣却依然在希腊古典语言，追随仅比自己年长 3 岁的鲍姆嘉通（A. G. Baumgarten，1714—1762）研习美学而非神学，毕业后亦未从医，而在家乡附近任教——贫穷、不得志、压抑、忙碌。直到 30 岁，在德累斯顿附近比瑙伯爵（H.von Bünau，1697—1762）的图书馆谋得一份图书管理工作，生活才有所转机。

伯爵图书馆藏书丰富，温克尔曼得以饱览荷马、希罗多德、索福克勒斯、色诺芬、柏拉图、伏尔泰、孟德斯鸠等人的经典著作。他还协助伯爵撰写有关神圣罗马帝国史的书稿，并时常游访德累斯顿。作为萨克森首府，德累斯顿拥有丰厚的文化艺术底蕴。庞贝及赫库兰尼姆的考古发掘在此地被广为报道。赫库兰尼姆初次发掘所发现的三座雕像后来常被统称为"赫库兰尼姆人"（die Herkulanerinnen），也被从维也纳辗转送到此地。如此众多的艺术珍品，拨动了温克尔曼脑海中另一根天才之弦：他的志趣由希腊诗歌语言彻底转向造型艺术，并与当地艺术界、文学界人士建立起珍贵的友谊。

1755 年，他发表论文《关于绘画和雕塑对希腊艺术之模仿的思考》

图 4.2 望景楼的阿波罗

(*Gedanken über die Nachahmung der griechischen Werke in der Malerei und Bildhauerkunst*)。该文思想深刻，文笔优美，其中的论点 "高贵的单纯，静穆的伟大"(edle Einfalt und stille Größe/A Noble Simplicity and A Calm Greatness)[1] 旋即成为温克尔曼的标签。同年 11 月，他得到波兰国王、萨克森选帝侯奥古斯特三世(Augustus III, 1696—1763)的资助前往罗马，迎来生命中的根本转机。

初到罗马时，他主要研究藏于罗马宗座宫殿梵蒂冈观景楼庭院（ Cortile del Belvedere ）的几座著名雕像，如《望景楼的阿波罗》(Apollo del Belvedere)、《拉奥孔》《贝尔维德勒》（图 1.4—1.5、4.2）等。因为 1756—1763 年的 "七年战争"，他改变短期旅居的初衷滞留罗马，先后为几位红衣主教管理图书，并研究红衣主教阿尔班尼（ Albani，1692—1779 ）的艺术收藏，还抽出大量时间参观拜访罗马附近的考古发掘地。

作为外邦人，温克尔曼对这些考古发掘地的拜访屡屡受挫。但凭借深厚的古典文学及当代史学的造诣，加上锲而不舍的精神，他很快成为出土艺术品的鉴赏、研究、编目及修复方面的重要专家。1759 年，温克尔曼发表专文，分析意大利西西里阿格里真托（ Agrigento ）发掘出的希腊本土之外最古老的多立克柱式神庙的建筑构成。1763 年被任命为罗马古物保护专员（即拉斐尔曾任的职务，温克尔曼是历史上任该职务的唯一的外国人）。1764 年出版了其一生

---

[1] Winckelmann J. J. *Winckelmann Johann Joachim on Art, Architecture, and Archaeology* [M]. D. Carter trans., Rochester: Camden House, 2013, 42. 这部译著还包括温克尔曼关于意大利西西里阿格里真托希腊神庙的建筑构成分析论文。

最重要的著作《古代艺术史》(*Geschichte der Kunst des Alterthums*)。他还从这一年开始负责梵蒂冈图书馆《古希腊语言文库》图书的抄写工作，兼任教廷财产管理处文物专家。

《古代艺术史》虽有细节错误，但具有启示录效应。第一，该书将庞贝等地的考古发现引入对艺术品的分析，而不再像之前那样仅仅依据文献资料。第二，将艺术创作与自然气候、政治状况因素等结合起来综合研究，追寻背后的时代精神，如提出希腊古典雕塑是特定历史时期的产物，由此开启了从历史的角度考察艺术的历史主义研究方法，该方法在 19 世纪艺术史研究中发挥重要作用，至今仍在使用[1]。第三，该书指出艺术发展存在一个兴衰过程，从远古到古典完美到终极衰落，并将希腊的艺术发展分为远古、崇高、优雅、模仿四阶段，这种分期至今适用。第四，该书从风格层面研究艺术品，艺术品非单纯个体，应将之置于其所隶属时期的时代精神之中，把握总体的时代风格。与之前的艺术研究相比，这些论点闪亮全新，温克尔曼由此被誉为欧洲"现代艺术史之父"和"古典考古学之父"。

关于对各类艺术的评判，温克尔曼视希腊艺术为最完美境界，并以批判的眼光观察包括雕塑、绘画、建筑遗址乃至钱币在内的所有文物，认为古典艺术的品质源于美丽并有道德责任心民族的特定历史阶段。当代艺术家不仅应该关注古典艺术品之美，更要向古人学习。方法之一就是体验现存的原始艺术品甚至碎片，在这种体验过程中，必须区别哪些是原始的，哪些是后来的添加。

原始与添加之分，当是温克尔曼对古物保护划时代的也最直接的贡献，最初出于其 1756 年撰写的关于雕塑复原的文字，灵感来自与其亲密的朋友、同乡、画家、新古典主义主要理论家之一门斯（R. Mengs，1728—1779）的合作。通过批评欧洲雕塑、绘画界一些古物鉴赏大腕如德蒙福孔（B. de Montfaucon，1655—1741）、理查森（J. Richardson，1665—1745）等鉴赏复原古典艺术品时张冠李戴的做法，温克尔曼指出应该区分古典雕塑的原始遗留与后来修复的部分。该理念在《古代艺术史》得到拓展，书中列举了一些艺术品修复的恶习。

---

[1] Potts, A. "Introduction" // Winckelmann, J. J. *History of the Art of Antiquity* [M]. H. F. Mallgrave trans., Los Angeles: Getty Publications, 2006, 1.

这些恶习给艺术品添加了古代世界不可能有的新特征……为正视听，温克尔曼建议至少在出版物中附加铜版插图或文字描述，标明修复时的添加或整合。

点评：

温克尔曼区分新、旧的理念得到其好友、罗马当时最活跃的雕塑修复师卡瓦切皮（B. Cavaceppi，1716—1799）的认同。后者不仅将这一理念广泛运用到实践，并发展出三原则：第一，修复师必须具备神话及艺术史方面的知识，从而弄清作品最初的"属性"，若有疑问，最好不要复原，仅做直接展示，直到有一天博学之人搞懂那是怎么回事再行修复；第二，修复师必须使用与原作同类的大理石材料制作添加的部分，并且要充分尊重原作者的艺术意图；第三，添加的部分必须根据原始雕塑表面的破损程度做旧。任何情况下，都不能让原始部分迎合添加的部分[1]。如此原则今天依然有效。

生活总有偶然。1768 年，温克尔曼接到故乡普鲁士一些机构的邀请。返乡途中，他却改变主意折回罗马，途经被今人誉为"异乡人的故乡"的的里雅斯特（Trieste）时，知天命的天才竟被陌路初识的贪财小偷杀害，令等候在德骚、包括 18 岁的歌德在内的仰慕者心碎不已。59 年后，歌德的秘书爱克曼（J. P. Eckermann，1792—1854）谈到阅读温克尔曼《关于绘画和雕塑对希腊艺术之模仿的思考》一文时，仿佛觉得温克尔曼当初还未完全弄明白自己书写的内容。老年歌德说了段发人深省之语：温克尔曼好比哥伦布，尚未发现新大陆之前，新大陆已然在心。阅读他，可能学不到什么，但是，会帮你成为什么[2]。

是的，成为什么！温克尔曼激发数不清的少年、青年成为思想大家——莱辛、赫德尔、歌德、席勒、荷尔德林、海涅、尼采……此外，他给后世留下了宝贵财产——德国人引以为豪的"历史主义研究方法或意识"和魅力四射的"德国希腊风"。

---

［1］ Jokilehto, J. *A History of Architectural Conservation* [M]. Oxford: Butterworth-Heinemann, 1999, 62.

［2］ Goethe, J. W.& Eckermann, J. P. *Conversations with Goethe in the Last Years of His Life* [M]. S.M. Fuller trans., Boston: Hilliard, Gray, and Company, 1839, 208.

至于历史建筑保护

如同路德直击当时的欧洲中心罗马，温克尔曼促成的改变亦始自罗马：18世纪末，罗马的一些古迹修复受温克尔曼区别新旧理念的影响，发生了前所未有的改变。据尤基莱托分析，18世纪末对蒙特奇托里奥（Montecitorio）方尖碑的修复，可能是该理念在公共建筑修复领域的第一次有意识运用[1]。后来，这一理念又被运用到提图斯凯旋门修复等修复实践中。19世纪初期，意大利罗马保护领域的中坚人物卡诺瓦、费亚均推崇温克尔曼，并将其作品译成意大利文。他们在修复实践中注重区分新、旧构件，关注碎片，这些做法不能不说受了温克尔曼的启示。欧洲后来的修复实践中出现的纯粹主义态度，某种程度上亦受温克尔曼有关艺术的观点（如提倡高贵、简洁的艺术风格以及主张装饰和色彩在建筑中为次要元素）的影响。从这个角度来看，温克尔曼还是现代设计的先驱。

点评：

1. 本节只字未提温克尔曼对德国历史建筑保护的影响，间接暗示了历史建筑保护在彼时的"德国"尚未成气候。然而，日后德国的建筑保护大道上，总有着温克尔曼的身影。

2. 温克尔曼亮点时光在他乡的罗马，却让我们想起他的同胞托马斯·曼（T. Mann, 1875—1955）身在美国时的名言——"我在哪里，哪里就是德意志"！

3. 如此先驱，精神却属于之前的"旧"时代。英国唯美主义代表佩特（W. Pater, 1839—1894）将这个从年岁上可能不属于文艺复兴时代的人物列入其巨著《文艺复兴》的最后一章[2]。"承前启后"之意，不言自明。

申克尔

申克尔是一位为德国历史建筑保护打下根基的职业建筑师、规划师、画

［1］ Jokilehto, J. *A History of Architectural Conservation* [M]. Oxford: Butterworth-Heinemann, 1999, 64.

［2］ Pater, W. *The Renaissance: Studies in Art and Poetry* [M]. London: Macmillan & Co., 1877 (2nd ed.), 164-225.

家。细说他之前，我们先对 18 世纪的"德国"历史建筑保护领域的大致状况略做交代：

前文说，16 世纪的"德国"由上百个诸侯领地组成，经济落后。到了 18 世纪，兼并后的诸侯国数量大减，经济也有改善，却尚未形成现代意义的德国，无数古迹被入侵的异国军队捣毁。但国土的破碎、政治上的懦弱并未抹去日耳曼民族共有的语言、历史及文化传统。越来越多的人渴望他们的国家能够像英、法、意大利、西班牙那般统一和强盛，古迹（Denkmal）因其独特的身份认同与凝聚力日益得到重视。18 世纪 70 年代，德意志民族主义及浪漫主义更将日尔曼古老的民间传统习俗作为创作源泉，日耳曼传统习俗、音乐、艺术及建筑得到前所未有的复兴。对本土中世纪建筑尤其哥特式建筑的仰慕，经路德派神学家、哲学家赫德尔（J. G. Herder，1744—1803）力荐，再由作家歌德（J. W. von Goethe，1749—1832）的抒情文章《论德意志建筑艺术》（*Von Deutscher Baukunst*）渲染，推向高潮。哥特式教堂被人们视为德国文化不朽的象征。

点评：

赫德尔有关民间诗歌的论述及歌德的《论德意志建筑艺术》迅速成为德国"狂飙运动"的纲领宣言。《论德意志建筑艺术》不仅赞美哥特式风格，还对"古迹"一词从概念上加以延伸——不仅仅指古代遗迹、雕塑、挖掘地等，还包括传承下来的由艺术家或非艺术家设计的建筑物等。显然，跟雨果一样，歌德也为德国的历史建筑保护做出重要贡献。但与法国不同，德国的历史建筑保护领域并未被作家统领。

此时的"德国人"亦开始认同英国人的景观园林及风景如画理念，并展开修护、重建、重新装修中世纪建筑的活动，只是"修护"尚在摇篮阶段。非专业人员的介入、年代鉴定的错误等，常常导致错乱的修复，如，对大教堂的修护多落笔于主体建筑而忽略内部装饰、绘画以及物件如祭坛等，修复后的整体难以协调。然而，不管修复水平如何低劣，对大教堂、城堡的修复已成大势，如本书第二章所述，随着法国大革命爆发，欧洲各国民族主义情绪高涨，德语区民众反应尤为激烈。一些荒废已久的城堡、大教堂以及中世纪老城（突出的如纽伦堡）迅速跃升为民族的象征。

国王们更掀起古典复兴的营建高潮，纷纷在各自的首府如柏林、慕尼黑等地大力兴建纪念堂、博物馆、凯旋门之类的纪念性建筑。因为温克尔曼及莱辛等人的深刻影响，"德国"的古典建筑复兴主要为希腊复兴，其中的旗手有年轻有为的天才建筑师费里德里希·基里（F. Gilly，1772—1800）以及其父大卫·基里（D. Gilly，1748—1808）。

申克尔是两位基里的得意门生，与小基里又是亦师亦友的关系，他所受的熏陶可想而知。1810年，申克尔被任命为普鲁士官方机构"建筑总署"（Oberbaudeputation）的成员，与同为"建筑总署"成员的老基里应该不无关系。1815年，战败的法军从莱茵地区撤走，并将之归还普鲁士。普鲁士"建筑总署"遂派申克尔前往该地普查公共建筑状况。从此，申克尔开始以官方身份进入德国历史建筑保护领域。他与亦师亦友的小基里一起投入工作，也标志着受过正规训练的职业建筑师主管德国历史建筑保护工作时代的来临。

由于深受德国民族主义之父费希特（J. G. Fichte，1762—1814）关于民族理念的影响，申克尔对战火中被法军所毁的纪念性建筑的数量及程度深感震怒，所写的调查报告《我国古代纪念性建筑及文物保护的基本原则》也就带有强烈的爱国色彩，这种爱国色彩也成为此后德国历史建筑保护的一大特征。

报告中，申克尔将纪念性建筑视作公共物。而这种对纪念性建筑基于公共利益的保护，非个人行动可以实现，需国家机构介入，从事保护的人士需要受过适当的专业教育。因此，他提议成立专门国家机构，负责创建覆盖普鲁士所有省份的详细清单，记录入册所有纪念性建筑的详情，从而掌控整个普鲁士历史建筑的概况。在此基础上，为普鲁士各地制定涵盖所有建筑类型（宗教、市政建筑以及军事建筑等）的拯救计划。记录入册的对象应包括教堂、礼拜堂、修道院、城堡、城门、城墙、纪功柱、公共喷泉、墓碑、市政厅等各类建筑物。如此开阔的视野，得益于申克尔作为规划师及画家的多层底蕴（柏林老国家画廊有申克尔画作的专门展室，可见其非凡的画艺）。同时，申克尔还强调历史建筑对民众的教育作用。至于保护方式，他不同意将纪念性建筑从各省搬至大型的中央博物馆（与法国人德甘西的理念一致），而是将这些建筑留在原址，并保存其内部的原有陈设。

报告的直接成果是，1815年10月，普鲁士国王签署一份内阁法令，法令规定普鲁士所有公建或古代纪念性建筑，在实施任何重大改建之前，相关的负责部门都必须与"建筑总署"沟通。是为普鲁士从"国家"层面对历史建

筑保护的开端。报告本身也成为该时期修护工程的指导性文件。1819—1835年，普鲁士国王又多次下令，赋予"建筑总署"更多权力，其主管的对象扩至废弃的城堡，修道院，防御要塞，具有历史、科学、技术价值和意义的建筑以及所有相关的改造和修护工程。

点评：

　　活跃于19世纪上半叶的德国建筑师多半从事过修护。基里父子曾介入马林堡修护；魏因布伦纳（F. Weinbrenner, 1766—1826）参与过圣布拉辛（St. Blasien）修护；莫勒（G. Moller, 1784—1852）参与过洛尔施（Lorsch）卡罗林式城门修复，并发表著作《德国古建筑研究》。与申克尔同门受教于基里父子的克伦策（L. von Klenze, 1784—1864）更被关注希腊独立的巴伐利亚国王路德维希一世（Ludwig I, 1786—1868）于1835年派往雅典，参与雅典卫城（Acropolis）的修复。克伦策在雅典卫城修复实践中摸索出的手法，如原物归位、原样修复（anastylosis）、重建（reconstruction）、对新材料的突出运用（从而避免与原始肌理混淆）以及对碎片的收集等修复手法，在19世纪40年代之后均被运用到德语地区。然而，无人像申克尔那样长期而广泛地介入历史建筑的普查、编目、列册、报告以及众多的修复实践。因为突出的贡献，1830年他被任命为"建筑总署"主管，并开启大柏林规划，遗憾的是他对这项规划没能施加多少影响。

　　面对不同案例，申克尔依具体状态各有侧重：在维滕堡，基于爱国主义，提出对城堡教堂（Schlosskirch）翻新/重建方案，以纪念马丁·路德提出《九十五条论纲》300年；在哈雷（Halle），因15—16世纪的莫里茨堡（Moritzburg）遗留只是部分毁坏，故建议只补造一个新屋顶，而尊重原有的砖石结构；在莱茵河畔科布伦茨（Koblenz）附近的史特臣岩（Schloss Stolzenfels）城堡，则提倡从整体上合理使用原有古建的同时，强调保护已遭毁坏的主体结构……他也不总偏好绝对保护：假若一座古建已经破损太多，则应按原有的古老形式重建。但重建一定要谨慎，要寻找最为合理而经济的方案。

　　申克尔参与的大大小小修复工程中，以马林堡、科隆大教堂、马格德堡大教堂修复工程最富代表性。这三项工程体现了18世纪末至19世纪中期德国修复实践的基本特征和成就，但也遭到批评。

马林堡（Ordensburg Marienburg）是条顿骑士中世纪总部，后归波兰，1772年重属普鲁士。1945 年"二战"后又划归波兰。因歌德、小基里等要人的力荐，1804 年，普鲁士国王威廉三世（Friedrich Wilhelm III，1770—1840，在位期 1797—1840）终于发令修复。作为祖国父亲的神圣象征，马林堡也荣升为第一座德意志国家级纪念性建筑[1]。然而，直到 1816 年，在新任西普鲁士省省长兼建筑师舍恩（T. Schön，1773—1856）的推动下，工程才得以启动。初由申克尔主管，马格德堡本地的建筑师科斯诺博勒（J. C. Costenoble，1776—1840）负责起草修复计划。一年后，科斯诺博勒退出，申克尔继续。他时而狂喜，因为发现马林堡无与伦比的简洁、美、原创性与和谐；时而步履维艰，因为城堡的结构独特且缺乏可供修复参照的范例。因此，对那些尚存参考依据、可立即复制所遗失构件的部分，如餐厅及骑士大厅，申克尔做了比较完全的保存与修护。对那些原始形式及用途多次变更而难以辨认的部分，申克尔维持原状不做任何修复，只待日后收集更多数据（读者不难看到温克尔曼的身影）。在必要处申克尔也会辅以新设计，如为城堡主厅新设计了彩色玻璃窗。

点评：

申克尔与舍恩的合作并不顺畅，修复屡有中断、变更，最终也没有完成。应了阿尔伯蒂的名言，"修复需要几代人"。修复中的某些"庞杂"事项，日后遭到申克尔的学生奎斯特的批评。这应了另一句古话，事情难有至美，亦显示所有修复项目所面临的两难境地。图 4.3 为 20 世纪初的马林堡。"二战"中它遭到严重毁坏，战后修复重建，作为世界占地面积最大的城堡完好留存至今。

法国和英格兰随哥特式复兴而来的是大教堂修复热。在德国是城堡修复热，但教堂修复也不落后，其中最重要的项目是科隆大教堂（Kölner Dom）的续建。

该教堂始建于 1248 年，16 世纪停工，直到 19 世纪初尚未完成，以致一个中世纪起重机在工地滞留 3 个世纪之久。18 世纪 70 年代，哥特式建筑被誉

---

[1] Hubel, A. *Denkmalpflege: Geschichte-Themen-Aufgaben Eine Einführung* [M]. Stuttgart: Philipp Reclam jun. GmbH & Co. KG., 2006, 35-38; Glendinning, M. *The Conservation Movement: A History of Architectural Preservation: Antiquity to Modernity* [M]. London and New York: Routledge, 2013, 79-80.

Der Kölner Dom

左：图 4.3 马林堡
费里德里希·基里将其内的拱券誉为"通向宇宙的窗户"（Ein Fenster zum All），1997 年被列入 UNESCO 世界遗产名录。

右：图 4.4 科隆大教堂
1996 年被列入 UNESCO 世界遗产名录
作者收藏的 20 世纪初明信片

为德国的民族象征，哥特式风格的科隆大教堂于 1791 年首次被雅各宾激进派随笔作家、记者福斯特（J. G. Forster，1754—1794）推崇为美学意义而非宗教意义上的纪念性建筑。科隆大教堂也被当作哥特式建筑的起源，引人瞩目[1]。随着 1814 年莱比锡战役的胜利，科隆大教堂的续建工程甚至与德国的统一连到一起，足见完工的重要政治象征。

在申克尔的推动下，项目于 1823 年正式启动。一期主要修复尚存的唱诗班区域，由申克尔与其学生——结构工程师茨维尔纳（E. F. Zwirner, 1802—1861）合作。项目进展缓慢，直到 19 世纪 30 年代才有起色。申克尔去世一年后的 1842 年，在当时几乎全世界所有要人都参加的盛大庆典上，屹立了 3 个世纪之久的中世纪起重机吊起第一块石头，正式启动"基于圣址之上，标志着统一的德意志民族虔诚、美以及信仰的永恒纪念"的宏伟工程。项目最终于 1880 年完工。因仅仅注重恢复原初式样的荣耀，而除去了后期的诸多反映历史风貌的构件，尤其是巴洛克构件。这被当时的斯特拉斯堡大学艺术史

---

[1] 本书第二、三章提到法国、英国的哥特式复兴。18 世纪 70 年代，欧洲就哥特式建筑究竟源于何地有过争论，结论是源于法国。将科隆大教堂推为哥特式建筑的起源是一种民族自尊式误会。

图 4.5 马格德堡大教堂

教授、德国修复史上的重要人物迪欧（G. Dehio，1850—1932）批评为"冰冷的考古抽象"[1]。不过，工程实施过程中，锻炼培养出一批重要的建筑修复师。

图 4.4 为 20 世纪初的科隆大教堂及其周边环境。大教堂在"二战"中同样遭到毁损，亦同样在战后得到修复并完好保留至今。

至于马格德堡大教堂（Magdeburg Dom），与上述两修复一样，申克尔并非为介入马格德堡大教堂修复的唯一专业人士。1819 年，当地政府发出教堂大修公告之后，曾起草马林城堡修复计划的科斯诺博勒于 1821 年对马格德堡大教堂做出第一份评估。项目 1826 年动工时，监管者却是他人，后又几经易手。申克尔作为政府官员，负责总协调。

这是典型的纯净式修复。教堂内部巴洛克风格的祭坛等构件被清除，四壁装饰性浅色粉刷，被柏林大学首位艺术史教授库格勒（F. T. Kugler，1808—1858）批评为不合人性。

点评：

1. 清除巴洛克风格构件是 19 世纪德国修复界普遍采用的做法，因为巴洛克、洛可可风格常与法国联系在一起。而拿破仑的入侵，让法国成为当时的德意志之敌。

---

[1] Huse, N. (ed.) *Denkmalpflege: Deutsche Texte aus drei Jahrhunderten* [M]. München: C. H. Beck, 1996,143.

图 4.6 莱茵河中上游
城堡分布略图

何晓昕绘

♪ 城堡
♩ 废墟
♁ 寺院
○ 小镇

科布伦茨

博帕德

宾根

美因

包括申克尔在内的普鲁士大部分建筑师、普鲁士国王威廉三世及巴伐利亚国王路德维希一世均不喜欢巴洛克风格。申克尔建议历史性纪念建筑入选列册的年代标准是1650 年之前，刚好排除巴洛克风格建筑。

2. 经过几百年时光，今日所见的马格德堡大教堂内部，与欧洲其他教堂内部装饰相比，显得空荡（德国大多数教堂均如此），却也朴素简洁。大教堂外部则构成马格德堡小镇的优美天际线（图 4.5），加上易北河的河水，令人迷醉。记得那天清晨，我们在河岸边徘徊复徘徊几近 3 小时。

三大修复都给德国修复领域带来重大影响，如马林堡修复后，德语区尤其申克尔做过普查的莱茵地区掀起城堡修复热和旅游热。读者可从图 4.6 感知城堡的密集：有的独立于山上（图 4.7），有的两两相对（图 4.8），有的与山下

右上：图 4.7 马科斯堡（Marksburg）城堡独立于山巅

左上：图 4.8 一白一黑兄弟堡：斯特伦堡（Sterrenberg）和利本施泰因（Liebenstein）兄弟堡

左中：图 4.9 科布伦茨城德国之角对岸的埃伦布赖特施泰因（Ehrenbreitstein）要塞城堡（左），
与兰施泰因（Lahnstein）小镇（右）依依相连

右下：图 4.10 普法尔茨（Pfalz）城堡
10 月底的莱茵河水位很低，平日水中央的城堡会露出墙脚跟。

下：图 4.11 博帕德小镇
与城堡相呼应的是小镇上的双塔式教堂。

村镇依依相连（图 4.9），有的自在水中央（图 4.10）……

跟这些城堡遥相呼应的，是那些极富特色、主要由半木结构房屋构成的传统小镇（图 4.11）以及优美的自然景观。2005 年，莱茵河谷连同城堡、村镇被列入 UNESCO 世界遗产名录，追根溯源，竟跟申克尔不无关系。如今，这里依然是旅游热点：有的城堡原样保留，有的以废墟呈现，有的改造为城堡式现代旅馆。

20 世纪建筑理论家彭德（H. G. Pundt，1928—2000）认为，申克尔的保护理念并非源于怀旧或浪漫的动机，而是坚信"对建筑和自然的保护"构成"人、历史和文化"的基本需求[1]。这种需求理念对当代建筑保护有深刻启示。然而，作为德国历史建筑保护的开拓者，申克尔对德国建筑保护政策的影响在当时并非我们今天所以为的那么巨大。前述三大项目中，他并没有绝对决定权，他关于保护的文字被相关机构收集归档，束之高阁。虽在政府部门内部多次讨论，但直到申克尔去世两年后的 1843 年 7 月，普鲁士国王签署一份历史性纪念建筑保护专员的任命后，申克尔于 1815 年提议建立的国立保护机构才得以成立，属文化部管辖。大体来说，申克尔更为人知的是其建筑设计作品及理念。受老师基里的影响，申克尔创作高峰期的作品如柏林新警卫局（Neue Wache）、柏林宫廷剧院（现名柏林音乐厅，Konzerthaus）、柏林老博物馆（Altes Museum）等多承续古希腊遗风，迥异于受古罗马风格熏陶的法兰西帝国风格。他被奉为当时德国的希腊复兴旗手，对柏林市中心的景观产生了深远影响。晚期作品多为哥特复兴式风格，如柏林的弗里德里希斯韦尔德教堂（Friedrichswerder）。

1819—1841 年间编纂的申克尔《建筑设计作品集》（*Sammlung architektonischer Entwürfe*）在其去世后一版再版，深深影响了德国和欧洲的大批文人、建筑师，包括现代主义大师密斯·凡·德罗（Mies van der Rohe, 1886—1969）在内。奥地利建筑师与建筑理论家路斯（A. Loos，1870—1933）更将申克尔誉为"最后一位伟大的建筑师"。那本享誉建筑界的专著《从申克尔到包豪斯》[2]，则让

---

［1］ Pundt, H.G. "A Tribute to Karl Friedrich Schinkel, Architect (1781-1841)"// Schinkel, K.F. *Collection of Architectural Design by Karl Friedrich Schinkel* [M]. Princeton: Princeton Architectural Press, 1989, 5. 基于 1866 年版申克尔《建筑设计作品集》的英译影印版。

［2］ Posener, J. *From Schinkel to the Bauhaus: Five Lectures on the Growth of Modern German Architecture* [M]. London: Lund Humphries publishers Ltd.,1972.

某些后学深深体会到申克尔的现代性，而忽略其在建筑保护领域的建树，甚至误以为申克尔是"反传统"的。

奎斯特

奎斯特（Ferdinand von Quast，1807—1877）[1]远不及前述三位著名。万维网维基资料库有关他的条目连最通用的英文版都没有。即便建筑界业内人士，知晓其生平事迹的也是寥寥无几。当初，笔者找不到有关他少年时代的英文资料，向在德国攻读历史建筑保存博士学位的朋友求助时，朋友疑问：我不是很清楚为什么你要找他的资料，他在德国的纪念性建筑保存界没有申克尔那样重要……

的确，作为申克尔的学生，奎斯特没有青出于蓝而胜于蓝。作为普鲁士第一位历史性纪念建筑保护专员（Konservator der Kunstdenkmäler），他不及其法国同行维泰及梅里美有作为。他的某些"不作为"蛮有些英国人拉斯金的风味，又不及后者深邃浪漫。但随着研究的深入，我们对比阅读有关奎斯特的德文、英文资料及纪念奎斯特诞辰两百年的德文文集，感到事情并非如此简单，也更坚定了将此人与上述所提三位大师并列探讨的执着。因为自 1843 年被任命为普鲁士历史上第一位保护专员，奎斯特在职长达 33 年。即便没有大作为，也绝非无为。追溯其从业经历和修护理念，不仅能一窥当时德国历史建筑保护领域的大致特征，还可间接发现为什么德国没像法国（风格式修复）、英国（保守性维护）那样发展自己的保护流派。因此，即便谈不上丰碑，奎斯特至少也是位界碑人物。

跟大文豪歌德一样，奎斯特的姓氏含中国人常译作"冯"的"von"，说明他出身贵族。该贵族家长已经较为开明，将 8 岁的奎斯特送往新式寄宿小学普拉曼学校（Planmannsche Erziehungsanstalt，所谓的"铁血宰相"俾斯麦也在此上过学）。14 岁入新鲁平中学（Neuruppiner Gymnasium）之后，从小喜爱艺术的奎斯特受神学教授的影响，开始阅读温克尔曼的书籍，对希腊古典精神

---

[1] 本节有关奎斯特的部分德文资料得到德国班伯格大学（University of Bamberg）历史建筑保护学系博士蓝志玫（Chin-Wen Lan）女士的帮助，特此致谢。

十分向往。

1825 年，奎斯特来到柏林大学攻读神学，旋即意识到自己心属艺术。因为周围众多的历史建筑，也因为同乡申克尔的重大影响，他最终转学建筑。授课老师除了申克尔，还有后来成为柏林博物馆古物部主任的考古学家图尔肯（E. H. Toelken，1786—1869）、将语言学（philology）定义为人类整个生活的历史构筑的语言文献学家博科（P. A. Böckh，1785—1867）。他所结交的同学朋友有日后成为著名申克尔派建筑师的施蒂勒（F. A. Stüler，1800—1865）、斯特拉赫（J. H. Strach，1805—1880），以及前文提到的对申克尔马格德堡大教堂修复提出批评、也是德国历史建筑保护领域重量级人物的库格勒。显然，奎斯特在大学时代就打下了良好的学业和人脉根基。

有关他介入历史建筑保护的最早记载，可见于其 1837 年为普鲁士历史建筑保存所做的备忘录。我们从中发现奎斯特早于拉斯金提出反修复："破坏对纪念性建筑原始特征的改变并不多于所谓的修复带来的变化。"在奎斯特看来，太多钱财用于美化和改善历史建筑，所附加的新东西毫无道理……"对整个废墟不要做任何修复，因为这些废墟比其荣耀高峰时的面目更为优美、富于隐喻而令人回味。政府所做的监督应限于阻止修复和不必要的干扰……"奎斯特还特别称赞英国人的保护方式，认为英国人对历史建筑的保护受惠于持续性[1]。

1838—1839 年，他游学意大利，考察研究意大利古典遗迹。随后，除编辑翻译英国新古典建筑师尹伍德（H. W. Inwood，1794—1843）及法国考古学家阿尚库尔（Seroux d'Agincourt，1730—1814）的著作外，还撰写绘制从 5 世纪到 9 世纪关于拉韦纳（Ravenna）的早期基督教建筑的插图本书籍等。1842 年，奎斯特在德国建筑师协会发表演讲，力助成立德国历史和古物总协会（Gesamtverein Der Deutschen Geschichts- und Alterthumsvereine）。10 年后，即 1852 年，该协会才正式成立，并为德国历史建筑保护做出重要贡献。1843 年年初，奎斯特协助普鲁士政府内阁，起草了关于历史建筑修复的内阁通告。同年 7 月，当普鲁士国王威廉四世（Friedrich Wilhelm IV，1795—1861，在位期 1840—1861）终于决定任命一位保护专员时，他成为不二人选。

[1] Denslagen, W. *Architectural Restoration in Western Europe: Controversy and Continuity* [M]. Amsterdam：Architectura & Natura Press, 1994, 157.

据英国学者斯文森给奎斯特所贴的标签：与维泰和梅里美相反，奎斯特慷慨激昂地反理性主义、反革命、反物质主义式保护，倡导中世纪基督教传统和神权[1]。因此，他崇尚英国方式，厌恶法国大革命带来的遗产意识。然而，他走马上任后所推行的模式却是基于法国模式。我们不得不回顾该职位的由来。

早在 1815 年，申克尔就建议设立国家级专门保护机构，因种种原因，一拖再拖。1842 年，文化部部长艾希霍恩（F. Eichhorn，1781—1854）再次向国王威廉四世提交《普鲁士的历史意识》报告，将普鲁士的窘迫现状与法国对比，并提出模仿法国模式，建立国家级保护机构。国王的震动可想而知。恰在此时，国王正醉心于科隆大教堂的续建工程（标志国家统一），以调和新教与天主教之间的冲突并激发自由主义者的民族情感。于是，次年便有了奎斯特的任命。可以想见，被任命的奎斯特必须从大方向上遵从艾希霍恩的报告，不能脱离法国模式，其 1837 年有关反修复的闪光理念也就渐渐消退了。

既是法国模式，保护专员的职责与法国 1830 年左右设立的保护总督导的职责类似：巩固公共性历史建筑保存的基础，让更多人了解历史建筑的价值，制定保存和修复原则……具体说，考察各地历史建筑，编制历史建筑名录，报告历史建筑的状况。编目完成后，还为必要的修复工程起草实施规划，提出建议和评论。对于地方上不当的修复行为，保护专员有权制止，待内阁裁定。为此，奎斯特每年平均 60—70 天在普鲁士各地考察历史建筑，此外还遍游法、英、荷兰等国，记下大量笔记图画。

奎斯特与一些地方协会、牧师以及有影响力的人士保有良好关系，其初衷是依靠"志愿人士"完成编目而反对建立委员会。后来，可能因政府内阁的需要，于 1853 年年初成立了一个类似法国历史建筑保护委员会的机构，展开编目工作。不幸的是，普鲁士的这个委员会没有法国的委员会有权，又因经费缺乏而短命。奎斯特主张的编目极具建设性，如认为编目之内应有一特别名录，涵盖那些有特别重大意义且值得保存的历史建筑。设计的问卷也详细合理，即便在今天仍有参考意义。他本计划将问卷分发给当地的神职人员，以及与历史建筑有关联的人士和协会。问题是，普鲁士多数地区，尤其是易北河（Elbe）东部的农业地区缺乏对历史建筑了解的人士；加上编目任务巨大，出现令人惋

［1］ Swenson, A. *The Rise of Heritage* [M]. Cambridge: Cambridge Press, 2013, 54.

左：图 4.12 盖恩罗德修道院圣母堂外部

右：图 4.13 盖恩罗德修道院圣母堂内部

图 4.12—4.13 作者收藏的 20 世纪初明信片

惜的结果在所难免。

奎斯特反修复的理念虽没能得到发展，但他在各种场合的报告、文章及演讲中仍反复强调尊重各个时期的添加物。如 1858 年，他在德国历史和古物总协会的讲话中就提到，修复历史建筑时，不要清除所有的遗留而破坏历史，因为"清除"破坏了我们与过去的联系……要注意原物与复制品之间的差异。他后来的实践，如对盖恩罗德修道院圣母堂（Stiftskirche St. Cyriacus, Gernrode）的修复，确实秉承"最小干预"的理念。修复后的圣母堂虽有人批评过于呆板，然其奥托时期的整体特点基本保留（图 4.12—4.13）。修复所用材料尽量使用原有的石灰石，教堂地下室所发现的 11 世纪仿制耶稣基督墓碑的"圣墓"，也因其宗教价值予以保留。

国家历史建筑保护专员长期持此观点，可以想见，这个国家难以发展出法国勒－杜克式风格式修复。而现实中，勒－杜克广受包括德国在内的欧洲修复人员的青睐，加上奎斯特的工作职务，使其有关"反修复"的理念也不可能被大张旗鼓地彻底执行贯彻。奎斯特有时也秉持双重标准。虽然他多次强调不"清除",却也同意对那些覆盖了更早期或更重要构件的添加物加以清除。这就给"纯净"式修复提供了机会。

听来有些悲情,奎斯特致力于创建与建筑师、工程师及考古学家协会类似的国家级历史建筑保护协会,却只于 1855 年在其家乡鲁平地区建立了鲁平历史协会;他为激发人们对历史建筑保护的兴趣,与牧师奥特(H. Otte,1808—1890)创办《基督教考古与艺术》(*Zeitschrift für Christliche Archäologie und Kunst*)杂志,发表有关保护的报告及游记,但因开支巨大,此刊仅维持了 4 年(1856—1860)[1]。

幸运的是,奎斯特的这些理念后来都得到延伸。下节所谈三条线中的两条均有他的身影。

点评:

1987 年以来,德国参议院每年向在柏林修复保护中有突出贡献的个人或机构颁授"奎斯特奖章"(Quast-Medaille),也许是对奎斯特最有意义的纪念。

二 走自己的路

一场争论——海德堡

1857 年,慕尼黑圣母堂(Frauenkirche)在巴伐利亚国王的批准下开始修复。次年,奎斯特就警告,不要清除其内的巴洛克式样装饰。然而 1861 年完工后,人们发现,教堂内的艺术物件几乎全被清除。这些被清除的物件或被贩卖或被破坏的消息见报后,公众纷纷谴责,一场关于修复对历史建筑整体性影响的大讨论也就此展开。大讨论中,最有意义的见地来自艺术史学家吕布克(W. Lübke,1826—1893)。他不仅批评慕尼黑圣母堂的修复,还对那些年盛行于各地的修复大浇冷水。因为,这些狂热的修复,给历史建筑及其独特性带来了毁灭

---

[1] Wesner, N. "Ferdinand von Quast-Leben und Werke" //Dietrich, F (ed.) *Zum 200.Geburtstag von: Ferdinand von Quast 1807-1877* [M].Berlin: Lukas Verlag, 2008, 26.

性灾难。但是，即便有吕布克这般睿智之士，德意志帝国在 1861 年《艾森纳调控法》（*Eisenacher Regulativ*）颁布后，依然以哥特式复兴为修复领域尤其是教堂修复的主导。建筑界风行历史主义（Historismus），加上民族主义的推波助澜，修复由追求统一风格（Stileinheit）走向风格纯净（Stilreinheit）。当时，萨克森地区的 900 多座教堂中，约 80% 的修复尊崇风格纯净原则，大量巴洛克式构件被移走。1871 年帝国统一后，德国经济实力增强，张扬实力的欲望高涨，科隆大教堂 1880 年完工又使民众狂喜不已，在德意志各地又兴起新一轮的完工和修复热。

19 世纪 90 年代，随着穆特修斯（H. Muthesius，1861—1927）引入英格兰拉斯金、莫里斯等人的保护理念，局面发生转变。穆特修斯是位喜爱古典音乐和文学的建筑师，曾在日本和意大利工作，1896 年作为技术和文化专员被派驻伦敦，1903 年返德。在英七年间，他系统学习研究英格兰建筑传统，并结识了英格兰工艺美术运动的重要人物莫里斯和麦金托什（C. R. Mackintosh，1868—1928）。在向德国人积极推介英格兰工艺美术运动的同时，他于 1900 年始，将拉斯金、莫里斯以及 SPAB 的保护理念译成德文发表。

点评：

穆特修斯可谓将英格兰保护经验介绍到德国的第一人，并对德国包括包豪斯风格建筑在内的现代主义建筑发展产生影响。这再次说明，保护与现代密切关联。

由于穆特修斯的译介，英格兰的保护理念得到越来越多德国人的赞同，对风格纯净式修复的质疑也日益增加，这尤其体现于 19 世纪末至 20 世纪初海德堡城堡萨克森选帝侯宫殿的修复之争。这场著名论战，也是德语国家有关修复的第一次最成熟的辩论。

海德堡城堡初建于 13 世纪，几经扩建和毁损，于 16—17 世纪重建为文艺复兴风格的宫殿，成为阿尔卑斯山脉以北最重要、最优美的文艺复兴建筑之一。其后，城堡历经战争、火灾及雷电的损害，虽曾有人提出修复，终因种种原因放弃，城堡沦为废墟。然而，时光的积淀以及蔓延于废墟之上茂盛的藤蔓，给城堡废墟裹上另类风景如画之美。1869 年，有人提出修复这一城堡，不料竟引发两大阵营——爱树者（反修复方）和爱屋者（修复方）——的对抗。还有匿名者撰文：自然与建筑互为整体，两者调和是最佳。

左：图 4.14. 海德堡城堡，1880 年版《浪子他乡》插图
Mark Twain *A Tramp Abroad*
右：图 4.15 倒塌的炮楼，1871 年的出版物插图
A Guide to Heidelberg and its environs

点评：

　　英国风景画大师特纳（W. Turner，1775—1851）于 1833—1844 年多次拜访海德堡，留下多幅描绘城堡的画作。特纳对建筑的描绘并非精准，却以优美的画面展现了风景如画之美。其中一幅从海德堡老城主街（Hauptstraße）保存最为完好的文艺复兴风格的里特旅馆（Zum Ritter）门口远眺城堡的画作，将城堡置于画面聚焦处。据对特纳有精深研究的艺术史研究学者希尔（D. Hill）考察，该角度并不能看到城堡。特纳如此处理，并非低级失误，而有自己的意图[1]。这是艺术家协调两者的直觉？还是源自崇尚废墟的传统？……1878 年，美国作家马克·吐温（Mark Twain，1835—1910）来到海德堡，两年后发表名作《浪子他乡》。书里多次提到海德堡，不仅附有其城堡插图（图 4.14），还专文描述该城堡。幽默大师显然爱自然爱废墟，他说：自然懂得如何装扮废墟来使之获得最佳收效……它（笔者按：倒塌的炮楼）以一种风景如画的姿态倾斜[2]。

---

［1］ Hill, D. "In Turner's Footsteps at Heidelberg, Part 4", 2015,11.（*http://sublimesites. co/20Hill15/11/23/in-turners-footsteps-at-heidelberg-part-4/*），特纳的相关画作见伦敦泰特艺术馆网页。

［2］ Mark Twain, *A Tramp Abroad* [M]. Hartford: American Publishing Company, 1880, 588-589.

现实难以调和。下文简要描述两派对垒之势，意在展示 19 世纪末到 20 世纪初德意志建筑保护领域的汹涌思潮及走向。

1882 年，德国建筑师与工程师联合会（Generalversammlung des Verbandes deutscher Architekten- und Ingenieurvereine）在其第五届汉诺威大会之后宣称：就好比戈斯拉尔（Goslar）的帝国宫殿、迈森（Meissen）的阿尔布莱希堡（Albrechtsburg）以及马林堡被复原重建，将海德堡城堡复原重建，恢复到其最初的荣耀，关系到德意志人民的荣誉。该协会还表示：将城堡修复到使其再视当初的壮观风貌的程度是保护废墟风景如画的最佳方式。

即便到了 19 世纪末，当地人对 1689—1693 年间法军对城堡的残酷破坏仍然记忆犹新。恢复德意志荣耀的说法颇能煽动公众的爱国热情。

1883 年，城堡拥有人巴登大公设立"城堡办公室"，由卡尔斯鲁厄（Karlsruhe）大学建筑系教授杜姆（J. Durm，1837—1919）、区域建筑工程主管及建筑工程师科克（J. Koch，1852—1913）和塞茨（F. Seitz，1851—1929）负责修复工程。杜姆于 1884 年发表报告，提出修复城堡中的一些主要宫殿，如建于 1549—1559 年的奥托亨利宫（Otto-Heinrichsbau）（图 4.16），因 1764 年雷击带来的大破坏而需要新建一个屋顶，否则无法保存。1883—1890 年，科克和塞茨还对城堡现场做详尽测绘和记录，可谓当时德国建筑考古（Bauforschung）的典范，之后的很多年都无人能比[1]。科克和塞茨还制定了修复城堡主体建筑的详细规划。

该规划立即遭到由德意志各地保护专家组成的特别委员会的反对，尽管上述 3 位监管负责人亦是该特别委员会成员。委员会中另一要员是反修复老旗手吕布克，人们也就不难想见委员会最终持反对态度。

1891 年，巴登大公决定听从特别委员会的建议，仅对现存结构做必要维护，不修复。然而，局部的修复，如对毗邻奥托亨利宫的费德里希宫（Friedrichsbau）（图 4.17）的修复，依然在柏林夏洛堡工业大学夏法教授（C. Schäfer，1844—1908）的主持下于 1895 年动工，且与特别委员会的建议相

[1] Schmidt, H. "Building Research from Past to Present: The Development of Methods in Germany since the 19th Century"// De Jonge, K. & van Balen, K. (eds.)*Preparatory Architectural Investigation in the Restoration of Historical Buildings* [M].Leuven: Leuven University Press, 2002, 24-25.

左：图 4.16 奥托亨利宫，1871 年的出版物插图
右：图 4.17 费德里希宫，1871 年的出版物插图
A Guide to Heidelberg and its environs

悖——该宫正立面几乎三分之一的石作和多数装饰雕像被更新，并重建了一个新屋顶。夏法还计划将奥托亨利宫修复到其 16 世纪巅峰时的模样，主要依据是几张尚存的 16—17 世纪鸟瞰图。1901 年，该方案被提交到特别委员会，旋即引发德国建筑保护史上最激烈的修复与反修复之争。

点评：

　　夏法是德意志民居研究的重要代表人物，其关于民居的一系列专著和讲座产生了巨大影响。从技术角度看，他对费德里希宫的修复可谓成功。如今，费德里希宫是城堡中最优美的文艺复兴建筑之一，兼具巴洛克及哥特式元素。

　　首先，特别委员会内部分两派：塞茨等主张修复方的理由是，为保护奥托亨利宫 16 世纪的壮观立面，让其内部免受潮湿、雪霜及风暴侵袭，必须重建新屋顶；反对方包括来自慕尼黑的建筑师塞德尔（G. Seidl，1848—1913）等人，他们以在尚存的奥托亨利宫立面上并未发现任何裂缝为依据，说明害怕它会倒塌的担心纯属夸张。反对方还认为，任何新添物都会与古老废墟反差巨大，从而损害原有之美。

　　接下来，德意志各地的建筑师、艺术家、学者、作家纷纷介入"战斗"，在报纸和杂志［如《福斯日报》（*Vossische Zeitung*）《德意志建筑学报》（*Deutsche Bauzeitung*）］上激扬文字、指点江山。来自德累斯顿的知名建筑师、艺术史学

家、坚定的保护派戈利特（C. Gurlitt, 1850—1938），还在德国和奥地利的学者、艺术家及作家群体中做大规模问卷访谈，以争取更多人支持反修复。

正、反方难分胜负之时的 1903 年，巴登大公听从一个技术委员会的建议，决定整体重建奥托亨利宫，理由是当时的立面处于倒塌危险之中。

反对的文章、宣传册和信件立刻满天飞。重建只能叫停，并最终成为 1905 年德意志第六次班伯格保护大会的主题。来自德意志各地 200 多位建筑技术专家、教授、艺术史学家、建筑师、工程师、博物馆学者代表、政府大臣以及纪念性建筑保护专业人士畅所欲言，争论的焦点落到屋顶：是否需要建一座屋顶来保护这座宫殿的文艺复兴立面。争论中，既有情绪的激昂，也有基于技术角度的冷静。有趣的是，两派对垒迅速变成一边倒，最终以迪欧的意见为准。

因为现存的奥托亨利宫并不会因为任何结构性问题而导致坍塌，也没有足够的文献档案材料可供修复重建时参考。迪欧认为，不做重建而让废墟以其原有面目保存到下世纪。到那时，让我们再来讨论海德堡[1]。"保护而非修复"（konservieren, nicht restaurieren）也成为迪欧对德国现代保护运动著名而重要的贡献。

---

[1] Glendinning, M. *The Conservation Movement: A History of Architectural Preservation: Antiquity to Modernity* [M]. London & New York: Routledge, 2013, 152.

点评：

暂且搁置争论的做法标志着德意志开始走向现代意义的历史建筑保护。迪欧的意见亦确定了保护的根本原则：除了保护还是保护，除非保护在物质条件上不可实现，才实施修复。令人欣慰的是，21 世纪的海德堡城堡依然散发出 100 多年前特纳在画作中呈现的风景如画之美，奥托亨利宫即便没有屋顶，依然矗立，那座被马克·吐温赞赏的塌楼依然以风景如画的姿态倾斜着（图 4.18）。

家园保护运动——三条线

在修复、不修复争得如火如荼之际，一场所谓的生活改革运动（Lebensreformbewegung），随着 1871 年德意志帝国的统一以及历史主义的衰落，在社会各阶层蓬勃发展。作为大运动的一部分，对历史建筑的关注被重新定义为家园（Heimat）保护运动[1]。

19 世纪中期的德文小说里，Heimat 多用于描述对故土的思念与精神寄托。德意志统一后，该词迅速普及，因为它在国家意愿与外省现实，或者说国家认同与地方文化之间架起桥梁。作家们将之提升为一种源于德国民间的艺术和文学形式——乡土艺术（Heimatkunst）；建筑师们谈论创立独特的——家园风格（Heimatstil）。在各地相继成立的众多乡土协会的推动下，对家园的关注迅速演变成一场美学及社会学层面的家园保护运动。各地乡土协会主办杂志、发表文章、创立博物馆、组织座谈及建筑竞赛、收集有关历史建筑保护及新建筑的项目案例，并对建筑维护及规划提供咨询。

1890 年之后，最初以草根方式展开的家园保护运动，呈区域化扩展并逐渐走向国家层面。运动大体上围绕三条主线推进。

期刊学报《纪念性建筑保护》（*Die Denkmalpflege*）

奎斯特的《基督教考古与艺术》杂志因经费匮乏仅维持了 4 年。半个世纪后，因越来越多的文章讨论纪念性建筑保护，当时的普鲁士保护专员帕休斯（R. Persius，1835—1912）遂觉有必要像法国和奥地利那样，确立国家层面对

---

[1] Swenson, A. *The Rise of Heritage* [M].Cambridge: Cambridge Press, 2013, 115.

纪念性建筑保护的领导地位，这就需要一份有关纪念性建筑保护的国家级学报。帕休斯终于说服财政部门提供资助，于 1899 年创立学报《纪念性建筑保护》，作为普鲁士"建筑工程总署"官方出版物《中央建筑管理学报》（*Zentralblatt der Bauverwaltung*）的辅助刊物，每两周一期。

《纪念性建筑保护》立足展示保护实践而非理论辩析，对当时广为谈及的反修复议题持谨慎态度。如 1899 年的创刊号刊登了题为《濒危的纽伦堡古城》的文章，探讨 19 世纪末以来诸多德国城镇失去历史肌理背后的问题。这些问题包括经济迅速发展带来的道路交通改造、私人投机行为、高层管理者的漠然等。该文激发人们关注保护的同时，也使人们意识到历史名城能够吸引游客，也具备经济价值。《纪念性建筑保护》也广泛报道各地家园保护运动的消息，对家园保护做出了突出贡献。它将人们关注的重心由纪念性建筑扩展到乡土建筑，探讨和揭示家园理念的深层含义。《纪念性建筑保护》探讨的议题广泛，也使其迅速成为普鲁士之外地区的读物，并受到巴伐利亚教育部的推荐（显见巴伐利亚不甘落后之心）。它不仅帮助保护领域的专业人士达成对保护德国历史建筑的统一认识，也促使民众加深对历史建筑的理解。为此，《纪念性建筑保护》被誉为欧洲历史建筑保护领域出版物的翘楚。

保护日 / 会议（Tag für Denkmalpflege）

帕休斯忙于筹办《纪念性建筑保护》之际，德国历史和古物总协会也在紧锣密鼓的筹建之中。如前所述，该协会的筹建得到了奎斯特的帮助，在 1852 年正式创立，旨在鼓励不同协会之间的合作，协助德语地区和国家的历史委员会之间交换信息、召开年会等。到 19、20 世纪之交，总协会发展成一个伞状机构，遍及各地的子协会达 160 多个。虽然总协会是民间组织，却仿佛国家代言人一般。1898 年，总协会又成立了一个专门处理保护纪念性建筑事务的委员会。

这个由当时是符腾堡（Württemberg）保护专员及几家主要古物协会秘书的保卢斯（E.von Paulus，1837—1907）担任主席的新委员会一经成立，就起草了一份关于未来历史建筑保护的决议，提交到所有的州政府，最后于 1899 年在总协会的斯特拉斯堡大会上通过。决议提醒政府参考先进国家在保护领域的范例，在政府预算中设立历史建筑保护常设资金，并对委员会改组强化，主席由波恩大学纪念性建筑保护法专家勒施（H. Loersch，1840—1907）教授担任，成员则有德国保护领域的重要人物——莱茵地区保护专员艺术史教授克莱门（P. Clemen，1866—1947）、巴伐利亚建筑师和艺术史学家贝措尔德（G.von Bezold，1848—1934）、柏林档案专家拜琉（P.Bailleu，1853—1922）以及建筑师瓦莱（P. Wallé，1845—1904）等。

改组后的委员会在总协会的帮助下还创立了一个新的独立机构，起初以1900年的第一次会议主题"纪念性建筑保护"为名，后非正式改名为"保护会议"。该机构旨在给历史建筑保护领域的所有人士，包括政府代表、保护协会机构的人员、建筑师、艺术家、考古学家及艺术史学家等提供碰面的机会，交流比较各自的经验。直到1913年，该机构每年举办年会，议题围绕以下六大方面：保护原则；保护与现代艺术间关系；立法及管理构架；有关保护的教育及庸俗化问题；实际技术议题，包括当时有争议的修复；有关纪念性建筑的新领域[1]。

历次会议的讨论，大致分两大阵营：修复阵营和保护阵营。

如1900年的第一次德累斯顿会议上，克莱门从国际层面概述欧洲历史建筑保护的整体形势，提倡保护。自1893年担任莱茵地区保护专员以来，克莱门写过多篇有关英格兰保护运动的文章，十分关注英格兰保护理念。虽然对拉斯金的总体做法持批评态度并赞赏勒-杜克的修复技艺，克莱门同迪欧一样，主张"要保护，不要修复"，并坚持认为对修复原则的讨论十分重要。

如此推崇保护的形势下，那些在实践中倾向运用风格式修复手法的人士也开始从理论上关注修复的基本原则。来自梅兹的托尔诺（B. Paul Tornow，1848—1921）从"先民精神"的角度提出一系列修复原则：从远古时代至18世纪末期的建筑都是"历史的风格"，对所有的风格要一视同仁，都要保护；在修复时，要尊重历史纪念性建筑原貌，不更改原有形式（唯一例外的是对建筑架构错误的纠正及技术上无可质疑的改进）；使用耐久材料修复，做好档案记录（包括测绘图、文字记述、模型、照片），将替换下的原构送交博物馆收藏；做好修复工作大事记的出版；修复完工后，要对整座建筑做定期反复检查。这些原则看起来已十分接近现代保护理念。

另一值得追忆的讨论，是从生命力角度将纪念性建筑分为"死的"与"活

---

[1] Swenson, A. *The Rise of Heritage* [M]. Cambridge: Cambridge Press, 2013, 118.

的"两大类。如 1909 年的特里尔（Trier）保护会议上，来自但泽的韦伯（E. M. H. Weber，1820—1908）对"死的"与"活的"建筑及其修复做了如下阐述：

> "死的"建筑：1. 对于无特别艺术价值的"纯废墟"，顺其自然，只做最少保护；2. 对于仍存完整屋顶结构却不再使用的"废弃"建筑，应该维护以阻止坍塌；3. 对于具极高艺术及历史价值的建筑，需要具体情形具体分析，任由其美丽消亡是非常荒谬的；
>
> "活的"建筑：对于仍发挥原有功能的建筑，需要优先考虑艺术价值：所有此类修复工作的目标是将之修复到完成时。比如教堂，当它们被修复后移交给教区时，必须让普通教徒犹如看到一座新教堂，因为修复毕竟是为了这些普通教徒[1]。

韦伯因此将在斯特拉斯堡大教堂、奥格斯堡（Augsburg）教堂、科隆大教堂、慕尼黑圣母堂等教堂修复中移走巴洛克式构件的手法称作"艺术行为"而将其合理化。他认为，此等做法能让人们更好地欣赏这些建筑中原有的纪念意味。这种以损失历史及考古价值为代价去再现一座历史建筑外观的做法，常被称为"历史学派"修复。在 19 世纪向 20 世纪过渡之际，如此修复越来越遭到质疑。如戈利特认为，后人会指责 19 世纪的修复以风格的名义破坏了历史建筑，特别是那些为达到"完整"而修正古建构件的修复案例，不仅破坏了"不可替代的具有民族性的重要价值"，而且给这些建筑带来不确定的因素。尤值一提的是，戈利特还拓展了历史性纪念建筑的概念：这类建筑不仅应包括民族传统中杰出的个体建筑，那些地道的生存至今的普通建筑亦应当被视为纪念性建筑[2]。可见戈利特对保护材料原真性的关注。遗憾的是，当时德国建筑保护领域的其他要人并没有领会戈利特话语间的深刻意义。闪光的理念未能得到发扬。

"保护会议"只有一个委员会，不像其母体总协会那样具有伞状机构，也

---

[1] Jokilehto, J. *A History of Architectural Conservation* [M]. Oxford: Butterworth-Heinemann. 1999, 196.

[2] Schmidt, L. *Architectural Conservation: An Introduction* [M]. Berlin: Westkreuz Verlag GmbH, 2008, 43.

非会员制机构，没有固定收入，没有宪章。其关于保护的决议通过年会传承，并在年会上选出新委员会。不过，"保护会议"也不仅仅限于召开年会。这个由 12 位来自普鲁士、黑森、巴登、萨克森、巴伐利亚的艺术史家、建筑师、保护人士及政客组成的委员会不仅负责大会事务，还介入处理涉及保护立法的事务及修复中的争议问题。如此松散的模式，倒也方便其随意展开工作。1905 年之后，委员会由艺术史教授奥寇赫萨（A.von Oechelhäuser，1852—1923）任主席，克莱门任常务主席。他们与各州政府保持紧密联系，各州政府也因越来越多的建筑师、艺术史学家及公众关注"保护会议"而逐渐意识到"保护会议"的重要。普鲁士政府竟于 1911 年设立类似"保护会议"的平行机构，这个平行机构的活动时间和地点甚至与"保护会议"的活动时间和地点都有所重合，不同的是后者更面向公众。"保护会议"最终成为独立机构，直到 20 世纪 20 年代，依然发出德国有关文化遗产技术及理论议题的最强音。

家园保护联合会（Bund Heimatschutz，BHS）

"BHS"直译为"国土安全联盟"。Heimatschutz 这个词也确实带有强烈的军事意味，但这是一家非军事民间机构。最初的倡导人是德国著名作曲家舒曼之妻克拉拉·舒曼（C. Schumann，1819—1896）的学生、本人也是作曲家的鲁道夫（E. Rudorff，1840—1916）。早在 19 世纪 70 年代，鲁道夫因不满工业化给环境带来的侵扰，发起反对现代化农业破坏自然景观的运动。作为花园城市运动的参加人，他赞赏工业化的英格兰保持美丽景观的情怀，认为德国人要以此为样板，保护景观，建筑要有绿色空间，并于 1897 年出版了以"家园保护"为题倡导保护理念的小册子。然而，直到有关家园保护的理念得到越来越多的认同，并在各地广泛成立协会，鲁道夫的想法才得到实质性支持和落实。

在《纪念性建筑保护》杂志编辑霍斯费尔德（O. Hoßfeld，1848—1915）、民俗学家米尔克（R. Mielke，1863—1935）、乡村社会福利协会（Verein für Ländliche Wohlfahrtspflege）创始人佐诺海（H. Sohnrey，1859—1948）等人的协助下，经三年筹备，BHS 于 1904 年正式成立。BHS 不仅充当"关爱自然和历史建筑的保护机构"，充当美学卫士，还掀起了一场撼动人心的文化运动。BHS 主张，人作为民族的一部分，是由其土地和往昔塑造的。不难看出，BHS 已将"保护历史建筑"拓宽到社会及政治层面，不仅要保护历史建筑和景观

的视觉美，还要保护民族特征和民族情感。BHS 的实际活动亦围绕六大主题展开：纪念性建筑保护；保护乡土建筑，提倡乡土建筑风格；保护包括废墟在内的景观；守卫国家的植物、动物和地质资源；提倡传统艺术和工艺；保存传统习俗、庆典及服饰[1]。

上述协助创立 BHS 人士的背景，显示了 BHS 与其他保护机构的交叉，BHS 可谓名副其实的联合会。可以说，这第三条线实为第一、第二条线的延伸。它吸收了众多政府官员、艺术家、建筑师及牧师等所谓有文化教养的人士积极投入保护运动，如前文提及的穆特修斯、塞德、夏法、帕休斯及其继任——普鲁士保护专员卢奇（H. Lutsch，1854—1922）、慕尼黑有影响力的建筑师和规划师菲舍尔（T. Fischer，1854—1922）、土地改革倡导者韦伯（P. Weber，1893—1980），等等。前述"保护会议"机构的核心人员贝措尔德和克莱门也都是 BHS 重要成员。

为确保运动的推进，创始成员认真筛选委员会人选，并委任家园保护运动中极富影响力的艺术家建筑师瑙姆堡（P. Schultze-Naumburg，1869—1949）为第一届委员会主席。瑙姆堡果然不负众望，将纪念性建筑保护与自然保护同等对待，引导民众不仅关注单体建筑的保护，还要保护古老的城镇和自然环境。

虽为一个自下而上的民间组织，BHS 也常常得到政府资助。瑙姆堡广为传播的小册子《我们国家所遭受的》即由国家经费赞助并受到普鲁士、巴伐利亚及符腾堡州政府的推荐。1904 年，BHS 拥有 40 多个社团及 500 多个个体会员。10 年后，个体会员增至 3 万人，足见其发展之壮阔。BHS 影响虽局限于艺术及所谓有教养的知识阶层，却为拓宽德国的历史建筑保护做出了重大贡献。时任会长林德纳（W. Lindner，1883—1964）于 1923 年及 1927 年分别出版论著，提倡保护工业建筑及技术设施，为德国工业建筑保护打下了理论基础。1928 年，BHS 还与德意志博物馆及德意志工程师协会联合创立"德意志技术古迹保护联合会"（Deutsche Arbeitsgemeinschaft zur Erhaltung Technischer Kulturdenkmäler），向公众强调保护技术古迹的重要性。后来，该联合会又将现代工业设施列入保护范围，建议将现代工业产品的收藏纳入博物馆保护。

遗憾的是，BHS 的要员如瑙姆堡等人对家园理念的极端化理解和做法（凡不

---

[1] Swenson, A. *The Rise of Heritage*[M].Cambridge: Cambridge Press, 2013, 121.

属德意志艺术的都是丑恶的，要去除，极端厌恶新建筑思潮并迫使包豪斯迁校）这场运动蒙上极端民族主义的色彩。瑙姆堡成为纳粹艺术事务发言人之后，运动的极端倾向进一步加深。难怪在"二战"后他被当作纳粹同谋。后人当引以为戒。

两大态度——家国 VS 人类

19 世纪末，欧洲诸国关于修复、反修复以及现代保护的讨论受到越来越多的关注，同时也开始了新的辩论。在德语区，新焦点不再局限于修复及相关技术，而拓展到探讨纪念性建筑及其保护的意义和动机，并将之与时代的重大政治议题挂钩。其中，最重要的论点来自奥地利维也纳大学艺术史教授、新上任的奥地利保护总管李格尔（A. Riegl，1857—1905）1903 年出版的著作《纪念性建筑的现代膜拜：特征及起源》（以下简称《膜拜》）[1]。

作为《风格问题》（*Stilfragen*）、《晚期罗马的工艺美术》（*Spätrömische Kunstindustrie*）等重要专著的作者，李格尔最早提出艺术目的论理念（认为艺术作品是某种有目的的艺术意志的结果，产生于与用途、物质以及技术的对立斗争之中），确立了自己在艺术史上的丰碑地位。可喜的是，他还对纪念性建筑保护备加关注。1903 年，在出任奥地利国家保护总管的同一年，李格尔即发表《膜拜》，依据增长与衰退（Werdens und Vergehens）的自然循环法则，分析探讨纪念性建筑历史发展进程中的重大变化及当代作用[2]，以帮助从事保护的职业人士选择需要保护的对象，指导保护实践，并促成有关保护的立法。《膜拜》简要回顾纪念性建筑的价值及其历史发展之后，从哲学、艺术史及法律层面对纪念性建筑的价值、其间的相互关系及保护意义和动机做出系统的分析、定义和归类。相较于李格尔促进保护立法的尝试（未成功），《膜拜》的影响更大[3]，并引起德语区的广泛讨论。

———————

[1] Riegl, A. *Der moderne Denkmalkultus: sein Wesen und sein Entstehung* [M]. Vienna: W. Braumuller, 1903.

[2] Huse, N.(ed.) *Denkmalpflege: Deutsche Texte aus drei Jahrhunderten* [M]. München: C.H. Beck, 1996, 127.

[3] Nelson, R. S. & Olin, M.(eds.) *Monuments and Memory, Made and Unmade* [M]. Chicago: The University of Chicago Press, 2003, 1-2.

从关键词"现代"（Moderne）及"膜拜"（Kultus）不难看出，李格尔强调的是纪念性建筑的现代性，关注点在于什么东西以及为什么这些东西能够成为纪念性建筑。有关纪念性建筑的真实性，也就不仅源于其原初或永恒的价值，更来自其在现世的被接受程度。

大体上说，李格尔将纪念性建筑（Denkmal/Monument）分为"有意图的"（gewollte Denkmal）与"无意图的"（ungewollte Denkmal）两大类。前者是为纪念让人类永世不忘的事件或人物等而竖立的人造建筑，起始动机在于纪念（即 Denkmal 的字面意思，想念、怀念的标志），其源头可追溯到人类文化的原初；后者指那些主要为满足时代的实际或理想化需求而建造的建筑物，包括"艺术和历史纪念性建筑"[1]。这类纪念性建筑实则建于"现代"的观念之上，它们只有等到日后才被认为具有历史价值。不管是有意的还是无意的，这些建筑的价值分为两组：

1. 纪念性、记忆 / 情感价值（Erinnerungswerte）：均与"过去"相关，包括岁月、古老价值（Alterswert）等；

2. 现世 / 当代价值（Gegenwartswerte）：包括与维特鲁维建筑理论类似的要素，如使用价值（Gebrauchswert）等。

如此分组，区别了保护实践中的两类不同保护动机——历史的动机与艺术的动机，并将后者归于现世的考量。因为对艺术品评估缺乏普遍绝对的原则，评估逝去时代艺术品的艺术价值只能以其在多大程度上符合现代社会的艺术意志为标准。而即便是"过去的"价值，也折射出现代性，因为它们在现代社会中经历了自己的进化，从"有意的纪念性价值"到修复时代的"历史价值"，最终形成自己的"岁月价值"。正是这些价值，为保护提供了合法化基础。

有关各类价值，李格尔的叙述时而明了，时而拗口。为便于读者理解，这里将有关的分类、含义、评判依据、保护目标及措施等，简化为如下二表。

---

[1] Riegl, A. "The Modern Cult of Monument: Its Essence and Its Development"// Stanley Price, N., Jr. Talley M. K. & Vaccaro, A. M.(eds.) *Historical and Philosophical Issues in the Conservation of Cultural Heritage* [M]. Los Angeles: The Getty Conservation Institute, 1996, 69.

表 4.1 李格尔关于纪念性建筑价值的分类框架

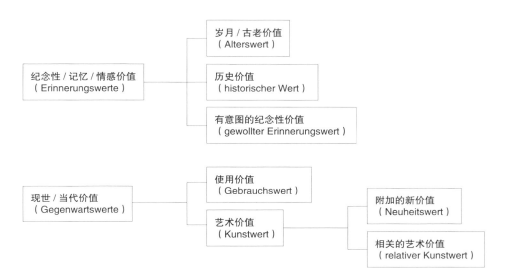

所有的价值互相关联，其含义的发展随时代递进。严格说来，岁月价值的概念源于 19 世纪晚期。现实中，有的纪念性建筑使用价值较为突出，有的艺术价值或岁月价值更为昭显，不同价值之间也时有矛盾。当岁月价值与历史价值冲突之时，李格尔认为，应优先考虑保护岁月价值。因为从整体上看，历史价值比岁月价值更富有弹性。

李格尔的论述尽管抽象，却为 19 世纪以来欧洲有关保护与修复的诸多争论或意图找到思想根源。如 19 世纪的保护手法多立足于消除自然退化的痕迹，将所有的部分重新建立，以达成与作品原始意图相符的完整性。之所以如此，在于对历史价值（风格的独创性）及附加价值（风格的统一性）的偏重。历史价值被看作主要依赖于对原初状态明确的认识，因此，19 世纪的修复，常常除掉所有后来的添加物，修复到原初的形式。到了 19 世纪末，越来越多的人对岁月价值给予更多关注，各价值间的矛盾在那些未能保持其原有样式、在岁月中经历了风格改变的实例中尤为突出。为此，风格式修复遭到岁月价值至上者的强烈反对。

李格尔的另一贡献在于推动保护运动的普世化。岁月价值因其类似于宗教

表 4.2 里格尔有关纪念性建筑价值的分类及含义简表

价值类型	含义	评判标准	保护目标	保护措施
岁月价值	从当初至当前进程中因侵蚀风化及长期使用等而导致的退化，如古旧外观、完整性削弱、样式及色彩衰退等	通过视觉和知觉直接诉诸于观者的情感，本质是审美的。无须联系历史的重要性或真实性来衡量其价值	保存其自建立以来自然进程中留下的岁月痕迹，展示其发展及时间的历程	保护由于自然之力所引起的变化，干涉仅限于防止其过早衰亡所采取的必要手段
历史价值	产生于人类活动发展中的某一特殊阶段	稀有程度或年代的久远，原初状态越是真实可信地保存下来，历史价值越大。解体和衰败则损害历史价值。要真实可信地代表过去某个特定的历史事件 / 瞬间 / 阶段。尤其强调其所体现的历史真实性	阻止衰败，为将来的艺术史研究保留一份尽可能真实的文件	清除衰败之迹象，对现有的遗留做最妥善保存，尽量制止衰败的进程
有意图的纪念性价值	将某一时刻保存于后来人的意识之中	初建时的目的	不朽性，永恒的存在以及无尽的生成状态	从根本上要求修复
使用价值	具有使用功能	为人类的需求服务	维持其有效的使用功能及安全性	维护和修复
艺术价值	对拥有者及观者的美学价值	一定时期内的审美取向	使其形状色彩等满足现代人的审美观 / 为当代认同	需要对其进行修复，使之完整统一
附加的新价值	一件新的作品或新的状态	通过视觉，鲜明地表现自己	形状与色彩的完整性、风格的统一性	对形状及色彩进行修复，符合现代人的艺术意志
相关的艺术价值	其当今所具有的艺术价值	通过视觉知觉，欣赏古老的作品	与社会的主要文化兴趣一致，满足现代意志	根据现代人的艺术意志决定去除或保留历史的痕迹

本表参考李红艳，《解读里格尔的历史建筑价值论》，载《建筑师》2009 年第 2 期（总 138 期），51。特此致谢。

情怀的普遍性，不像"艺术的和历史的"价值那样带有精英贵族和民族色彩。这种普遍性使人们面对其他国家纪念性建筑时，能够像对待自己国家的纪念性建筑一样。为此，李格尔认为，国家资助的保护应避免民族主义宣传，而应关注不同文化间的集体理解。保护应基于一个更为广泛的动机，即基于人类普遍情感的"人本"意识（Menschheitsgefühl）。在实践中，李格尔通过培育地方的多样性，提升了奥匈帝国跨国遗产的合法性。然而，李格尔这种对历史建筑民族性的怀疑（某种程度上导致自我否定），遭到德国同行的反对。

反对派的代表是李格尔的好友迪欧。迪欧的主要论点发表于 1905 年在斯特拉斯堡大学庆祝威廉二世 56 岁生日时的演讲——迪欧同意李格尔对纪念性建筑及其保护史总体发展的论点，也相信 19 世纪的历史主义及历史精神为保护奠定了真实基础。然而，他认为保护需要社会和国家的实际投入。至于保护手法和目的，除了美学和科学的方法，还需要有崇拜纪念性建筑的内在动力："我们并非因为其美丽而保护一处历史建筑，而是因为它是国家存在的一部分。保护历史建筑并非为了欣赏而是因为虔诚。审美甚至艺术史的评判会变，但我们会发现体现其价值或品质不变的标志。"[1]与这种价值或品质/动机相连的正是国家或民族的需要。

李格尔对迪欧的回应文章发表于其去世后的 1906 年。原则上，李格尔同意 19 世纪的"艺术和历史性纪念建筑"概念不适用于当代，"纪念性建筑膜拜"的真正动力依赖于利他的动机。然而，纯粹的国家主义保护方式过于狭隘。他认为，迪欧依然受制于 19 世纪那种在"历史的时刻"寻求纪念性建筑重要意义的理念。李格尔的论述并未改变迪欧。20 世纪 30 年代，迪欧在谈及有关保护活动时宣称："我真正的英雄是德国民族（Volk）。"[2]这说明他依然坚持典型的俾斯麦式民族主义传统。尽管他也承认，这可能会导致可怕的文化灾难，但他坚信客观历史价值的延续性。在国家最高利益面前，他推崇限制私人产权的措施。

［1］ Glendinning, M. *The Conservation Movement: A History of Architectural Preservation: Antiquity to Modernity* [M]. London & New York: Routledge, 2013, 147.

［2］ Ibid.

点评：

1. 迪欧成长于新帝国时代，其国家领土刚刚从法国人手中收复。1914 年，他甚至给法国人贴上"欧洲艺术的捣毁者"标签。李格尔却目睹 20 世纪国家边界的剧烈变更，如阿尔萨斯（Alsace）及欧根尼斯堡（Hohkonigsburg）回归法国、苏联对塔林（Tallinn）的占领等。因此他认为，不能将纪念性建筑视为己有，国家利己主义应该让位于一个更为广泛的考量。

2. 李格尔推崇最小干预原则，在具体案例中却非常实际地采用妥协方案。他甚至同意，如果一座公共建筑即将失去其装饰中可见的要素，将其复制也是合情合理的。某种程度上，李格尔与迪欧的差异仿佛一张纸的两面，并被李格尔的学生和继任德沃夏克（Max Dvořák, 1874—1921）调和。在评估历史建筑时，德沃夏克允许存在民族情绪。在其 1916 年出版的小册子《纪念性建筑保护要理问答》（*Katechismus der Denkmalpflege*）中，德沃夏克强调，保护不仅应延伸至古代所有的样式，还应关注地区和历史特征。保护的原则简单明了，不在于知识和学习，而在于对过去及文化敏感性的尊重，任何（国家）人都能理解如此原则。这种对"尊重"的强调，让邓斯莱根将这本小册子推崇为保护史上的丰碑[1]。

3. 迪欧"可怕的文化灾难"说仿佛是一种预言。后来在德国发生的事件，说明了李格尔胸怀的宽广和博大。

4. 李格尔有关保护的终极目标以及偏重感官知觉的观点过于悲观。按其逻辑，自然进程最终必然导致历史建筑的彻底毁灭。对岁月价值的过分崇拜……最终便是反保存。英国人实干家莫里斯在提倡保守性维护时，并没有特意渲染这种"爱衰败"与"保护"之间潜在或假想的冲突。即使是理论家拉斯金，也只是让人们恍兮惚兮地看到某种准永恒品质。而李格尔放大强调了终极的无常。某种程度上，这意味着对保护的放弃。

[1] Denslagen, W. *Architectural Restoration in Western Europe: Controversy and Continuity* [M]. Amsterdam：Architectura & Natura Press, 1994, 142.

三 几度夕阳红

大破坏

19 世纪末就有人为避免战争的破坏积极推动《1874 年布鲁塞尔宣言》。宣言虽未通过，1899 年海牙、巴黎及 1907 年海牙国际和平大会却都采用了该宣言倡导的保护概念。1907 年《海牙公约》还就"在被保护建筑上放置标志"达成一致[1]。但这些宣言、公约没能阻止 20 世纪上半叶两场世界大战，尤其是"二战"对历史建筑造成的大破坏，其特点是瞬时、惨烈、空前。

"二战"初期，敌对双方基本保持克制，空中轰炸限于军事及工业目标。但继德军 1940 年对鹿特丹、华沙的空中轰炸，英美联军对德国部分城市的回击，1940—1941 年德军对英国伦敦、考文垂等地的大空袭之后，打击对方平民文化中心的恶劣"地毯式轰炸"，迅速演化为双方共同的报复式对垒。

英国的历史城镇大多与工业用地有明显分离，而德国多数城镇中心的历史建筑密集易燃，环绕城中心的老住宅区同样密集易燃，两军对垒的轮番轰炸让双方历史建筑都惨遭破坏。相对而言，德国历史城镇所受的打击更为惨烈。

首遭重创的是历史港口城市吕贝克（Lübeck）。作为中世纪汉萨城市联盟的中心，该城拥有大量精美的中世纪半木结构建筑，只在城边有少量工业及军火设备。多数学者认为英国人轰炸该城并非有意破坏历史建筑，只为打击德国人士气。不可否认的事实是，1942 年 3 月的空袭让吕贝克老城中心多半沦为废墟。1943 年 6 月，科隆再遭轰炸，7 月下旬—8 月上旬，残酷的"蛾摩拉行动"（Operation Gomorrha）重创汉堡。此后，汉诺威、慕尼黑等 20 多座城市被"夷为平地"。柏林、法兰克福、纽伦堡、不莱梅等相当数量城市被严重摧毁……即便在战争即将结束的 1945 年 2 月，萨克森首府"易北河岸边的

---

[1] Bevan, R. *The Destruction of Memory: Architecture at War* [M]. London: Reaktion Books, 2006, 23.

佛罗伦萨"德累斯顿依然遭英美联军摧毁性轰炸。这座因位置相对偏僻而保存良好的巴洛克式城市不复从前。同年 3 月，巴伐利亚地区保存良好的巴洛克城市维尔茨堡（Würzburg）被炸。最美中世纪小城纽伦堡因为是纳粹的空军基地惨遭最猛烈的炮火袭击。

战争后期的轰炸目标同样多为易燃老城区。有老城的城市都是历史建筑较为集中的历史城镇。显然，对建筑古迹的破坏已非偶然，而是战略的一部分。

点评：

1. 我们不禁想起德国剧作家布莱希特（B. Brecht，1898—1956）于 1933 年创作的《德意志，苍白的母亲》一诗中的诗句：呵，德意志，苍白的母亲！/ 你多么肮脏 / 众民之间 / 玷污当中 / 炫目昭彰……呵，德意志，苍白的母亲！/ 你的儿子们如何装点了你 ?/ 众民之间 / 你坐成笑柄和恐慌……规劝、无奈也是预言！全诗之前的两行导言更是对人类的警醒：让别人讲他们的羞耻 / 我说我自己的[1]。

2. 其时，保护历史建筑的《雅典宪章》已经制定。德国人正积极开展家园保护运动，英国人素以尊重文化、反刮除著称。令人瞠目的是，双方对敌方历史建筑的毁坏都毫不手软。我们不得不仰视李格尔保护整个人类遗产的博大胸怀。

3. 德国建筑保护界权威迪欧曾承认，家园保护走向极端时，会有潜在的文化灾难。足见德国知识分子已预感灾难。保护界另一要人克莱门不仅发表过与迪欧类似的观点，还担忧德国城镇中心密集的历史建筑很可能会被强大的敌人空军于一夜之间夷为废墟[2]。两位保护界泰斗的观点或预言让我们深思：第一，一个民族若无视他族遗产，只对自己的文化过分保护乃至走向极端，灾难也就不远了。那句被误传的名言"越是民族的，就越是世界的"不可过分解读。第二，城镇规划应考虑：布局不宜过分集中，材料避免易燃，要有应对战时紧急状态的预先规划和安保措施。

修复与破坏交错。任何大破坏之后必是修复重建。然而，"二战"的过度摧毁，使多数幸存者迷失了方向。德国建筑史专家、保护建筑师及工程师等

---

[1] 本诗译文得到生物医学博士何晓彤先生指点，特此致谢。

[2] Glendinning, M. *The Conservation Movement: A History of Architectural Preservation: Antiquity to Modernity* [M]. London & New York: Routledge, 2013, 236.

陷入"集体脑神经崩溃"[1]，因为战争造成的损失前所未有。连80岁高龄的克莱门也不知所措。他在谴责破坏者的同时，认为废墟应该等待修复之时，不是作为死掉的遗迹，而应作为对我们的清楚叙说，提醒我们古老的记忆，不断警醒我们要重建，如此重建亦是家园的重建[2]……这不仅要以一种历史意识、人类文化的精神重建，而且要当作一种义务，让后代能够体验历史的延续性[3]。显然，克莱门对家园保护运动念念不忘，并将重建工作提升到延续历史的义务的高度。

海德堡之后休战多年的修复与反修复之争再次爆发。与文学界"威斯康辛之后，怎还有人继续写诗？"不同，建筑界差不多人人有话说。

一些人说，重建只会是历史的赝品而坚持"保护而不修复"原则，倾向保守式维护。某些人甚至发现了战后废墟的另类之美。与英国人侧重风景如画不同，德国人更倾向申克尔式崇高美。

一些人说，破坏的规模如此之大，不能再以保守方式应对，应允许那些建于1830年之前的重要历史建筑得以重建（如果全毁）或修复（如果中度毁坏）。

一些人说，"二战"大破坏是变相的祝福[4]。唯如此，那些拥挤肮脏的历史街区才有机会得以现代方式重建。即便以注重地方性和传统著称的建筑规划师舒马赫（F. Schumacher，1869—1947），也在其1945年有关汉堡重建的演讲中指出，对历史城镇特色的破坏将会被现代新建设的美丽所平衡[5]。1945年，受苏联当局邀请对柏林做总体规划的建筑师夏隆（H. Scharoun，1893—1972），在

［1］ Denslagen, W. *Architectural Restoration in Western Europe: Controversy and Continuity* [M]. Amsterdam: Architectura & Natura Press, 1994，146.

［2］ Glendinning, M. *The Conservation Movement: A History of Architectural Preservation: Antiquity to Modernity* [M]. London & New York: Routledge, 2013, 260.

［3］ Diefendorf, J. M. *In the Wake of War: The Reconstruction of German Cities after World War II* [M]. Oxford: Oxford University Press, 1997, 67-68.

［4］这言论弥漫当时的整个欧洲。"变相的祝福"（Blessing in disguise）原话实出自英国考文垂1938—1954年间首席建筑规划师吉布森（D. Gibson，1908—1991）之口。Glendinning, M. *The Conservation Movement: A History of Architectural Preservation: Antiquity to Modernity* [M]. London & New York: Routledge, 2013, 253.

［5］ Glendinning, M. *The Conservation Movement: A History of Architectural Preservation: Antiquity to Modernity* [M]. London & New York: Routledge, 2013, 260-262.

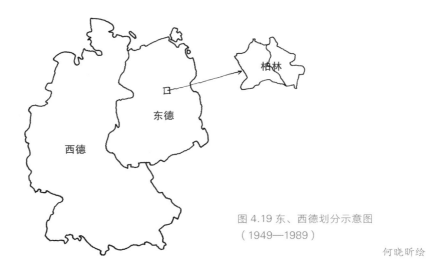

图 4.19 东、西德划分示意图
（1949—1989）

何晓昕绘

1946 年汇报方案时说：轰炸和决战之后，机械性粉粹一切，却给我们留下机会——重新设计有着自然和建筑的城市景观，低矮而宽广，形成一种新的充满活力的秩序[1]。因设计位于波恩的西德第一座联邦议院而遭非议的现代派建筑规划师施维佩特（H. Schwippert，1899—1973），更在当时德国最重要的建筑期刊《建筑艺术和形式》（*Baukunst und Werkform*）1947 年第 1 期，为德国建筑界制定战后重建总目标："我们正面临着创建新秩序的任务——这是具有终极意义的秩序：需要……针对三种被破坏地带的残骸——被毁坏的城市、被毁坏的灵魂、被毁坏的思想[2]。"刊登于同本期刊的、包括倾向传统和倾向现代在内的 38 位建筑师及评论家签署的一则宣言则直接呼吁：所毁的遗产不能以其传

[1] 转引自：弗兰克（Frank，H.）著、陈淑瑜译《筑造民主？——关于 1949—1989 年联邦德国建筑的笔记》，载《画刊》（*Art Monthly*）博客：http://blog.sina.con.cn/s/blog_8ae070580102ux6v.html. 弗兰克（H. Frank，1942— ）与海恩（S. Hain）曾合著《两个德国的建筑：1949—1989》（Frank, H. & Hain, S. *Two German Architectures: 1949—1989* [M]. Berlin: Hatje Cantz Publishers, 2003.），并于 2014 年共同策划由德国对外文化关系学院和德国建筑档案馆联合主办的"东西德建筑发展历程 1949—1989"世界巡展。

[2] Ibid.

统形式重建，而只能以一种为了新任务的新形式重建。[1]

这些言论，句句掷地有声。

然而，战后的前几年，各种争论、设想和规划仅限于会议、展览，极少被付诸实践。因为盟军签发了总体缓建命令，清除废墟之上的瓦砾亦需时日。1949年稍有转机之时，不仅德国一分为二（图4.19），连战前的首都柏林都一分为二。东柏林为东德首都，西柏林为西德在东德的一块"飞地"。1961年建立的柏林墙既显示两个行政区划的冷战，也标志两者间的绝对隔离。从前的城市中心沦为两端不着力的边缘地带。

分——两个体系

"二战"后至今，国际保护领域大致有三条主线：西方阵营表述、社会主义表述、调和二者的国际主义表述。德国1949—1989年由于行政区划将原有的一国分成两半，两个区域随即染上迥异的意识形态色彩。所谓的不同表述，给两区域各自的历史建筑乃至整个国家的建筑景观划上了令人深思的印痕。

西方阵营的西德

让我们首先回顾4个常为学者们所议的西德战后初期的修复与重建实例。

法兰克福歌德故居（Goethehaus）1944年被炮弹夷为平地。纳粹政权本欲保留废墟，作为对"暴行轰炸"的永久谴责……不久，迫于压力，当年宣布重建。但纳粹政府未能撑到重建实施。1945年，权力回到法兰克福市政府之手，原样重建再次被提上议程。这旋即爆发一场不亚于当年海德堡之争的论战。反方认为原样重建的建筑实为赝品，杀死了真理。况且这座房子非偶然被毁（如遭遇火灾），而是由于历史事件（轰炸），人们应当承认并保持历史事件的印记。那些认为德国知识分子对纳粹有推波助澜之恶的人士，更坚持这种因纳粹轰炸造成的废墟应该保留，作为对知识分子的警醒……支持方认为要基于大众对此类纪念性建筑的需要，不仅仅因为这座房子，还因为歌德其人是德国文化的伟

---

[1] Diefendorf, J.M. *In the Wake of War: The Reconstruction of German Cities after World War II* [M]. Oxford: Oxford University Press, 1997, 71.

左：图 4.20 歌德故居
中：图 4.21 法兰克福圣保罗教堂
右：图 4.22 法兰克福圣保罗教堂室内一角

大象征。支持方也承认这肯定不是歌德原来的出生宅第，但重建是"纪念场所再创造"，况且还存有原始家具（轰炸前被移走而得以保留）。他们还强调，歌德故居的上部墙体早在 1855 年向公众开放之时就大部分被置换。……1947 年4 月，法兰克福市政府最终决定原样重建歌德故居，1948 年完工（图 4.20）。

法兰克福圣保罗教堂（Paulskirche）1944 年在轰炸中严重受损。经过一番争论，这座 1848—1849 年曾作为法兰克福国民议会的教堂，1948 年基本以原样重建了外壳（图 4.21），室内则为全新精简的现代设计，恢复国民议会功能（图 4.22）。

1944 年轰炸中严重受损的法兰克福老城中心 —— 罗马人广场（Römerberg），四周的老建筑既未完全重建亦未完全修复，仅以现代方式简单维修。

希尔德斯海姆（Hildesheim）老城集市广场处的屠宰业会馆（Knochenhauer Amtshaus）1945 年被夷为平地。这座建于 16 世纪的房屋曾经被迪欧誉为"最有纪念意义的木构"而成为该城的象征，但当地居民重建这一建筑的要求仍被驳回，只是对其所在广场加以拓宽，1962—1964 年更于原址上新建了一座混凝土方盒子旅馆。

　　以上四例可谓西德头十年重建与修复的典型。前两例与后两例的迥异命运，看起来主要是因为后两例建筑没有前两例高贵，但也许是因为"时代不同了"？！经过战后四年多讨论，20世纪50年代的西德建筑界，倾向融入或复兴20世纪20年代兴起的现代派潮流。建筑史学者们更注重现代性而非传统。虽有些历史城镇逆势而为，在重建时努力保留各自内城的历史特色，如明斯特（Münster）、纽伦堡和弗赖堡（Freiburg）；大多数城市如西柏林、法兰克福、汉堡、汉诺威、斯图加特和科隆，以及鲁尔区的一些工业城市的多处地段，都是按现代风格重建，仅保留少部分历史街区和重要单体历史建筑。

点评：

　　1. 如此局面既缘于德国固有的现代派血脉（德意志联盟、包豪斯），也是为了撇清与"曾与纳粹亲近的历史主义倾向"的干系，即所谓的去"纳粹化"。"二战"后至20世纪50年代初，西德社会弥漫着内疚和赎罪感。家园保护运动因其战前的亲纳粹倾向走向低谷，战前活跃的建筑保护机构也不得不靠边站。《纪念性建筑保护》一度停刊，直到1952年才复刊。

　　2. "一战"的破坏集中于战争前沿地带，"二战"的破坏遍及老城老镇。不过，"二战"后有关重建的争论与"一战"后比利时伊普尔及法国兰斯重建时的争论并没有太大区别。核心是忠实于原貌还是全新的现代式。此外，重要历史建筑的奢华式重建与较为自由的街区的处理方式也有较大差别。这种差别亦可能是上述四例中前两例与后两例建筑命运迥异的另一个原因。

　　迫于经济压力，德国的现代派在实践中节制而务实，也不可能完全摒弃对历史建筑的眷顾。1951年，西德政府成立国家级保护协会（the Vereinigung der Landesdenkmalpfleger），协调各州保护机构的活动。但总体说来，西德20世纪50年代的历史建筑保护处于低潮：1952年开始的柏林汉萨费尔特（Hansaviertel）街区重建以现代手法为主；1957年西德政府和西柏林议院联合举办的重建竞赛，包括东西从柏林亚历山大广场（Alexanderplatz）到蒂尔加滕（Tiergaten）、南北从梅林广场（Mehringplatz）到奥拉宁堡（Oranienburger）约24,000英亩的广大区域，主办方竟然允许参赛者将这片囊括了柏林几乎所有重要历史建筑的区域（其中很多地段属东德）当作一块白板，只需考虑少数重要历史建筑。果然，

左：图 4.23 柏林蒂尔加滕纪功柱现状

逐渐增长的民主意识很快给保护人士以新的支撑去捍卫传统。在这些人努力下，该纪功柱得以保留，成为当今柏林的地标。

右：图 4.24 威廉皇帝纪念教堂

新教堂的门厅、钟楼及小教堂，以蜂窝状蓝色玻璃砖墙围绕着半截塔楼废墟，成为西德重要的纪念性建筑之一，既纪念大毁坏的过去，亦象征对未来的展望。

获胜的前三名的方案，皆为现代式风格。三个方案的设计者都谙熟柏林的往昔，然而都希望"抹去这片区域所有往昔的痕迹或使之不再重要"[1]。对这些建筑师来说，战争固然可怕，却是清除往昔使之让位于现代世界的必需……如此大势，有人甚至认为西德的历史建筑保护应该停止。一些与纳粹或从前军事帝国相关的历史建筑尤遭排斥，如明斯特、纽伦堡的一些建于 20 世纪 30 年代、象征纳粹的构筑物就被捣毁了。西柏林的一些纪念性建筑，如 1873 年建造的庆祝普法战争中击败法国的纪功柱，亦被认为象征军国主义而遭受非议（图 4.23）。

西柏林另一饱受争议的纪念性建筑，是建于 19 世纪 90 年代兼具君主和军国主义色彩的威廉皇帝纪念教堂（Kaiser-Wilhelm-Gedächtniskirche）。这座象征德意志帝国统一的教堂，在 1943 年空袭中仅存一截被拦腰斩断的塔楼，其余皆被炸成废墟。战后，柏林当局的拆迁建议遭公众强烈抗议，接下来修复教堂的决定也引起有关设计与保护的激烈论战。最终以建筑师艾尔曼（E. Eiermann，1904—1970）带有创新意味的设计为实施方案，于 1963 年完成了该教堂（图 4.24）的重建。

如果说艾尔曼的设计给人启迪，同样位于西柏林的旧帝国议会大厦的修复

［1］ Balfour, A. *Berlin: The Politics of Order, 1737—1989* [M]. New York: Rizzoli, 1990,168.

图 4.25 柏林帝国大厦

瓦洛特设想的题词"Dem Deutschen Volke"（为德意志人民），拖到 1916 年才被镌刻到西部的入口门楣。第一次世界大战结束后的 1918 年 11 月 9 日，国会议员沙伊德曼（P. Scheidemann，1865—1939）在大厦的某个阳台上向世界宣告魏玛共和国的成立。该图为笔者收藏的 1903 年明信片，尚不见"Dem Deutschen Volke"题词。

作者收藏的 1903 年明信片

则不尽如人意。该大厦的修复既揭示了西德历史建筑修复的捉襟见肘，也反映出东、西德分裂及"冷战"带来的纠结。

从 1871 年提案到 1894 年完工，该大厦从选址、设计到兴建历经波折。建筑师瓦洛特（P. Wallot，1841—1912）在建设过程中，既因技术上的目的需要也因继位不久的威廉二世（Wilhelm II，在位期 1888—1918）的人为干扰而多次修改。最终建成了一座广遭非议的由钢与玻璃共构的中央穹顶加四座突起的塔楼式建筑，属于当时流行的巴洛克式折中风格（图 4.25）。

从国王到平民，并非人人对此建筑满意。但作为德意志帝国民主化象征，大厦平安度过了德意志第二帝国（Kaiserreich，1871—1918）和魏玛共和国（Weimarer Republik，1918—1933）时期。直到 1933 年 2 月，该地发生史上著名的"帝国议会大厦纵火案"，大厦命运急转。希特勒从纵火案中获利，借机迫使议会解散，最终掌握了德国军政大权。在纳粹第三帝国（Dritte Reich，1933—1945）统治期间，仅对火灾中毁坏的穹顶做了最简单的临时修理，被毁的会场无人修复，任其荒废。"二战"期间，大厦沦为希特勒的战争碉堡，成为苏联红军 1945 年 5 月进军柏林时的火力焦点。1950 年，斯大林御用导演齐阿乌列里（M. Chiaureli，1894—1974）执导的影片《攻克柏林》下集中，在

影片结束前大约 15 分钟左右，有苏联红军冒死将红旗挂上残破的穹顶、象征最后胜利的镜头。《攻克柏林》被明显的意识形态色彩笼罩，电影拍摄又给大厦造成进一步毁伤，却让我等后人有机会再见大厦彼时珍贵而不堪的瞬间。

1949 年，西德定都波恩，大厦不再为议会所用，行政上归西柏林，却因为跟柏林墙擦边而立，遭西德政府的轻视，四周沦为废墟。经过一番争论后，西德政府 1956 年决定修复。据说为减轻受损建筑物的负担，穹顶被拆。联邦建筑局主办的招标赛中，以重建著称的建筑师鲍姆加腾（P. Baumgarten，1900—1984）的方案取胜。重建工程于 1961 年开始施工，1964 年完工。修复后的建筑大幅度改变原有结构，四周角楼被降低，建筑表面装饰几乎全被移走，内部多处原有结构以石棉遮盖。如此改造竟然得到建筑局认可，足见当时西德修复的总体水平和纠结心态。修复和改造带有强烈的当下印记——属 60 年代直平风格，简洁、不带任何装饰。当然，对结构做巨大改动也是顺应实际需要，将原先不够用的会场扩大了一倍。可惜，当时 4 个占领国的协议规定：1971 年开始，联邦议会不得在柏林开会，只有党派议会团体可在新设的房间开会。

点评：

对该地段后来的发展历程尚不熟悉的读者，不妨闭上眼睛想象，两德合并后，这栋大厦的命运如何？！

但不管政府多么纠结，被毁历史建筑最终是否重建、如何重建，总是对应着社会的需要。地毯式轰炸造成历史建筑的突然消失，给德国民众带来强烈的震撼和失落。为恢复"正常"的感知，战后的民众急需与往昔的历史重接。巴伐利亚地区 3 座 19 世纪城堡——林德霍夫宫（Linderhof）、海伦基姆湖宫（Herrenchiemsee）、新天鹅堡（Neuschwanstein）在 50 年代被修复之后，每年都有超过百万的访客[1]，充分显示了上述需要。在经济回升的带动以及众多家园保护人士的努力下，西德建筑保护业终于走出低谷。1960 年，西德政府出

［1］ Koshar, R. *Germany's Transient Pasts: Preservation and National Memory in the Twentieth Century*［M］. Chapel Hill: The University of North Carolina Press, 1998, 263.

台一部建筑法规，要求地方当局在处理建筑项目时考虑文化资产。对那些有争议的建筑开发项目，联邦政府有权介入乃至叫停。1971 年又通过了城镇和乡村改造及发展法规，要求那些受争议的建筑开发项目，倾听联邦政府及州政府的意见，将建筑开发项目对历史建筑、历史遗址的影响及有关争论公布于众。1972 年之后，西德的有关建筑保护法规更是趋于开放、多元、包容[1]。

点评：

　　保护运动是一把双刃剑。"二战"之前的家园保护运动走向极端，虽给德国带来负面效应，却也使这种深入民间的家园保护意识让"二战"中遍体鳞伤的德国人能够在重塑自己之时保持自信，找回并复兴昔日容颜。

行政上，政府一反从前专制传统，将权力下放各州。各州有自己的历史建筑保护法，并与地方城镇共同负责建筑保护。各州保护办公室由地方分支协助操作，主要任务包括对历史建筑和遗址的编目和列单、对保护和修复项目提出建议、向建筑遗产保护项目发放公共补贴经费等。

到 1975 年，西德人确信在自己的联邦共和国土地上，每 12 栋建筑物中就有 1 栋有历史价值[2]，足见保护意识的迅速回升。我们也就不难理解雨后春笋般涌现的民间私立保护机构，如 1978 年由梅瑟施密特家族创立的梅瑟施密特基金会（Messerschmitt Stiftung），致力于保护和修复巴伐利亚地区的历史建筑。1985 年成立、由当时西德总统赞助的德意志保护协会（Deutsche Stiftung Denkmalschutz），亦为修复和保护项目提供资金支持。

至于建筑规划领域本身，由于战后现代功能主义重建导致城市建筑空间层次及含义匮乏，也由于欧洲后现代主义思潮尤其是意大利建筑师罗西 1964 年出版的《城市建筑》（1968 年译成德文出版）的影响，越来越多的西德建筑师开始反思现代主义建筑和城市规划。1968 年的"507 运动"（Campaign 507）呼吁西柏林当局重新审视对城市中心的规划，反对战后西

---

[1] Schmidt, L. *Architectural Conservation: An Introduction* [M]. Berlin: Westkreuz Verlag GmbH, 2008, 65.

[2] Koshar, R. *Germany's Transient Pasts: Preservation and National Memory in the Twentieth Century* [M]. Chapel Hill: The University of North Carolina Press, 1998, 5.

柏林重建中的现代功能主义而转向传统都市规划。"接受过去/与昔日妥协"（Vergangenheitsbewältigung）成为重要话题，加上1975年"欧洲建筑保护遗产年"的推波助澜，关注传统成为建筑规划领域的激流。

"507运动"干将克莱亚胡斯（J. P. Kleihues，1933—2004）更提出"批判性重建"（Kritische Rekonstruktion/Critical Reconstruction）理念。他认为西柏林米特区（mitte，意指中心）的重建应考虑城市的历史。新开发（现代）应与历史和传统对话，却又不允许沦为某种感伤式简单模仿。这被称为"批判性"重建。20世纪80年代，由克莱亚胡斯和建筑师哈玛（H-W Hämer，1922—2012）主导的"柏林国际建筑展览"（Internationale Bauausstellung Berlin，西柏林以住宅为主的街区更新项目，简称IBA）项目中，"批判性"重建理念发展为三项互补战略：再创昔日情景；努力拼贴重叠或进一步发展历史建筑；考量现代与传统之间的矛盾，在反思的前提下有意识地自觉保持传统元素[1]。在实际操作中，则拓展出"平面规划"（回归传统，注重混合及整合都市功能）、"街道立面或城市结构"（沿街建筑物的功能既要各不相同，又要共同创造出城市的整体协调）、"创新式传统面相"三个互为关联的层面[2]。建筑重建进程中仅需迁移极少数原住户，拆除极少数旧建筑。必须要建造的新建筑，如一些基础设施等，则继续遵循被称为"地块开发"（Blockrandbebauung，建筑沿街廊周边道路兴建，空出街廊中央作为绿地及开放空间）的柏林传统都市设计手法，从而修复"二战"中受到破坏的街廊。这从美学上将城市面貌与往昔的整体空间形态相连。

如此重温传统的多层语境下，西德各地兴起对历史建筑的原样复建热，人们尤其注重恢复老城中心集市广场的历史肌理。前述法兰克福罗马人广场、希尔德斯海姆屠宰业会馆及毗邻的烘烤业会馆，均于20世纪70年代末到80年代期间得到复印机式复建（图4.26—4.27）。以工业和金融著称的法兰克福为改变形象、找回失落的文化，更于80年代兴起将一些传统建筑改建或修复为

［1］ Andrea, M., Thorsten, S. & Kleihues, J. P. *Josef Paul Kleihues: Themes and Projects* [M]. Boston: Birkhauser, 1996, 43.

［2］ Hohensee, N. "Reinventing Traditionalism: The Influence of Critical Reconstruction on the Shape of Berlin's Friedrichstadt" // *Intersection, A Journal of the Comparative History of Ideas Program* [J]. Seattle: The University of Washington, Vol. 11, No. 1 (2010), 69.

左：图 4.26 复建后的法兰克福罗马人广场现状
对这几栋老房子的原样复原，显示了还原城市历史中心的努力。广场背后远方的摩天大楼轮廓则表现了"二战"后史无前例的城市大开发。

右：图 4.27 复建后的希尔德斯海姆屠宰业会馆（画面右尖顶房屋）现状
20 世纪 60 年代兴建的现代式样旅馆，于 20 世纪 80 年代末被拆除，并于原址上重新复建这座传统式样的半木结构，现用作酒吧。该广场其他"二战"中被毁的老房子也都在 80 年代陆续复原，足见当地人恢复传统的决心。画框中尖券为该镇市政厅门廊。市政厅、教堂与传统式样的房屋构成德国历史城镇中心集市广场的基本特征。

博物馆的热潮[1]。诸多城市的现代式重建也开始遵从传统模式，新建筑或重建的现代复制品多通过对传统材料或形式的运用，与周边历史建立视觉联系。

点评：

　　复印机式复建绝非人人都能接受。一些批评者认为，如此做法让历史建筑变成一种"好奇"而非"古风"。法兰克福罗马人广场的复建，就被当时的批评家讽刺为迪士尼乐园、中世纪米老鼠[2]。

　　虽然有诸多批评，今日德国令人影响深刻的便是老城的历史肌理。几乎每一座城镇中心都有一个极富传统特色的集市广场。那些"二战"中幸运逃过

[1] Giebelhausen, M. "Symbolic Capital: The Frankfurt Museum Boom of the 1980s" // Giebelhausen, M.(ed.) *The Architecture of the Museum: Symbolic Structure, Urban Contexts* [M]. Manchester: Manchester University Press, 2003, 75-107.

[2] Koshar, R. *Germany's Transient Pasts: Preservation and National Memory in the Twentieth Century* [M]. Chapel Hill: The University of North Carolina Press, 1998, 302.

左上：图 4.28 戈斯拉尔集市广场
画面中心的市政厅 2016 年正在修复中，市政厅之后为教堂。

右：图 4.29 汉诺威集市广场附近的街区
从房屋到铺地尽显历史。

左下：图 4.30 汉诺威博物馆所存该城集市广场模型
左前为老市政厅（部分保留至今），右为市场教堂（基本原样保留至今），其余已为
现代式样。

轰炸的历史城镇，如戈斯拉尔，其历史中心的丰富意蕴自不必多说（图 4.28）。
连汉诺威这样具较为混乱的工业面貌的城市中心，也能让人感受到历史的层面
（图 4.29）。该市还将传统集市广场的历史模型保存于附近的博物馆（图 4.30），
对历史的尊重令人感慨。

布尔什维克的东德

与西德战后初期的不确定不同，东德 1950 年即通过了有关重建的法规。

因当时东德仍由苏联占领，有关城市规划的 16 条原则带有浓厚的苏维埃意识形态色彩：反对城市权力下放，强调城市的视觉层面。如当时东德重建的样板，由建筑师亨泽尔曼（H. Henselmann，1905—1995）主持的东柏林斯大林大道（之前名为法兰克福长街，1961 年改名为卡尔·马克思大道，该名称沿用至今）重建工程，维持申克尔新古典主义风格的同时，亦带有强烈的社会主义特征。同理，苏维埃意识形态也深深渗透到东德的建筑保护领域：注重历史建筑的意识形态教育作用，注重样板，所有项目都体现对国家形象的捍卫。如在英美联军大轰炸中遭毁的德累斯顿圣母大教堂（Frauenkirche），作为对战争的纪念，以废墟形态保留，让人们记住英美联军之恶。同在"二战"大轰炸中受损的德累斯顿茨温格宫（Zwinger）则被当作国家样板，甚至比国民住宅区的重建还紧急。茨温格宫于 1945 年由国家拨款修复并改建为音乐表演场所。申克尔设计的柏林新警卫局，在第一次世界大战后被改造为战争纪念馆，20 世纪 50 年代再次得到修复，并改造成法西斯和军国主义受害者纪念堂。

意识形态也常被当作捣毁历史建筑冠冕堂皇的理由，以此为理由被拆除的建筑中，最令人痛心的是东柏林城市宫殿（Stadtschloss）。

这座由霍亨索伦（Hohenzollern）家族 1443 年开始兴建的普鲁士皇宫，位于柏林市中心，汇集了文艺复兴及巴洛克时期多种建筑元素，体态匀称稳重（图 4.31），四周自然形成的宫殿广场可谓柏林的心脏。皇宫在英美联军轰炸中严重受损，但主体尚存。战后，众多人士呼吁保存。建筑史学家哈曼（R. Hamann，1879—1961）甚至将其与巴黎的卢浮宫、莫斯科的克里姆林宫相提并论。既然同样曾为皇室所有，前者能够得以保存为今日人民所用，柏林城市宫殿亦可为人民所有。然而，东德政府因其带有强烈的普鲁士帝国主义色彩，对保护呼吁置若罔闻，1950 年年底，将宫殿主体彻底拆除，仅留皇宫入口大门、少数雕塑及少数庭院装饰物。这些遗留物后来也被散置于市中心其他不同处所。1973—1976 年，政府在宫殿原址建起一座体量约为原宫殿一半的方盒子玻璃大楼，取名"共和国宫"（Palast der Republik）（图 4.32）。

点评：

皇宫所处位置（既位于原柏林的心脏，又与西柏林一墙之隔）也是其必须消失的理由。而同属从前皇室宫殿的柏林西南波茨坦无忧宫却得以幸存（图 4.33）。

左上：图 4.31 20 世纪初的城市宫殿
　　　　作者收藏的 20 世纪初明信片

右上：图 4.32 1973 年开始修建的共和国宫
　　　　作者收藏的 20 世纪 80 年代初明信片

左下：图 4.33 无忧宫高枕无忧至今

读书卡片 4：

　　"二战"结束后，受苏维埃影响的欧洲地区的保护运动面临三大问题。一、最直接的问题是保护（人士）与法西斯同谋（即指德国家园保护联合会——笔者注）。二、建筑遗产与敌对的价值体系（诸如宗教、封建主义和资产阶级）之间存在剪不断理还乱的纠结。这不仅体现于建筑遗产中的主要建筑类型（教堂、宫殿、公共机构等），还体现于这些建筑被纳入资产阶级历史框架的方式。三、对古建筑存在质疑。因为它们与社会主义者对未来的憧憬相悖。

　　——译自 M. 格伦迪宁《保护运动：建筑保护史——从远古到现代》（Glendinning, M. *The Conservation Movement：A History of Architectural Preservation: Antiquity to Modernity* [M]. London & New York: Routledge, 2013. p.360.）

　　然而，即便有所拆除，即便有以上读书卡片所提的三问题，总体说来，20 世纪 50 年代的东德对历史建筑的热情高于同时期的西德。为了重塑民族国家的需要，东德政府在意识形态上反对现代国际主义而强调"民族传统建筑"，强调地区性民族性，在城镇规划中要求建筑师、规划师尊重城镇的历史脉络。因此，与西德战后初期家园保护陷入低潮不同，东德的家园保护基本维持战前水准。东德五区的家园保护机构中，除图林根（Thuringia）办公室重新构建、梅克伦堡（Mecklenburg）办公室由原来的波美拉尼亚（Pomerania）办公室重组，其余三大区萨克森（Saxony）、勃兰登堡（Brandenburg）及萨克森—安哈尔特（Saxony-Anhalt）的家园保护机构的工作几乎没有中断，仍延续之前的事务[1]。即便 1952 年东德政府将之前的州邦（Länder）解散，而重新划分 15 个区域（Bezirke），上述五个办公室依然维持各自的原有功能，在当地展开保护活动。虽说东德一些地区的家园保护也在走向低潮，但 1954 年的东德依然成立了较少受意识形态影响的"自然和家园协会"（Gesellschaft für Natur und Heimat），展开保护活动。

事情在 1958 年前后生变，"自然和家园协会"有关保护的宣传口径也开始与苏维埃意识形态挂钩，强调创造一个新社会主义家园。"地方认同"让位给"建设一个新东德"，历史建筑的保护被合成为一种社会主义的文化政治[2]。1961 年通过的历史建筑保护法，不仅大大削弱了地方保护机构的权限，有关修复的资金也仅用于符合意识形态的国家级重大纪念性建筑。这就从根本上限制了地方保护机构与相关人士的能动性。因此，与西德相反，20 世纪 60 年代东德的历史建筑保护陷入低潮。随着东、西德经济差距拉大、社会矛盾激化，东德走上西德 50 年代倡导的工业化现代化之路。大多数城市郊区开始兴建火柴盒子式呆板建筑，城市景观呈千篇一律之貌。

20 世纪 70 年代中期，东德政府，特别是其中的精英人物，意识到：作为国家历史和政治发展的"见证人"，历史建筑应得到保护，大肆拆毁历史建筑的行为将招致人民的对抗。1975 年，东德政府通过了保护纪念性建筑的第一部法案。1977 年，隶属于文化部的历史建筑保护研究院（Institut für Denkmalpflege）正式成立，负责监督管理具国际影响的历史建筑及其所在地的保护，具有国家或区域性重要地位的历史建筑由地方当局管理。至 80 年代，东德的纪念性历史建筑的数量有所增加，一些乡土和工业建筑也被纳入保护范围。

---

[1] Campbell, B. "Preservation for the Masses: The Idea of Heimat and the Gesellschaft fur Denkmalpflege in the GDR" //Kunsttext.de, Journal Für Kunst- und Bildgeschichte [J]. No.3, 2004, 1.

[2] Koshar, R. Germany's Transient Pasts: Preservation and National Memory in the Twentieth Century [M]. Chapel Hill: The University of North Carolina Press, 1998, 306.

由于中央集权制，地方当局仅有管理权而无决定权，国家经费基本只考虑那些有助于国家形象的重大项目。就像西德20世纪70年代末开始的古建复原被一些人讽刺为"中世纪米老鼠"，东德的这种以考虑国家形象为主的保护或修复常常被戏称作"庆典式保存"[1]。与西德的基于公众利益而保护的宗旨或口号不同，东德80年代的保护动机依然为了社会主义的国家。也就是说，只有那些为政治所接受的少数的优秀历史建筑，才能得到真正的保护[2]。即便如此，依然有众多地方人士自发开展一些力所能及的保护活动，这也许依然与当年的家园保护深入民间有关。为此，社会主义东德呈某种吊诡局面：一方面在几乎所有城市外围都分布着建筑物杂乱无章而可怕的卫星城郊区，这些郊区建筑物采用现代主义风格建设且质量低劣；一方面又避免了像西德那样的战后以现代主义风格为主导的扭曲开发。诸多城镇街区的历史天际线得以保持，内城基本不受高速路、火柴盒式公寓以及大型办公楼的侵蚀[3]，这种"保留"，使得两德合并后的复兴成为可能。一些记者或1989年之后拜访并定居东德的西德人也有类似发现，认为在东德能发现西德丢失的往昔。当代人类学学者詹姆斯（J. James）认为，这种文化遗产和家园不受道德污染的现象，应理解为文化和地方而非政治和民族的东西。东德人正是通过这种对文化遗产、文化身份的保护，来对抗法西斯及社会主义意识形态带来的双重身份负担，救赎了祖国的从前[4]。

合——重塑

1990年，两德合并。合并后的德国沿用西德体系，东德体系连同其历史建筑保护研究院一并废除。合并后所含的16个州政府跃升为当地文化遗产主要监管人，各州管理体制大同小异，读者从差别细微的机构名称中即可窥见

［1］ Koshar, R. *Germany's Transient Pasts: Preservation and National Memory in the Twentieth Century* [M]. Chapel Hill: The University of North Carolina Press, 1998, 303

［2］ Schmidt, L. *Architectural Conservation: An Introduction* [M]. Berlin: Westkreuz Verlag GmbH, 2008, 67.

［3］ Staab, A. *National Identity in Eastern Germany: Inner Unification or Continued Separation ?* [M]. London: Praeger, 1998, 118.

［4］ James, J. *Preservation and National Belonging in Eastern Germany: Heritage Fetishism and Redeeming Germanness* [M]. London: Palgrave Macmillan, 2012.

一斑，如巴伐利亚州立遗产办公厅（Bayerisches Ländesamt für Denkmalpflege）、柏林纪念性建筑保护署（Ländesdenkmalamt Berlin）、梅克伦堡—前波美拉尼亚州立文化及遗产办公厅（Ländesamt für Kultur und Denkmalpflege, Mecklenburg-Vorpommern）、萨克森—安哈尔特州立遗产及考古办公厅（Ländesamt für Denkmalpflege und Archäologie Sachsen-Anhalt）。

西德 1951 年成立的国家保护协会保持原有功能，协调各州保护机构的活动，如成立由不同州专家组成的保护工作室，举办会议，创办国家级学术期刊《纪念性建筑保护》并出版相关出版物，促进各州共享保护信息，等等。2001年以来，该协会与私立保护机构"德意志纪念性建筑保护基金会"（Deutsche Stiftung Denkmalschutz）联合编纂系列丛书《德意志历史纪念性建筑迪欧手册》（Dehio Handbuch der deutschen Kunstdenkmäler），清查记录德国不同地区的重要历史遗迹，并按遗迹所在城市或区域分册编纂。政府将保护管理权下放到州立地方当局[1]，但并非彻底放任自流，国家保护机构通过参与制定国际保护纲领、参加相关活动以及推动全国范围内的保护立法等，在最高层面把控德国的保护实践。西德政府 1960 年颁布的建筑法规及 1971 年的城市和乡村创新及发展法规依然有效。如此模式下，东西德合并的头十年，各类保护项目遍及全国。由联邦政府支持的在前东德的保护项目尤为突出，其 120 多处"大型纪念性建筑保护区"包括历史街区、城镇、建筑群等，均得到由联邦政府建筑部管理的保护补助基金资助，以开展修复工作及采取保护措施。

1991 年，政府做出将首都迁回柏林的决定之后，柏林旋即成为修复和重建热点。一些重要标志性历史建筑，如又变回柏林心脏地带的博物馆岛、旧帝国议会大厦、城市宫殿等，均被提上修复与重建议程，并广受大众争论。这些修复与重建既展现了统一后的德国在修复领域的重大成就、水平、价值取向，也折射出当代德国重新定义自己的文化身份的实际情形。为此，本书下部设专门章节详细解析博物馆岛的修复与重建，并附带介绍城市宫殿的重建。这里仅简要介绍一下旧帝国议会大厦（以下简称大厦）的新命运。

作为德意志民主起源地，大厦在新政府眼里的重要性毋须多言。1992 年，

---

[1] 有关的保护法规参见白瑞斯、王霄冰，《德国文化遗产保护的政策、理念与法规》，载《文化遗产》[J]，2013 年第 3 期，15—22、57、157，广州：中山大学中国非物质文化遗产中心。

14家世界著名建筑事务所受邀参加公开国际设计竞赛，将大厦改建为德国新联邦议院。经过两个阶段的竞争，本书作者之一罗隽曾任职的英国福斯特建筑事务所最终于1993年击败其他13家公司，在一片争议声中赢得了胜利，获得改建执行权[1]。1995年6月，捆包艺术家克劳迪夫妇（C. Claude，1935—，J. Claude，1935—2009）用超过10万平方米的镀铝防火丙烯面料及1.5万米绳索，将大厦全面包裹，再次让这座极富政治敏感性的大厦万众瞩目。同年7月，修复与重建工程开始施工。

大厦的改建立足四个目标：第一，突出联邦议院作为全世界伟大民主论坛之一的重要意义；第二，让公众更易接近，体现政府亲民的形象；第三，将历史理解为一种力量，既塑造建筑也塑造国家生活；第四，充满激情地实施体现未来建筑根基的生态环保措施[2]。于是，改建成为连接历史与未来的重要手段。除了令人瞩目的半椭圆钢架玻璃大穹顶，整个工程尽量尊重历史，保留原有骨架及内部空间各个时期叠加的历史层面和记忆（包括苏联红军占领柏林时在大厦室内墙体上的涂鸦），让建筑成为德国活着的历史博物馆。室内的新设计则坚持与原有遗留相协调的原则（如与原有大厦近似的开门开窗方式、门窗比等），新旧之交的节点处尽量裸露表达，体现建筑的历史肌理和层面。然而，除了外墙，内部楼层几乎全部更改，以符合现代功能需要，并充分渗透环保理念，尽可能采用自然光线与自然通风。

大厦于1999年4月正式启用，体现了21世纪历史建筑改建的最高水准。有意思的是，设计除了延续大厦本身的传统，还延续了一个据说是德国现代派建筑的独特传统：透明……民主价值观的体现和开放社会的象征[3]。大厦与勃兰登堡城门上的几匹马一起也成为柏林的象征（图4.34）。

两德合并后另一令人瞩目并引起正、反方激烈争论的地标性建筑，当推东

---

[1]其他入围方案的简介，参见沈祉杏，《穿墙故事：再造柏林城市》[M].北京：清华大学出版社，2005，35—36.

[2] Foster, N. *Rebuilding Reichstag* [M]. London: Weidenfeld & Nicolson, 2000, 23. 以及 http://www.fosterandpartners.com/news/archive/1999/04/the-plenary-building-in-the-converted-reichstag/，有关改建的设计图纸及照片亦可参见此网址。

[3] Barnstone, D.S. *The Transparent State: Architecture and Politics in Post war Germany* [M], London & New York: Routledge, 2005, 2.

图 4.34 议会大厦与勃兰登堡城门上的铜马

透明的穹顶可供游人参观，鸟瞰柏林全城。入口门楣上的题词 "Dem Deutschen Volke" 字迹依然清晰，入口门廊两侧墙上的两版雕塑浮面被罩以细密的铁丝网保护。

德时期以废墟保留的德累斯顿圣母大教堂。最终，这座废墟以原样复建（图 4.35）。

点评：

　　单纯研读有关德累斯顿圣母大教堂复建之争的论文，难以判定孰是孰非。只有身临其境，才能理解为什么当地人如此强烈要求复建，也会深刻体会到东德时期没有在此地大加开发的明智。如果从易北河对岸远眺德累斯顿老城，无论在哪个视点，圣母大教堂都是经典和谐天际线不可或缺的重要组成（图 4.36）。其上的大穹顶塔楼更是俯瞰整个城市的最佳处（图 4.37）。唯如此，说德累斯顿是易北河边的佛罗伦萨方能名副其实。所以，这不仅仅是所谓的"乡愁"需要。

　　总体说来，重要历史建筑在两德合并后的复建与 20 世纪 70 年代末期以来西德开始的复建并无大别。但由于合并后的德国人对历史更为敏感，对文化身份思索更多，所有涉及重建或修复的议题变得格外尖锐，对重大历史建筑的复建也带来对城市街区历史肌理的重视。这种重视亦延续了 70 年代以来的某些理念。如克莱亚胡斯的"批判性重建"理念在两德合并后，经建筑评论家霍夫曼（D. Hoffmann-Axthelm，1940— ）的力举[1]、建筑规划师施特曼（H. Stimmann，

---

[1] Ladd, B. *The Ghost of Berlin: Confronting German History in the Urban Landscape* [M]. Chicago: Univeristy of Chicago Press, 1997, 231.

左上：图4.35 复建后的德累斯顿圣母大教堂
之前的大教堂由德累斯顿本土建筑师巴
尔（G. Bähr, 1666—1783）设计，建于
1726—1743年，为德国巴洛克式建筑杰
作，德累斯顿的重要地标。1885年安置
的马丁·路德雕像在"二战"中躲过劫难。
此次复建时，按从前的位置放回。

右上：图4.36 从易北河对岸远眺德累斯顿老城
如此保留完好的古典天际线让你很难想
象这里曾经遭受过最猛烈的轰炸。

左下：图4.37 从圣母大教堂穹顶的塔楼上俯视

1941—　）等人的提炼，强化出一系列具体实施规则，包括尊重或恢复历史
悠久的街道格局、尊重相关的历史街道和广场的临街立面；新开发的沿街建
筑檐口线高度不超过22米，屋脊高度不超过30米；将"建筑用地中大约总
建筑面积的20%用于住宅"作为开发审批认证的先决条件……[1]这些规则受
到很多批评，甚至被柏林犹太人博物馆设计建筑师李伯斯金（D. Libeskind,
1946—　）斥为"新纳粹"[2]。其本身的局限加上现实中包括腐败在内的各种因
素，也使得这些规则在运用中难以尽善尽美，如波茨坦广场索尼中心就完全

［1］ Stimmann, H. & Burg, A. *Berlin Mitte: Die Entstehung einer urbanen Architektur/Downtown Berlin-Building the Metropolitan Mix* [M]. Berlin, Boston: Birkhäuser Verlag, 1995, 13.
［2］ Neill, W. J.V. *Urban Planning and Culture Identity* [M]. New York: Routledge, 2004, 92.

图 4.38 御林广场花园区重建
新旧结合，和谐共存。

图 4.39 御林广场花园区重建
现代与传统的体现，屋檐细部的呼应。

背离了这些原则。但是，这些原则依然给 1990 年以来的柏林中心重建烙上了深厚的历史印记，尤其在勃兰登堡城门附近的巴黎广场（Pariser Platz）、腓特烈大街购物长廊（Friedrichstadt-Passagen）、购物长廊对面的御林广场花园区（Hofgarten am Gendarmenmarkt）等重建项目中得到较好体现。这些重建项目尊重历史环境（或符合城市原有空间结构和尺度，如柏林的传统院落布局，或保持与历史环境的视觉延续性，如类似原有建筑的尺度体量，相近层高、材质、母体、色彩等），建筑形象多以 18 世纪发展而来的"柏林式建筑"为主（如由多个串联内院组成的封闭式街区、以石材贴面的古朴凝重外形）。其中的御林广场花园区项目，被誉为批判性重建理念的最佳表达（图 4.38—4.39）。这些重建或新建项目近年来也得到中国学者的重视和研究[1]。

事情开始良性循环，修复或重建热带来活跃的私立保护机构。不仅原有的私人保护机构如梅瑟施密特基金会及德意志保护协会继续活跃，又涌现出更多由私人运作的保护机构。如"柏林普鲁士城堡及园林信托"（Stiftung Preußische Schlösser und Gärten Berlin）特别关注并提供资金，支持一些为私人或团体所拥有的遗址保护；"帮助乡村教堂"（Dorfkirchen in Not）集团则特别关注梅克伦堡—前波美拉尼亚地区一些源自中世纪却不够等级的宗教建筑，

---

[1] 王群，《再访柏林（上、下）》，载《建筑师》[J]，1999（89），97—109，2000（94），101—112；弗兰克·鲁斯特（F. Roost），周鸣浩编译，《柏林的"批判性重建"——恢复传统城市品质之努力的瑕与疵》，载《时代建筑》[J]，2004（3），54—59；张尚杰、刘丛红，《得失交织的当代柏林城市建设》，载《新建筑》[J]，2006（2），38—40；尚川，《新建筑与历史环境的共生——以柏林巴黎广场的重建为例》，载《建筑与文化》[J]，2010（3），80—83。

抓住最后的修复抢救机会。

作为近代工业大国、现代主义建筑的发源地，合并后的德国在工业建筑及现代建筑保护领域亦表现卓越，如对弗尔克林根钢铁厂（Völklinger Hütte）以及对德骚包豪斯校舍的保护，均成为现代建筑保护的样板。更有一些保护机构专为现代建筑及其环境保护提供经费，如维斯滕罗特基金会（Wüstenrot Stiftung）1997—1999 年就对表现主义建筑师门德尔松（E. Mendelsohn，1887—1953）设计的波茨坦爱因斯坦塔楼（Einsteinturm）的修复提供了经费。此外，可持续性及"绿色"也成为德国保护实践的大势。例如历史城镇马堡（Marburg）市政府自 2008 年始，不仅要求在新建房屋，也要求在现存旧建筑上安装太阳能装置。

德国亦拥有庞大的关于建筑和城镇保护的科研梯队。与英国的建筑保护学科通常附属于建筑学系不同，德国的建筑保护学科大多自成门户，班伯格大学、勃兰登堡理工大学等都设有专门的历史建筑保护学系，显见有关建筑保护研究和教育的普及和独立。

然而，德国依然在历史建筑的保护方面面临理论及技术上的复杂性。从整体上看，其保护实践具有高度的科学准确性，却也常常以牺牲或拆除诸多稍后年代、尤其是 19 世纪改造过的构件为代价。两德合并后，经过近二十年的辩论，关于一些东德历史建筑的争论，如柏林共和国宫、马恩广场和柏林墙等，早已尘埃落定。一些"二战"构筑物，如苏联在柏林的烈士纪念碑及墓地等，也都得到较好保护[1]。可是，对后者的保护或修复，势必成为德国人未来难以摆脱的议题。

点评：

漫步德国的历史城镇，特别是一些大教堂的内部，常常觉得丢了什么……但细察那些修复或重建后的细部，又不得不佩服德国人的精细和高质量。这种高度科学准确性与"保护理念"看似无关，却对中国的建筑工作修复和保护有着特别的启迪。

---

[1] Geger, M. "War monuments in East and West Berlin: Cold War Symbols or Different Forms of Memorial?" //Gegner, M. & Ziino, B.(eds.) *The Heritage of War* [M]. London: Routledge, 2012, 64-87.

下篇 躬行知事——实践篇

第五章 单体

一 山上的教堂屹立

勃艮第，永恒山
罗马风长吹不散

却也见哥特
飞拱－扶壁－尖券

却也成危楼！
大教堂要倒么？

跟上帝无关么？
回天，谁能够？

那一双天才之手

我遍寻点滴
秋雨稠

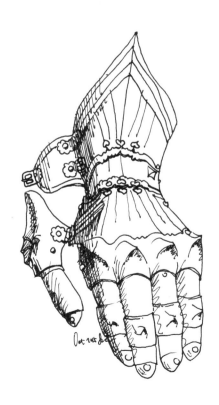

选择的理由

山是一座小山，位于法国勃艮第（Bourgogne）约纳省（Yonne）库屈尔河（Cure）之西的维泽莱镇（Vézelay），状似葫芦，当地人俗称"永恒"。教堂是圣玛德琳教堂（Basilique Sainte-Marie-Madeleine），立于"永恒"之巅（图5.1）。

相传868年，一些修女在维泽莱山丘建造此地的第一座修道院。10年后，该修道院里的修女换了修士。10世纪中叶，修士把持的修道院毁于战火。不久，一座小型本笃会（Benedict）修道院建于附近的山丘，1096年开始建造教堂，1120—1140年完成教堂的中堂或本堂（Nave），便是圣玛德琳教堂的前身。

11世纪中叶，基督教圣物崇拜盛行，传闻经历耶稣受难的圣女玛利亚·玛德琳（即抹大拉的玛利亚，Mary Magdalene）的圣物葬于该教堂的地下石室，教堂所在地维泽莱修道院便成为远近闻名的朝圣地。于是，教堂也得以添建前厅（Narthex）和唱诗区（Choir）。1146年复活节，教皇尤金三世（Eugenius III，在位期1145—1153）和法兰西国王路易七世（Louis VII le Jeune，在位期1137—1180）授意熙笃会（Cistercian）创始人圣·贝纳德（Bernard of Clairvaux，1090—1153）在此布道，发起第二次十字军东征。1190年，法国国王菲利浦·奥古斯特（Philippe Auguste，在位期1180—1223）与英格兰狮心王理查（Richard the Lionheart，在位期1189—1199）又在此地会合，发起第三次十字军东征。足见该教堂的显赫地位。然而，自13世纪开始，圣女之圣物被"证实"在他处的普罗旺斯，该地随之衰落。至16世纪，修道院又在胡格诺（Huguenot）战争中遭进一步破坏。虽于17世纪有所修复，衰败未能得到扭转，并在18世纪末的法国大革命期间再受重创。除了摇摇欲坠的教堂，修道院其余建筑全部被毁。

摇摇欲坠的教堂在欧洲建筑史上却举足轻重，其深远的中堂是罗马风建筑

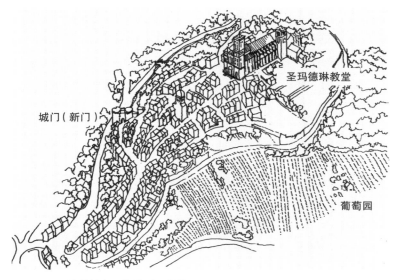

圣玛德琳教堂

城门（新门）

葡萄园

图 5.1 圣玛德琳教堂所处地形示意图

罗隽绘

的极佳范例[1]。唱诗区内的尖券（pointed arches）、肋拱顶（ribbed vaults）及西立面展现了 12 世纪的建造从罗马风向哥特风的过渡。1840 年开始，当时尚且年轻、后来被誉为修复之父的勒 - 杜克对这个摇摇欲坠的范例极品做了史无前例的大修复。之后至今的一个半多世纪里，该教堂成为研习欧洲中世纪建筑和艺术的重要样本。美国建筑艺术史学者墨菲（K. D. Murphy）于 2000 年出版专著《记忆和现代性：勒 - 杜克在维泽莱》，详细梳理该教堂百多年前修复时的历史文脉、地域背景以及勒 - 杜克的所作所为。在墨菲看来，勒 - 杜克的修复为这座教堂添加了其他罗马风建筑所没有的 19 世纪的"现代魅力"，他

---

［1］又译罗马式建筑、罗曼式建筑、似罗马建筑，为欧洲中世纪一种以半圆拱为特征的建筑风格，兼有西罗马和拜占庭建筑的特色。它以结实的体量、厚重的墙体、坚固的墩柱、巨型塔楼、半圆拱券、拱形穹顶以及富于装饰的连拱饰知名。罗马风建筑雄浑庄重，常采用规则对称平面，并有较为清晰的形式，与后来出现的哥特式建筑相比更为质朴。关于罗马风建筑的起源时间，至今尚未达成共识（有从 6 世纪到 10 世纪等不同的说法），可以肯定的是其建筑实例遍及欧洲大陆，是古罗马建筑之后第一种风靡欧洲的建筑形式，并从 12 世纪开始逐渐过渡到以尖拱为特征的哥特式建筑。有关罗马风建筑的精彩实例，参见那特根斯的名著《建筑的故事》（*The Story of Architecture* [M]. London: Phaidon Press, 1997, 2nd ed., 130-143）。那特根斯所用的标题"秩序和圣殿"也较为准确地传达了罗马风建筑的神形。

对哥特式建筑的真正领悟及其日后影响深远的"风格式修复"理念，来自该教堂的修复实践[1]。事实上，接手该教堂修复项目之后，勒－杜克的事业如日中天。可以说，在维泽莱的历练成就了日后的大师。鉴于上述多重意义，我们选择"勒－杜克对这座山上教堂的修复"为本书下篇的起点。

初生牛犊

19世纪初，小镇当地居民和教会均意识到修复教堂的迫切。但此时宗教活动不再盛行，教会势力有限，修复由地方政府主管。因财力、能力均不足，修复无起色，地方官员遂向中央政府寻求支持。

于是，梅里美1834年出任保护总督导之后，在法国境内的第一次出游就拜访了此地。不料，呈现在他眼前的是一副惨遭各路人马蹂躏的"骷髅架"。然而，教堂内的罗马风构架和依然壮观的精美雕饰，足以触动梅里美身为作家的文学激情和身为总督导的修复热诚。1835年，他拨发了少量资金，用于圣玛德琳教堂修复，并分别雇用当地及巴黎的两位建筑师承担实务。两位建筑师也做了大量工作。但由于地方与中央政府之间的不和等因素，直到1840年2月，所雇的建筑师迟迟不能递交修复报告。其时，圣玛德琳教堂已作为需要大修的一级历史建筑，被梅里美列入其1840年报告附件中的第一批获得政府资助的修复名录。时间不等人，梅里美当即推荐勒－杜克，两天后得到部长批准。26岁的勒－杜克旋即走马上任。

为什么委以他如此重任？布勒萨尼认为这与勒－杜克家族广阔的人脉关系，以及勒－杜克本人在中世纪和考古学方面精深的学识有关[2]。墨菲认为这在于勒－杜克的图面表达功夫及其主管施工时雷厉风行的高效率。两种说法都有理。事实上，当时的历史建筑保护委员会成员中，并非人人都赞赏勒－杜克。但为了展示新政七月王朝修复项目的力度和效率（该教堂后来的修复历经20年。这里所谓的效率当指工程立即上马），委员会选人时，最看重图面表达力

［1］ Kevin, D. M. *Memory and Modernity: Viollet-le-Duc at Vézelay* [M]. University Park, Pennsylvania: Pennsylvania State University Press, 2000, 71-131.

［2］ Bressani, M. *Architecture and the Historical Imagination: Eugène-Emmanuel Viollet-le-Duc, 1814–1879* [M]. Farnham, Surrey: Ashgate, 2014, 99-100.

和主管施工的效率。当时有三位人选，前两位是比勒－杜克修复经验丰富的杜班（J. F. Duban，1798—1870）和卡里斯蒂（A. N. Caristie，1783—1862）。可是，两位能人均不愿接任，理由似乎主要为个人因素，诸如人事矛盾、教堂所在地偏僻、车马劳顿报酬又不高等[1]。我们猜测，原因在于圣玛德琳教堂近乎倒塌的残局及其巨大的规模。以两位能人的经验，"修复"很难有效完成。没有金钢钻，不揽瓷器活儿。于是，瓷器活儿命中注定非勒－杜克承担不可。据梅里美晚年回忆，当时他其实很担心，跑去询问勒－杜克的舅舅，交给他外甥如此艰巨的任务是不是太冒险。答曰：只要勒－杜克应承下来，就不用担心，他一定能成功。初生牛犊身后显然有一根家族的老姜。

小勒果然雷厉风行。一个月后，便将关于修复圣玛德琳教堂的第一份报告呈交委员会。报告围绕五大层面陈述：一、建造，二、结构现状，三、急需修理的部分，四、需要修复的部分，五、建筑材料。报告重点虽在技术层面，但历史和建筑的价值亦作为重要因素予以整体考量[2]，其中关于建筑的描述全面精细：内部从前厅、中堂到耳堂到唱诗区……外部从西立面到南耳堂的塔楼，到屋顶……并对每一处的当前状态，诸如倒塌风险、腐烂程度、裂缝以及风格等，予以分析和评估。不久，他再次呈交说明现存建筑状况及修复草案的精美图绘（图 5.2—5.3）。同年 5 月底，提案得到政府批准。即便在今天，这样的效率也是相当高的。这种高效率也改写了欧洲修复史与建筑史。试想，如果上述两位能人中的某一位接受此任，或者勒－杜克工作拖拉以至于委员会换人，历史必将是另一番结果。偶然？必然？两者兼有。

勒－杜克的修复

勒－杜克报告的结论：整座教堂只有前厅的结构尚且安全（其中的细部也多半腐烂），其余的都面临坍塌，又以中堂最为颓败，急需加以结构支撑。因此，初期修复主要集中于中堂内的横向拱（transversal arches）、飞扶壁（flying

---

[1] Murphy, K.D. *Memory and Modernity: Viollet-le-Duc at Vézelay* [M]. University Park, Pennsylvania: Pennsylvania State University Press. 1999, 47, 92.

[2] Jokilehto, J. *A History of Architectural Conservation* [M]. Oxford: Butterworth-Heinemann, 1999, 214-215.

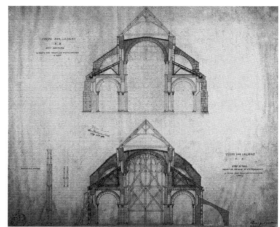

图 5.2 勒 - 杜克绘制的教堂西立面（水彩）
三个圆拱大门以及南塔楼的下部为罗马风式样。中央大门上方的山墙以及南塔楼的上部已现哥特式特征的尖拱。

图 5.3 勒 - 杜克的中堂修复提案
修复前与修复后的比较。

图 5.2—5.3 Viollet-le-Duc, E. etc. *Galeries Nationales Du Grand Palais*

buttresses）以及两边侧廊（side aisles）的屋顶结构。目的在于确保主体结构不倒。在勒－杜克看来，中堂当初的建造就差劲，后来所加的扶壁也没有提供足够的结构支撑。因此，他的加固法基本是将原来恶化的结构拆掉重建。如此大胆的做法不仅展现出勒－杜克在事业初期就有的自信，也表明他视"建筑为一个复杂的有机骨架"的理念已然成形[1]。

当然，如此大动干戈也可说基于实际需要，因为体量巨大的圣玛德琳教堂濒临倒塌，而当时尚无足够的技术加固石头建筑，不拆除重建不足以稳定结构。这也解释了为什么上述两位能人均拒绝承接该工程。二位能人之前在巴黎所从事的修复，规模均不及圣玛德琳教堂。他们必然明白如此颓败的结构若以他们所推崇的温和加固法（所谓的"安假肢"）修复，势必还会倒塌。大面积重建又有悖于他们的保守性修复理念。于是，可能背负骂名的任务就落

[1] Murphy, K.D. *Memory and Modernity*: *Viollet-le-Duc at Vézelay* [M]. University Park, Pennsylvania: Pennsylvania State University Press, 1999, 93.

到年轻的愣头青——勒－杜克身上。我们因此认为，勒－杜克得以承接此项修复，可谓"天时、地利、人和、人不和"的综合结果。他采取的下猛药做法，也让他与同时期的修复建筑师们分道扬镳，以孤立决绝的姿态脱颖而出。

点评：

　　勒－杜克虽把教堂大面积拆掉重建，当初的修复提案从字面上看还比较谨慎。在提到拆掉教堂原有的外扶壁及重建中堂的拱券时，他用的词汇是"拆卸"（demonter 或 reposer），私下也承认如此做派不合修复原则。到了 1846 年，他口气就不同了，在给梅里美的信件里直截了当地说：至于说取下后是否重组（deposer），像你这种知晓维泽莱及其材质的人，自然明白，那是幻想。在维泽莱，你不是取下重组，而是拆掉，且不会留下什么[1]。如此破坏传统肌理的做法，让勒－杜克遭到批评。

　　施工效率同样是不负众望。到 1841 年年底，就完成了 13 个扶壁、12 个飞扶壁、3 个中堂拱顶以及相应横向拱的重建（都是拆除之后的重建）。据墨菲分析，即便早在 1835 年勒－杜克就开始认识到哥特式建筑的理性逻辑，他对哥特式建筑的真正理性认知着实始于对圣玛德琳教堂的修复。从这个角度讲，该教堂可谓勒－杜克有关哥特式建筑结构的试验基地。无怪乎布勒萨尼进一步指出：在维泽莱，勒－杜克的主要目的不是将教堂修复成一个质朴的罗马风杰作，而是使它成为哥特式建筑的诞生地。修复后的教堂显示了一种过渡——一种从 11 世纪建造拱券的头一轮试验向最终发展出的 13 世纪哥特式建筑的过渡[2]。尽管勒－杜克极端推崇哥特式建筑，中堂的重建仍基本按照原来的罗马风，并将原有结构更加规范化，让交叉拱看起来更为合理。

　　勒－杜克雷厉风行的作风也是自始至终。施工过程中，地方当局及教会势力多次进行干扰，勒－杜克排除万难，让一期修复工程于 1842 年春圆满完工。

　　1842 年 7 月，梅里美做了巡视。虽有些分歧既可说是细节上的也可说是

---

［1］Murphy, K.D. *Memory and Modernity: Viollet-le-Duc at Vézelay* [M]. University Park, Pennsylvania: Pennsylvania State University Press, 1999, 94-95.

［2］Bressani, M. *Architecture and the Historical Imagination: Eugène-Emmanuel Viollet-le-Duc, 1814–1879* [M]. Farnham, Surrey: Ashgate, 2014, 115.

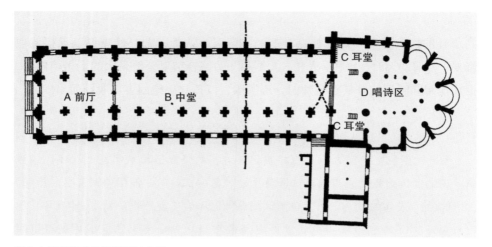

图 5.4 圣玛德琳教堂平面示意图
图中交叉虚线处的交叉拱保留哥特式风格，西面的 3 个拱以罗马风修复。

何晓昕绘

原则上的，但梅里美从总体上对修复给予了肯定，认为该工程标志着法国的修复工作不再落后于意大利、英国和德国。

点评：

重建中堂的两年里，勒－杜克在理解、梳理和实践中世纪建筑建造手法的同时，逐渐形成了理性的修复观。为了某些风格上的协调，不合乎当时修复原则的做法甚至低级错误也屡有发生（如重建中堂的罗马风半圆形拱时，为与原有的材质色彩相符，居然在石作上涂以彩料）。此时，他主要考虑的是如何稳定整体结构。即便很多做法与之前的建造程序并不相同，重建部分与修复之前的原状大体相符。中堂与唱诗班区域之间所谓风格协调的议题尚未提上议程。

一期的成功和由此积累的经验，使原本就踌躇满志的勒－杜克接下来更为激进。这里仅举两点：

其一是中堂东端的 4 个哥特拱。

时间已是 1844 年 6 月后。勒－杜克已在考古年刊发表专文，明确阐述自己的理性主义修复观。圣玛德琳教堂中堂的罗马风部分及哥特风格的唱诗区加固业已完工，余下的事是修复中堂东端趋近唱诗区耳堂的 4 个 12 世纪晚期到 13 世纪初期建造的业已破损的哥特拱（图 5.4）。

　　勒－杜克认为，这 4 个哥特拱是原有罗马风拱顶垮塌之后的重建，因建得匆忙，缺乏美学上的考虑，结构也不合理，拱顶与墙面交接不当即为一例。4 个拱中，中堂与唱诗区耳堂塔楼之间的那个拱在结构上还算安全，修补即可，其余 3 个拱均需重建。跟一期工程重建时基本贴近原有风格的做法不同，这一次，他改用刚刚在中堂重建时所用的罗马风半圆拱风格。呈交部长的报告中，理由有三：安全、风格协调且统一、经济（如此建造最为节省）。

　　与几年前的修复提案相比，重建罗马风半圆拱的提案显然不是为了理性，而在于美观上"风格统一"。这种"风格统一"说，正是他日后写入大辞典的修复观。有趣的是，这种修复观源自当时被认为较为保守的修复建筑师杜班。然而，话从勒－杜克嘴里说出就不一样了。这便是修复发展史上谁也绕不过的哲学理念了。

读书卡片 5：

　　将一座含有多个历史时期痕迹的建筑修复成审美风格统一的建筑，这类修复实例当推杜班对巴黎圣礼拜堂的修复。勒－杜克对杜班的这个修复项目知之甚详。人们通常认为杜班是一位比勒－杜克更为看重考古真实性的修复师。但杜班于 1837 年提交的关于巴黎圣礼拜堂塔尖的重建提案，用的却是 13 世纪风格。该塔尖在法国大革命时期被毁之前，已被重建过多次。尽管相关文件显示的是较晚时期版本的塔尖，杜班依然选择了一种与该建筑其他部分相协调的（古老）式样。杜班用来捍卫自己创造风格统一做法的术语（诸如"建筑的整体特征""稳固""经济"）恰恰被后来的勒－杜克沿用。年轻的勒－杜克又进一步将如此审美偏好最终发展成一种丰满的修复哲学。

　　——译自 K.D. 墨菲《记忆和现代性：勒－杜克在维泽莱》(Murphy, K.D.: *Memory and Modernity: Viollet-le-Duc at Vézelay* [M]. University Park, Pennsylvania: Pennsylvania State University Press, 1999, p113.)

　　该提案在委员会里一石激起千层浪，因为这太有悖于委员们对待修复的谨慎原则，连一向支持勒－杜克的梅里美也摇头。但是，大势所趋或者说时势造英雄！当时的委员会太希望树立一个修复力度和效率的样板。毕竟，他将那个即将倒塌的大教堂扶了起来！况且他在提案里提出将那第 4 个拱原有的哥特式样予以保留（图 5.5）。于是，我们今天在中堂看到的 10 个拱中，有 9 个为罗

右：图 5.5 从中堂往东看唱诗区
罗马风半圆拱之东即是留下的哥特拱。
左：图 5.6 中堂里的 9 个罗马风半圆拱

马风式样（图 5.6）。如果仔细看，能觉察到最东端 3 个拱顶的石块色彩与其余 6 个拱顶的石块色彩有细微差别。但从"风格统一"的角度衡量，勒－杜克的修复无可挑剔。9 个罗马风连拱确实比 6 个罗马风、3 个哥特式看上去更顺眼。

点评：

除了"风格统一"的考量，勒－杜克大概还有青史留名的诉求。在他看来，该中堂里从罗马风半圆拱向哥特式尖拱的转变，体现了 12 世纪宗教及世俗力量对封建权力的反叛，标志着封建权力的消亡、现代形式政府的确立。因此，该教堂在建筑史上占有极其重要的地位，是法国民族建筑风格（哥特）的起源地。然而，12 世纪的工匠们所做的转变属于自发，技术尚未娴熟，时间也仓促，其间的转变和连接未必顺畅、未必安全（如 1843 年 11 月，前厅即发生过坍塌事故，而事故发生处恰是勒－杜克以为最安全的地方）。因此，胸怀宏伟抱负的勒－杜克，势必要改造这个"仓促

图 5.7 圣玛德琳教堂西立面现状
勒 - 杜克修复后的大体特征基本保留至今。

的转变"，使之安全并且完美。

其二是教堂西立面。

在保证结构安全的前提下，将"风格统一"的美学原则应用于西立面的修复，也就顺理成章了。对比图 5.7 与图 5.2，不难发现，尽管立面上从罗马风到哥特式转变的大部分特征予以保留，但许多 13 世纪的遗存还是被除掉。有意思的是，就像在中堂保留了一个哥特拱，西立面上，也保留了北面山墙上的一个四叶饰。它再次显示，勒－杜克在刻意让自己成为保留中世纪建筑演变标本的建筑大师。青史留名，他成功了！为支撑立面上方的承重，他增建了三个扶壁，其中两个扶壁分别位于中央山墙的大窗户两侧。他还认为当初应该有对称的两座塔楼，故仿照南端塔楼模式在北端山墙加建了对称的圆拱窗，在南塔楼的顶部加建了一个由栏杆和若干怪兽状滴水环绕的屋顶，在北塔楼亦如法炮制了一个屋顶。至于立面上的浅浮雕和雕像，也都做了很多改动。如此对称和风格统一的立面，连梅里美也没法赞赏。

点评：

俗话说，不怕不识货，就怕货比货。将修复后的立面与原立面相比，你会发现，新立面精美且容光焕发，却缺了某种诗意。但随着时光的积淀，荣光裹上层层沧桑，加上今人知道原立面的毕竟不多，亦少了同代人之间的恩恩怨怨。勒－杜克当年所受的指责如今变为赞美，并成为研习建筑风格从罗马风向哥特式转变的典范（图 5.8—5.9）。试想，如果其工程质量粗糙，会是什么结果？

教堂主体的修复于 1845 年大致完工。之后又历时 5 年，除了对教堂本身做彻底修复，还补建了修道院的其他建筑（牧会堂、寺院等）。遵照"风格统一"原则，这些建筑多为罗马风式样。所有的修复于 1860 年彻底完工。

思考

勒－杜克在修复圣玛德琳教堂时屡遭当地社区及教会的干扰，修复后的教堂虽得到政府赞赏，却广受前者的攻击，他们尤其指责勒－杜克对原有

右：图 5.8 从前厅走向中堂的入口门楣

这座著名的门楣如今已附加铁梁支撑保护，大门也不再开启。

左：图 5.9 南立面

历史肌理的破坏。当地政府及一些教会人员还指责工程中的贪腐现象。思考这些指责之前，我们简单回顾当时的背景。

其一，知识界及政府部门逐渐形成有关历史相对性的认知。因此，七月王朝路易·菲利浦政府发起修复和保护的对象，多为中世纪教会建筑遗留而非更早的古迹。这些修复直接由强势的内务部长基佐掌管。基佐本人是新教徒，其创建的保护机构及核心人物梅里美、勒－杜克等，多对天主教持怀疑态度，或厌恶或不感兴趣。由这些人负责修复天主教教堂，必然会遭到教会的反对。在教会眼里，这种修复体现了国家机构准许的反教会。再加上当时的教会在政治上同情、拥护之前的波旁王朝，对现任政府不能不说有所抵触。当地教会对圣玛德琳教堂修复的争议也就不难理解。然而，其时的教会早已权威一落千丈。基佐上任后，天主教更加失势。即便教士们百般阻挠，教会建筑的修复最终还是被政府牢牢掌控。圣玛德琳教堂的修复正是政府突出其掌控管理能力的样板。

其二，此地偏远，政府不仅与当地教会角力，还要与当地的地方当局较量。如此对抗，用"鹬蚌相争，渔翁得利"形容有些欠妥。然而，勒－杜克确实得利了。这便带来弊端：主观上，勒－杜克是个自由分子，厌恶宗教，对中世纪教堂的认知主要从民族文化遗产的角度出发。在他看来，圣玛德琳教堂是

上：图 5.10 远眺维泽莱全貌

左下：图 5.11 维泽莱小镇入口

右下：图 5.12 维泽莱城墙片段及城门之一处新门，此段建筑在 21 世纪初得到修复

国家的而非教会的。客观上，勒－杜克的客户是政府，政府又与教会和地方当局不和，勒－杜克对教会及地方上的要求也就置若罔闻。因此，在修复时，他所考虑的主要是结构、工艺、匠作以及从"游人"和"建筑学"角度出发的审美，而忽略教堂作为天主教教堂的宗教仪式、使用功能以及教义和宗教美学上的象征。他所修复的是一个属于国家抑或世界的刻板的纪念性建筑，而不是与当地人的生活紧密相连的活的有机体，如此纪念性建筑主要供游人欣赏而非宗教所用。的确，教堂修复之后，其所在地维泽莱小镇的宗教活动反而一度凋零。

然而，勒－杜克毕竟是大师。教堂虽大幅度重建修复，完成后的整体结构和布局依然保留天主教教堂的基本功能。随着时光流逝，圣玛德琳教堂也逐渐为当地社区所接受。虽然修道院的其余建筑全部被毁，但教堂保留了勒－杜克修复后的基本特征。这里不仅成为旅游胜地，教堂的宗教活动也得以持续，维泽莱小镇由此复兴。小镇的古城墙及特色民居也都得到较好保护，直至今天（图 5.10—5.12）。毕加索、罗曼·罗兰等著名艺术家、文学家，还有勒·柯布西耶等建筑师，都在此获得灵感。罗曼·罗兰在生命的最后几年更

左：图 5.13 中堂柱头上的雕像
右：图 5.14 西立面主入口门楣上的浅浮雕"最后的审判"
除了无头的基督雕像在后来的修复中被补全，其余场景基本保留了勒-杜克修复后的形态。端详这张照片，总让人自觉不自觉地想起加缪笔下的《局外人》。

一直居住于此。1979 年，该教堂作为法国第一批申报的世界遗产项目之一入选 UNESCO 世界遗产名录。

当代中国对宗教的认知与其时的法国颇为相似。从这个角度来看，圣玛德琳教堂修复对当今中国宗教建筑（尤其是宗教圣地和旅游热点区域）的修复有着特别的现实意义。

本书主要落笔勒-杜克对建筑的处理。其实，该教堂的雕塑，如中堂里 100 来个柱头上千变万化的雕像（图 5.13），以及前厅和西立面入口门楣上的浅浮雕，亦是研究欧洲中世纪艺术的重要实物。除了前厅的浮雕，其余雕像都经过勒-杜克之手得以补全修复。耐人寻味的是，对于这些雕像的修复也从当初的指责变为赞许[1]。对此，我们不做任何评论，仅以西立面入口门楣的现

［1］Ambrose, K. "Viollet-le-Duc's Judith at Vézelay: Romanesque Sculpture Restoration as (National) Art" // *Nineteenth-Century Art Worldwide: A Journal of Nineteenth-Century Visual Culture* [J]. Volume 10, Issue 1. Spring 2011. www.19thc-artworldwide.org/spring11/viollet-le-ducs-judith-at-vezelay.

状图片（图 5.14）作为本节结尾。此处也是勒－杜克改变原有历史肌理的一个重要证据：修复依原样保留了受损的无头基督雕像，却将整片浅浮雕的原有主题"荣耀基督"（Christ in Glory）场景改作"最后的审判"（Last Judgement）。这，或许是大师特意留给后人的伏笔？！

点评：

即便在交通便捷的 21 世纪，去景色如画的维泽莱也还是不太便利的，旅途是寂寞的……但这寂寞并不令人难受，而是享受！谁能说不是这份享受，成全了一个半世纪之前的勒－杜克？……去了，你就知道了……

二 老城堡化身博物馆

这里有断层
得挖，天上？地下？
格物致知
在墙的里心

碎了——
面容不清

却也是撇、捺、点、逗
塔不动，骑马的大公
重回半空，偏了

蜘蛛的角度？
蝴蝶的角度？
蜉蝣的角度？！

桥在左——
在右，欲说还休

600 年风云

远望，是城堡。独特的"M"形城堞在城中随处可见。

城，是意大利北部的维罗纳（Verona）。英国戏剧大师莎士比亚的三部剧作《罗密欧与朱丽叶》（*Romeo and Juliet*）、《维罗纳二绅士》（*The Two Gentlemen of Verona*）以及《驯悍记》（*The Taming of the Shrew*）皆以此地为场景。公元 2000 年，它被列入 UNESCO 世界遗产名录。

地处交通要塞，又有河水——源于阿尔卑斯山脉的阿迪济河（Adige）——环绕，早在公元前 1 世纪，这里就成为军事要塞。城内道路以南北向与东西向道路为主干，呈垂直交叉网状，为典型的古罗马军事城镇。如今的维罗纳老城中心依然可见此类格局（图 5.15），城中也保留有部分古罗马城墙[1]以及众多的古罗马遗迹如城门、半圆剧场、圆形竞技场等。其中，圆形竞技场是意大利保存最完整的古罗马建筑之一，并用于举办大型歌剧表演至今（图 5.16）。

12 世纪初，维罗纳成为独立城邦，另筑城邦城墙。经过一系列族系争斗和战争，斯卡利杰家族终于在 13 世纪中期抢到统治权成为维罗纳领主。此后的 100 多年里，该家族在此地作威作福、大兴土木，但也为民造福，让城市的经济和文化达至巅峰，所建的很多建筑都遗留至今。本节所述的老城堡即为其一，由斯卡利杰家族第五代掌门人斯卡利杰大公二世（Cangrande II della Scala，1332—1359）于 1355 年开始建造[2]，位于阿迪济河之南。

一起建造的还有横跨阿迪济河的锯齿型大桥。因为附近是一座奉献给圣马提诺（马丁）的小教堂旧址，城堡被称作圣马提诺城堡，大桥为圣马提诺桥。几十年后，维罗纳新领主威斯康提（Visconti）家族在圣彼得罗山（Colle di San

---

[1]除了古罗马城墙，维罗纳还保留部分 12 世纪城邦城墙及 14 世纪斯卡利杰家族所建的城墙。这些城墙富含寓意的"神威"借《罗密欧与朱丽叶》闻名世界。戏剧大师通过罗密欧之口（第 3 幕第 3 场）暗示：维罗纳城墙之外没有世界，／只有炼狱、酷刑、地狱。／因此，从维罗纳放逐便是从这世界放逐，／也就是死。（There is no world without Verona walls, / But purgatory, torture, hell itself. / Hence "banishèd" is banished from the world, / And world's exile is death）。这段文字后来被刻到维罗纳布拉城门（Bra Gate）的墙壁上。

[2]据立于老城堡院落的牌匾记载，第一块基石立于 1355 年。见 Lockay, J. W. R. *The Golden Book: Verona* [M]. Florence: Casa Editrice Bonechi, 2005, 81.

1. 古罗马城墙遗留。
2. 12 世纪城邦城墙遗留。
3. 斯卡利杰家族所筑的城墙遗留。
1、2 间椭圆形为古罗马圆形竞技场遗留。2 与阿迪济河交接处为老城堡博物馆。

上：图 5.15 维罗纳老城区平面示意图

"S" 状阿迪济河贯穿城市，古罗马时期的道路格局至今保留，今日香草广场（Piazza delle Erbe）对应古罗马时期的南北向与东西向道路相交处的议会广场（Forum）。

何晓昕绘

左下：图 5.16 圆形竞技场内部，此地为每年夏季歌剧节主场
右下：图 5.17 斯卡利杰桥现状，从前的逃命路，如今的观景处

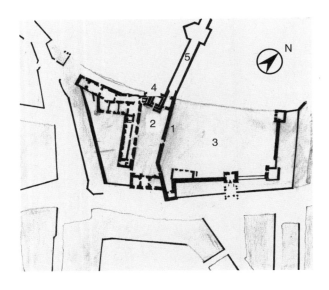

图 5.18 老城堡 1802 年平面图
1. 12 世纪城邦老墙
2. 居住区
3. 军事堡垒区
4. 桥堡 / 主塔楼
5. 斯卡利杰桥

何晓昕绘

Pietro）建造自家新城堡圣费利切（San Felice）。阿迪济河边的城堡遂得名老城堡（Castelvecchio，意大利文"Vecchio"意为"老"），桥改名为斯卡利杰桥。

从风水角度来看，这里是"汭"位的反方，非良地。从构筑角度论，建桥于此亦非上策，因为此处的阿迪济河水面宽阔。当年，古罗马人都晓得选择在阿迪济河的较窄地带构筑城镇。这点常识斯卡利杰家族应该清楚。执意于此，想必也不是为了炫耀其建大桥的高超技巧，尽管该桥的跨度当时确实称雄世界（图 5.17）。

主要原因在于建造者当时的处境：内忧大于外患。筑城堡不是为抵御外敌而是防范内乱。此地当然最佳。一来此处为北上要冲，一旦失守，斯卡利杰家族可从大桥逃命，北上投奔其神圣罗马帝国（今德国）的亲属和盟友（二世的母亲是巴伐利亚公主）。二来这里有一段 12 世纪初自由城邦时期构筑的城邦老墙遗留，可谓一道坚固的防线。于是，新桥与这段城邦老墙连为一体，并在二者连接处建造高耸的桥堡 / 主塔楼［Torre del Mastio，意大利文"Mastio"又写作"Maschio"，指中世纪城堡中的最高塔（主塔），英文常写作"keep"］，成为整座城堡制高点。城堡也被这残存的城邦老墙一分为二（图 5.18）。

城邦老墙之西是斯卡利杰家族居住区（Reggia）。临河而建，三层。多个互通的房间，与老墙一起构成一个小型内院。

城邦老墙之东（靠向维罗纳城内）是军事堡垒区。老墙以及南侧及东侧新建的墙垛，围成一个巨大的三合院。拐角处建高大塔楼。三合院开敞朝向阿迪济河，证明该堡垒不仅要保护西侧居住区，还要守护大桥（保证能够逃脱）。新建的东、南两侧墙垛上的枪炮眼皆面向老城（今日依然可见），进一步证明城堡防御的对象来自城内。

除沿河一面，整座城堡外围挖有壕沟护堡。东侧三合院内沿城邦老墙处亦挖壕沟，给西侧居住区和大桥再增一道防线。为构筑通向大桥的引桥，城邦老墙（北端）靠近大桥处的老城门"莫比城门"（Porta del Morbio）被封，同时在老墙南端另开门洞。估计因为构筑的主要目的在于逃跑，除了巨大的"M"形城墩，以红砖砌筑的城堡不带任何装饰，哥特式风格的砖墙坚固、厚重、朴素。

建造者斯卡利杰大公二世果然死于自家人之手[1]，城堡和大桥也不辱使命，家眷和死党正是通过该桥逃向北方的神圣罗马帝国。

1404 年开始，维罗纳成为威尼斯共和国的一部分。除了在原居住区添加一排房屋并将之改为军事学校，威尼斯人没对军事堡垒三合院做什么变更。此后的 300 多年，古堡基本维持原状。

1797 年，维罗纳被法国拿破仑军队占领。老城堡的命运第一次急转。

老城堡先是遭到报复式破坏：1799 年，拿破仑军队为报复维罗纳人的抵抗，捣毁了部分城墩及塔楼顶部。接着是被改造：为防范阿迪济河对岸的奥地利军队，1802 年，拿破仑军队在原三合院临河的一面构筑带雉堞的高墙，炮眼面向对岸。整座城堡的防御方向彻底改变。1806 年，又紧贴三合院北侧及东侧城墙，建两层高营房。从此，原来的三合院变成四合院。西北角贴近城邦老墙处建造大楼梯，连接临河的高墙及新建的营房（图 5.19）。为扩大四合院面积，沿城邦老墙的壕沟被填平。

显然，法国人的改造出于军事目的。新建的军墙、军营及楼梯皆用跟古堡原有构筑相近的红砖砌筑，亦不带任何装饰。

1825 年，老城堡的命运第二次改变。

---

［1］ "谋杀"也是该家族传统。领主们多短命。第三代掌门人斯卡利杰大公一世（Cangrande I della Scala, 1291—1329）之墓 2004 年被发掘后，对其木乃伊尸体的研究表明，此君原来是中毒致死。毒药很可能混于药物中。据记载，大公一世的侄子 M 继位不久便将叔叔的"御医"处死（灭口？），今人推测谋杀者就是这位侄子 M 二世，即城堡建造者斯卡利杰大公二世的父亲。

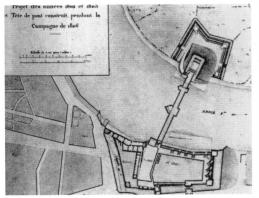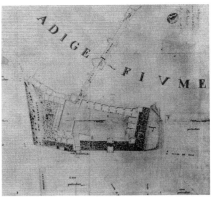

图 5.19 法国人对老城堡的改造示意图
左图：1802 年及 1803 年的平面图　右图：1806 年之后的平面图
Murphy, R. *Carlo Scarpa and the Castelvecchio*

　　说来仅仅是开通一条路。这条路却从原居住区小院内沿城堡老墙的西侧，直通斯卡利杰大桥，从根本上改变了古堡的特性。因为这条路与维罗纳城市道路相连，从属城市的公共交通。从前的一分为二是城堡内部的区域划分，如今被公共道路切断（图 5.20），东西二区仅在城墙靠河处有一小门相连。从此，大桥不再为古堡独享，而成了人民的大桥。古堡仍然是古堡，却种下大众"基因"。

　　第三次改变始于 1923 年，此时的维罗纳已归属现代意大利。此时的古堡已近荒废。

　　荒着也是荒着，不如有所用。加上那条切割古堡的大路，路边荒不得。估计正是这些原因让当时的（也是第一任）维罗纳博物馆馆长阿韦纳（A. Avena，1882—1967）成功游说市政府将古堡改造为博物馆。当然，也因为此时的维罗纳正经历一场历史建筑大修复[1]。

　　与以往不同的是，这回是功能的颠覆，且雇用了当时主管威尼斯地区历史建筑修复的建筑师弗拉提（F. Forlati, 1882—1975），号称有"修复"理念指导。为了给古堡带回宫殿式荣耀，不仅将原先靠河营房面向四合院的立面上大部

---

[1] 1922—1945 年意大利法西斯政府执政期间，为了国家荣誉，大兴修复历史建筑的活动。维罗纳的一些历史建筑多在此期间得到修复。见 Di Lieto, A. *Verona: Carlo Scarpa & Castelvecchio, visit guide* [M]. Milano: Silvana Editoriale, 2011, 6-7.

分方形门窗改为哥特式风格，而且将整个立面改为对称式，正中入口设计了三连拱门，以突出其"辉煌"。室内装饰亦模仿 16、17 世纪风格，院落被改为传统意大利规整式花园（图 5.21—5.22）。

对照本书上篇所提修复理念，此类"风格式"修复不及格，给后来者带来挑战，也赋予良机。

"二战"中，古堡遭受惨重破坏，大桥也在 1945 年被撤退的德军炸毁。"二战"结束不久，大桥以原样重建，古堡包括塔楼在内的一些建筑亦得到部分修复。

20 年重塑

1956 年，马加尼亚托（L. Magagnato，1921—1987）成为维罗纳博物馆馆长。古堡内混乱的布局和装饰，激发了这位出生于威尼斯的年轻人改造古堡的雄心。鉴于对建筑师斯卡帕（C. Scarpa，1906—1978）所做的博物馆改造项目——如西西里巴勒莫阿巴特利斯宫的（Palazzo Abatellis, Palermo, Sicily, 1953—1954）改造、威尼斯科雷尔博物馆（Museo Correr, Venice, 1953—1957）改造、帕桑罗卡诺瓦石膏像陈列馆（Canova Gallery, Passagno, 1955—1957）扩建——的仰慕，马加尼亚托认定同样出生于威尼斯的斯卡帕为"改造大业"的不二人选。经过仔细考察，维罗纳市政府批准马加尼亚托的申请。老城堡的命运再次出现转折。这项近 20 年的改造工程，从时间上大致分三期：

第一期，1957—1958 年：翻新西部居住区，清理那些带虚假装饰的房屋，并根据最新的博物馆设计理念重新布置展厅。

工程始于一系列考古挖掘，如对莫比城门以及由斯卡利杰家族建造的连接古堡与大桥的斜坡路的挖掘。斯卡帕早期的作为也集中于该地段，如修复、打通莫比城门（图 5.23）；在桥堡靠西居住区的一侧，建立楼梯连接西部居住区与桥堡；在公共道路（即 1825 年开设的道路）的地下层设立地下通道连接城堡的东、西两区。

居住区外部保持 14 世纪初建时的府邸风格，内部的旧粉刷则予以清除，以找出原来的壁画，并将所找出的原壁画加以保护。木构天花顶棚不变，一楼地面重铺科洛泽托（Clauzetto）大理石，二楼换铺府邸式核桃木地板，但

左上：图 5.20 通向斯卡利杰桥的公共道路

右上：图 5.21 弗拉提修复前的营房

左下：图 5.22 弗拉提修复后（作为展厅）的哥特式风格房舍

中央三拱门处为展厅入口，前方的庭院为规则几何形。

图 5.21—5.22 Di Lieto, A. *Verona: Carlo Scarpa & Castelvecchio, visit guide*

右下：图 5.23 打通及修复后的莫比城门现状

此城门与通向斯卡利杰大桥的公共道路相连。

上：图 5.24 居住区改造后的展厅二层室内
下：图 5.25 庭院东南角博物馆展厅入口
一条笔直的铺地、小型水池等构成新入口
序列。

又在与墙体交接处附以石作为边界（图 5.24）。总之，建筑的构架部分，即便重做，皆利用了传统材料及低调颜色。用于展览的房间的室内装置则十分有创新性。

1958 年 8 月，"从阿蒂基耶罗到皮萨内洛"（*From Altichiero to Pisanello*）[1] 展览在修复后的居住府邸成功举办。从此，居住府邸成功转型为展厅。

第二期，1959—1964 年：这是整个工程的关键期。集中于对东部拿破仑时期靠河营房（展厅）及四合院的改造。

先是对这部分的一楼做些改造，设计新的展览装置，并将 1923 年修复时所设展厅的入口移到庭院东北角（图 5.25）。

随着工程进展，马加尼亚托和斯卡帕均发现仅仅"清理那些带虚假装饰的

---

[1] 阿蒂基耶罗（Altichiero da Zevio, c.1330—c.1390）为意大利哥特派画家，维罗纳（艺术）学校创立人。皮萨内洛（Antonio Pisanello, c.1395—c.1455）为出生于维罗纳的国际哥特派画家，亦是卓越的钱币肖像设计家，被 1987 年创立于巴黎的奖章设计国际组织 FIDEM 誉为奖章设计创始人。另一佳话：此公绘制的一幅《活塞遥感》图，让 500 年后的一个英国人用来佐证中国人在此类机械上的发明早于欧洲人。这个英国人便是中国人民的老朋友李约瑟。参见李约瑟《中国科技文明史》中文版序。

房屋"远远不够。改造既要保留，亦须有所拆除和揭露，从而清晰地展示古堡不同历史时期的各个层面。1962年对四合院内沿城邦老墙壕沟的挖掘，加强了这一概念。为此，斯卡帕的改造方案一变再变：先是拆除1923年修复时添加的虚假装饰，接着分别拆除拿破仑时期修建的连接靠河墙堞与桥堡的大楼梯，以及靠河营房最西端的开间。方案以这西端的开间为连接东、西两区的枢纽，更在此安置维罗纳最重要的艺术品之一——斯卡利杰大公一世的骑马雕像。

1963—1964年，完成绘画展厅的改造，建造了新出口楼梯，安排了新的参观路线，重塑了1923年修复时拿破仑营房面向庭院的虚假立面，改造院落花园，并将东翼原营房改造成博物馆员工办公室。1964年12月，主体改造基本结束，博物馆正式对外开放。

第三期，1966—1975年：在拿破仑时期的靠河城墙与东北塔楼之间插进一座小型图书馆，并在图书馆之上建造阿韦纳展厅。所有工作于1975年彻底结束。图5.26显示了改造后的平面。

斯卡帕——另类传统？！

从上述三大阶段，不难看出，斯卡帕接受任务时，重心在于以现代原则创意性设计新理念博物馆，并未刻意寻求或遵从保护理念。具体操作时，他却处处注重历史，一如他自己所言，"我一直有……强烈的愿望属于传统，但无须柱头柱身"[1]。为此，这里从"保护"角度，回味斯卡帕在该城堡改造中，对保护职业人最有启示的两大手法。

1.历史的层次——揭露、切割、粘接、展现……

津津乐道于斯卡帕诗意般呈现的建筑学人大多知道：斯卡帕有影响力的建筑设计始于博物馆。该城堡的改造终点也是博物馆。与之前的博物馆改造项目稍不同的是，这里始终有一个背影，代表业主的新任馆长马加尼亚托。更为可贵的是，马加尼亚托不仅作为馆长，还作为历史学者，与斯卡帕一起讨

---

[1] Olsberg, N. "Introduction" //Olsberg, N., Ranalli, G., Bedard, J-F., Polano, S., Di Lieto, A. & Friedman, M. (eds.) *Carlo Scarpa, Architect: Intervening with History* [M]. Montreal: Canadian Centre for Architecture/Monacelli Press, 1999, 13.

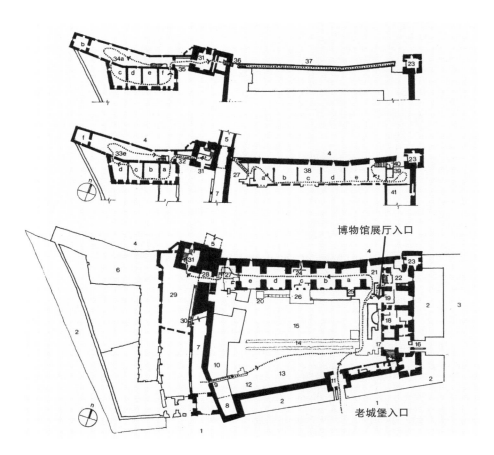

图 5.26 老城堡博物馆平面图

Murphy, R. *Carlo Scarpa and the Castelvecchio* [M]. London: Butterworth Architecture, 1990, 2.

1. 古堡路
2. 外城壕
3. 加维凯旋门（Arco dei Gavi）广场
4. 阿迪济河
5. 斯卡利杰大桥
6. 住宅区底层
7. 通向斯卡利杰大桥的公共道路
8. 钟楼
9. 新建的钢桥
10. 内城壕

11. 老城堡主入口塔楼
12. 圣马提诺小教堂旧址
13. 停车处
14. 平行树篱
15. 草地
16. 已废入口 [通向博吉（Boggian）展厅]
17. 通向博吉展厅入口
18. 博物馆办公区
19. 馆长室
20. 中央加热间

21. 博物馆入口
22. 图书馆
23. 东北塔楼
24. 雕塑展厅
25. 神龛
26. 外平台
27. 大公一世空间
28. 莫比城门
29. 住宅区庭院
30. 住宅区庭院室外楼梯
31. 桥堡／主塔楼

32. 桥
33. 住宅区一层展厅
34. 住宅区二层展厅
35. 被覆盖的桥
36. 楼梯间
37. 城墙步行道
38. 东侧上层画廊
39. 阿韦纳展厅
40. 出口楼梯
41. 博吉展厅

论工程中几乎所有的事项，并共同确定改造目标：既赋予古堡新生命又重现原始构架。于是为整个项目定下了基调：尊重历史。这正是本书上篇提及的李格尔的学生和继任德沃夏克所强调的。

古堡内各个角落留有不同时期的历史断层，揭示并展现这些层次便是对历史最好的尊重。这需要阅读检索并考证与古堡有关的历史文献，还需要实地挖掘。

事实上，动工之前，斯卡帕反复阅读有关古堡的各类文献、地图及照片，仔细研究求证古堡的历史变迁，还制作了一个古堡 18 世纪末期的模型。从上述三大阶段，我们也不难看出，设计及实施前期，考古挖掘始终被当作首要参考依据。无怪乎 20 世纪 80 年代末，斯卡帕的作品第一次在意大利之外——加拿大建筑中心（Canadian Centre for Architecture）展出时的展览标题以及后来将展览作品汇集成书的标题均是："斯卡帕，介入历史的建筑师"[1]。

"介入历史，展现不同的历史层面。"如何做到？必涉及取舍，取哪些？舍哪些？西区较为简单，清掉 20 世纪 20 年代修复时的虚假装饰，基本就能重现 14 世纪斯卡利杰家族所建的府邸原样。东区则远为复杂，这里的层面太多，既参差交叉相互重叠，又断断续续若隐若现，差不多每一个后来者都扰乱了前辈。无怪乎斯卡帕发出感叹："在老城堡，所有的（立面）都是伪作。"[2]

我们先由近眺远，有如下几个层面：

（1）20 世纪 20 年代的修复，将 19 世纪头十年拿破仑时期营房及四合院弄得面目全非；

（2）1825 年开辟的公共道路，切断了之前的古堡东西间联络；

（3）19 世纪头十年拿破仑军队修建的靠河城墙及 "L" 形营房，缩小并封闭了原有的开敞空间，阻断了庭院与阿迪济河之间视线互通的借景关系；

（4）19 世纪头十年拿破仑军队在庭院东北角修建的大楼梯；

（5）14 世纪斯卡利杰家族城墙、塔楼；

（6）12 世纪城邦老墙。

［1］ Olsberg, N. & Ranalli, G. etc. *Carlo Scarpa, Architect: Intervening with History* [M]. Montreal: Canadian Centre for Architecture/Monacelli Press, 1999.

［2］ Carlo, S. "A Thousand Cypresses, A Lecture given in Madrid in the Summer of 1978" // Dal Co, F. & Mazzariol, G. *Carlo Scarpa: The Completed Works* [M]. New York: Electa/Rizzoli, 1985, 287.

左：图 5.27 庭院鸟瞰
右：图 5.28 从立面突出的圣龛

再从远看近：

（6）和（5）代表古堡原初，得"取"而不能"舍"，就是说，要保留。

（4）大楼梯是连接西侧与桥堡的关键，不可随便拆。然而，随着考古发掘的进行，事情有了变化；

（3）靠河营房及城堞，将成为博物馆主体（展厅），具有实际用途，不可能彻底"舍"。然而此地在 20 世纪 20 年代修复时遭到过局部改造，需要有所清理；

（2）城市公共路不能"舍"。

（1）这是最宜下手处，将 20 世纪 20 年代的四合院花园彻底改造，也是斯卡帕的长项（图 5.27），内部那些虚假装饰也都可拆掉，亦是斯卡帕的长项。可是面向庭院的立面呢？

综合来看，难点在于营房（展厅）、城堞、大楼梯。

营房面向庭院的立面：因为实用价值，不可能拆除 20 世纪 20 年代弗拉提修复后的展厅主立面。怎么办？那么就颠覆其面貌特征，就是所谓的"角色暗杀"（character assassination）[1]。

特征，特征是什么？事情变得有趣起来。我们跟着进入某种悬念。

弗拉提的立面特征是"哥特式对称"。不符合当地（威尼斯地区）的哥特

---

[1] Murphy, R. *Carlo Scarpa and the Castelvecchio* [M]. London: Butterworth Architecture, 1990, 8.

式非对称传统，属伪造。将其改为"不对称"，既符合"历史的逻辑"，亦可彻底颠覆面貌的特征。

如何实施？斯卡帕有过很多设想，诸如移动原有窗户，增加新窗框，增加一些垂直构件，抽象处理立面的粉刷。他甚至还想到大加改造，将屋顶与立面墙体上端的交接处改为玻璃……最终，他几乎保留了弗拉提哥特式立面上的所有元素，却也将之变为不对称。这个，令人兴奋。且看细节：

——将原先中轴线上的入口移至庭院东北角（图5.25）。

——在墙之内外侧增加一些突出体块：如"圣龛"（图5.28）、入口处屏墙及铺地等（图5.25）。其中斯卡帕最得意之笔该是圣龛了。

——拆除营房靠西端的开间。

——外墙重新粉刷时，又特意在某些部位露出拿破仑营房时期的砖砌墙面。

如此改造后的新立面一举三得：改变了立面虚假而不合当地传统的特征；保留了这个虚假添加物，展示了当初修建至改造时逐时段的历史层面。

拿破仑时期的靠河军营、城堞以及大楼梯：相较上述立面，这些构筑同样具实际功用，不可随便拆除。但斯卡帕最不喜欢的就是这个营房。不能整体除，那就局部拆。他首先想到拆掉营房及城堞靠东端的开间，既为了在此安置新入口，也为了让沿河墙堞有所呈现，让北侧房屋（将为展厅）与东侧房屋（将为员工办公及图书馆等）的功能分区更为明显。然而，斯卡帕的目的不仅要揭示历史的层面，还要清晰展现不同历史层面之间的视觉逻辑。若将北侧与东侧房屋断开，即便有屋顶相连，也会让人觉得这可能是建于不同时期的两栋建筑物。事实上，这两栋房屋是当初作为营房同时建造的。因此，最终结果是这一端的开间不能拆，两栋大楼需要维持于一体。

至于营房及城堞的西端，则随着考古挖掘发现从内拆到外。先是因为1958年考古发掘发现了莫比城门（图5.23），为展示这个门，对军营内部做了相应拆除。接着是1962年对城邦老墙西侧城壕的发现。为了展示这段城壕，必须拆除军营最西端整个开间及其附近的大楼梯。如此，不同的历史层次得到最佳重现：重现了城邦老墙的基础部分及莫比老城门；重现了靠河墙堞；重现了壕沟。还不止呢，请看屋顶四层次：一是，营房末端开间的四壁虽然拆除，但其屋脊的两根木梁被保留，且一直延伸到城邦老墙；二是，屋脊之上新铺一层绿色双坡斜面铜皮屋顶，其边缘沿垂直于屋脊的方向"之"字收边；三是，营房原有红瓦屋面部分重叠于新铺绿片屋顶上；四是，"之"字形铜片屋面与城邦老墙、莫比城门之间半片露天（图 5.29—5.30）。历史的层面展现达到极致。片段之间，有保留有创新，新旧分明，却同融于自然天色之中。

不难看出，斯卡帕的拆除与其说是"拆除"，不如说是"切割""粘接"更为贴切。如此揭露、切割、粘接，不仅展现历史的层次，也梳理了之前的混乱，而且合乎视觉逻辑。无怪乎对斯卡帕与老城堡博物馆改造深有研究的英国学者墨菲（R. Murphy），将斯卡帕这种做法与英国保护领域前辈莫里斯所倡导的保护理念相提并论："……他保护而不是修复……像莫里斯一样，他决心做历史的延续人……"[1]。

2. 链接与对话——骑马的雕像

斯卡帕不仅仅满足于清晰而富有逻辑地展示不同的历史层面，他还要让不同的历史层面之间有交接，有呼应，有对话。手法众多，如在展厅内四周"挖"以"凹槽"以呼应室外壕沟（图 5.31），对室内外窗户的处理富有层次（图 5.32），在展厅的尽头专设有关考古的展示（图 5.33）……这里特别强调其在被切割后的军营最西端所营造的半开敞空间：安置斯卡利杰大公一世的骑马雕像，让这个虚空成为博物馆的聚焦点。不仅清晰展示各层历史，更是连接城邦老墙（旧）与展厅（新）的枢纽。"新""旧"之间欲说还休。

据史料记载，与城堡建造者斯卡利杰大公二世施行酷政不同，斯卡利杰大公一世是位仁慈的领主，还资助过乔托、彼特拉克、但丁等杰出艺术家。尤其对但丁流亡维罗纳时的资助，被传为佳话。但丁有关诗为"寓意说"的理论便出现在他致大公一世的信件中[2]。大公一世骑马雕像最初安置于领主广场（Piazza dei Signori）附近斯卡利杰家族墓地斯卡利杰拱塔之上（图 5.34）。1896 年拉斯金拜访维罗纳时对之有记载和速写。1909 年，雕像为了修复被移至他处，后来又被移到老城堡，却被弃于不起眼的角落[3]。马加尼亚托和斯卡

［1］ Murphy, R. *Carlo Scarpa and the Castelvecchio* [M]. London: Butterworth Architecture, 1990, 9.

［2］朱光潜，《西方美学史》[M]，北京：人民文学出版社，1979，第 2 版，134—137；Caesar, M. (ed.) *Dante: The Critical Heritage* [M]. London: Routledge, 1989, 89-103.

［3］ Di Lieto, A. *Verona: Carlo Scarpa & Castelvecchio, visit guide* [M]. Milano: Silvana Editoriale, 2011, 20.

左上：图 5.29 屋顶新旧之间

看山看河看桥看塔……色彩万千。

右上：图 5.30 "之"字形屋面与城邦老墙之间的半片天

左中：图 5.31 展厅地面四周开出凹槽

右中：图 5.32 展厅窗户的层次

左下：图 5.33 考古展示处

图 5.34 位于斯卡利杰家族墓地的三位大公雕像

设立骑马雕像是当时的传统，如今的大公一世雕像为复制品。

图 5.35 骑马雕像置于入口设想图

Di Lieto, A. *Verona: Carlo Scarpa & Castelvecchio, visit guide*

帕在工程伊始，就慧眼认定这座骑马雕像最能象征该城堡乃至整座城市，必将是整个项目的亮点。

如何突出该亮点？第一方案是将雕像置于展厅入口处。上文提到斯卡帕曾计划拆除靠河营房东端开间，既为了入口也为了安置这座骑马雕像（图 5.35）。可是，在马加尼亚托和斯卡帕心中，城邦老墙是整座博物馆的中心，雕像应该与城邦老墙有对话。若将之置于东边入口处，便失去与城邦老墙的联系。第二个方案是将雕像置于 1958 年发现的莫比城门附近。但莫比城门的位置比展厅地面低很多。当时的计划是拆除营房最西端开间底层，在此处下挖，开辟出一个与莫比城门等高的半地下空间。可如此一来，参观雕像就要往下走几个台阶。不符合当初雕像设计时"高高在上"（图 5.34）的视觉逻辑。

1962 年时城壕的发现，扭转了故事大方向。如前述，为展示城邦老墙、莫比城门及城壕，斯卡帕"大动干戈"，将营房最西端开间及大楼梯全部拆除，辟出一个两层高的"大"空间。也终于让他们醒悟：此地安置雕像最合适。

具体如何？斯卡帕画过很多构思草图[1]，后学们推测他大致有如下考量。一是雕像处于博物馆之外，却又在半闭合空间之内，让雕像免受自然气候侵蚀。这就是为什么该处屋顶被切成"之"状。二是雕像当初位于 5 英尺高空，为的

---

[1] 虽有所遗失，斯卡帕的老城堡设计图及草图依然留下 650 多幅，现存于老城堡博物馆资料库：www. archiviocarloscarpa.it.

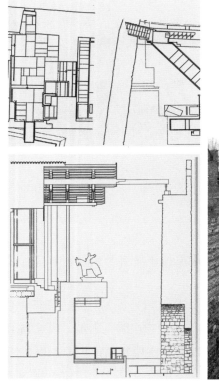

左上：图 5.36 大公一世空间底层及一层平面
左下：图 5.37 大公一世空间（南北）剖面
　　图 5.36—5.37 Murphy, R. *Carlo Scarpa and the Castelvecchio*
右：图 5.38 大公雕像、城邦老城墙、老城壕、新桥融于富有生命力的绿地之中
冬季里你还能看到远方的山雪。

是让人"仰视"。因此，今天的雕像也应该置于半空。最终，雕像置于展厅与城墙之间靠庭院一角伸出的平台之上，看去好比室外，却得到"之"字屋顶的庇护（图 5.36—5.37）。斯卡帕在保留当初"仰视"的基础上创了新。雕像悬空的同时，又在等高的虚空之间通过"小桥"开辟出多条参观路线，让人们仰视、平视、近视、俯视（图 5.39a、b、c、d）。雕像成为整座博物馆的视角焦点乃至精神象征（图 5.38）。

　　如此处理，再次显示斯卡帕的独创性。可从下面的读书卡片，看斯卡帕自己如何说。

图 5.39 大公雕像
a 左上近视
b 右上仰视
c 左下俯视
d 右下平视

读书卡片 6:

　　最具挑战性的任务是如何安置斯卡利杰大公雕像，这不是件易事。即便已经确定将它置于空中，它与位置的变换（空间的流动）有关，合适的定位可以强化城堡不同部件之间最重要的历史链接。我决定将它稍稍偏转，强调其独立于支撑它的构件。它是整体的一部分，却有自己独立的生命。

　　——译自《斯卡帕访谈录》（Interview with Carlo Scarpa//Dal Co, F. & Mazzariol, G. *Carlo Scarpa: The Completed Works* [M]. New York: Electa/Rizzoli, 1985, p.298. ）

点评:

　　偏移是中国风水的一个重要手法。这里并非想说斯卡帕如此处理跟风水有什么关系。但作为长期研究风水的中国学者，我们对斯卡帕如此偏移非常感兴趣。

多余的话

斯卡帕在 20 世纪 50 年代就声名鹊起。也许因为其作品主要是博物馆、画廊之类历史建筑的改建，规模较小，斯卡帕并不为当时的建筑界主流理论家们关注。当时，意大利活跃的建筑理论家们基本不将他纳入与意大利现代建筑相关议题的讨论热点。80 年代开始，关于斯卡帕的文字陡然增多。当初并不为现代主义建筑运动所推崇的他开始成为现代建筑师的偶像，并被很多解析现代建筑的专家学者列为重要现代主义建筑大师予以推崇[1]，专论他的文集数不胜数。他也备受中国建筑界推崇，有关他的中文介绍亦是数不胜数，并有专著出版[2]。

于是只要提起斯卡帕，徒子徒孙们都能举出一系列关键词：片段、细节、节点、并置、哲学、诗意、历史的层次、对光的灵性处理……我们想说的似乎早已说尽。因此，上文仅从"保护"或"修复"的角度评述他在老城堡的所为。此处的多余话，还是站在类似角度来说。

一、对斯卡帕的解读众说纷纭：出生于威尼斯、早期与威尼斯知识分子圈子的交往、在威尼斯玻璃岛（Murano）维尼尼（Venini）作坊做器皿设计的经历、对东方（日本）文化及莱特的推崇、维也纳分离派的影响……[3] 然如前所述，斯卡帕的设计实践始于博物馆，成于博物馆，其诸多处理手法源于在博物馆设计改造中的摸索，如上述展现老城堡历史层面的诸手法，如在老城堡改造的第二阶段、与马加尼亚托在不同时间段对展品光线的试验……一句话：其设计手法源于博物馆里的实际打磨。博物馆必然涉及历史，是培育与展示一个建筑师相关知识和才华的最佳舞台。有关斯卡帕众多作品的介绍，老城堡博物馆被提及最多，这从侧面表明，该项目是斯卡帕建筑师生涯的重要一站。

［1］代表性著作有：Frampton, K. *Studies in Tectonic Culture: The Poetics of Construction in Nineteenth and Twentieth Century Architecture* [M]. Cambridge: MIT Press, 1995, 299-334; Jones, P. B. & Canniffe, E. *Modern Architecture through Case Studies 1945-1990* [M]. Amsterdam: Architectural Press, 2007, 113-126.

［2］李雱：《卡罗·斯卡帕》[M]，北京：中国建筑工业出版社，2012。

［3］Schultz, A-C. *Carlo Scarpa: Layers* [M]. Stuttgart-Fellbach: Edition Axel Menges, 2007, 35-68.

二、有过改造或修复经历的建筑师都
知道，最难的不是无创造性，而是如何既
让自己的创造性不被原结构淹没，又保留
原结构的肌理，而不让自己的创造太张
扬。斯卡帕的"揭露、切割、……交接、
对话"等手法值得借鉴。当你走进这座博
物馆，首先吸引你的是斯卡帕的创造性元
素。但当你细细品味，你会发现，他之前
所有的古老元素，甚至包括那些伪造的东
西，大部分得以保留。如此创造，我们叫
它"记忆结合预言式创造"，既创造了记
忆，也创造了现在和未来。即便不能说它
完全"原汁原味"，它也绝对是"地道"
的维罗纳的老城堡。漫步老墙之上，我们

图 5.40 老城堡博物馆建筑细部腐蚀处

仿佛听到他的喃喃自语：……属于传统，但无须柱头柱身……后来，我们读
到另一标题：与过去之痕共作，但望未来之意[1]。这大概最符合老城堡博物馆
改造之意了。亦当是现代保护建筑师的目标。

三、人们都知道，"拆除"是保护项目的大忌，时代的脚步却不可能不走
上拆除之路。尤其对于当代中国，"拆"字到处有。斯卡帕的拆除方式便极富
参考意义。既然拆不可避免，就让它不仅仅"除"，而且是有智慧的"剪"与
"粘"，同时，寻找并展示某种可供对话的载体。

四、双刃剑。斯卡帕精致的建造技术、精妙的细部工艺以及对材料的精巧
使用，对揭示、保留并展现历史层面极值得借鉴。但事情总有两面。相对传
统技术和材料，这些现代技术及材料易腐易衰，斯卡帕的建筑因此处于不断
的老化中，外加维护不力，当前其建筑处境颇有些不妙[2]。我们在 2015 年拜
访这座老城堡博物馆时，依然能随处见到败象（图 5.40）。

［1］ McCarter, R. *Carlo Scarpa* [M]. London: Phaidon Press Inc., 2013, 136-159.

［2］ Schultz, A-C. "Carlo Scarpa: built memories" // Birksted，J. (ed.) *Landscapes of Memory and Experience* [M]. London: Spon Press, 2000, 47-60.

第六章 区域

一 草莓坡山庄——幻想的"生死死生"

几个疯子
天才!

Gothic，Gothic
先锋？怀古？任意！

到处是古怪的收藏
幻想的乐趣飘荡

让黑夜钟沉
让贝壳卷水
让天才臂断

惊梦偶然
而幽灵永距

听歌么？
复活失落的传奇？

带上你的鼻子
还有那一身黑衣

变形
《变形记》！

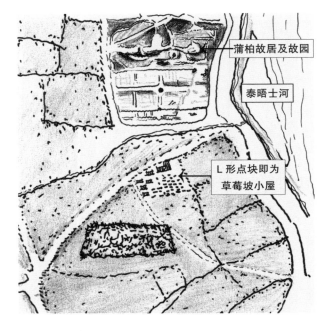

蒲柏故居及故园

泰晤士河

L 形点块即为
草莓坡小屋

图 6.1 草莓坡位置示意图
何晓昕根据 1846 年 Jean
Rocque 有关伦敦及其周边
的测量图描绘。

先锋的意义与代价

　　泰晤士河在伦敦的西南九曲十八弯，河水连同其周边的青草地、屋宇、园林，成就英格兰最富田园风光的人间乐土。从前的皇家狩猎场、错落有致的大型林园、乡村宫殿、庄园府邸……宛若一串串亮丽的珍珠。草莓坡山庄便是其中之一。

　　虽不及皇家宫殿园林的壮观，这座山庄从宅邸内的收藏装饰到宅邸本身，再到宅邸外林园，堪称英国建筑、收藏乃至园林史上的丰碑。此外，1764 年，山庄的屋主兼总建筑、造园师（业余的）因山庄激发的灵感而创作的恐怖小说《奥特兰托城堡》，被后人推为文学史上第一部哥特小说。玛丽·雪莱、爱伦·坡、威廉·福克纳等哥特式小说好手，莫不受其启蒙。读者不妨闭眼想象：这山庄该有怎样的气息？！

　　你肯定会说屋主非一般人物……正确。他叫贺拉斯·沃波尔。因为后来发生的事，我们不得不以俗人的方式，先说说他显赫的父亲罗伯特·沃波尔（Robert Walpole，1676—1745）——第一代奥福德（Orford）伯爵，辉格党（Whig）

要员，英国历史上第一任首相[1]。

因为辉格党人，16—17 世纪时期的英格兰皇室再也不能专政，但依然大权在握。皇室内如国王与太子、王后等人之间屡有纠纷，政敌众多的罗伯特能够游刃其间，我们不难想象这位政客该是怎样的老谋深算！此外，发妻（贺拉斯的母亲）尚未亡故，他就公开与情妇同居……我们更不难想象，这一切对体格孱弱的贺拉斯有怎样的影响！尽管他从相貌到性情均与乃父大不同。

贺拉斯 10 岁被送到伊顿公学，17 岁进剑桥国王学院。虽没拿到学位，名校的熏陶与广泛阅读，培育抑或激发了少年贺拉斯生来俱有的特质——"想象的乐趣"[2]以及对自然景观的热爱和沉思。上学期间结交的"狐朋狗友"多为舞文弄墨、热衷古典之徒。其中有后来成为英国文学新古典主义后期代表、墓园派诗人的托马斯·格雷（Thomas. Gray，1716—1771）。

1739 年，贺拉斯结束剑桥生活，拉上格雷一道随大流踏上对其人生有决定意义的"大旅行"。两年的游历，让这位阔少不仅领悟法国、意大利的艺术、建筑、风土人情，还培养出当时的博古家（Antiquarian）圈子的共同普遍嗜好：鉴赏加收藏。贺拉斯一路收集了超多古物、艺术品，免不了也结识了一批爱好文学艺术的朋友，后来成为草莓坡山庄建设得力人物的楚特（John Chute，1701—1776）即为其一。

1745 年，父亲去世留下的遗产使贺拉斯有了经济实力，他再度随大流（远离城市的喧嚣，在静谧乡间建宅造园用于 4—9 月夏季居住，这也是当时英

---

[1] 英国当时其实尚未设首相职位，但鉴于其所掌握的实际权力，此人当算首相。

[2] 关于"想象"(imagination) 的理论早就为欧洲学者关注，18 世纪的英国启蒙学者更进一步思考"想象"中的"想"（thinking & understanding 思考、理解）与"印象"（impression，形象、意象、印象）以及"图像"（image，影像、映象）之间的关联，并以视觉图像及印象填满空间想象。如哲学家洛克（J. Locke，1632—1704）发表《人类理解论》，区分被动取得的"简单思想"如色（红色）、味（甜美）、形状（圆形）等与主动构架起来的"复杂思想"如数字、因果关系、抽象、实体观念、本体以及差异性概念等，并将人的大脑比作橱柜或收藏室。散文家及作家爱迪生更在自己办的杂志《旁观者》1712 年 6 月第 411 期专文论述"想象的乐趣"。"想象的乐趣"由此成为当时广为人知的理念。贺拉斯少年时代即开始阅读洛克的《人类理解论》、爱迪生的《旁观者》杂志，并深受影响。爱迪生的文字也成为他引用最多的名言警句。有关"想象的乐趣"的更多论述，参见 Brewer, J. *The Pleasures of the Imagination: English Culture in the Eighteenth Century* [M]. London: Routledge, 2013.

格兰王戚贵族的时尚）到田园乡间找寻自己的夏季别墅。几经周折，最后他相中位于特威克纳姆（Twickenham）小镇边缘的一座小屋。特威克纳姆离伦敦、温莎堡等地极近，加上特有的田园风光，早已成为贵族们兴建庄园的首选。可喜的是，小屋虽处时尚小镇，其本身尚未被开发。更可喜的是泰晤士河河水近在眼底，几百米开外便是贺拉斯极为欣赏的大诗人蒲柏（A.Pope，1688—1744）的故园（图6.1）。

依他自己描述，这座建筑被当地人称作"切碎了的秸秆屋"（Chopp'd Straw Hall），建于1698年，主要用于出租。贺拉斯相中此屋时，其租赁权属于伦敦查令十字街一家有名的玩具店老板娘[1]。1747年5月，贺拉斯从这位老板娘手里买下了租赁权。一年后，他又买下房屋及其附近大约5英亩的产权。照贺拉斯的传记作家、1955年布莱克纪念奖获得者凯顿-克里默（R. W. Ketton-Cremer，1906—1969）分析，购置该小屋当是贺拉斯人生的重大转折点[2]。

贺拉斯本打算种点花草树木，养些家禽牛羊就算完事。不久却在致友人信中说，要将小屋按自己的"品味"（taste）改造成"哥特式小城堡"[3]。小屋之名，也改为带些诗意的"草莓坡山庄"。

工程从1749年持续到1790年，场地从当初的大约5英亩逐渐扩展到46英亩，凝聚了贺拉斯一生的智慧和心血。但在某些专业人士看来，只能算业余的小打小闹，虽参考了大量哥特式建筑实例及书本上的哥特建筑式样，宅邸的改建、加建过程中，注重的还是"想象的乐趣"和自己的"品味"。完工后的建筑古怪炫目，谈不上是哥特式建筑代表作。刻薄点说，它只是座"假城堡"。

然而，正是这个非专业人士的所谓的"想象作品"，启动了英国哥特式建筑复兴。其内的藏品提倡独特性，并与室内装饰融为一体，成为当时新兴资产阶级私家博物馆的范本。其外的园林摒弃当时尚且流行的几何规则式样，

---

[1] Walpole, H. *A Description of the Villa of Mr. Horace Walpole, ...* [M]. Strawberry Hill: Thomas Kirgate, 1784,1.

[2] Ketton-Cremer, R.W. *Horace Walpole: A Biography* [M]. London: Metheuen & Co. Lit., 3rd ed. 1964,109.

[3] 他一生与友人通信4000余封。美国耶鲁学者路易斯（W. S. Lewis，1895—1979）1937年开始主持将这些信件编辑成《耶鲁版贺拉斯·沃波尔通信集》（*The Yale Edition of Horace Walpole's Correspondence*，以下简称 *Corres.*），于1937—1983年共出版48卷。本书所引通信录皆出自耶鲁版。此处所引为贺拉斯·沃波尔1750年1月10致友人曼（Mann）信：*Corres.* Vol. 20, 11.

而代以开敞的大草坪、自由种植的林木，风景如画亦如诗……

从时间上看，贺拉斯算不上英国自然风景园先驱。早在18世纪初，英国就兴起不规则式自然风景园，园林设计师及作家斯威策（S. Switzer，1682—1745）、诗人及散文家爱迪生、诗人蒲柏等均倡导不规则自由式自然风景园，推倒老式花园的围墙，让花园与林园融为一体，创造开阔的田园景观……如范布勒、布里吉曼（C. Bridgeman，1690—1738）、肯特、万能的布朗（L. Brown，1716—1783）、雷普顿（H. Repton，1752—1818）等造园大师们，更是身体力行，将自然式风景园林建设推向高潮[1]。

贺拉斯的《园林的现代品味史》（ *The History of the Modern Taste in Gardening* ）却是英国第一本从编年史角度描述本国园林演变的著作，并对英国景观设计的品味发展起到了重要作用[2]。其论点虽带些偏见，如否认外国园林尤其中国园林对英国的影响，但是鲜明体现并倡导了英国18世纪上半叶自然风景园的兴盛。他在草莓坡的造园活动（尤其将园林与哥特式小建筑乃至废墟融为一体的做法）及理念，启发推动了英国18世纪下半叶画意式风景园。从这个角度，草莓坡山庄园林及贺拉斯的著作是英国园林史上重要的里程碑，十足的先锋作品。

那部《奥特兰托城堡》哥特式小说则在先锋之外裹上层层恐怖和神秘色彩，成为文学史上的丰碑。草莓坡山庄还成为英国为最多人所研究的乡村建筑。对此，英国当代学者哈尼（M. Harney）给予高度评价，并出版专著深入探讨草莓坡山庄及其园林的艺术成就[3]。

然而，对贺拉斯及草莓坡山庄的评价并非总是正面的。贺拉斯死后30多年，历史学家麦考利伯爵（T. B. Macaulay，1800—1859）一连给贺拉斯安上

---

[1] Lasdun, S. *The English Park: Royal, Private and Public* [M]. London: Andre Deutsch, 1991, 77-104; Brown, J. *The Art and Architecture of English Garden* [M]. London: George Weidenfeld & Nicolson Ltd., 1989, 40-75.

[2] Harney, M. "Strawberry Hill, Twickenham" // Harney, M.(ed.) *Gardens & Landscapes in Historic Building Conservation* [M]. Oxford: Wiley-Blackwell, 2014, 357.《园林的现代品味史》初印于1771年，1780年作为贺拉斯·沃波尔的巨著《英国绘画轶事及名录》（ *Anecdotes of Painting in England and a Catalogue of Engravers*，于1762—1780年陆续出版）的最后一卷（第5卷）正式出版。

[3] Harney, M. *Place-making for the Imagination: Horace Walpole and Strawberry Hill* [M]. Farnham, Surrey: Ashgate, 2013.

几个之最："最乖僻、最做作、最挑剔、最任性多变"，并尖刻地点评贺拉斯的一生[1]。麦考利的著作虽然并不像当年那样为后人所推崇，但其关于贺拉斯的论点影响了一代乃至几代人。贺拉斯在 19 世纪被人忽略。即便贺拉斯在 20 世纪初再次成为热点，英国艺术理论学家克拉克（K. Clarke，1903—1983）仍坚持认为：研究草莓坡山庄所付出的力度超过其价值，草莓坡山庄没什么原创性。如此哥特式与洛可可的混合，代表了某种新贵气质……不简洁、不自然，也不结实……总之，在克拉克看来，贺拉斯扼杀了精巧的工艺[2]。倘若贺拉斯本人听到如此"四最三不"的评论，不知是嗤之以鼻还是耿耿于怀？毕竟，当初他就是因为与刻板的博古家们意见不合，脱离了古物学会等团体。虽始终有自己的小圈子，但说到底，他是个特立独行的异数：什么都是，什么也都不是！因此，纵然对贺拉斯及草莓坡山庄的研究众多，在专论建筑或园林的正史里，有关他们的描述总是匆匆带过。当笔者与一些英国同行谈及选择该山庄作为本书的案例时，多数人都不赞同。这或许是先锋的代价！也因此，即便它不是最能体现英国建筑修复传统的样板，但我们坚持自己的选择。

先锋的细节——他们都做了什么？！

1. 建筑

为什么是哥特？据一些当代学者的研究及贺拉斯·沃波尔本人描述，大致有以下互为关联的几大因素。

一是"大旅行"。本书第三章已经提及"大旅行"对英国建筑及艺术的总体影响。对贺拉斯来说，其 1739—1741 年的"大旅行"不仅激发了对风景如画及崇高之美的总体向往，更具体的是，激发他对从前中世纪生活的眷顾以及由此带来的对中世纪寺院、城堡、哥特式艺术及建筑的憧憬、对自己先祖的追溯[3]。

二是"想象的乐趣"。哥特式样可用作建筑上的"引语"激发想象及联想，

[1] Macaulay, T.B. *Critical and Historical Essays Contributed to the Edinburgh Review. Vol.II* [M]. London: Longman, Brown, Green, and Longmans,1848, 99.

[2] Clark, K. *The Gothic Revival: An Essay in the History of Taste* [M]. London: Constable and Company Ltd., 3rd ed., 1950, 60-86.

[3] Harney, M. *Place-making for the Imagination: Horace Walpole and Strawberry Hill*[M]. Farham, Surrey: Ashgate, 2013,1-23.

唤醒与历史人物及事件之间的关联[1]。

三是尺度。他在致友人信中说，对于小规模住宅来说，建成庄重的希腊古典式样显得可笑。他自己更倾向于中国人关于房屋及园林的"Sharawadgi"式[2]处理。却又觉得中国人的房屋脆弱、不持久、微不足道[3]，英国传统哥特式风格才得体。

四是对父亲及家族府邸霍顿庄园（Houghton）的"怨恨"，促使他要建一座与霍顿府邸帕拉第奥式风格（图6.2）相反的住屋[4]。据说，当他看到建筑师吉布斯为父亲的"政敌"科巴姆勋爵（R. Temple，Viscount Cobham，1675—1749）在白金汉郡斯窦园[5]建造的哥特式风格圣殿（图6.3）时，立即明白，那是在批评自己的父亲[6]。贺拉斯1762年开始发表的《英国绘画轶事及名录》里对吉布斯的作品从总体上予以批评，却对这座批评自己父亲的哥特式小建筑赞赏有加，并在草莓坡山庄建造中借鉴了其中的哥特手法。

虽说要建造"哥特小城堡"，但草莓坡府邸并非将老屋推倒新建，而是在老屋基础上的改建和扩建。对老屋少量的记载以及现存墙体的研究均表明老

---

[1] Ibid., 1-23,29-66.

[2] *Corres.* [M]. Vol. 20, 127. "Sharawadgi"形容景观艺术中不对称不规则布局之美。初见于耶稣会传教士从中国发回的报告及英国政治家和评论家坦普尔爵士（Sir W. Temple，1682—1699）1690年发表的文章《论伊壁鸠鲁的花园》。至于"Sharawadgi"具体对应哪几个方块字，300年来历经众多学者的推敲，不得要领。1998年英国学者默里（C. Murry）做出较为可信的诠释："Sharawadgi"由意指"不规则"的日文单词"Sorowaji"辗转而来。参见：Murry, C. "Sharawadgi Resolved" //*Garden History* [J].London: The Garden History Society, Vol.26, No.2,1998, 208—213。赵晨，《"Sharawadgi"——中西方造园景观学说之间的迷雾》，载《建筑史论文集》[J]. 第13辑，2000，165—170、237—238.

[3] Batey, M. "Horace Walpole as Modern Garden Historian: The President's Lecture on the Occasion of the Society's 25th Anniversary" // *Garden History* [J].London: The Garden History Society, Vol.19, No.1, 1991, 2.

[4] 在以贺拉斯父亲为首的辉格党支持下，当时的英国流行帕拉第奥式古典主义，并以苏格兰建筑师坎贝尔（C. Campbell，1676—1729）及伯灵顿伯爵（Earl Burlington，1694—1753）为代表。贺拉斯在草莓坡采用哥特式，有与之抗衡之意。

[5] 科巴姆勋爵为辉格党党员，于18世纪30年代末开始反对贺拉斯的父亲以牺牲自由为代价屈从王权的政策，并通过斯窦园的建造展现其政治及哲学思想。此地也成为反王权（乔治一世及二世）的重要据点。

[6] Hill, R. "Welcome to Strawberry Hill: Chronology and Architecture at the Service of Horace Walpole" //*Times* [N]. Literary Supplement.m May 19, 2010.

图 6.2 霍顿庄园府邸西立面
Walpole, H. *Aedes Walpolianae, or A
description of the Collection of Pictures at
Houghton-Hall in Norfolk*

图 6.3 斯窦园哥特式风格的圣殿（后为图书馆）
现状
基本以原样保存至今，读者能看出它是在
批评霍顿庄园吗？

屋质量并不好。从自己的"品味"及"想象的乐趣"角度考虑，拆掉重建更利于发挥。贺拉斯却部分保留原结构。这有地形限制的原因[1]，也说明他对老屋的喜爱或者对古物（其内曾住过的历史人物？）的尊重。从这个层面来看，本书讨论贺拉斯的草莓坡山庄和园林及其 21 世纪的修复有双重意义。

既按自己的品味，他没有雇用职业建筑师，而是与几位好友，如"大旅行"时结交的业余建筑师及博物鉴赏家楚特、艺术家及制图员本特利（R. Bentley，1708—1782）等人组成所谓的"委员会"，负责改扩建事务[2]。直到 18 世纪 70 年代府邸扩建的后期，才开始聘请亚当、埃塞克斯等职业建筑师。但这些名家建筑师，也没能有机会自由设计，仅按贺拉斯提供的样板绘图行事。

点评：

我们说它先锋，说它是想象的作品，说它遵循自己的品味。但先锋并非前无古人，想象并非空想，品味也非从天而降。除了几年前"大旅行"中积累的知识素材，草莓坡府邸改造之前及改造当中，贺拉斯及其委员会不仅广泛阅读各种资料，而且

[1] Guillery, P. & Snodin, M. "Strawberry Hill: Building and Site" // *Architectural History* [J]. Cardiff: SAHGB Publications Ltd., Vol. 38, 1995,118.
[2] 聘请的负责施工事务的"工程部"建筑师罗宾逊（W. Robinson，1720—1775）只是督导。

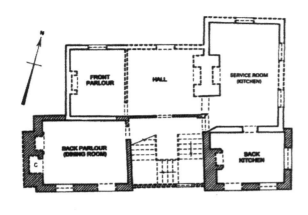

左：图 6.4 草莓坡老屋复原平面图（1747 年）
右：图 6.5 草莓坡老屋（1747 年）复原透视图

　图 6.4—6.5 Guillery, P. & Snodin, M. "Strawberry Hill: Building and Site" //*Architectural History*

在英国本土四处奔走（"哥特朝圣"），研究收集中世纪寺院、寺院里的墓地废墟，以及城堡花园内外的哥特式建筑及艺术品乃至诸多历史的碎片。建造分期施工，建造方案既依据经济实力，也在遇到地形制约时因地制宜随时改进。

　　据现存房屋的内部材料和结构及某些细部遗留、贺拉斯的原始文字、贺拉斯有关老屋的徒手简图、1846 年的测量图（图 6.1）等，当代英国学者复原出老屋的平面图、透视图（图 6.4—6.5）。请读者带着这两张图，跟我们一起体会改建扩建的几大阶段。

　　1748—1749 年：除了将靠东边及南边的窗户改成凸窗，未对原结构做任何改动，仅调整功能布局，将餐厅移到东边，厨房移到府邸外的小屋。这些"功能"移动，显然是为了充分利用朝向泰晤士河的开阔景观。

　　1750—1753 年：将原楼梯北移，朝北扩建了一个两层单元作为大客厅（Great Parlour）及图书馆（Library）（图 6.6）。原单调小屋初具哥特风貌，不过南立面仍为对称式构图（图 6.7）。建筑外部则仿照当时的温莎城堡，粉刷成白色。

　　1758—1759 年：扩建霍尔拜因大厅翼楼（Holbein Chamber wing），一层为小回廊（Little Cloister）及储藏室（Pantry）等。

　　至此为止的扩建均向北，因为南边土地权属于他人，房屋不能朝南有任

图 6.6 草莓坡庄园复原平面图，1756 年
Guillery, P & Snodin, M. "Strawberry Hill:
Building and Site" //*Architectural History*

图 6.7 1758 年草莓坡东南角透视图
lwlpr 14830、耶鲁大学路易斯·沃波尔图
书馆提供

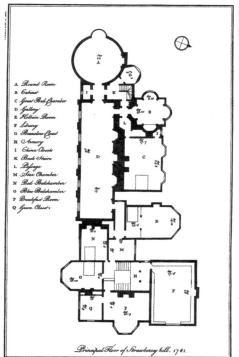

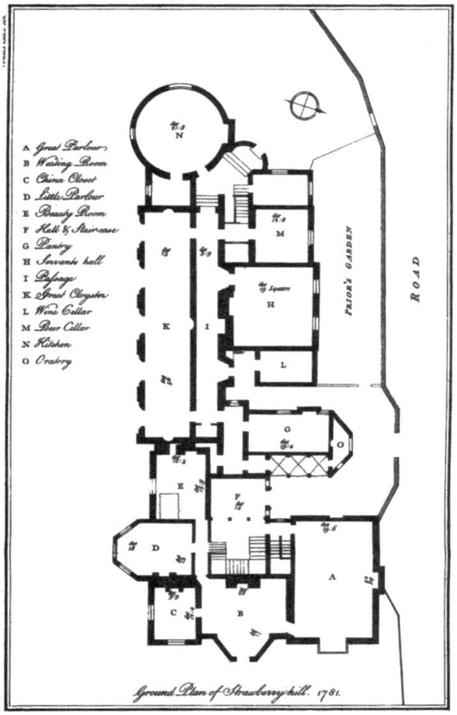

图 6.8 草莓坡府邸平面图地面层

图 6.9 草莓坡府邸平面图二层

图 6.8—6.9 Walpole, H. *A Description of the Villa of Mr. Horace Walpole,...*

何扩展。同时，更注重朝东及朝南的房屋，皆因这两处面向花园及泰晤士河，可获得更好观景视野。

1760—1763 年：此期扩建最多，主要向西。设计也随着购买周边更多的土地而改进，如 1758 年楚特的初步设计中，因北边汉普顿宫路［Hampton Court，今沃尔德格雷夫路（Waldegrave）］的限制，新增部分只能是三角地带，四开间。后因将汉普顿宫路向北拓展（用自家北边的土地交换）得到更多空间，也就有了长方形平面，西边原有的一些小屋被拆后也有了更多空间，最终的建筑于是得以增到五开间，并扩建了更多的房屋，如大回廊（Great Cloister）、画廊（Gallery）、圆塔（Round Tower）、圣室（Tribune）、祈祷室（Oratory）、用人房（Servant's Hall）、地窖（Cellars）等（图 6.8—6.9）。主要入口设于北边，并在房屋与汉普顿宫路之间建造木篱屏墙和神甫园（Prior's Garden）。从此，府邸北立面成为主要观赏点（图 6.10）。

1770—1776 年：加建北边大卧室（Great North Bedchamber）、府邸外林中礼拜堂以及由埃塞克斯设计的从汉普顿宫路通向花园的哥特通道。1776 年，完成由楚特初步设计经埃塞克斯完善的两层高博克莱尔（Beauclerc）小圆塔（内为六边形）。随着这座小塔的落成，府邸建造基本结束。最终从平面和立面实现贺拉斯当初的非对称构想。

1776—18 世纪 90 年代：此后的建造主要在府邸外花园。1778 年，聘请埃塞克斯设计位于府邸西南的哥特式风格新办公楼及哥特式小桥，但这些建筑直到埃塞克斯去世后的 90 年代才陆续完工。

有意思的是，这种实际因素带来的分期建设（因经济及法律的限制只能分期购置周边属于不同产权人的地块[1]），更好地实现了贺拉斯·沃波尔的理念，让落成后的建筑看上去仿佛是历经 16、17 世纪不同时代逐步自然加建而成的先祖老屋。其中每一个房间从建筑到装饰（如壁炉架、灯具）到家具（如座椅）均经过精心设计，仿效那些从教会寺院及其墓地或古代书籍中发现的哥特式样。这些式样不仅提供建筑或装饰样本，还作为"引语"，助人联想起那些代表优雅哥特式样的历史人物和事件，在建筑与想象之间建立桥梁，为后人提

---

[1] Guillery, P. & Snodin, M. "Strawberry Hill: Building and Site" // *Architectural History* [J]. Cardiff: SAHGB Publications Ltd., Vol.38, 1995, 118-119.

上：图 6.10 1776—1780 年草莓坡山庄北面（入口立面）景观

中：图 6.11 草莓坡府邸北面主入口

山墙上的十字及尖顶门窗宛若寺院。

图 6.10—6.11 Walpole, H. *A Description of the Villa of Mr. Horace Walpole, ...*

下：图 6.12 入口门厅里阴郁的彩色玻璃尖窗

lwlpr 16057，耶鲁大学路易斯·沃波尔图书馆提供

供一个哥特式设计及其历史文脉的范本。

走访草莓坡山庄便是一次历史性散步：风景如画的垒墙、高树、尖塔让你仿佛置身寺院（图6.11）。小型铺地院落、哥特式木篱屏墙、墙后的神甫园以及走进府邸即见到的祈祷厅、阴暗尖券的小回廊、彩色玻璃窗及尖券等，更加深了寺院之感。接着，你走过原有老屋相对阴暗的灰色空间（图6.12），走过一系列炫目而戏剧化的哥特式空间，如图书馆、画廊等（图6.13），最后是明朗的哥特式大回廊和花园（图6.14）。于是，你以为这是一栋继200年前因寺院解散大法令被捣毁的寺院废墟之上的复兴。而在一系列不同尺度、颜色、气氛营造出来的半私密空间，如图书馆、画廊、大客厅等，你还体验了众多巧妙布置的文化艺术品和书籍装饰，又恍惚站在以不同时期哥特式空间为背景的博物馆之中，眼前的建筑更像城堡（炮塔、垛墙、圆塔等）……于是你得出结论：这座废墟之上复兴的古老寺院，融入后代添加的城堡之后，变成了一座历史博物馆……而事实上，这是一栋供人夏季居住的新别墅。这新别墅又深含祖屋之意……如果你深谙历史，面对其内模仿不同时期哥特式碎片而建构的物件，如壁炉架、扇形尖券天花等，你一定会浮想联翩。

值得一提的是对彩色玻璃的运用。彩色玻璃是哥特式建筑中重要的视觉元素。贺拉斯·沃波尔苦心收集众多荷兰及比利时的一些16—17世纪老屋遗留的彩色玻璃，用于草莓坡府邸，为这栋哥特式城堡增添了特别的阴郁气氛（图6.12）。如此哥特式阴郁，却并非骇人的黑暗，而是阴影下轻快与肃穆的复合[1]。正如贺拉斯所言，有关房屋良好的效果来自布局、来自光影、来自颜色的协调[2]。此外，他还引进当时视为现代的家具及艺术品。这些现代家具多以黑檀木制造，如大客厅里的八把座椅，其椅背形状模仿哥特风格，与整体谐调（图6.15）。为节省开支，房屋所用材料并非石材，而是砖、木、石膏板乃至纸型。

2. 园林

贺拉斯·沃波尔推崇当时几乎所有的"新式"自然风景园，如斯窦园以

[1] Snodin, M. "Going to Strawberry Hill" // Snodin, M. (ed.) *Horace Walpole's Strawberry Hill* [M]. New Haven: Yale University Press, 2009, 16.

[2] Riely, J. "Appendices" // Snodin, M. (ed.) *Horace Walpole's Strawberry Hill* [M]. New Haven: Yale University Press, 2009, 348.

左上：图 6.13 画廊
Walpole, H. *A Description of the Villa of Mr.Horace Walpole,...*
左下：图 6.14 大回廊
lwlpr 16664，耶鲁大学路易斯·沃波尔图书馆提供
右：图 6.15 黑檀木哥特式靠椅之一
如今为伦敦维多利亚—阿尔伯特博物馆藏品。

及近在咫尺的大诗人蒲柏的私园等。虽然讨厌父亲的霍顿府邸，但他也热爱府邸四周的自然风景园。当友人询问草莓坡山庄的园林是否仍然"哥特"时，他回答：……不会。"哥特"仅用于建筑，阴郁的气氛在室内不错……但一个人的花园，只能是自然地明媚和欢快的[1]。有关这座明媚花园的描绘足以写一本大书，此处仅列举我们感受最深的三点：

第一，得水为上，开阔自然。如前所述，贺拉斯·沃波尔看中这座小屋的主要原因不在宅子而在其所处位置：贴近泰晤士河。山地坡度虽极其平缓，却足以从府邸东、南两面俯视近处的河水，眺望远处的田园风光以及特威克纳姆小镇和里士满小镇。这恰好符合贺拉斯"开阔的乡野是描绘景观的最好画布"的理念。从他对房屋处理的描述可看出，他自始至终都注重让建筑充分领略东、南方景观。设计园林时，尤其注重保持此处景观的开阔，同时还要从泰

[1] *Corres*.[M].Vol.20, 372.

左：图 6.16 东南大草坪景观

此处泰晤士河尽收眼底。

右：图 6.17 树木的画框式景观

Walpole, H. *A Description of the Villa of Mr. Horace Walpole,...*

晤士河望向府邸的开敞景观，故而在此设计大草坪（图 6.16）。为确保如此开阔，他逐步买下东、南边土地，让自己的府邸尽可能享有观水景特权。大草坪也让花园能够借景周边场地，使得整个草莓坡府邸拥有小型庄园的气质。尽管他反感法国人视英国园林为"中国式园林"（Anglo-Chinese Garden）的讽刺，也反对当时活跃于英格兰的苏格兰造园师钱伯斯（W. Chambers，1723—1796）对中国园林的推崇，并始终强调英国园林并不受中国园林影响而沿袭英国自身的传统[1]，却也在东南大草坪处开挖颇富中国文化意趣的小型金鱼池"Po-Yang"[2]，让花园在极近处同样"得水"。

　　第二，精心设计树木种植方式，风景如画亦如诗。购下草莓坡之后的前四年，贺拉斯·沃波尔就买下 300 多棵适合本土的成熟树木，在府邸前后种植小树林。在房屋周围种植小树林是英国传统。贺拉斯如此做法看上去继承传

[1] Batey, M. "Horace Walpole as Modern Garden Historian: The President's Lecture on the Occasion of the Society's 25th Anniversary" //*Garden History* [J]. London: The Darden History Society, Vol.19, No.1, 1991,6.

[2] Katz, S. R. *Strawberry Hill: A Landscape Study with Recommendations for Restoration.* University of Pennsylvania Graduate Program Historic Preservation. Advanced Certificate in Architecture; Conservation and Site Management.2007, 18.（研究报告）

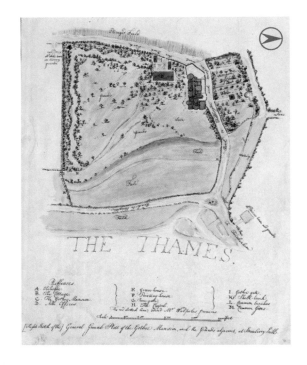

图 6.18 草莓坡平面图
南端及西端以树木形成蛇形走廊。
lwlpr 16005，耶鲁大学路易斯·沃
波尔图书馆提供

统，真正的重要目的却是：迅速给草莓坡带来历史感。府邸分期建造带来"在古老废墟之上历代所建"的历史感。这些树木虽是为了配合营造或暗示不同历史时期的沧桑，其种植方式却"现代"而富于诗情画意：每一株树木的位置皆经过精心构图，将房屋或屋外的优美场景，如画一般镶进画框（图 6.17）。种植树木的疏密则依不同场地的特性而有所调整。为保持开敞景观，南部大草坪上仅稀疏种植一些榆树、核桃树、橡树、酸橙树等，形成开敞小树林。北部汉普顿宫路边、花园西端及南端需要营造边界，便密植树木，形成天然的屏障边界（图 6.18）。不管画框或屏障，皆注重画面的远景及布景/背景效果，并以不同类型的树种营造万种色彩、光影、味觉、声响，加深画意的透视和明暗特效。虽然贺拉斯嘴上说哥特仅用于建筑，花园西端及南端却也通过种植树木而形成蛇形走廊（图 6.18），并以不同树种的色彩、形状等营造出一个从西端阴沉哥特（深色常青树种月桂及榆树等）到东端开阔明亮（红豆杉及低矮水仙铺面等）的空间序列，宛若极乐世界。

　　第三，园林与建筑相融。如果说"开阔"和"不规则自然景观"等手法，是贺拉斯·沃波尔对前辈或同辈自然风景园林理念的延续或深入，那么，将建筑与花园景观和谐融合的风景如画般构图则为贺拉斯首创。从入口处神甫园开始，草莓坡的建筑即融于花园之中。作为闭合式老派花园，加上"神甫园"之名，恰与府邸入口部分（原来老屋）的寺院气氛相融。经过室内阴沉乃至绚丽的哥特式空间，最后抵达较为明亮的大回廊，走出大回廊拱门便是明媚欢快的花园。明快的景观之间又不时穿插哥特式小建筑，如哥特式小门、小礼拜堂等。迎接这些哥特式小建筑的是以树木形成的蛇形走廊，这条蛇形走廊又通过树木的色彩、形态等从阴沉哥特走向明朗，最后以橡树制作的面朝泰晤士河的贝壳状长椅收尾。

点评：

贝壳长椅的构思据说源自意大利画家波提切利的名作《维纳斯的诞生》。泰晤士河犹如大海，维纳斯从海水的贝壳中诞生。又有以哈尼为代表的学者倾向认为，灵感来自贺拉斯·沃波尔母亲收到贝壳礼物并用于自己花园石窟时所作的将贝壳与维纳斯相联系的诗句，此贝壳长椅实为对母亲的纪念。此外，还与古罗马诗人奥维德（P. Ovidius Naso, c. 前 43—c.17）的《变形记》（*Metamorphoses*）有关，将草莓坡置于《变形记》神话的场景或联想之中[1]。而我们在欧洲园林研究泰斗级人物科芬（D. R. Coffin，1918—2003）的著作中读到：维纳斯除了广为人知的爱神身份，还兼做花园保护神。18 世纪开始，差不多每一座英国花园里都有一座敬奉维纳斯的神龛或美第奇式维纳斯雕像[2]。那么，这座贝壳长椅应该还兼有奉献给维纳斯并祈求保护之意。如此隐喻倒也符合贺拉斯的性格——"幻想的乐趣""联想""自己的品味""怪奇"。如此创作值得当代建筑师回味学习。

读书卡片 7：

一件美妙的园林小品只因被人用过，别家的花园就非要弃之不用？我们越过分猎奇出新，就越容易丧失自己的品味。各地的情景千变万化，也就永不会有雷同。当有关地

---

［1］ Harney, M. *Place-making for the Imagination: Horace Walpole and Strawberry Hill* [M]. Farnham, Surrey: Ashgate, 2013, 255-256.

［2］ Coffin, D. R. *Magnificent Buildings, Splendid Gardens* [M]. Princeton: Princeton University Press, 2008, 232, 240.

景的习性被加以研究并得到尊重，所有随之而来的景色都会趋于优美。同时，乡野的风貌多么丰富、多么喜乐、多么风景如画！推倒围墙让每一处的景观得以呈现、改善（注：指拆除老式封闭花园之墙），每一段旅程都历经一串连续的画面；甚至那些乏味景点的品味也得到改观。总体的景观因为多样而得到点缀美化……开阔的乡野仿佛一块大画布，可以在上面随意设计景观。

　　——译自贺拉斯·沃波尔《园林的现代品味史》（Walpole，H. *The History of the Modern Taste in Gardening* [M]. New York: Ursus Press,1995, Based on 1782 edition of the text, pp.56-57.）

百年沧桑

　　贺拉斯·沃波尔终身未婚，无子嗣。1797 年去世后，草莓坡山庄留给外甥女康韦（A. S. Conway Damer，1749—1828）。1810 年，康韦将山庄传给贺拉斯的侄孙女沃尔德格雷夫伯爵夫人（L. E. Waldegrave，1760—1816，因为婚姻成为该家族伯爵夫人）。此后至 1883 年，山庄由沃尔德格雷夫家族传承，历经盛衰交替。

　　第一次衰落以 1842 年拍卖贺拉斯挚爱的收藏品为标志。当时的屋主是第七世沃尔德格雷夫伯爵（G. Waldegrave，1816—1846）。由于财政困顿，加上与特威克纳姆小镇当局人事不和，这位伯爵负气带上夫人（F. Waldegrave，1821—1879）移居国外。拍卖持续 32 天。不等拍卖完毕，伯爵夫妇便起程出国，留下的屋宇肮脏、残破、凄凉[1]。

　　破败的山庄在 1856—1862 年间得到复兴。此时，上述败家子伯爵已过世多年，山庄由其尚且年轻的遗孀沃尔德格雷夫伯爵夫人拥有。由于社交需要，加上足够的经济实力，伯爵夫人于 1855 年年底决定大修山庄。不仅彻底修复原有府邸、局部增加楼层，还加建拥有客厅、台球室及客房等主要用于社交娱乐的新翼楼。府邸与原西南边独立的办公楼连为一体（图 6.19）。屋外花园亦得以复兴，如增种小树林、建造迷宫（Maze）小园、在大草坪处建喷泉等。汉普顿宫路亦被北移，营造更为"壮观"的入口空间。虽说大兴土木，并引进当

---

[1]　Doyle，J. *Strawberry Hill* [M]. Reigate, Surrey: Reigate Press, 1972，28.

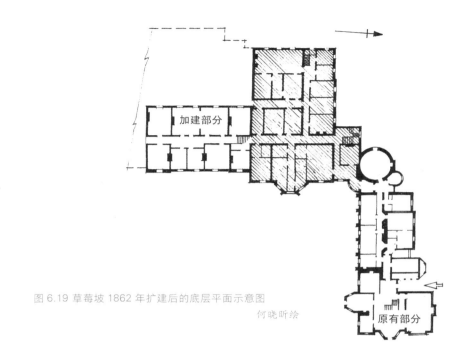

图 6.19 草莓坡 1862 年扩建后的底层平面示意图
何晓昕绘

时的现代设施，如通过煤气泵在屋内安装较好的供暖设备、在一些重要房间采用配有煤气灯的吊灯，伯爵夫人也不忘贺拉斯初衷，新建翼楼依然为哥特式风格，原府邸的很多房间均保留当初名称，如霍尔拜因厅、星厅、圣室以及北边大卧室等，并尽可能保留原有房屋的 18 世纪气氛、色彩及装修风格[1]。贺拉斯的府邸能够维持其大致格局走进 20 世纪，伯爵夫人功不可没。修建工程约于 1862 年完工，草莓坡山庄迎来其史上第二春，成为维多利亚时期足以与温莎城堡媲美的政治及社交生活的重要场所。然而，华彩乐章随伯爵夫人 1879 年的突然去世戛然而止。

伯爵夫人亦无子嗣。草莓坡留给其第四任丈夫卡林福德男爵（C. Fortescue 1st Baron Carlingford，1823—1898）。1881—1882 年，男爵打出广告出售山庄。

1883 年，商人斯特恩男爵（H. de Stern，1815—1887）买下草莓坡。但

---

[1] Chalcraft, A. & Viscardi, J. *Strawberry Hill: Horace Walpole's Gothic Castle* [M]. London: Frances Lincoln，2007, 134-137.

这位新主人并未入住。此后的草莓坡由斯特恩家族几经传承并最终荒废，于1923年出售给负责管理文森特社区（Vicentian Community）的天主教教育议会。两年后，此地用作圣玛丽学院（Saint Mary's College）校区。虽经修复，其面积不足以满足学院的需要。于是，1925年在沃尔德格雷伯爵夫人翼楼之南兴建了教学大楼。从有关建设的描述看，新建时对南部大草坪予以特别关注，并将之保留。然而沃尔德格雷夫伯爵夫人后来兴建的小林园、迷宫小园以及贺拉斯·沃波尔种植的植物形成的蛇形通道的西端部分均不复存在。东南部大草坪及蛇形通道的南端依然可见原样，但因泰晤士河边建造了成排的房屋，整座林园再无当初的开阔景观。

山庄在"二战"的伦敦轰炸中受损，战后得到部分修复。作为泰晤士河边难得的别墅遗留，1952年，贺拉斯·沃波尔府邸被列为一级名录建筑。府邸北立面及其入口部分于1958—1959年，按照"尽量还原其当初面目"的原则得以修复。对小回廊、祈祷室及神甫园木篱屏墙的修复均根据残存的原始构件。此后，贺拉斯府邸虽未遭更多破坏，府邸南部亦基本保持原有形状，却不复从前佳境。

1987年，圣玛丽学院大约一半的部分被列入英格兰遗产二级历史林园及花园。山庄的林园部分却还是遭到学院建设的进一步蚕食，如在蛇形通道处建立学院操场跑道，府邸也未得到应有的保护而逐步荒废，山庄周边的住宅区却得益于山庄之盛名及其一级名录建筑的重要地位，被纳入当地的保护区加以保护。直到20世纪90年代，草莓坡山庄自身才得到公众的关注，府邸于1996年被列入英格兰遗产"濒危建筑"名单。2000年，为解决这座一级名录建筑的困境并使其得到应有的保护，草莓坡山庄之友协会成立。2002年，协会成立草莓坡信托基金会，专事有关修复的筹备。

在该社团的促进下，草莓坡山庄于2003年被世界文化遗址基金会（World Monuments Funds）列入"世界百大濒危文化遗址"名单，得到世界关注。但它在2004年BBC举办的有关修复的电视系列节目评比中并未胜出，也就没能获得任何修复资金。到2008年，才从英国遗产六合彩基金会获得460万英镑修复资金。同年，草莓坡信托基金会从天主教教育议会手里租过草莓坡府邸的长期使用权，并正式负责此后草莓坡山庄的修复及其未来的对外开放和维护。英国遗产六合彩基金会的460万英镑加上从其他不同渠道筹集的约420

万英镑，足以启动正式修复工程[1]。草莓坡山庄进入新纪元。

21世纪修复

正式工程始于2008年。早在2004年，世界文化遗址基金会英国分部的建筑保护专家罗杰斯（K. Rogers）就牵头启动了有关修复的深入研究。2005—2007年，宾夕法尼亚大学有关历史保护专业的研究人员及硕士生专门研究府邸的历史及现状。介入研究的还有查尔斯王子基金会、伦敦城市大学等大学的研究人员和学生。最终，形成包括历史建筑修复建筑师、花园或景观研究专家、结构工程师、承包建造人、测量师、工程管理人员、考古专家、墙纸分析师、玻璃保护分析师、材料纺织分析师、油漆粉刷分析师、相关工匠等人员在内的修复团队。其中，府邸的修复工程由伦敦英斯基普＋詹金斯建筑事务所（Peter Inskip+ Peter Jenkins）负责。哈佛大学的景观专家莱阿德（M. Laird）负责对有关花园的修复做历史分析[2]。

贺拉斯·沃波尔在世时，草莓坡山庄即有限度地对外开放。为此，他撰写并通过自己1757年成立的出版社发行有关草莓坡的文字介绍和插图。此外，他在《书信集》《英国绘画轶事及名录》《园林的现代品味史》等大部头著作中都有很多文字论及草莓坡山庄及园林的设计手法和营造过程。18世纪出版的有关草莓坡的图片不计其数，这些文字和图片虽然在19世纪被人有所遗忘，20世纪的美国学者路易斯还是为草莓坡及贺拉斯本人的研究创设了完备的资料库[3]，这一切为21世纪的修复研究提供了宝贵的历史依据。可以说，这是历史建筑修复项目中史料最完备的案例之一。修复团队最终决定：修复从总体上还原18世纪90年代贺拉斯去世时的状态[4]。

府邸修复

府邸修复大致分两大阶段。第一期从2008年到2010年。

[1] 草莓坡官方网站：strawberryhillhouse.org.uk。

[2] Ibid.

[3] 参见耶鲁大学路易斯·沃波尔图书馆图片库及其数码收藏。

[4] 草莓坡官方网站：strawberryhillhouse.org.uk。

关于结构稳固，对其中受损最为严重、质量最薄弱的东南部（如东南大塔楼等）小心地拆卸之后，尽可能采用当初的构架以及与当初设计一致的新构架重新构造。整座建筑的屋顶也全面修复，尽可能使用与当初所用的铅制品材料类似的材料，并重新铺排一些威斯特摩兰石板（Westmorland Slate）。此外，屋顶还恢复当初橡木雕作的小尖塔，并对 19 世纪添加的"烟囱盆"予以修复加固。屋顶齿形矮墙则恢复到贺拉斯·沃波尔时期的高度。除了这些复原，整栋建筑内部的辅助性设置尽可能符合现代安全标准，如供暖设备安装于楼板之下。

关于室外，揭除 19 世纪添加的水泥粉刷饰面和一些引起潮湿的水泥抹灰，代以符合贺拉斯·沃波尔在房屋扩建期间所用的室外粉刷方式（基于一些确定为 18 世纪 60 年代残存粉刷装饰面的分析）：一种石灰加卵石粒喷射饰面涂法（Lime "Harling", a lime +pebble stucco render），呈现当初白色"婚礼蛋糕"之效。

关于室内，逐一修复一楼和二楼 20 多间房屋内部，主要包括恢宏而天花镀金的房屋，如画廊、图书馆、北边大卧室、大圆塔、博克莱尔塔等，这些正是当初贺拉斯·沃波尔向外开放的"戏剧般"空间部分，属半私密半公共性质。修复操作主要由 E. 布朗曼公司（E. Browman and Sons）及保护专家共同承担，其宗旨是揭除 19 世纪的添加而恢复贺拉斯去世时的气氛，尤其保留原设计的从阴沉哥特式空间（如墙纸为灰色调）逐渐走向明亮（如纸型制作的扇形镀金尖券天花）的空间序列。室内墙纸的色彩、屋顶的扇形纸制镶金尖券、一些细部，如壁炉架、书架以及彩色玻璃的修复，均尽量恢复贺拉斯当初布局。所用的墙纸均采用 18 世纪技术和材料的手工制作。此外，顶层房屋也得以修复，并计划用作办公室及员工住屋。

第一期修复 2010 年完工后，同年 10 月山庄向公众开放，2013 年赢得欧洲历史文化遗产保护修复奖（Europe Nostra Award）。

第二期从 2013 年到 2015 年。第二期主要集中于一些更为私密房间的内部装修，如贺拉斯·沃波尔的卧室、更衣室、衣橱间（也是贺拉斯的书房）、餐堂，以及曾经是他自己的卧室、后来用于亲朋密友来访居住的蓝色客房室。这些地方是贺拉斯吃、住，并书写大量文字，包括那本著名哥特式小说《奥特兰托城堡》的私密空间。墙纸是此期修复中的重要考量。有趣的是，从后期添加的墙纸之下及壁橱间残存的墙纸，修复专家们发现，这些房间墙纸的颜色及图案绚丽而充满活力，完全符合 18 世纪的时尚品味，符合贺拉斯的叙述：并不让自己的房子因为哥特式样而不便于使用，或摒除豪华的现代化改良。设计古老而装饰现代化。因此，这部分墙纸的修复虽与一期修复一致，也是采用 18 世纪技术和材料的手工制作，复原后的色彩让人感觉过于华丽。除了墙纸，同时也逐步修复室内的家具，如复制贺拉斯睡过的床、用过的书架等。2015 年，修复完工后，同年 3 月山庄再次对外开放。

林园修复

因为泰晤士河边兴建的连排住房，草莓坡山庄原有开阔的河边风光不可能得到修复。所能做的：一是尽量将神甫园修复到贺拉斯·沃波尔时期的种植形态，并修复其木篱屏墙；二是草莓坡南端及西端虽早已被学院建筑蚕食，大草坪基本格局尚在，早期修复尽可能种植大草坪处开敞的榆树林，府邸附近也尽量按 18 世纪图画所显示的布局种植；三是恢复园中建筑小品，其中最令人瞩目的是贝壳长椅的修复，也是按照 18 世纪的图画，将其复原至贺拉斯时期的形态；四是整座庄园入口部分按沃尔德格雷夫伯爵夫人时期的局面修复。

植物生长是长期过程，诸多工作仍在进行中，包括种植一些灌木，从而再次形成蛇形通道。

点评：

我们没有描述贺拉斯·沃波尔的收藏。其实，府邸的 4000 多件收藏是贺拉斯的珍爱，与府邸融为一体，让人产生好奇的探索欲望。贺拉斯在遗嘱里特别强调要将其收藏及宅第同等对待。有评论家认为，修复后的府邸过于亮丽而空荡，让一些访客觉得缺了什么，原因之一可能是其内缺少当初那些令人好奇而神往的收藏[1]。

1842 年的拍卖，使那些贺拉斯·沃波尔视为独特的艺术品（在有些人看来过于琐碎小气）散落各地，所幸他对所有藏品有详细记载。21 世纪以来，

---

[1] Oldham, M. "Horace Walpole's gaudy gothic fantasy is revived at Strawberry Hill" //*Apollo Magazine, The International Art Magazine*. [J]. 2015, http://www.apollo-magazine.com/horace-walpoles-gaudy-gothic-fantasy-is-revived-at-strawberry-hill/.

草莓坡基金会开始对散失的藏品做逐步回收。为配合 2010 年修复后的府邸开放，先期收集的约 450 件藏品于 2010 年 3—7 月在伦敦维多利亚—阿尔伯特博物馆展览，这些藏品在展后将逐步放回修复后的府邸。2017 年，为纪念贺拉斯诞辰 300 年，计划在府邸举办一次藏品大展览。

对比本书上篇讨论的有关修复理念，草莓坡山庄 21 世纪的修复属于风格主义修复，并不符合拉斯金、莫里斯所倡导的保护理念。在以"保守式维护"为宗旨的发源地英国选取风格式修复实例，听来很不典型。但这正是选取该例的原因之一。正如这栋建筑在 17 世纪的扩建一样，21 世纪的修复也需要因地制宜，因为这是一座以屋主自己的"品味"及"哥特"风格为基调、同时糅合不同的历史碎片而建成的"超越仿造的想象作品"，对其修复也必须顺从其屋主当初的品味。

据修复建筑师英斯基普（P. Inskip，1946— ）以及草莓坡信托基金会主席斯诺顿（M. Snodin，1945— ）的说法，微观的分析如紫外线分析显示，府邸原始的镀金部分比其后的附加有更为丰富的色彩。正是通过这些发现，对草莓坡府邸的修复才能恢复到其创造者当初所仔细斟酌之后的图像。这听上去是对"将草莓坡修复到贺拉斯去世之时状态"理念的解释和支持。

英国当代批评家亨特（R. Hunt）在其博客中声称，老房子修复常常令人想到原有肌理的丧失，那些试图回到最佳状态的过程常常基于猜想，并可能带来伪造，如此修复常常令人质疑。然而这一次，当他参观了修复后的草莓坡，尤其是对比了他 20 世纪 80 年代拜访时的破旧状态后，便对上述质疑有所动摇[1]。笔者也有同感。毕竟在这座建筑的修复过程中，对其原结构有非常细致的拆解和修理，并辅以深入、广博的卷宗、文字研究和现场调研。但最终，亨特不忘调侃并间接质疑：草莓坡本来就有许多虚假，贺拉斯当初就称其为"玩物之房"，拜访它充满了喜剧性体验……问题是：贺拉斯之后的人能否体验到号称被重新带回的当初的"非凡图像"？

哈尼则直截了当地指出府邸及园林的修复都没有抓住本质[2]。府邸修复没有

［1］ Hunt, R. "The restoration question": https://huntwriter.com/the-question-of-restoration, Jan. 15, 2011.

［2］ Harney, M. "Strawberry Hill, Twickenham" // Harney, M.(ed.) *Gardens & Landscapes in Historic Building Conservation* [M]. Oxford: Wiley-Blackwell, 2014, 357-369.

抓住那些对参观者来说至关重要的不同空间感及不同情景的对比。园林修复缺乏对当初园林景观的理解，缺乏场所精神（Genius Loci）。

带着疑惑和否定，我们走进修复后的草莓坡。白色"婚礼蛋糕"仿佛童话古堡（图6.20），给人梦幻般的印象。湛蓝色的天空和英国年轻女雕塑家福特（Laura Ford）的童话动物雕塑让眼前的景色显得格外缥缈。要不是大回廊里喝咖啡的游人，你大概会以为这是梦境。

贺拉斯时期府邸参观的传统依然保留，游客们分期分批，手拿1784年贺拉斯撰写的介绍府邸的小册子复印件。入口处小回廊里的色彩亦是蛋糕般的白色，失去些昔日的阴郁，主入口及附近的神甫园恍若从前（图6.21—6.22）。

点评：

如此分期安排游客的做法值得推荐，对历史建筑的可持续性保存有重要意义。

大门开启，便是被哈尼批评、而修复者颇为自豪的从阴沉哥特式空间逐渐走向明亮的空间序列。入口小门厅里沿用当年墙纸的灰色调，并复原了本特利设计的哥特式吊灯式样（图6.23）。脚踏楼梯，拾级而上，你能感到逐渐变得明亮。

那些被一些评论人士诟病，修复得过于明亮的私密空间，如卧室、衣橱间等，随着光影的变换，不再炫目。鲜艳的墙纸之上，局部留有小门，拉开它，你能看到原有结构（图6.24）。但这种夹层手法，使本来就较为狭小的私密空间更加狭小。那些半私密空间，诸如图书馆、画廊（图6.25）的修复，应该说做到了形似神似。所有空间中，令人印象至深且贯穿始终的当推那些形状各异的原物彩色玻璃。这里仅以图6.26示意。

跟200多年前一样，所有参观者最后走向开敞明亮的大回廊，如今那里是"白色蛋糕"做成的餐厅兼咖啡室。

应该说修复大体复原了18世纪图片里的草莓坡山庄。然而，我不能肯定自己是否真正体验了贺拉斯当初的"非凡图像"以及那些强烈对比的不同空间情景。阴沉不足？明亮有余？我想，即便那些藏品全部回归，并按照当初的布局放置，也不能肯定就能重现当初的非凡图像。时光已过200年，质疑总是容易，这是修复永远不能摆脱的困境。

左上：图 6.20 修复后的草莓坡山庄
画面左，圆塔下，一层为开敞大回廊，画面前方，即东南大草坪。

右图：图 6.21 修复后的草莓坡主入口（北面）
与图 6.11 比较，形似？神似？也许见仁见智，也许不言自明。

左中：图 6.22 修复后的神甫园及其哥特式屏墙
有兴趣的读者可以与路易斯·沃波尔图书馆数码图片库里的老木篱屏墙对比。

左下：图 6.23 修复后的入口门厅

左上：图 6.25 修复后的画廊

左下：图 6.24 北屋大卧室墙纸背后的老墙，以及用于现代线路的夹层

图 6.26 圆塔里的彩色玻璃

高素萍摄影

　　如果说对房屋修复的判断难以言说，对园林修复的判断则十分肯定，这"肯定"却是如哈尼一样的否定。虽然能感受到许多努力，如东立面的三棵树（图6.27）、神甫园面向北面的木篱墙（图6.28）、南部大草坪的一些小树林（图6.20），均重现昔日印象，但只要你曾经领悟过草莓坡林园的诗意，你就能肯定，从前的场所精神一去不复返了。

　　东南大草坪依然，泰晤士河景致已不复见（图6.29），贺拉斯所推崇的画框式效果也几乎不可能。从前的哥特式建筑小品只剩下小礼拜堂（图6.30），并因为被圣玛丽学院诸多建筑的包围，几乎与原来的林园脱离了关系。被哈尼批评的复原后所放位置不合原有景观精神的贝壳长椅，因为制作时没有考虑到室外防腐被送回工厂重新处理……显然，园林修复远较建筑修复艰难。诗一般的场所精神，我们再也抓不住了。这种"抓不住"又使建筑给人带来难以言说的失落感，尤其在那些狭小的空间，不由得不让人回味克拉克所言的"三不"了。

　　但不管如何，修复中精细而谨慎的工艺操作值得学习。如彩色玻璃修复——将所有彩色玻璃面板从窗或门框上小心翼翼地卸下，随即送往玻璃保护工作室予以分析、局部修复和清洗：先以铅型材料将面板整个拓片，留下它们复原之前的形态，接着将玻璃从面板的镶板上拆下，以特别工艺对每块玻璃予以清理，如在显微镜下用解剖刀片层层刮除那些脏漆积垢，一些破损的小块部分以树脂补全，有的地方则填以新的涂色玻璃。如此修复后的玻璃面板再重新被小心翼翼地安回窗框或门框上。

　　这种精细和谨慎的操作最终避免了绚丽色彩带来的某种新贵式浅薄庸俗，值得当代中国复原或新建古典式样的决策者深思。

上：图 6.27 东立面的三棵树
与图 6.7 对照，基本与从前
的景观一致，看得出画框的
努力。

中：图 6.28 神甫园的木篱墙再
现当初的神态

左下：图 6.29 东南大草坪
已望不见泰晤士河风景，而
当初贺拉斯·沃波尔购买这
座老屋的主要原因在于站立
此处可望见泰晤士河水，对
比图 6.16

右下：图 6.30 小礼拜堂
已被圣玛丽学院的建筑包围

二 博物馆岛——柏林心脏的血液循环

有多少楼台？
柏林的心脏

普鲁士的王们
大兴土木
他们说博物致知
他们说新古典希腊

而毁灭天地一瞬
而废墟也万物共存
复活
是精灵的永恒

柏林的心脏
有多少楼台？
长廊考古

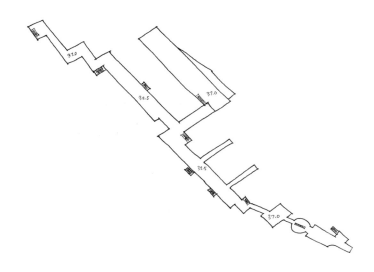

也是五朵金花

我们按博物馆之花开放的时间序列来回放。

之一

18 世纪末的欧洲，启蒙主义深入人心，普罗教育越显迫切，将博物馆向大众开放的呼声高涨。1793 年，法国人率先将卢浮宫向大众全面开放。1797 年，德国考古学家赫特（A. Hirt，1759—1837）建议在柏林也设立一座大众博物馆。然而直到 1806—1807 年，普鲁士王国败给拿破仑，并被后者掠走大批文物，普鲁士的王族才意识到大众对博物馆的迫切需求（爱国教育功用）。赫特的提案却还是不了了之。

1815 年赶走法军后，普鲁士国王威廉三世将此事再次提上日程。最初的构想是对位于菩提树下大街的普鲁士皇家艺术学院的老房子[1]做些改造，经过数年争吵，1822 年，改造大任落到申克尔的肩上。

自己原有的雄心加上太子（即后来的四世）的鼓动，以及不断攀升的改造预算等因素，最终促使申克尔决定另选新址，重新设计 —— 新博物馆应该有其"自身之美，且为了城市"[2]。

新址是块风水宝地，位于柏林的心脏、霍亨索伦皇家宫殿花园所在地。17 世纪中期的柏林地图（图 6.31）显示，该宝地与柏林城发源地科恩镇（Cölln）及柏林镇（Berlin）三足鼎立[3]，在城中的地位不言而喻。

新址上，博物馆立于皇家花园乐趣园（Lustgarten）之北，独门独户，与

---

[1] 今菩提树下大街国家图书馆所在位置。

[2] Johannsen, R. "Altes Museum" // Eissenhauer, M., Bähr, A.& Rochau-Shalem, E.(eds.) *Museum Island Berlin*[M]. Berlin：Hirmer Publishers, 2012, 148.

[3] 有关柏林中心地段起源的记载，可追溯至 13 世纪初的两座小村镇——科恩和柏林。1307 年，二者结盟，合称柏林。

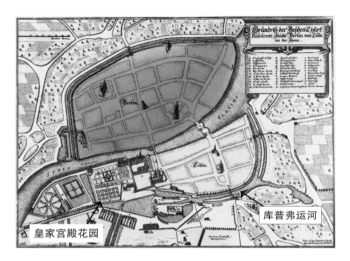

库普弗运河

皇家宫殿花园

图 6.31 建筑工程师明哈特（J. G. Memhardt，1607—1678）大约 1652 年绘制的柏林地图
因为由穿越城市的施普雷河（Spree）与库普弗运河（Kupfergraben）围绕而成，今人
称这块宝地为施普雷岛（Spreeinsel）
原图现藏于柏林中央图书馆（Zentral- und Landesbibliothek Berlin）

普鲁士皇宫[1]遥遥相望。东有象征神权的普鲁士宫廷教堂[2]，西有昭示军威的
军械库[3]。再看申克尔绘制的几张图（图 6.32—6.34），就不仅仅是职业建筑师
规划师谙熟的总平面、透视图了，而是将具有审美及教育功能的博物馆作为
地标性建筑置于城市中心。文化艺术教育与君权、军威及神权同等对待。

点评：

　　这几张图不仅开启岛上"五博"的兴建，更为柏林中心乃至整个城市的景观品
质奠定耐人寻味的人文主义基调：从菩提树下大街东端由朗汉斯设计的希腊古典风

---

［1］即城市宫殿（Berliner Stadtschloss）。
［2］初建于 1465，为霍亨索伦皇家宫殿一部分。1747 年，建筑师鲍曼（J. Boumann，1706—
1776）在原址重新设计建造，巴洛克风格。1822 年，申克尔将其改造为希腊新古典风格。1894 年，
当时的德意志帝国皇帝威廉二世下令拆毁。建筑师拉什多夫（J. Raschdorff，1823—1914）在原址
又重新设计建造了文艺复兴风格的柏林大教堂，作为基督教新教主要教堂与梵蒂冈圣彼得大教堂
分庭抗礼。由于英语写成 Berlin Cathedral，常被误认为天主教主教座堂，事实上该教堂属路德宗。
［3］菩提树下大街最古老建筑，作为军械库（Zeughaus）初建于 1695—1730 年。现为德国历史
博物馆。

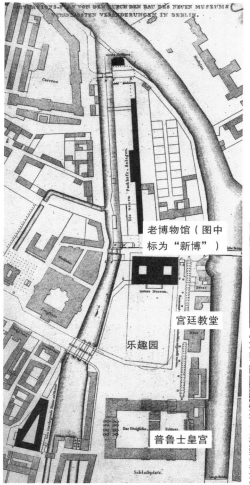

左：图 6.32 申克尔设计的老博物馆及其周边总平面图

老博物馆（图中标为"新博"）

宫廷教堂

乐趣园

普鲁士皇宫

右上：图 6.33 从宫殿桥上远眺（申克尔绘）

右下：图 6.34 申克尔绘制的老博物馆二楼大厅透视图
图中的几个人绝非比例人那么简单，而是显示了博物馆及文化艺术开始面向大众。

勃兰登堡城门一路走来……行至大街尽头时，你会看到申克尔设计的古典希腊风新警卫局，看到巴洛克风军械库，最后抵达宫殿桥，便是整座城市的心脏：普鲁士皇宫、宫廷教堂以及五大博物馆组成的建筑群此起彼伏，生生不已……想到申克尔刚刚将宫廷教堂的巴洛克风格改造成希腊古典复兴风，施普雷河边的"雅典"？不言而喻。

博物馆的设计就不单单考量单体，而是将其纳入城市中心景观的综合规划。设计者不仅调整了相关地形、道路（填充施普雷河与库普弗运河之间的小运河），还规划设计了一系列排水渠及桥梁。

新博物馆的平面是规整的长方形。当代建筑理论批评家弗兰普顿（K. Frampton，1930—）认为它源于法国多面手建筑师迪朗（J-N-L Durand, 1760—1834）的经典著作《概要》（*Précis*）里的博物馆平面。变形中被劈为两半，取消侧翼，但保留中央大圆厅（rotunda）、柱廊和内院[1]（图 6.35）。两层通高的中央大圆厅可谓整栋建筑的核心，巨大穹顶的天花上布满藻井，顶部开设天窗，光线随时照射进来，宛若罗马万神庙（图 6.36），显示申克尔博物馆是"艺术之圣殿"的理念。流线和展厅围绕大圆厅两侧的两庭院展开，一楼主展雕塑，二楼主展画作。

为避免河水带来的潮湿及洪水对藏品的损坏，也为了显示建筑物的雄伟，这座两层高希腊古典风长方体立于高台之上，正立面朝向乐趣园和皇宫，一大排两层高爱奥尼柱组成的柱廊，典雅、平和、庄重。屋顶安置象征普鲁士国家文化意愿的鹰和狄俄斯库里（Dioscuri）雕像（图 6.37）。

点评：

为不与宫廷教堂大穹顶"争高"，申克尔在大圆厅穹顶加上了"方盖"（图 6.38），似乎有些可笑。但为协调而牺牲自己的理念值得回味。另外，加"方盖"也与自身正立面平和的希腊式柱廊更为统一。为协调整个区域，申克尔还对乐趣园做了规划。

博物馆 1825 年开始施工，1830 年落成，便是柏林第一座公众博物馆。藏

---

［1］ Frampton, K. *Modern Architecture: A Critical History* [M]. London: Thames and Hudson, 3rd ed. 1994, 17.

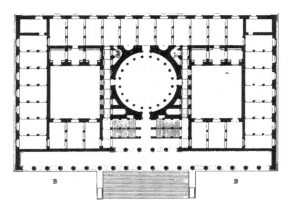

左上：图 6.35 申克尔绘制的老博物馆底层平面图
中间 8 根柱廊下的入口宽台阶以及宽大的列柱围廊形成通向窄门廊的通道，门廊内两侧布置对称的入口楼梯和夹层，创造出某种精致有力的非凡空间组合

右上：图 6.36 建筑师画家康拉德（C. E. Conrad，1810—1873）所绘的大圆厅
四周由 20 根科林斯石柱环绕，各石柱间安置古希腊、古罗马雕像

下：图 6.37 申克尔绘制的老博物馆透视图
最初方案中正立面阶梯两侧的雕像，初建时未得建造。今日所见的《亚马逊格斗女将》及《狮子斗士》雕像分别于 1842 年及 1861 年加建。

　　　　　Schinkel, K.F. etc. *Collection of Architectural Design by Karl Friedrich Schinkel*, plate

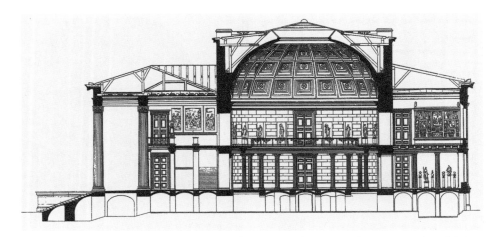

上：图 6.38 申克尔绘制的老博物馆剖面图
下：图 6.39 威廉四世所绘的"科学艺术之圣所"意向图

品及建筑物的主人是帝王，名字就叫"皇家博物馆"（Königliches Museum）。

之二

到 1841 年，因收藏猛增，"皇博"已难胜任。在申克尔、洪堡兄弟（W. von Humboldt，1767—1835，A. von Humboldt，1769—1859）以及新任博物馆馆长奥尔费斯（I. von Olfers，1793—1871）等人的劝说下，坐上王位不久的威廉四世下令将"皇博"之北的地段专用于新建博物馆、学术机构及大学，并冠名"科学艺术之圣所"（Freistätte für Kunst und Wissenschaft, 直译：艺术和科学的自由之地）[1]。

威廉四世成为国王前也曾虚心求教申克尔，是位业余建筑师。他即兴挥毫所绘的"科学艺术之圣所"未来建设意向草图（图 6.39），说来颇具长官意识，却给接替刚刚故去的申克尔担任皇家建筑师的施蒂勒定下主旋律：古典希腊风，雅典卫城……

作为申克尔的高徒，施蒂勒同样热衷于希腊古典复兴，与帝王一拍即合，很快就设计了一座外观颇具希腊风的单体建筑。为与老师的"皇博"有所区别，就叫"新博物馆"。老师那座"皇博"1845 年更名为"老博物馆"。

三层高新馆在老馆之北，两者间由一段约 25 米长的廊道连接。对照图 6.40 与图 6.35，不难看出，学生在设计手法上与老师一脉相承：平面基本呈长方形，也是两庭院（图 6.40）。核心为大楼梯，同样庄严、神圣、略带伤感。有意思的是，大楼梯上方开敞的木构天棚（图 6.41）也是缘于老师从前一个未实施的设计（图 6.42）。

他又跟老师不同：

第一，关于博物馆新理念，新馆是"历史、科学之圣殿"，而不仅仅为"艺术之圣殿"。老馆藏品关注艺术的原创性及审美性，新馆藏品尽可能广博；前者旨在纯艺术熏陶，后者注重文化历史知识的教导。为此，新馆展室按时代顺序排列，让观众见证学习世界文化史。进门左边南面的"希腊庭院"主展早期欧洲史，右边北面的埃及庭院主展埃及史前文明。此外，还穿插非欧洲地区——如哥伦布之前的美洲、非洲及大洋洲——的艺术品和文物。

第二，关于设计新宗旨，施蒂勒表示：一栋收藏艺术品的房屋，其本身也当是艺术之作[2]。为此，这栋外形简朴的建筑物（图 6.43），其内部从空间塑造到装饰造型皆具备高水准的创意和多样性，尤其注重将墙壁及梁柱等处的特别设计及装饰与附近所展览的高贵艺术品融为一体。如大楼梯墙壁上巴伐利亚宫廷画家考尔巴赫（W. von Kaulbach，1805—1874）绘制的巨型世界史壁画，

———————

[1] Buttlar, A. *Neues Museum Berlin: Architectural Guide* [M]. Berlin: Deutscher Kunstverlag, 2010, 10.

[2] Buttlar, A. "The Museum Island–An Architectural-Historical Overview" // Eissenhauer, M., Bähr, A. & Rochau-Shalem, E.(eds.) *Museum Island Berlin* [M]. Berlin: Hirmer Publishers, 2012, 103.

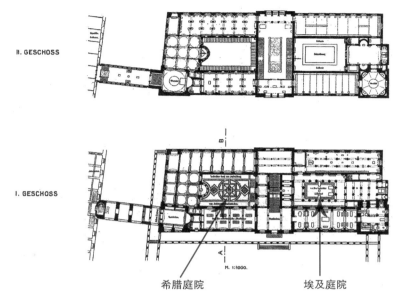

II. GESCHOSS

I. GESCHOSS

希腊庭院　　　　　埃及庭院

图 6.40 施蒂勒绘制的新博物馆平面图
因周边原有老建筑的地形限制，平面略微偏斜，但大体为长方形。

左下：图 6.41 施蒂勒设计的新博物馆中央大楼梯及开敞的木构天棚
右下：图 6.42 申克尔 1834 年设计的雅典皇家宫殿室内提案（未实施）

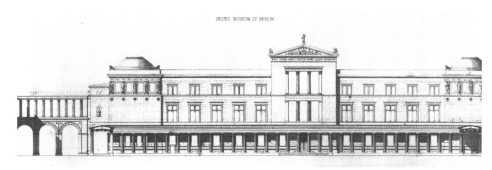

上：图 6.43 斯图尔设计的简洁质朴的新博物馆东立面

下：图 6.44 建筑景观画家格特纳（Eduard Gaertner, 1801—1877）描绘的埃及庭院

如埃及庭院（图 6.44）……美轮美奂！

　　第三，新博物馆采用了当时最前卫的建造技术和材料，如内部大量使用预制铸铁构件，堪称建筑技术史上的丰碑。20 世纪 90 年代，人们开始对新博物馆修复时发现，施蒂勒采用厚度较薄的墙体，用于承重的铸铁构件形如网状，筒拱及圆顶则复兴了德国古代黏土空心砖技术，如此等等，让构件具有较强的承重能力而自身却较为轻巧，这对于该处承载力薄弱的沼泽地基尤为必要。

　　由于沼泽地段土质松软，建造采用桩基础。为此在柏林首次启用蒸汽压桩机，将 2000 多根 7—18 米长木料压入地下。还使用了抽水机、蒸汽动力升降机等现代工具，加上采用蒸汽式火车将建筑材料直接运入工地等措施，整个工期大大缩短。工程 1843 年奠基，1846 年初具规模。由于 1848 年"革命"的耽搁，1855 年才正式完工。在当时来说，该工程堪称施工速度的楷模了。且不谈其内的收藏，单就建筑而言，该馆旋即成为当时舆论的焦点，亦被后人视为 19 世纪博物馆类建筑杰作而大加效仿。

　　除了设计"新博"，施蒂勒还画出"科学艺术之圣所"整体规划构想图，

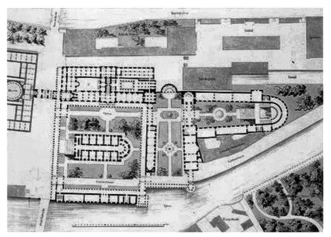

上：图6.45 斯图尔设计的"科学艺术之圣所"总平面图（正中为国家画廊）

中：图6.46 斯图尔设计的"科学艺术之圣所"南立面图（正中为国家画廊）

下：图6.47 老国家画廊透视示意图

何晓昕根据皮埃尔（H. A. Pierer, 1794—1850）主持编纂、1891年版的大百科全书（Universal-Lexikon）老图片摹画。

图 6.48 第 4 座博物馆（博德博物馆）外观写意

何晓昕速写

图 6.49 第 4 座博物馆平面图

Preyer, David C. *The art of the Berlin galleries*, Boston: L.C. Page & Company, 1912

在这两座博物馆之北建造一些学术机构及大学建筑，并以柱廊将所有房屋连成一体。

之三

业余工作者往往对所为之业更为执着，何况业余的帝王。请读者跟我们一起想象一下业余建筑师威廉四世站在皇宫里遥望对过两座新房子时的情景——自豪、点头、摇头……还缺点什么，缺点什么……缺什么呢？再看他那张"立此存照"中心处（图 6.39）。

操刀手还是施蒂勒。时光已到 1862 年。对照图 6.45—6.47 与图 6.39，不难看出这是一个立面及平面均迎合外壳的设计，颠倒了"形式服从功能"。更耐人寻味的是，连"功能"也与四世那张"科学艺术之圣所"不太一样了。这是政治需要，也可以说是众心所向！帝国即将统一。有关民族、国家的概念激动人心！收藏当代德语艺术家作品的"国家画廊"应运而生。

事实上，自法国大革命以来，德国的教会和贵族都有意识地退出赞助艺术家的舞台。民众也意识到接管此事是国家的职责和荣耀。19 世纪第二个十年就有人准备组建专藏德语艺术家画作的国家画廊，但苦于收藏不多。1859 年，银行家瓦格纳（J. H. W. Wagener，1782—1861）将自己收藏的 262 幅以当代德

语艺术家为主的作品捐赠给普鲁士皇室之举，创造了契机，"国家画廊"成为可能。这些赠品也成为日后国家画廊的核心藏品。

1865年，施蒂勒故去，方案深化及监管工作由申克尔学派建筑师施特拉赫（J.H.Strack，1805—1880）接替。工程1867年动土，1876年对外开放。正立面山花上的金字刻于1871年帝国统一那一年。十年后，入口台阶高台上竖起威廉四世的骑马雕像，让这栋原意打造成雅典卫城的建筑颇带些古罗马神庙气息。1992—1993年，为与现代建筑大师密斯·凡·德罗1968年设计的位于西柏林文化广场的"新国家画廊"相区别，此处更名为"老国家画廊"。

大约1853—1860年及1876—1878年，基于施蒂勒的方案设计的连接三座博物馆的柱廊分期兴建。

之四

帝国统一后，德国人与欧洲顶级博物馆——如巴黎卢浮宫、伦敦大英博物馆——一争高低的自信心陡增。建造第4座博物馆顺理成章。但1875—1882年间修建的铁路横穿施普雷岛北面，客观上阻止了施蒂勒当初的规划蓝图，新馆址于是选在施普雷岛最北端。

此时的德国建筑界，盛行新文艺复兴风。1875年，建筑师奥尔特（A.Orth，1828—1901）夺魁呼声颇高的方案也脱离了之前三博的主旋律，转向新文艺复兴风格：平面沿两侧河堤边缘铺开，充分利用地形，并以一个穹顶与岛之端的圆环形对应，营造"船之首"意象。但1881年、1882年、1883年的竞赛中，奥尔特没能胜出。蹉跎到1896年，建筑师伊内（E.von Ihne，1848—1917）拿到最终执行权。伊内的方案吸取了很多奥尔特手法，平面同样沿两侧河堤边缘布局，入口同样通过河湾处桥梁，同样并更加突出穹顶主题，但将奥尔特的新文艺复兴风格改为当时的德意志帝王威廉二世所喜欢的新巴洛克风格（图6.48），再次体现了长官意志的胜利。该博物馆的名字亦随了大帝。该项目施工同样艰难，同样采用桩基础以及当时最先进的技术和材料，如铸铁架构等。工程进展堪称神速，1904年博物馆即建成，并向大众开放。

图 6.50 建筑师梅塞尔设计的第五座博物馆（佩加蒙博物馆）外观示意图

点评：

　　老国家画廊虽然更改了施蒂勒规划的功能（由大学或学术机构变为博物馆），大方向没变，同为文化艺术类，基址与外貌均符合当初构想。到了这第四处，基址及外观均大大改变。续建博物馆的做法，则让人们意识到另一种可能。大概自 1881 年竞赛开始，"博物馆岛"一词流行，并沿用至今。

　　第四座博物馆建筑平面大体呈三角形（图 6.49），三条边合成几个庭院，穹顶下方为主入口。三角局面让观众较难去选择一条清晰的参观路线，结果最终是让他们自由地沉浸于美学之梦中。

　　该馆第二任馆长，即德国现代博物馆学创始人之一博德（W. von Bode，1845—1929）。他对内部展厅设计（按时代风格，并特别注意采光等技术要素）、展品布局（展品与展厅建筑细部，如天花、壁炉、门窗、挂毯、家具等协调）以及对馆藏古代艺术品及文物（包括拜占庭以及伊斯兰教艺术品及文物，以及一些古典大师的作品）的收集做出极大贡献，并引领当时全世界博物馆内部布局设计新潮流。为此，该馆于 1956 年易名"博德博物馆"，并一直沿用至今。

　　之五

　　自 19 世纪 70 年代始，由于帝国的强盛以及与奥斯曼帝国的友好关系，德国考古学家在地中海及近东地区（今伊拉克、叙利亚及土耳其）取得重大考古发掘成果，大批出土文物被"半买半送"后运回德意志，其中包括 19 世纪

80 年代运到柏林博物馆岛的佩加蒙（Pergamon）祭坛壁雕[1]。之前的 4 博已无空间容纳如此巨物。事实上，兴建第 4 座博物馆时，博德就向威廉二世提议：在铁路线之南，建造收藏古代文物的专类博物馆。1899 年，建筑师沃尔夫（F. Wolff, 1847—1921）设计了一座专用于展览佩加蒙祭坛的博物馆（由此得名佩加蒙博物馆），并于 1901 年开馆。但随着藏品数量、体量的增加，这座博物馆已不能满足需要，加上地基下沉等结构问题，只能拆毁就地重建。1906 年，建筑师梅塞尔（A. Messel, 1853—1909）受命重新设计。与博德博物馆不一样，该设计回归新古典，但同样充分利用地形，紧贴河堤两边，入口通过专用桥梁（图 6.50）。

梅塞尔去世后，工作由其好友柏林规划总管霍夫曼（L. Hoffmann, 1852—1932）负责。施工也是历经磨难。因为时局的变故，如"一战"的耽搁，工程到 1924 年才得以继续，又因经费匮乏等问题，施工始终处于似完未完之势。1930 年，适逢柏林博物馆建馆 100 周年，博物馆在尚未彻底完工的情况下开馆。霍夫曼做了很多修改，如庭院内部入口柱廊及前庭柱廊总入口均略去，原来的"四翼"只剩"三翼"。博物馆中部展览佩加蒙祭坛及古典希腊罗马时期文物；北翼为德意志文物（主要为中欧从中世纪到巴洛克时期文物）；南翼的一层为远东古文物，二层为伊斯兰文物[2]。不过这大体与梅塞尔的方案相差不大，在古典主义风格里融入一些普鲁士传统建筑元素，如梯级山墙或阁楼、高窗、半嵌进墙壁的半露柱等。远远望去，仿佛一座普鲁士神庙。

除了佩加蒙祭坛，还有来自巴比伦的伊什塔尔门及游行大街（Ishtar Gate and the Processional Street）以及来自小亚细亚西岸米利都的市集大门（Market Gate of Miletus），这些都是极品。该馆因此最受瞩目，游人最多。中国散文大家朱自清在 1932 年末的德国旅途中，有文字记载此盛况。

至此，金花五朵全开。它们呈现各自的建筑风格，朝向也不尽一致，但其间有天桥相连，并绕以柱廊、花园，浑然一体。既昭示柏林博物馆建筑及其内藏品的博大辉煌，亦体现柏林城市中心景观的历史和文化底蕴。

---

[1] 佩加蒙是公元前 3 世纪亚洲西部佩加蒙王国的国都，当时的希腊文化中心，以雕塑艺术著称，在科学、文化、艺术及建筑上造诣高超。后为罗马帝国所灭。今为土耳其西海岸贝尔加马市（Bergama）。
[2] 三部分各自独立成馆，直到 1958 年合并，统称为佩加蒙博物馆。

好景不过十年，"二战"临头。岛上所有的博物馆于 1939 年关闭，部分藏品转移，部分滞留原地。1943—1945 年英美联军的多次大轰炸中，博物馆岛上的建筑连同滞留其内的藏品遭毁灭性破坏，又以新博物馆所受的打击最为惨烈。

从单体修复到整体规划

早期修复历程

"二战"后，博物馆岛属东柏林。

也许因为"民族、国家"的重要性，国家画廊最先受到关注，1948—1949 年匆匆修复，1949 年部分开放，1955 年全部开放。接下来的修补持续到 60 年代末。老博物馆于 1958—1966 年得到重建，并向公众开放用于国际展览。该建筑大部分构架不复从前，但核心大圆厅、入口立面、一些主要构件基本照原样保留。对佩加蒙博物馆的处理仅属临时维修，1982 年附加的现代化入口大厅虽与原作极不相称，但并未伤害原结构的骨架。博德博物馆穹顶及窗户等部件于 50 年代之后陆续得以修复，由于财政短缺等因素，有关修复一直持续到 1987 年。

至于"新博"，因受损过重，只能任其荒废。东德政府甚至计划将它全部拆掉。所幸未找到存放其内滞留藏品的寄托处，从而使计划搁浅。令人惊叹的是，整栋建筑虽成废墟，如中央核心大楼梯及楼板几乎全塌，西北翼及东南碟状穹顶彻底损坏，但某些局部如精美的墙体装修及天花彩绘等却能维持原样几十年！足见当初高超的建筑技术和质量。20 世纪 80 年代，随着两德开始重视历史建筑，各地纷纷修复博物馆。1985 年，东德政府终于决定对废墟采取必要的安保措施。但由于经费无着，直到两德合并，新博也未能真正得到修复。

两德合并后，柏林博物馆岛"二战"时期散落各地的藏品陆续得到回收，岛上"五博"全部归属柏林国立博物馆，并统属普鲁士文化遗产基金会。修复博物馆岛随即成为普鲁士文化遗产基金会的重要事业，纳入政府的议事日程，也融入大众生活。

最先着手修复的还是老国家画廊。1992 年，建筑师默茨教授（H. G. Merz，1947— ）受命担纲修复。默茨具有深厚的博物馆设计经验，他计划

在恢复原有风格的同时，体现各个历史时期的历史层次，并引入 21 世纪最先进的博物馆技术。经过一段时间的筹备和外部处理，1998 年画廊闭馆修复，2001 年完工并正式开放。

默茨果然不负众望。我们今天看到的老国家画廊外貌完全形似施蒂勒的神庙式艺术圣殿（图 6.51）。画廊内部采用最先进的博物馆技术，从"天"到"地"改善调控博物馆的采光及空气温度、湿度等技术指标（图 6.52—6.53）。整个博物馆焕然一新的同时，某些局部保留原有的残痕（图 6.54），展现了不同时期的历史层面，给其余博物馆的修复或重建确立了质量标准和榜样。

其余博物馆的修复或重建却演化为一场旷日持久的大工程，并被誉为 21 世纪地球上与"历史议题"关系最为密切的博物馆项目[1]。可喜的是，最终的修复从单体的各自为政走向整体规划。下面，我们从一场竞赛切入。

1993—1994 年建筑设计竞赛及其后各博物馆修复概况

默茨开始修复老国家画廊之时，有关其他博物馆修复的讨论业已展开。最主要也最直接的便是 1993—1994 年普鲁士文化基金会发起的国际建筑设计竞赛。

因为"新博"是 19 世纪欧洲博物馆建筑的代表作，也是岛上最重要的普鲁士纪念建筑以及唯一自"二战"后持续荒废的博物馆，上述竞赛主旨便是：对"新博"的修复设计规划以及整合柏林国立博物馆考古收藏附属建筑的兴建设计规划。而早在此前的 1990—1992 年，由众专家组成的委员会对博物馆岛历史建筑的修复大方向已经达成约定。1994 年，柏林国立保护署将约定文本正式发表，并冠以标题"补全式修复的保护呼吁"[2]。

意大利建筑师格拉西（G. Grassi，1935— ）获胜（图 6.55）。其方案试图以意大利理性主义方式恢复毁坏的东南翼及西北翼，并在"新博"临库普弗运河的一侧兴建一座接待楼[3]，该新楼试图从高度及美学层面，从属残存的施

［1］ Greub, S. & Greub, T. *Museums in the 21st Century* [M]. Munich, Berlin: Prestel, 2008,144.

［2］ Haspel, J. "From Building to Rebuilding-the Early History of the Neues Museum "//Mustertitle (ed.)*The Neues Museum Berlin: Conserving, Restoring, Rebuilding within the World Heritage* [M]. Robinson, M., Wiethüchter, A.& Williams, K.(trans.) Leipzig: E. A. Seemann, 2009，19.

［3］ 即申克尔设计的货物签章转运楼（从前海关大楼的一部分）1938 年被拆掉后留下的空地。

左上：图 6.51 修复后的老国家
画廊外观

右上：图 6.52 修复后的新博物
馆内部天棚采光，至拍摄此照时，
地板仍在修复中

中：图 6.53 展室的地面调控槽
馆内规定游人不得靠太近或
越过该槽

下：图 6.54 某些局部保留昔日
残痕，展现历史的层次

蒂勒的"新博"。

接下来关于优化方案的商谈中，格拉西与普鲁士文化基金会却难以达成共识。1997年，专家评委会决定重新审理竞赛中的前5名方案，开启了又一轮竞赛大辩论。可能入围的方案有二，分别代表两大不同理念：其一为第一轮竞赛中的第2名，设计人是英国建筑师奇普菲尔德（D. Chipperfield），与格拉西大方向一致，意图在原废墟的基础上重建，走的是历史主义路线（图6.56）；其二为第一轮竞赛中的第4名，设计人为美国建筑师盖里（F.O.Gehry，1929—），以自由分布的建筑序列展现某种松散的解构主义构图，走的是后现代路线，让人联想到往昔战争的破坏，未来又是摇曳不定（图6.57）。这是外在的形式风格。二者的内部亦显不同路数：如内部核心大楼梯处，盖里完全重新设计了一座自由式展厅（图6.58）；奇普菲尔德则是基于施蒂勒的楼梯原型（图6.59）。

我们不妨简略回顾一下20世纪80—90年代欧洲他国的代表性博物馆建筑。

20世纪80年代初，法国总统密特朗力排众议，采用世界知名美籍华裔建筑师贝聿铭的设计，决定在卢浮宫拿破仑庭院建造一座现代主义建筑风格的玻璃金字塔。1989年金字塔成功落成。

20世纪80年代中期，伦敦国家画廊的扩建受到查尔斯王子的抨击，ABK建筑事务所主导设计的现代风格方案流产，最终由后现代主义建筑师文丘里夫妇（R. Venturi, 1925—，D. S. Brown, 1931— ）完成。这座后现代风格翼楼较好地考虑到新建筑与原有老建筑的结合，1991年落成后，获查尔斯王子称赞。

1997年落成的盖里设计的西班牙毕尔巴鄂古根海姆博物馆，堪称解构主义代表作，获广泛赞誉。

显然，欧洲博物馆建筑继续注重新旧结合的同时，向多元化迈进。我们也就不难理解此处的盖里的方案获得青睐。然而盖里方案得到普鲁士文化基金会赞赏的同时，却遭各方严厉谴责，甚至引起一场反盖里的争论。

激烈争吵后，柏林人做出选择。1998年年初，普鲁士文化基金会宣布由奇普菲尔德与修复专家哈拉普（J. Harrap）联合设计的方案中标。就好比当年申克尔那几张图，这一选择从根本上决定了博物馆岛的命运，也决定了柏林城市中心的景观基调。

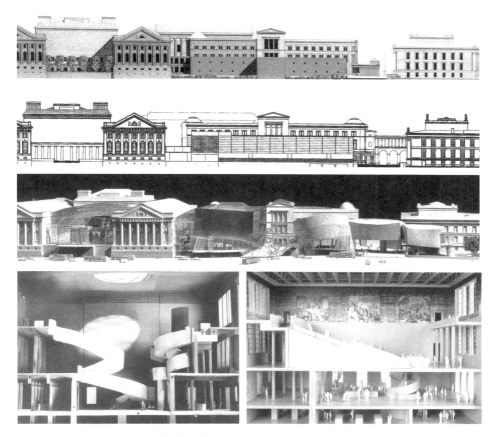

上一：图 6.55 格拉西关于新博物馆的修复方案图
上二：图 6.56 奇普菲尔德关于新博物馆的修复方案图
上三：图 6.57 盖里关于新博物馆的修复方案
左下：图 6.58 盖里设计的中央大楼梯
右下：图 6.59 奇普菲尔德设计的中央大楼梯

　　在关于"新博"修复的争吵如火如荼之际，关于其他博物馆修复的国际建筑竞赛均在进行中。相对而言，简洁不少。1997 年，建筑师特萨（H.Tesar，1939— ）与费舍（C. Fischer）有关博德博物馆的翻新、整修方案中选。1998 年，HSA 建筑事务所（Hilmer & Sattler and Albrecht）有关"老博"的修复方案中选。尤其值得赞赏的是，同年年底开始，负责各博物馆修复、重建、增建的建筑师、规划师等专家逐渐形成一个以奇普菲尔德领队的"博物馆岛设计团队"，关注

从单体走向总体设计。

1999 年年底，五座博物馆建筑以及其内的收藏，被列入 UNESCO 世界遗产名录。2000 年，翁格斯（O. M. Ungers，1926—2007）关于佩加蒙博物馆的修复、增建设计方案中选。至此，所有五座博物馆的修复、重建方案大体确定。

特萨与费舍联合设计的整修方案 2000 年得到最后批准，博德博物馆整修施工于同年开始。博物馆大部分构件得到修复，并安装了一些符合现代博物馆安全及卫生要求的设施。外部复原到战前状态（图 6.60）。2006 年重新开放。

"新博"修复方案 2003 年得到批准后于同年开始施工，2009 年修复后成功开放（图 6.61）。

"老博"修复方案虽于 1998 年完成，近 10 年后才开始逐步实施。2007 年开始修复门廊内的楼梯，2009 年修复大圆厅天花板，2012 年全部修复完毕后重新开放。我们看到其外观修复如旧（图 6.62），大圆厅及窄门廊内的楼梯空间重现当初的辉煌（图 6.63—6.64）。

佩加蒙博物馆的修复却是持久战。至 2006 年年初，翁格斯的设计方案才得到批准。如图 6.65 所示，该方案不仅仅包含修复，还在西边沿库普弗运河扩建了一排新建筑，也算对当年梅塞尔设计的还原。翁格斯 2007 年去世后，工程由克莱亚胡斯建筑事务所领导的"佩加蒙工作小组"接管[1]。除了应急保护措施，实质性修复 2013 年才开始。2016 年施工依然繁忙（图 6.66）。据现场告示（图 6.67），修复工程分四个阶段，预计 2025 年完工。

鉴于"新博"修复与重建的成功，本节余下部分主要介绍"新博"的修复、重建、保护以及博物馆岛的总体规划。

新博物馆的修复、重建、保护

首先，请读者跟我们一起读一读奇普菲尔德对"新博"修复的总原则"补全式修复"所做的阐释——既非以废墟为背景的全新建造，也非单纯重建那些遭战争破坏而不可逆转的消失部分，而是整合所有尚可利用的受损构件的

---

[1] Staatliche Museen zu Berlin(ed.)*Pergamon Museum Berlin: Collection of Classical Antiquities, Museum of the Ancient Near East, Museum of Islamic Art* [M]. Munich: Prestel Verlag, 2011,22.

左上：图 6.60 修复后的博德博物馆外观如前

左中：图 6.61 修复后的新博物馆东立面（入口）外观如前

左下：图 6.62 修复后的老博物馆外观如旧

右上：图 6.63 修复后的老博物馆中央大圆厅

右下：图 6.64 修复后的老博物馆，窄门廊内的双侧楼梯

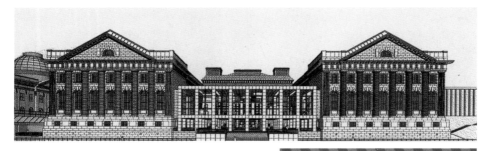

上：图 6.65 翁格斯关于佩加蒙博物馆的设计图
左下：图 6.66 佩加蒙博物馆修复施工中
右下：图 6.67 佩加蒙博物馆修复施工进度告示牌

肌理，同时附加一系列现代元素，建造一栋有延续性的建筑。所谓的第三种
方法[1]，具体操作时，既不模仿也不废除被毁肌理的各种残存[2]。

　　再看修复的核心目标——重建补全原有的建筑体量，修复整合那些"二战"
中被破坏后幸存的部件，但以新的建筑补全或复原那些原始的展室或房屋序
列[3]。保护并修缮幸存的部分，创造一个令人理解的场景，并将那些零碎的部
分重新连回整体……新与旧之间的互相加强不是基于对比而是通过对持续性

[1] Rik N. *David Chipperfield Architects* [M]. Köln: Walther Konig, 2013, 198.

[2] Chipperfield, D. "The Neues Museum: Architectural Concept" // Mustertitle（ed.）*The Neues Museum Berlin: Conserving, Restoring, Rebuilding within the World Heritage* [M]. Leipzig: E. A. Seemann, 2009, 56.

[3] Rik N. *David Chipperfield Architects* [M]. Köln: Walther Konig, 2013, 198.

图 6.68 奇普菲尔德关于新博物馆补全式修复示意草图

的求索[1]。就是说在残存的结构上创造一种持续性。

持续性及完整性也就成为建筑师从头至尾都要考虑的哲学、美学以及技术上的关键要素。重建补全的体量主要包括缺失的西北翼及东南穹顶部分（图6.68）。其他部位则主要在于整合修复与保护。

如何获得新、旧间的持续性？如何获得完整性？这需要多重学科在修缮（repair）、修复（restoration）、重建（reconstruction）、保存（preservation）以及保护（conservation）等层面的合作互动。所有涉及考古修复的部分均征询过修复保护专家哈拉普与其他有关机构（柏林国立保护署，ICOMOS 柏林办公室等）以及客户（柏林国立博物馆及普鲁士文化基金会）的意见并获得首肯，并以《威尼斯宪章》及《巴拉宪章》为总方针，尊重构件各个不同时期的状态，以最小干预方式，区分修复部分与原有部分，强调空间的文脉以及原始构件的材质……总之，现代修复反映从前失落的历史，却非简单模仿，而是让新补充的部分与原有肌理间建立起某种对话。如此运作也是奇普菲尔德早就谙熟的手法，并被称作"软保存"[2]。

具体手法众多。在整合修复处，尽量使用 1997 年修缮之初在废墟现场发

［1］ Chipperfield, D. "The Neues Museum: Architectural Concept" // Mustertitle（ed.）*The Neues Museum Berlin: Conserving, Restoring, Rebuilding within the World Heritage* [M]. Leipzig: E.A.Seemann, 2009, 56.

［2］ Weaver, T. (ed.) W.*David Chipperfield: Architectural Works 1990-2002* [M].Barcelona: Poligrafa, 2003,1.

现的遗留材料，就是说重新使用幸存的石柱断料及仿古埃及彩绘的天花板等；重建与补全处，如西北翼（包括埃及庭院及阿波罗厅的突出部分、希腊庭院里的半圆形殿）及南侧穹顶，则主要采用砖块和混凝土。所用的砖块是再生回收的手工制造，体现补全的形态。

对"新博"东侧及南侧柱廊的修复和重建完成后，整栋建筑的东面部分基本重现了"二战"前的景观。新、旧材质在昭示历史延续的同时，以诚实示人，如在某些得以修复的墙体边缘允许一些残留的破损处以不规则形态裸露呈现（图 6.69—6.70），让人体会新的是新的，旧的是旧的。某些裸露处又覆以薄薄泥浆，让新与旧自然过渡，新空间融入原有老建筑。整栋建筑新旧相融，雄浑质朴，让游人于某种追忆中向前看。

核心大楼梯处的补全重建可谓修复重建的样板，主要楼梯部分在形式上基本与施蒂勒的构图一致，却以白水泥与萨克森大理石碎屑混合制成的预制混凝土构件建造，简洁现代（图 6.71），重现施蒂勒理念的同时又并非简单复制。楼梯大厅的墙壁，仅以手工砖补全（图 6.72），而非复制原有的巨型壁画。新与旧各自以诚实面目出现，对话的同时保留了历史痕迹，既营造了一个与当初施蒂勒设计的大厅相似的历史氛围，又以现代姿态展示施蒂勒之后的历史延续。

与大楼梯的空间类似，新陈列室同样以白水泥与萨克森大理石碎屑混合制成的大型预制混凝土构件建造。同样显示现代与历史的对比、对话及延续。

上述原则、理念、概念及手法的获得和具体实施却是谨慎而漫长的，并经过建筑师、景观设计师、修复专家、历史学家、展览设计师、博物馆专家、使用者等多学科专家和工匠们反复商讨合作而完成，历时十几年。

第一步是对有关建筑历史及场地的研究及技术调查，包括档案文献、现存建筑的肌理、场所的特质等。经过与负责现存结构加固及采取安全措施的联邦办公室（该工作 2001 年由奇普菲尔德建筑事务所接管）、负责历史建筑保护的柏林国立保护署以及未来的使用者柏林国立博物馆的咨询和讨论，哈拉普领导的团队在《威尼斯宪章》《巴拉宪章》以及上述补全修复原则、宗旨的基础上起草了一份有关"新博"具体修复的指导大纲（Guidelines）以及不同修复阶段的战略方针（Strategies），并将"新博"修复纳入整座博物馆岛修

左上：图 6.69 修复后的新博物馆室内大楼梯处，新与旧共存

右上：图 6.70 修复后的新博物馆室内埃及庭院部分，新与旧共存

左下：图 6.71 修复后的新博物馆
从大楼梯仰视所拍

右下：图 6.72 修复后的新博物馆
从大楼梯俯视所拍

复的文脉语境之中[1]，包括四周的环境、立面、装饰等。而每一间房屋或展室的修复或重建则依据其作为博物馆用途的具体要求以及不同的尺度、规模区别对待[2]。

接下来是对现存结构肌理的受损程度做仔细而谨慎的评估。随着建筑师接管结构加固等事务，有关结构加固的保护措施得到进一步实施。对现存建筑结构的稳定及修复、对古老工艺技术的重新运用以及现代手法的运用等均经过技术试验，并经过材料专家、测量师、科学家的综合研究和比较。同时还开展了对材料及骨料来源的调查，对陶罐天花板承载力的试验……所有保护措施都通过主要房屋或展室的剖面规划及模型图进行演示比较。图6.73就是从剖面显示室内墙体的色彩修复方案。此外，还辅以有关现存建筑的历史结构及损坏部位的老图片。墙体的局部、天花板及地板、墙体上的绘画和装饰则采用数字技术辅助修复。

综合上述所有发现，并通过对毁坏程度的调研及对现存状态与未来修复规划的比较，最终发展出有关空间功能及美学设计的修复理念、概念。这一修复理念于2001年5月得到决策者批准。

具体实施时，上述三文本（指导大纲、战略方针、修复理念）又被落实到具体的保护措施规划、编码计划等细则，从而保证了修复重建的精细和高质量。图6.74、图6.75显示了诺伊毕德展厅（Niobidensaal）南墙的修复措施规划图纸以及2008年修复施工时的照片。可见操作的精细。

为确保修复或重建后的博物馆继续得到较好的保护，施工完成前即起草了一份使用者手册，指导使用者（博物馆）在日常使用中如何有责任心地对待这一建筑遗产。如监控、定期保养、对承载力以及光线最大负荷的控制，等等。

2009年10月，修复或重建后的博物馆正式开放，虽有争议，总体得到赞美。奇普菲尔德也因为在工程中的杰出表现，获得2011年欧盟当代建筑奖（密斯·凡·德罗建筑奖）。

---

[1] Niemann, E. "Organization-Co-operation-Process"// Mustertitle (ed.)*The Neues Museum Berlin: Conserving, Restoring, Rebuilding within the World Heritage* [M]. Leipzig: E.A.Seemann,2009, 76-78.
[2] 在建筑师看来，将那些残缺部分的墙体连成整体修复时，尺度、规模是关键。对抹灰墙体上局部缺失的修复肯定比那些整面墙或整间房屋都缺失的修复要容易得多。前者并不需要自己的特质，后者则要从物理及材质上拥有自己的特征。这就需要"干预"，有自己的"故事"。

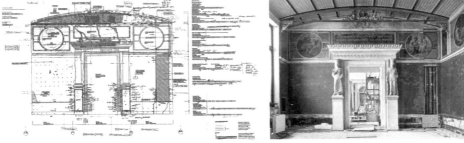

上：图 6.73 新博物馆修复色彩分析剖面图

　　　Eissenhauer, M., Bähr, A. & Rochau-Shalem, E.(eds.) *Museum Island Berlin*

左下：图 6.74 诺伊毕德展厅南墙修复措施规划草图

右下：图 6.75 2008 年修复中的诺伊毕德展厅南墙

　　图 6.74—6.75 Mustertitle (ed.) *The Neues Museum Berlin: Conserving, Restoring, Rebuilding within the World Heritage*

　　同年，柏林国立博物馆暨普鲁士文化基金会（Staatliche Museen zu Berlin-Stiftung Preußischer Kulturbesitz）、联邦建筑与区域规划局（Bundesamt für Bauwesen und Raumordnung）以及柏林历史建筑保护署（Landesdenkmalamt Berlin）联合出版有关"新博"修复、重建、保护的专辑[1]。涉及不同学科的几十位专家从不同角度对修复、重建、保护的原则、手法、实施过程等做详细记录。限于篇幅，上文仅简要介绍了有关建筑主体的修复、重建、保护，涉及其他细节，如墙面绘画、地面、天花板、马赛克、门楣、壁柱、窗框等的修复和保护，读者不妨阅读该专辑。

---

　　[1]　Mustertitle(ed.)*The Neues Museum Berlin: Conserving, Restoring, Rebuilding within the World Heritage* [M]. Leipzig: E. A. Seemann, 2009.

点评：

自 19 世纪末开始的修复、反修复之争至今，将历史建筑修复到当初的辉煌状态还是保护其历史发展历程中所有的肌理？衍生的方法无数，很难肯定谁是谁非。新博物馆修复与重建提供了一种值得思考和借鉴的方式。正如哈拉普所总结，我们的方法与旧小提琴修理工类似，活干完之后，让小提琴能够演奏之前，必须要先调其弦[1]。持续性及完整性自在不言中。

读书卡片 8：

奇普菲尔德设计手法的要素是创造空间、珍视发现的所有（遗留），并且将建筑师的工作看作与基址上那些从前已经建造、那些未来即将建造的要素之间的一系列互动行为。如此态度也适用于全新的建筑，不管它们位于何处。奇普菲尔德的新博物馆终究不是寡言也不是自我否定，而是关于场所强大而独特的理念，造物成真。它也不应该被看作"新谦和"（精神）的前身或近年来所有明星建筑的对立面。其特别处、其引人入胜处，在于流动性、在于与建筑师思外之物间的互惠。便自冶其意象之力。

——译自英国当代建筑评论家 R. 莫尔《大卫·奇普菲尔德修复的德国柏林新博物馆》，2009 年 5 月《建筑评论》（Rowan Moore: *Neues Museum by David Chipperfield Architects, Berlin, Germany*，http://www.architectural-review.com/buildings/neues-museum-by-david-chipperfield-architects-berlin-germany/8601182.article.）

总体规划

有关总体规划文件中的规划要点如下[2]：

＊注重每座单体建筑、博物馆在城市中的"都市化轮廓"；

＊发挥库普弗运河边广场（即新博物馆与库普弗运河之间的空地）的作用；

＊在各博物馆之间建立可能的连接；

［1］Harrap, J. "The Neues Museum: The Restoration Concept" // Mustertitle (ed.) *The Nueus Museum Berlin: Conserving, Restoring, Rebuilding within the World Heritage* [M]. Leipzig: E.A.Seemann, 2009, 64.

［2］Tietz, J. "The Great and the Whole-The Master Plan" // Eissenhauer, M., Bähr, A.& Rochau-Shalem, E.(ed.) *Museum Island Berlin* [M].Berlin：Hirmer Publishers，2012, 42.

　　* 为主要参观路线上的游人提供额外的基础设施；

　　* 为埃及文物及临时性展览找到新的场馆；

　　* 确立博物馆的外部空间、空间关系以及一些指导设计的原则；

　　* 考虑博物馆岛在其都市环境中的需求。

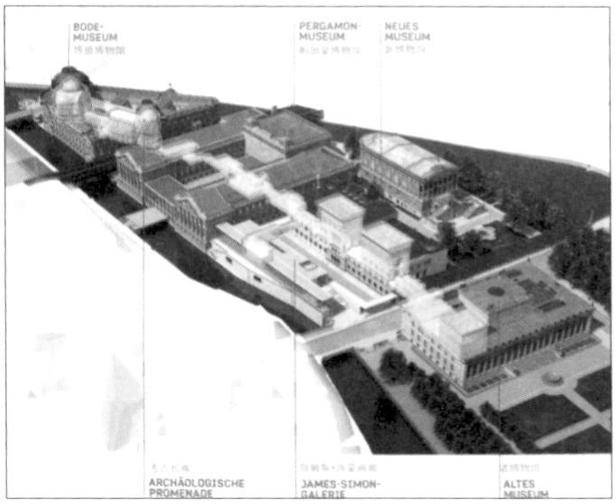

　　基于这些要点，发展出如下蓝图，并得以分期实施。

图 6.76 连接 4 座博物馆的考古长廊示意图

　　1. 考古长廊（Archäologische Promenade）

　　"二战"摧毁了各博物馆之间的连接。20 世纪 90 年代以来，急剧增加的游人和现代化需求使得即使维修原有的连接亦不足以解决问题。1999 年博物馆岛总体规划的主要宗旨便是：在遵守保护总方针的前提下，通过规划，让建于不同时期的 5 座博物馆从外部视觉上成为一个整体，融入柏林城市中心的都市空间，同时在不同博物馆内部创造一个联系通道。为此，新建一座"考古长廊"的构想成为总体规划的重要内容。

　　因所涉房屋都是需要保护的历史建筑，为了最小干预原有结构，这条长廊将从地下层连接除老国家画廊外其他 4 座博物馆的展览空间（图 6.76）。既为博物馆之间确立空间上的联系，也为游人提供一条各博物馆藏品主题之间的额外连接，让 4 座博物馆的收藏有一个总体呈现。

　　游人依然可根据自己需要，自各博物馆入口步入，单独游览。为此，各博物馆间还规划设计了不同的参观流线，其中的主要流线有佩加蒙博物馆主楼层的古建之旅。

　　长廊施工随各博物馆的修复分期进行，博德博物馆及新博物馆的长廊分别于 2006 年、2009 年完工。主体虽在地下，地面也有些通道。预计 2025—2026 年所有的建造完成后，游人可沿一条开放式步行通道，沿库普弗运河、"老博"、"新博"，抵达佩加蒙博物馆内庭，再前往博德博物馆大院。

　　2. 博物馆庭院（Museumshöfe）及考古中心（Archäologisches Zentrum）等

　　因新建考古长廊，原位于地下的储藏空间及管理部门需要搬迁，建立一

个新柏林国立博物馆"科技中心"（即后来所说的博物馆庭院）成为急需。该中心地址选在博德博物馆与库普弗运河的毗邻处，由 GS（Geschwister-Scholl）大街、库普弗运河及城市铁路线三面围合。沿 GS 大街矗立的是从前的 FEK 营房（Friedrich-Engels-Kaserne），这栋巴洛克风格建筑属地标性名录建筑，需要保护。

2005 年的国际规划竞赛中，AW（Auer+Weber）事务所方案中标（图 6.77）：设计将整个三角地带用一条对角线道路分为南北两大块。北部为三合院围合，在对原 FEK 营房修复的基础上新建一座"考古中心"；南部为新的博物馆建筑，作为博德博物馆的附属馆，其内展出一些目前位于文化广场新国家画廊里的一些大师画作及雕塑藏品。对角线道路由通向博德博物馆的梦笔树（Monbijou）桥延伸而来，并向洪堡大学及国立图书馆等历史文化性公共建筑延伸。新建筑的体量与历史环境和谐融合。2006—2007 年，FEK 军营得到修复，并作为公众礼堂使用。

2007 年考古中心建筑国际竞赛中，HK（Harris+Kurrle）建筑事务所的方案中选。其内包括柏林国立博物馆的一些管理部门、档案资料图书馆、考古实验室及其他工作室等。2009 年开始施工，2012 年完成（图 6.78）。有关南部新博物馆的方案仍在征集中。这块地与其未来所属的博德博物馆类似，也是三角形的。是否会设计成博德的双胞胎体量？我们拭目以待。

3. 总入口及游客中心：詹姆斯·西蒙画廊（James Simon Galerie）

奇普菲尔德在关于新博物馆修复的深化中发现，"新博"不可能同时承担 5 座博物馆的入口功用，于是提议：重建一栋以服务性功能为主的新建筑，作为未来所有博物馆的总入口，以减少其他历史建筑的负担。该提议立即得到柏林国立博物馆及普鲁士文化基金会的同意。奇普菲尔德也获得设计权，场地便是申克尔设计的货物签章转运楼 1938 年拆掉后留下的空地。

设计方案却是几经修改，直到 2007 年才终达期望效果。浓缩的新古典主义设计以一组纤细的柱廊母体延续施蒂勒柱廊构想。其南侧朝向谐趣花园立面的宽阔开敞的大台阶，既达到"显赫入口"的视觉效应吸引游人（图 6.79），亦与申克尔"老博"呼应。此外，若从城市宫殿桥上远眺，其狭长的体块，仿佛佩加蒙博物馆附属建筑，不经意间给抹上了历史纪念性建筑的色调……无疑，这座简洁的现代建筑既与原有的历史建筑协调融合，又为历经沧桑的

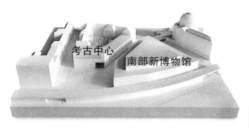

左上：图 6.77 AW 事务所制作的博物馆庭院模型
右上：图 6.78 落成后的考古中心
右下：图 6.79 詹姆斯·西蒙画廊南侧主入口台阶
　　何晓昕摄于施工现场布告牌，原图由奇普菲尔德设计事务所绘制。
左下：图 6.80 詹姆斯·西蒙画廊建造施工现场

博物馆岛带来新的生气。

作为总入口也是信息及游客中心的新建筑将成为连接岛上"五博"的总枢纽，包括售票大厅、物品寄存处、书店或纪念品商店、餐厅、咖啡厅，并将游人引至考古长廊及佩加蒙博物馆的古建之旅流线。这将有效地分散游人，缓冲人流对其他博物馆的冲击。其内设置的礼堂、媒体中心及特展室则为岛上博物馆提供某些辅助性功能。此外，新入口与"新博"之间还形成一个户外庭院。

鉴于捐赠及赞助人詹姆斯·西蒙对诸博物馆藏品所做的重要贡献，总入口被冠名为"詹姆斯·西蒙画廊"。至2016年，该画廊的建造仍在施工中（图6.80）。

4. 外部空间环境

修复博物馆岛原有的柱廊与庭院、开辟新的户外公共空间（包括博物馆内院），并向游客开放。

图 6.81 莫西尼景观公司绘制的博物馆岛总体景观规划图
图 6.82 老国家画廊处的柱廊庭院内孤树参天

从兴建第一座"老博"起，外部空间、环境即为重要内容。申克尔对乐趣园的规划和施蒂勒的柱廊设计，都将博物馆建筑与外部空间、环境作为一个整体。有关各博物馆及其整体环境的考量也就成为 1999 年博物馆岛总体规划的另一重要内容。为此于 2001 年举办了有关博物馆公共空间与景观规划的国际竞赛，包括设计、修复"二战"时期毁坏的 1853—1878 年间建造的施蒂勒设计的柱廊及庭院。莫西尼景观（Levin Monsigny）公司的方案中标（图 6.81），其设计宗旨是将博物馆岛的外部空间分为有功能意味的区段，从而开辟一个远离城市喧嚣的外部景观空间，主要包括：柱廊庭院与花园、佩加蒙博物馆东北端与施普雷河之间的开阔空间与花园、新入口詹姆斯·西蒙画廊与"新博"之间的庭院、佩加蒙博物馆的内庭、佩加蒙博物馆与博德博物馆之间城市铁道线下方的小型开敞空间。其中柱廊庭院的修复分别由奇普菲尔德建筑事务所及 PP（Petersen & Petersen）公司承担，施工完成后于 2010 年开放（图 6.82）。其他部分多为新元素，主要由莫西尼景观公司负责设计，分期实施。

余下的博物馆岛复兴工程（佩加蒙博物馆修复及总体规划实施）预计 2025—2026 年完成。有关博物馆岛总体规划及各博物馆的历史及现状图片，可浏览网站 www.museumsinsel-berlin.de。

三大思考

第一，博物馆建筑与历史城镇保护。

邓斯莱根在其专著《浪漫现代主义》的开篇指出：将历史物件或建筑放在博物馆里保护与历史城镇的保护不同[1]。那么作为建筑的博物馆，尤其是作为历史建筑的博物馆，与历史城镇的关系若何？

事实上，博物馆建筑作为文化场所，在历史城镇中早就扮演着极重要的角色，如巴黎的卢浮宫、伦敦的大英博物馆、圣彼得堡的埃尔米塔日（Hermitage）博物馆，等等，均成功塑造了各自城市的文化身份，维护原有历史建筑历史肌理的同时，也都通过不同的方式引入新元素，将新与旧有机结合。

与上述博物馆相比，柏林博物馆岛不仅成功塑造了柏林的文化身份，更以独特的组群及其位于城市中心的特殊空间形态，对柏林历史肌理的整体保护做出了特别贡献。我们在学生时代记忆深刻的一句话是"孤例不足信"。然而面对柏林博物馆岛，我们想的总是：如此"孤例"照样可以给其他历史城镇的保护提供参考，即一座城镇如何将自己现有的历史建筑（或博物馆或其他类型的历史建筑）串成一体或一片，形成独特的历史建筑、文化艺术景观空间、廊道。如此历史文化景观廊道正是博物馆岛复活工程所追求的，并在逐步实现中。除了5座博物馆的各自修复，岛内引入了新的元素，如总入口詹姆斯·西蒙画廊、考古长廊、岛上景观空间等；在岛外，则在博德博物馆靠库普弗运河一侧的对岸开辟了考古庭院，以一条对角线道路将博物馆岛与其西边的洪堡大学、城市图书馆等文化场所串成一体，组成了一个广博的历史文化街区与城市景观。

更有意思的是与"老博"遥遥相对的，正在进行中的另一大工程：在被拆毁的城市宫殿基地上兴建的洪堡广场（Humboldt-Forum），此广场亦将是集博物馆、文化展览、会议设施及大学、图书馆等于一体的文化场所。

我们在第四章介绍过城市宫殿的兴衰。同处柏林心脏的这块宝地自15世纪以来便是柏林的权力中心，申克尔设计的代表文化艺术并向平民开放的"老

---

[1] Denslagen, W. *Romantic Modernism: Nostalgia in the World of Conservation* [M]. Amsterdam: Amsterdam University Press, 2009, 7.

博"跻身于如此权力中心是一种历史性宣告。

2006—2009 年，城市宫殿之上东德所建的共和国宫被拆后，与有关博物馆岛的修复及重建争论一样，关于此地未来走向的争论激烈，各方针锋相对，也不免情绪化。因为柏林既是底蕴深厚的历史城市，也是东、西德合并后的新首都，关于其市中心保护、修复、重建、新建不仅关乎社会、科学、文化等美学及技术上的导向，还与经济息息相关，更显示政治立场。这些争论大致分为三派：一派主张无须保留宫殿遗址，无须恢复其体量或建筑结构，新建一座体现德国现代化、面向未来的新建筑；一派主张保留所有残迹，并尽可能恢复宫殿原貌，向一个有着 800 年历史的老城区的重要历史建筑致敬；一派主张部分保留基地的考古发掘，外部体量是与原宫殿相似的复原及新建的混合物，尽量沿用原城市宫殿所用的旧砂石外墙，立面大体复原宫殿的巴洛克风格，内部则采用简洁的现代风格。

最后，采用了意大利建筑师斯泰拉（F. Stella）的方案。该方案在认真考察其周边的历史及场所环境，尤其是博物馆岛上老博物馆的历史及现状等因素之后，采取了与博物馆岛上的"新博"及佩加蒙博物馆修复、重建类似的方式，也是补全式复原与新建混合。外部立面与原城市宫殿形似也神似[1]，内部采用现代化设计及先进的建造方法。建筑群包括将被用作展现非欧洲文化的博物馆、文化展览、会议设施以及大学、图书馆等，并借用德国杰出教育家洪堡兄弟的姓氏，取名"洪堡广场"。

显然，洪堡广场将与博物馆岛成为一个整体（图 6.83）——真正的科学和艺术圣所。博物馆岛展示欧洲及中东的艺术、文化收藏，洪堡广场为亚洲、非洲、大洋洲的艺术与文化提供独特展示空间。从前的政治权力中心彻底让位于文化科学艺术，足见柏林打造欧洲乃至世界科学文化艺术中心的雄心。这一切的背后，令人深思的理念是：知识及教育是尊重并容忍其他文化的关键[2]。图 6.84 显示，2016 年的洪堡广场依然在繁忙施工中。

［1］ Stella, F. *Ausgewählte Schriften und Entwürfe Vol.1* [M]. Berlin: DOM Publishers, 2010, 82-89.

［2］ Stiftung Preußischer Kulturbesitz (ed.) *The Humboldt-Forum in the Berliner Schloss: Planning, Processes, Perspectives* [M]. Berlin: Hirmer Publishers, 2013, 14.

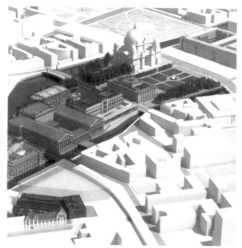

图 6.83 柏林博物馆岛总体规划团队所做的博物馆岛及其周边模型
图中右上角体块为洪堡广场
图 6.84 2016 年施工中的洪堡广场

第二，古代建筑物在博物馆内保护的可能性。

我们在第二章曾讨论过勒诺瓦与德甘西之间的论战，想必读者还记得德甘西的名言：分离即破坏。而勒诺瓦式的做法却从未停止。"二战"以来，欧洲各大博物馆都为建筑保护做出了贡献，但这些博物馆多是对建筑构件的保护或展示。唯有博物馆岛上的佩加蒙博物馆是对整座古代建筑物的保护或展示。事实上，早在佩加蒙博物馆兴建之前，有关佩加蒙祭坛的展览就引起轰动，博物馆岛也被誉为世上最重要的艺术朝圣地之一。迄今为止，此类古典建筑物展览吸引了成千上万的游人。

这里不打算探讨上述两类观念谁是谁非以及博物馆内展示历史建筑的原真性问题，而仅仅思考为什么佩加蒙博物馆对建筑古迹的保护或展示能够成功。

首先，是考古发掘的严谨。

其次，主要展厅皆根据所挖掘的古代建筑物的体量、风格及功能量身定制，游人一路走过，来自巴比伦的伊什塔尔门及游行大街、米利都市集大门、佩加蒙大祭坛以及来自马什塔的立面等建筑遗迹残片……代表巴比伦、希腊、罗马以及伊斯兰文化的重要古代建筑在类似原有民族文化的环境中组成

一个巨型空间序列，显示不同文化间的某种融合。游客被深深震撼的同时，恍惚身处实地。

最后，此处的古代建筑不仅仅是展示，而且是某种重新创造。那些主体建筑均由碎块一片片拼制而成，经历了某种忠实于原结构的重构。主体旁放置的碎片，则展示了考古及探险队的工作历程。如此"重构"及"现代性展示"赋予这些远离故土的古建另类"原真"及"偶像"品质。

20世纪90年代初，土耳其及伊拉克有关人士呼吁，要求柏林国立博物馆归还从他们国土挖掘的珍贵文物，如佩加蒙祭坛、伊什塔尔门等。柏林国立博物馆则坚称他们的是通过合法途径得到，并对这些文物的保护做出了重要贡献。孰是孰非，难以决断。但不管如何，德国考古学家及柏林国立博物馆对这些古建的保护功不可没。将古建放到博物馆保护也成为一种值得参考的选项，尤其适合幅员辽阔而自然气候较易破坏古建的国家和地区。

第三，保护与发展。

保护与发展历来不和，现代化进程又让矛盾更为激烈，柏林博物馆岛修复与复兴的成功经验便极富参考意义。

博物馆岛在计划修复之初，目标就十分明确：非单纯修复5座博物馆，而是补全式修复与重建。这主要为了让历史博物馆跟上现代发展的步伐，让历史建筑能够满足现代游人的需要，从而吸引更多游人。随着修复与重建的深入，总体规划被提上日程。从上述总体规划的四大手法，我们也不难看出，最终的立足点是发展。

修复后的博物馆岛（虽迄今为止很多工程仍在实施中）吸引了更多的游客，为柏林市中心带来活力。这活力创造出良好的投资环境，吸引了更多的建筑开发商和投资人。越来越多的办公楼、居住区在博物馆岛周边拔地而起。代表性项目有博物馆岛东侧施普雷河对岸（柏林大教堂附近）2004年开始建造的城市水族馆穹顶大楼（CityQuartier DomAquarée）、西侧佩加蒙博物馆库普弗运河对面2011年开始建造的佩加蒙宫（Pergamon Palais Am Kupfergraben）以及东北侧博德博物馆对岸2011年开始建设的由施普雷河、奥拉宁堡大街、图霍夫斯基（Tucholsky）大街和梦笔树大街（Monbijou）围合的被称作"博物馆岛广场"（Forum Museumsinsel）的街区的更新工程。

左上：图 6.85 水族馆穹
顶大楼及 DDR
左下：图 6.86 佩加蒙宫
右上：图 6.87 博德博物
馆对面的"博物馆岛广场"
街区临施普雷河的立面
右下：图 6.88 博物馆岛
广场街区改造施工广告牌

　　水族馆穹顶大楼和佩加蒙宫均为多用途大型建筑。前者包括四星级酒店、
零售商店、康乐设施、商业大厦、住宅、DDR 博物馆（以介绍原东德日常生
活为主的互动式趣味博物馆）及水族馆等。整座大楼设计以艺术为主要组成要
素，从而与博物馆岛有一种主题上的延续（图 6.85），后者为商用型住宅大楼。
照投资商的说法，该大楼从名称到设计理念处处参照博物馆岛上的古典风格
立面。由于受柏林"批判性重建"及"柏林之石"等要求的限制，这栋新建
筑缺少博物馆岛上历史建筑的雄伟，却是从比例到尺度均向古典致敬的现代
大楼（图 6.86）。博物馆岛广场同样借博物馆岛之名，对陆续建于过去 300 年
间的 11 栋老建筑实施修复保护（图 6.87—6.88）。投资人期望，该街区成为体
现柏林大都市脉动的舞台，成为博物馆岛与斯潘道街区（Spandauer Vorstadt）
之间的有机连接，后者是艺术家和自由职业人聚集地，其中的一些项目，如
哈克庭院更新，可谓街区更新的典范。

　　无疑，延续历史轮廓线的博物馆岛与其周边新老建筑的开发和保护一起，
共存共生。

第七章 城镇

一 切斯特长存

黑白相间
长廊成行

走，走四方
在城墙的上头

才说错
又见钟楼

城之简介

切斯特风景如画历史悠长。其源头可溯至 2000 年前罗马人统治不列颠尼亚（Britannia）时期的兵营（Castrum）[1]。选址于此，概因其战略地位：既是威尔士山脉（Welsh Mountains）与所谓"英格兰脊梁"奔宁山脉（Pennines）的交汇处，又有迪河（Dee River）环绕，适宜架桥设防。涨潮时带来的险境更给兵营添了一道天然屏障。作为港口，此地也便于军用物资的运输。此外，其南下 2 英里开外，便是三叠纪砂岩岭，地层中许多小石头可用于建造。于是此处逐步由木、泥混合构建的兵营发展为主要以石头垒成的名为"Deva Victrix"的要塞城市[2]。

公元 4 世纪末，罗马人撤离不列颠尼亚，该要塞急剧衰落，却未全废。一些罗马老兵及其家眷加上原居民继续留守。之后的 500 年，威尔士凯尔特人（Celts）、英格兰盎格鲁—撒克逊人（Anglo-Saxons）、丹麦维京海盗（Viking）在此地血腥厮杀，轮番坐庄。公元 10 世纪初，英格兰盎格鲁—撒克逊人的默西亚王国（Kingdom of Mercia）重获控制权，此时便是切斯特真正成为英格兰城市的开始。

作为最后一个臣服于征服者威廉（William the Conqueror, 1028—1087）[3]的英格兰城市，切斯特于 1070 年获得"特权领"（a County Palatine，享有王权的伯爵领地）资格。不过，自 1237 年开始，该"特权领"甘愿依附于英格兰王室，成为对付威尔士人的重要军事基地。加上罗马人遗留的港口功能，13—14 世纪的切斯特在贸易、手工制造业以及城市建设诸方面达到一个小高潮。其中较为突出

---

[1] Castrum 为拉丁文，复数为 Castra。切斯特及英国很多带后缀"chester""caster"或"cester"的地区或城市通常暗示该地曾是罗马人兵营。不过，据 1960 年出版的《牛津英文地名大辞典》，有些带上述后缀的地区也可能曾是史前要塞。

[2] 关于切斯特罗马时期的建造参见 Pevsner, N. & Hubbard, E. *The Buildings of England: Cheshire* [M]. Harmondsworth: Penguin Books, 1971, 133-135; Lewis, C.P. & Thacker, A.T. *A History of the County of Chester: Volume 5, Part 1, The City of Chester: General History and Topography* [M]. London: University of London, 2003, 9-15.

[3] 第一位诺曼英格兰国王，维京掠夺者的后裔，又被称作杂种威廉（William the Bastard）。1066 年开始统治英格兰，直到 1087 年死去为止。他在建筑上对英国的特别贡献是：引入城堡建造。

的建造便是一种商住两用的购物长廊。与英国及欧洲其他城市的底层商铺长廊不同，这里的长廊多处于第二层。长廊两侧一边为商铺，一边为小摊位。长廊之上为住屋，之下为以石造为主的商用半地下室（图 7.1—7.3），因其为切斯特特有而得名"切斯特长廊"（Chester Rows）。

长廊形成的原因及确切时间至今无定论。大体来说，至 1350 年，城中心罗马人留下的四条主街的长廊体系已基本确立[1]。因其所处位置恰与罗马人的主要建造地段相合，一些学者推测其建成原因与罗马人遗留的大量瓦砾带来的特殊地形及其所处的石质地基有关，当然，也跟这类长廊便于商业购物有关[2]。即便是雨天，游人也不会淋湿，还能悠闲购物。令后人难以捉摸的是，中世纪的切斯特屡遭大火，此地也多的是石头，按理人们会倾向继承罗马人推崇的石造建筑。但这里的商铺长廊除半地下室以石造为主，地面建筑多为半木结构。某些石造半地下室甚至也有局部木构（图 7.4），似乎人们并不介意火灾。为什么？值得一提的是，长廊虽属于其相连建筑物的业主，为私有建筑，管理权却属政府。这种统一管理模式大概也是促成长廊体系得以保留的原因之一。

除了长廊，中世纪的切斯特人还大建教堂、桥梁、新城墙，并加固罗马人的城墙遗留。尽管如此大兴土木，罗马人的城市构架，如城中心四条主街——东门街（Eastgate）、北门街（Northgate）、水门街（Watergate）、桥门街（Bridgegate），都基本得以保留（图 7.5）。

15 世纪开始，迪河严重淤塞，导致城市商业急剧衰退。16 世纪又屡遭瘟疫肆虐，整座城市颓败衰落。其后可能的复兴又因 1643 年开始的长达两年的围城战而延误。不仅城市人口减少，几乎每一座建筑也都遭到破坏，几场大火更加剧了困境。直到 18 世纪 60 年代开始工业革命，才给切斯特带来复兴。作为工业革命的中心城市之一，切斯特开始了新一轮重建。除了城墙，多数中世纪时期建造的纪念性建筑，如后来被斯科特施以风格式修复的切斯特大教堂、部分桥梁、上述四条主街多数房屋的地上部分、切斯特大教堂附近街区及尼古拉斯（Nicholas）街以西的街区，都得到重建或重新开发。

---

[1]　Brown, A. *The Rows of Chester: The Chester Rows Research Project* [M]. London: English Heritage, 1999, xiii.

[2]　Ibid., 7-13.

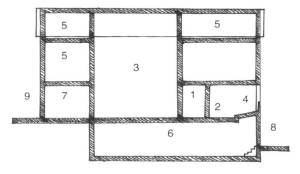

图 7.1 商铺长廊及其周围建筑的剖面示意图

1. 商店 2. 长廊 3. 大厅 4. 摊位
5. 住屋 6. 半地下室 7. 服务房
8. 街道 9. 后街与胡同

何晓昕绘

Northgate Street, looking down.

图 7.2 东门街商铺长廊

大约 19 世纪 50 年代的外观景观。
Hughes, T. *The Stranger's Handbook to Chester and Its Environs*

图 7.3 英格兰风景画家皮克林（G. Pickering，1794—1857）大约 1829 年描绘的水门街南侧商铺长廊内景

画面左为小摊位，右为商店入口。

图 7.4 桥门街石造半地下室的局部木梁

图 7.5 切斯特古罗马时期及中世纪城墙示意图
内部相对规则的长方形为罗马人城墙，其内的主要十字交叉街道与罗马人的四条大街重合。图中长方形实线为城墙尚且遗留部分。右下侧圆形为罗马人建造的半圆形剧场遗迹。外框不太规则的长方形为中世纪加建的城墙，基本完好地保留至今

Donald Insall Associates. *Chester: A Study in Conservation*

　　这些"新"建带有自己特征的同时基本沿用古典风格，如建于 1769—1808 年的四座城门均为优雅的古典式拱门，其中建筑师哈里森（T. Harrison，1744—1829）设计的北门尤为突出。哈里森还改造设计了切斯特城堡、格洛夫纳大街（Grosvenor）上的许多建筑、格洛夫纳大桥等。开发重建的布局也与之前罗马人及中世纪遗留的城市格局相协调，如上述四条大街地面部分的重建基本依照中世纪购物长廊体系，长廊之下的石造半地下室大部分得以保留。

　　建造热持续高涨到维多利亚时代（Victoria era，1837—1901）。此时的整个帝国经济因为工业革命的持续发展达到巅峰。值得庆幸的是，切斯特在继续繁荣的同时并没有进一步发展工业城市功能，而是保持商业及旅游业中心地位，并成为乡村城市的代表[1]。该决策不仅带来当时风景如画的景观，也为当今切斯特的历史城市特征奠定良基。

---

[1] Donald Insall Associates. *Chester: A Study in Conservation* [M]. London: HMSO, 1968, 29.

主导当时建造的建筑师才华卓异，又是本地人氏，让建造既达到高质量又保持切斯特地方特色。彭森（T. M. Penson，1818—1864）、道格拉斯（J. Douglas，1830—1911）、洛克伍德（T.M. Lockwood，1830—1900）设计的黑白相间建筑，极具特色，被佩夫斯纳称作"黑白复兴"[1]。其中彭森在东门街、道格拉斯在圣维博街（St. Werburgh）东侧及北门街西侧设计的商、住两用购物长廊，洛克伍德在东门街与桥门街相交的十字街头设计的购物长廊，均是佳品。"黑白复兴"于 19 世纪 80 年代达到高潮，并持续到 20 世纪 30 年代，如北门街新乔治风格的波勒屋（Bewlay）建于 20 世纪 20 年代，圣维博街的一些商业长廊始建于 1935 年。

点评：

1. 幸存至今的切斯特建筑多建于维多利亚时代，却带有中世纪气息，这要归功于"黑白复兴"。某种程度上属"骗局"假古董。然这种"黑白复兴"较为忠实地模仿了之前的中世纪建造，规模更大，质量更好，装饰母题多样化，风景如画，布局灵活，更便于维护。否则，以切斯特喧闹的商业，这些建筑又都在城墙内繁华购物地段，将很难维持。对比本书上篇所论诸多修复保护流派，"黑白复兴"当属风格式修复。可见运用得当的风格式修复在现实中往往比保守性维护更为直接有效。

2. 并非所有的维多利亚时期建造都"风景如画"。如 19 世纪 30 年代开始兴建的格洛夫纳大街，给长方形城市画上一条僵硬的对角线，仿佛一把利剑横刻于城市之脸；市政厅塔楼体量过大，压过邻近的大教堂。好在部分罗马城墙及中世纪所加固的城墙及城墙之上的步行道得到较好保留，城墙外维多利亚时代及爱德华时代（Edwardian era，1901—1910）所开发的河边小树林和格洛夫纳公园也遮掩了上述不足。总体来说，步入 20 世纪的切斯特既饱含历史底蕴，又风景如画。

切斯特在"二战"期间遭受的破坏较小。早在 1945 年，负责切斯特城市开发规划的工程师，也是切斯特悬浮桥的设计人格林伍德（C. Greenwood，生卒年不详）就明确指出：对切斯特的规划应该瞄准内城区，尽可能保持其现

[1] Pevsner, N. & Hubbard, E. *The Buildings of England: Cheshire* [M]. Harmondsworth: Penguin Books, 1971, 38-39, 131-132.

存的形式和特色[1]。然而从战后到 20 世纪 50 年代中期，市政府对历史建筑的保护并不积极。一些历史建筑，如北门大街的蓝钟客栈，因专家和民众的呼吁而免于拆除并保留至今，但多数历史建筑或被拆除或遭破坏，城中心地带的购物商铺一片颓势，下桥街（Lower Bridge Street）濒临贫民窟境地。

与此同时，战后经济实用住房的缺乏带来诸多问题。20 世纪 50 年代至 60 年代初，城市郊区大量农耕地被开发用于居住。城区大量闲置住房条件进一步恶化，并导致整个城区的衰落。为改善周边住宅带来的交通问题，1964 年不得不在城中心建造新路。轰轰烈烈的开发及交通噪声让人们普遍担忧历史城镇风貌的消失。切斯特市政府也开始意识到保护历史建筑的重要性。1966 年，市政府终于决定不拆除女王街的乔治时期房屋，同意修理帕克街的"九间房"。这其实也是当时整个英国及欧洲的大趋势。正是在如此文脉之上，1966 年，英国国家住房及地方政府事务部与地方政府联合出资对四座历史城镇——切斯特、巴斯、约克、奇切斯特做城镇保护试点研究。其中对切斯特的保护研究由在保护领域颇有经验的尹萨尔建筑事务所承担。以下将主要介绍该事务所 1966 年开始的保护研究、后续行动及其历史意义。

1966 年切斯特保护研究

目的简明：研究并报告有关保护政策的含义，找出需要保护改善的保护区，并维护这些保护区的活力及经济元气[2]。但做起来不简单。尹萨尔建筑事务所组织专门研究团队先花 6 个多月，深入广泛地实地调研勘测，之后又花 6 个多月，分析数据撰写报告，对有关保护政策及方法提出建议。这些建议既要适用于切斯特本地，又能向其他城镇示范推广。根据此前一些保护项目的经验，研究团队从调研到撰写报告均遵从从整体到细部的主导方针，并围绕如下几大步骤进行。

第一步：将切斯特放在一个大背景之上，调研切斯特及其所在区域目前所

---

[1] Insall, D. & Morris, C.M. *Conservation in Chester: Conservation Review Study* [M]. Chester: Chester City Council, 1988, 12.

[2] Insall, D. *Living Buildings: Architectural Conservation: Philosophy, Principles and Practices* [M]. Mulgrave: Images Publishing, 2008, 195-197.

具备的包括铁路、公路在内的交通网络，人口分布，就业增长，城市所涵盖的服务区，所在区域的零售业、旅游业，城墙内外的土地使用情况及产业需要等；并试图发现因这些状况的变化而带来的压力及含义。

点评：

熟悉城镇规划的读者能够发现这些调研细节与城镇规划的手法极为相似。这再次证明英国将保护与城镇规划紧密相连的传统。

从时间纬度出发，探索切斯特发展历程中的历史延续性，充分理解其社会变化、人口流动、经济需求等给城市带来的动态压力。

调查并分析城市特定的地方特征，并找出其中一些关键性功能、特点及构成元素。这些元素主要包括：迪河周边的景观、通向城市的几座桥梁、城墙、城中心独特的购物长廊、不同寻常的黑白相间的建筑风格。上述元素对保护特色至关重要，也是切斯特特有的城市资产。

第二步：分区调研需要保护的街区细节。首先评估该街区的城市景观，接着分析考察其房屋及空间的建筑质量，最后弄清单体建筑的现状、业主及其使用情况等。大约400多座单体建筑得以探测检查。勘测范围从内到外，从屋顶到地下室，并以文字及图解方式记下这些房屋的不同状态、问题及机遇。蕴含在勘测背后的一个重要宗旨是：强调人与地方的重要关系。只有让居民回归城市，才能给城市带来活力。

起草分期实施（立即执行、5年内实施、15年内实施）并附有成本核算的保护方案；界定具体保护区，详细图解评估保护区内的历史建筑，提出一些坚定却富于想象力的保护控制决策。基于对城市变化及开发的持续性认知，研究团队提出先在那些建筑质量最为恶化的街区开始一些示范性修复保护，并倡议保护机构介入这些街区的保护。此外，还发展出一个确定保护经费是否合理的重要方法：在保护费用与建筑自身的市场价值之间做比较。这是要让决策者明白：为获得一栋建筑的远期价值，近期的修复费用必要也值得。

调查分析城墙内的交通，主要采用"容量规划"原则。就是说在一个区域本身的吞吐力与其能够应付变化的容量之间寻求平衡。为保证切斯特特色的步行购物环境，必须根据城中心的自身容量，改善城墙之内的公共交通及步行道，如在不同的街区设置停车场、改善交通管理方法等。

第三步：在上述调查勘测分析的基础上与国家层面的规划部门展开广泛讨论，分析现有的法律权限，最终提出一个适用于切斯特并能向全英推广的保护行动方案报告。除了一些具体的保护措施，报告还列举了包括对保护项目的财力支持、建立历史城镇保护联合体、改善当地规划部门对日常保护的资金调配及效率等在内的保护提议，意在促进城镇规划从立法层面兼顾保护。

报告基本按上述三大步铺开：

第一部分报告调研第一步中的发现，其中的图解值得学习。如图 7.6 以旅游图形式简要注明切斯特的重要历史建筑。即便外行的管理人员也能一目了然保护与旅游业间的密切关系、保护可带来的直接经济效益。

第二部分介绍、分析所勘测的城墙内十几处不同街区的城市景观、建筑细节及可能的保护行动。这些几乎涉及与城市规划相关的、从交通管理到植树造林的所有议题，使人们意识到对老建筑的修护不仅改善建筑本身，也提高整个城市的质量。虽然撰写于 1967 年间，但这部分报告依然可作为当今建筑保护和城镇规划工作者的重要参考。此处仅简要介绍其对整个城市景观及特征起决定作用的城墙所做的分析研究，以及保护城墙的建议。

图 7.7—7.10 是对城墙上一些主要观景点所做的景观分析。不难看出研究的细致。毋庸置疑，每处观景点本身及其视觉走廊都是未来保护的重点。

至于城墙本身的修复与保护，则从城墙破损处的加固更新、城门和城墙墙体的扶正、周边植物的清理、城墙之上步行道的铺面改善等处入手。此外，还包括改善通向城墙之上步行道的入口，设置有关城墙的标志，改善城墙之上的照明，增加面向游客的设施，在一些观景处设置座椅并清理城墙外部某些杂乱的房屋以及植物，等等。

第三部分是有关保护措施及相关政策法规的总结及建议。报告指出切斯特面临的主要问题是对建筑的废弃、使用不足以及滥用。如在所勘察的建筑中，10% 的建筑因遭到忽略而导致不可用，许多其他建筑也正在被废弃。单体建筑的恶化势必带来整个街区环境景观的下滑。若任其发展，既会给改善行动带来困难，也难以吸引投资。为此，报告建议采用一些必要的保护政策，如设立保护区，对保护区内的开发、天际线轮廓等做出控制，将考古检测作为规划批准的前提，并对保护区内的植物予以立法保护，等等。此外，报告还建议

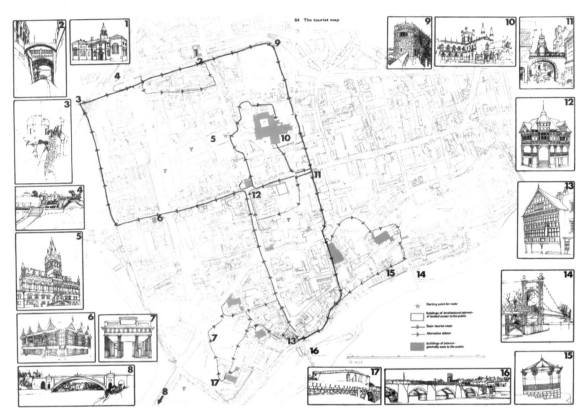

图 7.6 切斯特重要旅游景点示意图

1. 蓝衣学校（Blue Coat School） 2. 北桥及叹息桥（North Bridge& Bridge of Sights） 3. 城墙上的水塔（Water Tower） 4. 北门外运河水闸（North Gate Lock） 5. 市政厅（Town Hall） 6. 斯坦利宫（Stanley Palace） 7. 哈里森设计的切斯特城堡入口（Harrison's Propyleum to Chester Castle） 8. 格洛夫纳大桥（Grosvenor Bridge） 9. 城墙上的查理王塔（King Charles Tower /Phoenix Tower） 10. 切斯特大教堂（Chester Cathedral） 11. 钟楼（The Clock Tower） 12. 洛克伍德设计的十字街长廊（Rows at the Cross） 13. 熊与钢胚客栈（Bear & Billet Inn） 14. 切斯特悬浮桥（The Chester Suspension Bridge） 15. 迪河边游乐亭（The Pavilion near River Dee） 16. 迪河桥（The Dee Bridge） 17. 切斯特城堡（Chester Castle）

Donald Insall Associates. *Chester: A Study in Conservation*

图 7.7 城墙西北部分

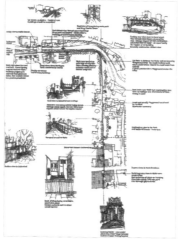

图 7.8 城墙东北部分

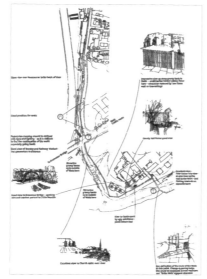

图 7.9 城墙西南部分

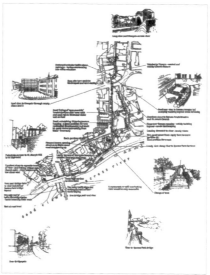

图 7.10 城墙东南部分

图 7.8—7.10 Donald Insall Associates, *Chester: A Study in Conservation*

在保护区内实施一个侧重点不尽相同的分期保护计划，如对环境的改善、有关开发的试点项目、修理及改造、急救行动等。在上述勘测的 400 多座建筑物中，报告列出 28 座建筑需采取急救行动，142 座需在 5 年之内进行修复改造，229 座的修复改造可在 5 年之后进行[1]。

需要指出的是，报告强调经费的重要性。并对上述需要采取不同措施的分期保护项目做出具体的费用预算。

报告一式两份，分别提交中央政府（住房及地方政府事务部）及地方政府（切斯特市政府）。

后续行动

1968 年，上述报告由专管英国政府出版物及皇室著作权的出版发行机构英国皇家文书局（HMSO）[2]出版发行。此时的英国刚刚颁发《1967 年公民设施法》，足见报告的发行与推动此法密切相关。

切斯特市政府经过长时间的沉默抑或思考，最终采取了报告中有关保护政策的多数建议，并于 1969 年宣布：在现有的城墙内划出一个约 80 公顷、含600 多座名录建筑的保护大区，不仅包括那些具有较高价值建筑及景观的街区，而且包括城墙之内的整个商业街区，这也就将那些计划开发的区段一并纳入保护区（图 7.12）。市政府还开始推行一些示范性保护政策，如收购修复一些破旧的历史建筑，鼓励私人业主、开发商以及建筑师投入类似的修复行动。另一重大措施是：今后每年从市政收入中拨出专款作为"保护基金"，这在当时的英国史无前例。其重要意义在于，这不仅对落实保护政策及修复项目予以直接的财力帮助，还吸引了国家政府的资金投入，从而又带动私人和企业资金的介入，形成了一个良性资金链。1971 年，尹萨尔建筑事务所被聘为城市保护顾问。在该顾问的建议下，同年 4 月，切斯特市政府又做出一个创举：在切斯特政府规划部门专设一个特定职位——保护官员，负责在现场组织管理并落实有关保护的政策及项目。这种做法后来广为英国其他城市所

---

［1］ Donald Insall Associates. *Chester: A Study in Conservation* [M]. London: HMSO, 1968, 228-231.

［2］ 该书局 2006 年转型更名为"公共资讯署"（Office of Public Sector Information，OPSI）。

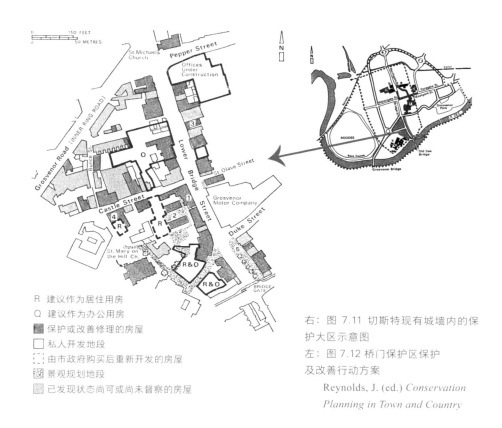

R　建议作为居住用房
Q　建议作为办公用房
■　保护或改善修理的房屋
□　私人开发地段
▯　由市政府购买后重新开发的房屋
▨　景观规划地段
▨　已发现状态尚可或尚未督察的房屋

右：图 7.11 切斯特现有城墙内的保护大区示意图
左：图 7.12 桥门保护区保护及改善行动方案

Reynolds, J. (ed.) *Conservation Planning in Town and Country*

采纳。如此形势下，一系列保护措施得以继续。

　　第一项措施是定期召开由技术勤务局局长[1]、保护官员、财经及保护顾问、市政府其他相关部门代表等人员参加的保护讨论会，对当前的保护行动做出决定或指导。其中的样板项目，如对市政厅建筑石作的清洗，较好地改善了城市景观。另一项措施是，采纳尹萨尔报告的建议，在保护大区实施试点修复和保护，具体工作由尹萨尔建筑设计事务所承担。首先选取的是建筑状况及城市景观恶化最严重的桥门保护区（图 7.11 下方线条覆盖区）。

　　该街区位于老迪河桥北端，也是迪河与城市发源地的交汇处，足见其历史意义。前述 20 世纪 50 年代濒临贫民窟境地的下桥街正是该街区的主街。

────────────

[1] 切斯特规划部门最初隶属于市政府工程师局，后隶属于市政府技术勤务局。保护官员由市政技术勤务局局长任命。

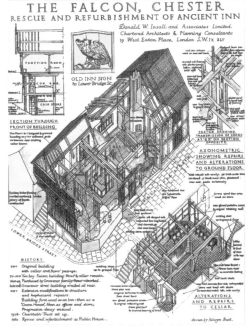

左：图 7.13 法肯屋修复结构分析图

右上：图 7.14 法肯屋

20 世纪 70 年代修复前的状态。

　图 7.13—7.14 Insall, D. *Living Buildings- Architectural Conservation: Philosophy, Principles and Practices*

右下：图 7.15 法肯屋，2015 年

从老迪河桥出发沿下桥街向北缓坡而上，便是城市中心。桥门区虽濒临崩溃，但该区从街道模式、绿化到街道两边建于不同时期的建筑物，均为切斯特城市景观特色的重要组成部分。显然，对该区的保护紧迫而必要。选择此区的另一目的是示范效应：一个如此衰败的街区能通过修复（而非开发）得以改善并保留原有的历史肌理及特色，势必给其他类似的历史街区的修复保护带来鼓励，并提供参考。

　　具体做法是先画出该区鸟瞰图并制作相应模型，以便直观明了地观察整个保护区的天际线及三维景观。在此基础上，对该区 77 座单体建筑（多数已无人居住）做仔细勘察调研，分析每一栋建筑的历史价值和建筑价值、现有的布局设置及环境，考察每一栋建筑与其业主或居住人之间的关系、业主或居住人的现状、这些人的需要、未来的计划。由此设计出可以近期以及远期实施的保护及改善行动方案（图 7.12）、保护的具体技术措施，并估算出从市政府和其他渠道可能得到的经费数额。

当时该街区正面临被开发的威胁，人心不稳。尹萨尔建筑事务所因此建议市政府制定一些有关经费的策略，如向国家政府申请经费，适当公开发表一些切斯特市政府及区域政府有关该区域的保护政策，从而鼓励该保护区内那些谨慎的物业投资人，安定人心。尹萨尔建筑实务所还提交改善整个小区环境的提案，对保护区内那些遭受最严重破坏的房屋业主提供经费援助及紧急保护建议。为便于管理，政府采纳了事务所的建议，在小区内一所废弃的商铺里设立每周"诊所"，帮助业主就地咨询有关房屋保护的具体措施。

桥门保护区保护改善方案于 1973 年得到批准，并成为 1975 年"欧洲建筑遗产保护年"的试点项目。修复保护经费由切斯特市政府与国家联合提供。最先得到修复的便是下桥街的一些老房子如法肯屋（Falcon）、叶奥尔德埃德加屋（Ye Olde Edgar）、熊和钢胚屋（The Bear and Billet）、卡莫屋（Camul House）、都铎屋（Tutor House）、羊门屋（Shipgate House），等等。随着项目的展开，修复管理的模式也得以拓展，一些房屋由私人企业修复，一些房屋由市政府接管。此外，还重新设计建造了一些与历史建筑相协调的住房。

随着在该区保护行动的拓展，也随着 1975 年"欧洲建筑遗产保护年"带来的保护热情，尹萨尔建筑事务所还对保护大区内其他十多个保护区，如水门街区、北门街区等，逐渐采取修复保护行动。对城墙的保护，特别是其上步行道的保护，亦得到加强。

桥门保护区修复保护于 20 世纪 80 年代初基本结束。虽有些不可避免的损失，但上述 77 座建筑中的大多数都获得不同渠道的经费，并最终得到修复而投入使用[1]。图 7.13—7.15 显示法肯屋的部分修复图纸、修复前及修复后至 2015 年的状态。显然，修复后的建筑及景观质量均得到改善并保留了原有特征。

---

[1]　Install, D. & Morris, C. M. *Conservation in Chester: Conservation Review Study*[M]. Chester: Chester City Council, 1988, 61.

点评：

修复这些半木结构时，内部大多做了诸多重建，如使用了增建钢梁、混凝土框架等现代手法。然而此类现代手法多处于隐形中。所有房屋的外部依然保持原有风貌。如英国学者所评，保护成功的关键在于轻描淡写，修复后的建筑物并不引人注目，而仅仅让其看上去不错[1]。如此手法对中国木结构房屋的保护具有重要参考意义。

1982 年，HMSO 出版有关桥门保护区的报告《保护行动：切斯特桥门保护区》，说明该试点项目的经验值得推广，由市政府倡议主导、由国家扶持的保护项目会较好地得到私人投资，如房产协会或者其他私人企业的投资，形成一个有力联合体。切斯特市中心其他曾被忽略的街区，如皇家大道，即是以此类方式得到保护并再次兴旺的佳例。该报告还列出十大经验教训，适合其他历史城市学习，这里摘译要点如下[2]：

（1）与区域结合：历史街区的保护项目一定是其所属区域规划政策的一部分。必须要理解整个区域。

（2）拨款：市政府专门拨款用于保护基金的做法非常有效。地方政府的投资既有利于获得国家政府的经费，也吸引私人投资，形成一个良性经费投资链。

（3）组建有关保护的团队：包括政府内部人员（如市政府的保护官员）及外部人员（如保护顾问等）。内外结合的团队可从多层面有效处理保护项目不同阶段面临的问题。

（4）定期召开有关保护项目的会议：有助于落实具体行动，并保证任务的完成。

（5）收集有关保护的信息和知识：不仅收集每一栋建筑的使用情况及其现状等技术指标，还要弄清其业主以及居住人的想法或计划。后者的变化往往会给相关保护措施带来实质乃至戏剧化影响。

［1］ Dennier, D.A. *Chester, Conservation in Practice*// Reynolds J. (ed.) *Conservation Planning in Town and Country* [M]. Liverpool: Liverpool University Press, 1976, 41.

［2］ Insall, D. & Department of the Environment, Directorate of Ancient Monument and Historic Building. *Conservation in Action: Chester's Bridgegate* [M]. London: HMSO, 1982, 89-90.

（6）公布有关保护的承诺：及时发布对有关街区的保护政策，稳定当地居民及有关人员，振奋风气。

（7）坚定的战略——灵活多变的战术：即使负责保护项目的官员出现更替或经济发生衰退，也要保持整体不变的保护政策，如坚定地改善保护那些原来被认为没前途的房屋。具体措施，如经费调拨、勘测以及是否需要紧急行动等，则视具体情况灵活掌控。

（8）树立榜样：仅靠市政府带头的某些项目计划，很难让私有业主仿效。唯有一份详细而具体的样板方案，才能有效地帮助其他人效仿。切斯特的样板方案包括：历史建筑的修复，房屋改善、新开发，（影响市容的）建筑物的有选择性清除/拆除以及园林绿化等。

（9）指导及鼓励：为达到保护目的，地方政府可行使一些紧急处置权力施压，如颁布对私有房产的强制性购买法令、发布强行修复通知等。然而，街坊社区的良好意愿对于保护同样重要，如对那些态度迟疑的人士提供指导并鼓励他们介入修复行动。

（10）争取公众支持和参与：保护区顾问委员会与切斯特公民信托以及切斯特建筑师协会等民间机构保持良好的关系，从而得到这些人士对保护的支持和参与。此外，政府还设立遗产中心，经常展览有关保护项目的进展，为公众提供一个讨论有关重大规划和保护议题的讨论中心，并与地方媒体保持联络，及时报道有关修复保护的消息及进展。

尹萨尔建筑师事务所在切斯特的保护行动持续到 1987 年。为更清楚了解保护期间出现的问题及保护进展，该事务所还分期于 1976 年及 1986 年撰写有关保护项目的报告，总结过去的保护经验和问题，对未来的保护模式及手法提出建议和展望。此外，事务所还建议在切斯特城墙之外的"乡村"区域建立保护区。1986 年报告与 1976 年报告模式基本相同。值得深思的是：后者（1988 年出版）重申前者倡导的历史城镇保护的主要目标（或者说历史城镇的保护哲学）——保护不是让人生活到过去，而是创造一个能够让其内的建筑遗产得以世代存活的良好环境[1]。

---

［1］ Insall, D. & Morris, *C. M. Conservation in Chester: Conservation Review Study* [M]. Chester: Chester City Council, 1988, 5.

历史意义

一、对英国的保护政策及切斯特的影响

切斯特保护报告发表于 1968 年，晚于英国政府 1967 年颁布的《公民设施法》。然而，1966 年开始的有关切斯特保护的研究，对英国 1967 年《公民设施法》及其后保护政策的影响有目共睹，并得到英国多数城镇规划及保护方面的专家学者和政府官员的称赞。

从 1959 年在中央政府的强制下不得不拨出经费修复本已决定拆除的蓝钟客栈，到 1969 年主动发表有关保护政策的声明并设立保护基金，切斯特市政府对保护政策的态度可谓是 180 度大转弯。这离不开当时的大背景，如 1967年，英国政府出台了《公民设施法》。然而，最直接的影响来自尹萨尔建筑事务所 1968 年的切斯特保护报告。从这个角度，尹萨尔建筑事务所 1966 年开始的有关切斯特保护的研究可说是分水岭，它启动了切斯特 20 世纪 70 年代开始的一系列保护行动。英国杰出的城镇规划及保护专家沃兹克特 70 年代撰文对 1969 年完成的四座试点城镇中的三座（巴斯、约克以及切斯特）的后续保护加以比较，结论是切斯特最为成功，原因之一在于切斯特市政府聘请了尹萨尔建筑事务所担任长期保护顾问[1]。

1974 年以来，有关切斯特的区域规划始终强调对切斯特建筑遗产价值的认知。市政府持续每年拨出专款用于保护项目。有关切斯特市中心的保护经验成为研究城镇保护的重要参考，切斯特多次赢得欧洲城镇保护方面的奖项。至 1986 年，城墙内超过 600 座建筑物得到修复并投入使用。城市整体环境及景观如迪河河岸及城中心四大罗马人遗留的街区均得到改善。市中心的交通拥挤及噪音也得到改善。这些改善极大地促进了旅游业，越来越多的游客证明了城市的历史建筑不仅具有历史及建筑、景观价值，也具有经济价值。旅游业至今依然是切斯特的支柱产业，这与其浓郁的中世纪风格息息相关。从

---

［1］ Worskett, R. "Great Britain: Progress in Conservation" // Cantacuzino, S. (ed.) *Architectural Conservation in Europe* [M]. London: Architectural Press Ltd., 1975, 22. 四座试点城镇中的奇切斯特因规模较小较富裕，原有的建筑本来就保存较好，作者未将之纳入比较。

两位长期生活于切斯特的作家及历史学者所撰写的对比该市新、旧时期的著作中，我们看到，在切斯特变革的同时，一些主要街道如桥门街、圣维博街、东门街等依然保留中世纪肌理[1]。20 世纪 90 年代以来，切斯特市政府虽然意识到城市中心仍然存在更新、开发的可能，其所指定的市中心规划守则却明确表示新建筑可能会损害市中心的整体景观和古城风貌；在可能的情况下，应该仅仅调整老房子，使其适应新用途，或在新建筑外面附以原立面。保护切斯特特色也成为该市地方政府规划部门进入 21 世纪后的重要议题之一，如 2011 年 4 月开始，切斯特所在的柴郡西区及市政府联合赞助有关切斯特的特色研究，所选取的区段虽比 1968 年尹萨尔报告所涉及的区域更为广阔[2]，但基本方向大同小异，且同样结合城市规划，对保护政策及开发管理提出建议。

从时间上看，1966 年有关切斯特的保护研究是 1967 年《公民设施法》的前奏。2011 年关于切斯特特色的研究则紧跟"英格兰遗产"2010 年 6 月发表的《理解地方：规划和发展文脉下的历史区域评估》(*Understanding Place: Historic Area Assessments in a Planning and Development Context*)之后[3]。一前一后，宗旨基本相同或者说一脉相承：保护地方特色。

20 世纪 90 年代初，笔者曾分别拜访英国 1966 年历史城镇保护研究中涉及的四座试点城镇中的三座：约克、巴斯、切斯特。三城的保护中切斯特大约两英里基本完整的老城墙以及黑白相间的购物长廊尤其令人印象深刻。后来对切斯特的几次拜访，我们总是沿着城墙来回行走，也不时回想起 80 年代在南京读书时行走南京老城墙残垛时的感触。

2015 年夏再次造访时，笔者手拿尹萨尔 1968 年报告中的旅游图复印件，从其中第一个景点，初建于 1717 年的蓝衣学校开始，依图中顺序，走到第 17 个景点切斯特城堡。令人感叹的是，这 17 个景点中大部分原貌保留至今。除蓝衣学校早就改为医院，其他 16 处均继续充当城市旅游景点（图 7.16—31），构成切斯特重要的城市景观，恰好属于美国城市研究大家凯文·林奇（K. Lynch，1918—1984）在其名著《都市意象》里所归纳的城市意象五要素中

---

［1］ Hurley, P. & Morgan, L. *Chester through Time* [M]. Gloucestershire: Amberley Publishing, 2010.

［2］ 参见切斯特市政府官方网址：http://www.cheshirewestandchester.gov.uk。

［3］ 参见"英格兰遗产"官方网址：https://historicengland.org.uk/images-books/publications/understanding-place-planning-develop/。

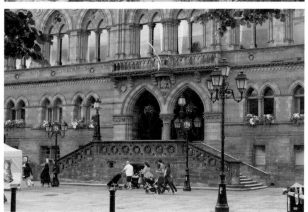

左上：图 7.16 北门桥、叹息桥风景依旧

英国有很多叹息桥。大概只有这一座跟威尼斯的叹息桥一样，也是在水上，也曾是朝向班房（gaol）。班房的英文单词仿佛目标（goal）。英式幽默？

左上：图 7.17 城墙上的水塔

沧桑弥坚？牙已落？

右下：图 7.18 北门外的运河水闸

50 年如一日，继续使用中，游人跟着看水落水升。

右下：图 7.19 市政厅

外墙已灰暗，石作急需清洗。

的两要素——节点及标志物[1]——的范畴。一些景点虽有所沦落，但从随处可见的脚手架以及有关城墙修理的墙报，我们可以感知这座城市对保护的持续努力。

---

[1] Lynch, K. *The Image of City* [M]. Cambridge, MIT Press, 1960.

右上：图 7.20 斯坦利宫

人去楼空。广告牌呼唤租赁客。然此地稍偏，交通频繁，未来的保护任重道远。

左上：图 7.21 哈里森设计的城堡入口

比例匀称，带有显著希腊风，却也是灰暗沉重，已与周围不协调。

左下：图 7.22 格洛夫纳大桥

与绿树长青。

右下：图 7.23 城墙上的查理王塔

外表稳固，内部结构已松。

二、对他者的启示

　　城镇保护与单体建筑保护不仅规模不同，所涉的拥有者、管理者也完全不同。城镇保护远比单体保护复杂，并处于更加流变的时空中。有关城镇保护的行动需要与城镇规划紧密相连，要考虑其周边区域的情况，涉及交通网络、人口分布、区域内的就业增长、城镇所涵盖的服务区、所在区域的零售业及旅游业状况、城镇之外的土地使用情况，等等。尹萨尔建筑事务所 1966 年开始的研究、1968 年报告及其后的保护行动和相关报告为城镇保护的研究和实施提供了一个极富参考意义的框架，至今有效。

　　城镇的发展流变而持续，历史城镇保护应基于对其现存优势、潜在问题及

左上：图7.24 切斯特大教堂

跟市政厅一样，大教堂外部急需清洗，内部却早已与时俱进。通过与教堂管理人员交谈得知，教堂夏季举办的儿童教育暑期项目已开展多年。

右上：图7.25 东门大街

其时，大街尽头那修复中的钟楼被一幅钟楼原样画包裹着，远远望去就像钟楼披了一层纱。毗邻钟楼的彭森设计的黑白相间老屋已是格洛夫纳大旅馆。时过境迁，情怀依然！

右下：图7.26 十字街头的商业长廊

人山人海。保护之路亦如海深。

左下：图7.27 下桥街叶奥尔德埃德加屋及熊与钢胚屋

如今虽为酒吧，中世纪肌理尚存。

左上：图 7.28 迪河边游乐亭

此类小品建筑却也能几十年如一日。

右：图 7.29 切斯特悬浮桥

经 1998 年、2002 年两次修复后，新气象蕴含老意味。

左中：图 7.30 迪河桥

给河水染上了沧桑。

左下：图 7.31 切斯特城堡

城堡近旁已成停车场，令人叹息。

特色的充分了解。保护行动不可能一夜完成，必须制定近期及远期保护方案，使保护能够应对历史发展中出现的新问题。保护与发展相辅相成。

对历史街区而言，建筑师应考虑新、旧建筑的互相调整乃至拼凑。在旧建筑群中嵌入一栋与原风格相协调的建筑的做法远胜于将整栋街区推倒重来，如此，历史城镇能够较少受到破坏而保持活力。历史街区的新建筑设计要采用与原有街区相融合的兼容方案。

城墙是历史城镇的重要特征。保护城墙当是每一座历史城镇的首要任务。

尹萨尔建筑事务所1968年报告中有关城墙保护手法的内容值得每一座有城墙的历史城镇学习。不仅要改善城墙之上的步行路线，还要考虑城墙不同观景处的基本设施以及对观景处视觉走廊的保护。

不管近期还是远期保护方案，都要制定相应的资金预算及来源。地方政府一定要有长远眼光，为历史建筑的修复提供经费，因为这些历史建筑的价值会随着时光流逝而不断增长，直至变成无价之宝。

点评：

我们在十字街头徘徊复徘徊。冷不丁就是一座名师的黑白复兴，别致的木雕黑色。似曾相识？谁说木结构不好保护？正在修复的钟楼下，有关城墙修复的墙报静如止水，却似在诉说：为什么要修复，怎样修复，它的简史！100多年前在英国过了大半辈子的美国作家亨利·詹姆斯（H. James，1843—1916）有关英国时光的随笔中，对切斯特的城墙和商业长廊赞赏有加，多次用"风景如画"形容这座他眼里的"古色古香小镇的标本"[1]。到了21世纪，"风景如画"和"古色古香"依旧是切斯特的法宝。好比歌德说他在海德堡丢了心，詹姆斯说他在切斯特丢了心，未免带些文人的矫饰。有关的描述却足够准确……到处都是上城墙的台阶，你几乎随时可以登高。不会迷路，也无须地图。谁说只有发展才是硬道理？能独善其身，不盲目发展且保持生机，岂不是高人一筹！十字街亘古，迪河水悠长……

---

[1] James, H. *English Hours* [M]. London: William Heinemann. 1905, 50-68.

二 威尼斯不死

风行水上
四面八方的汇集
同一个威尼斯
你看得见也看不见

而万众瞩目
金色的 Basilica
圣马可的墓冢
拜占庭的迷思
修行人依旧？

Gondola，Gondola
他们的 Gondola
曲径通幽

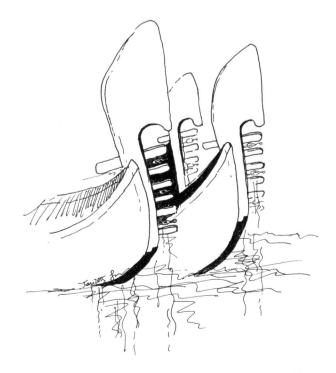

图 7.32 威
尼斯位置
示意
谷歌截图

空中看去，威尼斯（Venezia）犹浮于水（图 7.32）。

据传，公元 5 世纪初，居住在亚得里亚海沿岸高地（今意大利北部）的古罗马帝国遗民为躲避异族的杀掠，逃向附近潟湖（Lagoon）上的小岛，以沼泽地防卫，与当地渔民一起就地取材，建房立屋，便是最早的威尼斯[1]。与多数陆地城市不同，威尼斯并非从某个中心向外扩展[2]，而是由一系列散布的居住区逐渐串联而成。既是逃命而来，威尼斯人也从根子上种下"惧怕"以及为摆脱"惧怕"而练就的韧性。

697 年，作为独立城邦，威尼斯共和国成立，并于同年竞选出第一任总督[3]。14 世纪前后，共和国发展成欧洲最繁华港口、地中海集商贸旅游于一体

---

[1] 威尼斯最早房屋的形态已不可考。据英国威尼斯建筑史研究学者霍华德（D. Howard）推测，最早的威尼斯房屋当为木构。即便到了 810 年，城市已迅速发展，多数人仍居住在以茅草为顶的木房之中。这些木构屡遭火袭，威尼斯人屡以木构复建。直到 12 世纪，一些富裕家族才启用更为耐用的砖、石建房造屋。威尼斯极少有 12 世纪之前的民用建筑遗留，其最古老的大教堂遗留、始建于 7 世纪的托尔切洛岛（Torcello，威尼斯主岛东北）圣殿顶棚至今仍为木架，即为佐证（参见 Howard, D. *The Architectural History of Venice* [M]. New Haven: Yale University Press, 2002, 4, 5, 30）。有趣的是，一些木构件遗留与中国传统木构的建造十分相似，如横梁、飞椽、云雕等。

[2] 如威尼斯最大的著名广场圣马可广场，功能上属城市中心广场，地理上却并不位于中心地带，而是处于通往海洋的边缘河口地带。

[3] Ruskin, J. *The Stones of Venice Vol.1: The Foundations* [M]. London: Smith, Elder, and Co., 1851, 350.

的水上都市、"海上女王"。15 世纪开始的一系列战斗中,"女王"败给土耳其人,地中海东边渐为土耳其人掌控。威尼斯失去贸易枢纽地位,"国"力渐衰。不过,至 18 世纪中叶,它依然是欧洲商业和艺术重镇。

1797 年,拿破仑占领水城,使延续了 1100 年的共和国寿终正寝。此后的威尼斯无论政治、经济,还是文化,都未能再现从前巅峰期的盛况。衰腐成为难以摆脱的迷思。然迄今为止,威尼斯不仅没有消失,反比其他诸多所谓欣欣向荣的城镇保留更多的历史肌理:古老的教堂、钟楼、修道院、宫殿、桥、官邸、民宅,遍铺水上。拜占庭的,哥特的,文艺复兴的,巴洛克的⋯⋯随船逐波,你仿佛置身于欧洲建筑史长河。加上其独特的水上交通体系,不用汽车,威尼斯获得数不清的美誉。1987 年,城市连同四周的潟湖被列入 UNESCO 世界文化遗产名录。

这里截取从拿破仑 1806 年开始掌管威尼斯到 21 世纪初的几个片段[1],管窥威尼斯两百多年来古建维护的艰难历程。

现代的召唤与危机:拆 + 填

拿破仑盛赞圣马可广场为"欧洲最美客厅",但他讨厌威尼斯的狭窄拥挤,讨厌随处可见的教会楼堂。于是他在 1806—1814 年执政期间,做了两件大事。一件是成立"建筑与装饰设计委员会"(Commissione di Ornato),由威尼斯工艺美术学院院长迪多(A. Diedo,1772—1847)负责,成员包括该学院建筑系主任塞尔瓦(G. Selva,1751—1819)等 8 位工程专家。除了处理那些面向公共街道的房屋、历史纪念性建筑以及对公共项目的指导,委员会最主要任务是制定一份城市总体规划(Piano regolatore)。另一件事是下令解散诸多教会、修道院以及大信众会的会堂,没收属于教会的房产。两件事同时进行,相辅相成,开启威尼斯史上第一轮"开膛破肚"。

"总规"主旨在于疏通城市的陆地交通、拓宽狭窄街巷、开辟新的开敞空

---

[1] 拿破仑 1797 年占领威尼斯。根据坎坡福尔米奥条约(Treaty of Campo Formio),威尼斯的掌管权旋即落入奥地利人之手。此后,威尼斯的管理权在拿破仑与奥地利帝国之间几经易手,直到 1866 年,威尼斯归属意大利至今。

左：图 7.33 从圣马可广场看向圣格米尼诺教堂（画面前方白色建筑）
由以描绘威尼斯风光而著称的意大利画家卡纳莱托绘制。
　　卡纳莱托绘有多幅类似角度的画作，可见圣格米尼诺教堂在当时的重要性。如今这些画作被
　　收藏于不同的博物馆

右：图 7.34 圣格米尼诺教堂原址上建造的拿破仑翼楼
如今一部分用作科雷尔博物馆的馆舍。

间。案头工作 1807 年完成后，"总规"立即获得通过，并立即开始执行。主
要手法是"拆"+"填"。

　　"拆"主要是拆除那些被没收的修道院、教堂以及附属于教会的建筑。
这些建筑大部分为哥特或文艺复兴风格。如位于城市东端城堡区（Castello）
由塞尔瓦设计的威尼斯第一座人民公园（Giardini Pubblici），便是拆除好几
座教堂之后兴建的。拆除范围之广、力度之大，以至于圣马可大教堂对面
有重大历史意义的圣格米尼诺教堂（San Geminiano）（图 7.33）也未能幸
免[1]。与其他大拆不同，该项目遭到众人反对。然而"反对"未能挡住历史
车轮。"拆"雷厉风行。1810—1814 年，拿破仑政府又在拆除后的空地上新
建连接两边新旧行政官邸大楼的拿破仑翼楼（图 7.34）。从此，威尼斯的政
治咽喉从总督宫移至新行政官邸大楼。圣马可广场（图 7.35）的宗教和政治
地位大大削弱。

---

[1] 据传该教堂初建于 554 年，为威尼斯最古老的教堂之一。立面由对威尼斯的建筑发展做出
重要贡献的佛罗伦萨著名建筑师圣索维诺（J. Sansovino，1486—1570）于 16 世纪 50 年代重建。

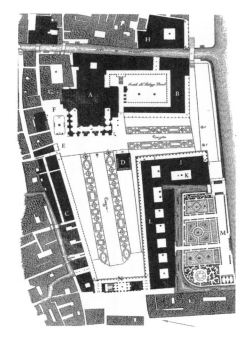

图 7.35 经圣索维诺改造的圣马可广场 19 世纪 30 年代的平面图

1838年出版的有关威尼斯建筑的著作附图。
A. 圣马可大教堂（San Marco）B. 总督宫（Palazzo Ducale）
C. 老行政官邸大楼（Procuratie Vecchie）
D. 钟楼（Campanile）
E. 时钟塔（Torre dell'Orologio）F. 狮子广场（Piazzetta dei Leoncini）
G. 宗法宫（Palazzo Patriarcale）H. 监狱（Prigione）I. 阳台（Loggetta）
J. 图书馆（Biblioteca）K. 造币厂（Zecca）
L. 新行政官邸大楼 （Procuratie Nuove）
M. 皇家园林（Giardini Reali）N. 拿破仑翼楼（Ala Napoleonica）

L. Cicognara, A. Diedo & G.Selva, *Le fabbriche ei monumenti cospicui di Venezia, Vol.1*, Venice: 1838.

　　"填"便是填充运河的一些次要河道[1]，这也是最简单廉价的开路法。样板项目当推由塞尔瓦设计的位于城堡区的尤吉尼亚"大道"（Via Eugenia）[今加里波第路（Via Garibaldi），图 7.36]。该"大道"由运河支流圣安娜河（Rio di Sant'Anna）填平而成，从陆地上连接城堡区的圣彼得教堂（San Pietro）与人民公园，为市民提供圣马可广场之外的开敞聚集地 / 游乐地（图 7.37）。

　　这种为改善城市交通和环境的"拆""填"，可谓现代化需要。欧洲的其他都市都是从拆中走向现代。从这个角度来看，拿破仑政策并无大错。除圣马可广场附近的拆除，多数"拆""填"并未遭到威尼斯的专家和普通民众的反对。塞尔瓦虽然心生沮丧，但并未提出抗议。人民公园正是当今威尼斯双年展主展区所在地（图 7.38），可见"拆"确实为威尼斯开拓了空间。从绿化层面看，如果说威尼斯主岛还有树木，除了圣卢西亚火车站附近的几棵，大多数都在此处了。

　　遗憾的是，"拆"并未真正改善城市的狭窄拥挤，却毁坏了大批珍贵建筑。

[1] 如今的威尼斯以 "rio terra" 为前缀的小巷多由河道填充而来。

左上：图 7.36 加里波第路
画面前方为斯拉夫人堤岸大道（Riva degli Schiavoni）。

右上：图 7.37 斯拉夫人堤岸大道
出圣马可广场后沿此大道向东（画面前方）行走，尽头处便是人民公园。

左下：图 7.38 今日人民公园一角

"填"亦未能改善城市交通，因为那些新开拓的陆地线路远不及运河的水上交通便捷。然而，随着另一个现代需要（1841 年开始启动的铁路及火车站工程），"拆""填"不仅没停，反而规模更大。此时的威尼斯归奥地利帝国掌管。

铁路工程分两步实施。第一步，在城市西边与陆地之间建一条铁路堤道（图 7.39）。威尼斯从此由海岛变半岛，海上女王降格为陆地小女。直接结果是：城市西部的卡纳雷吉欧区（Cannaregio）遭大面积拆除，变为城市的火车区及码头区。昔日位于东部城堡区的船坞码头随之西移。第二步，在城市西边建火车站。为打通火车站—里亚托桥（Rialto）—圣马可广场，以及火车站—西班牙大道（Lista di Spagna）—新大路（Strada Nuova）—里亚托桥、圣马可广场—威尼斯学院（Accademia）之间的步行通道，又是一场大规模"拆""填"及桥梁建造。

1866 年，威尼斯归属意大利。改善城市环境的议题再次被提上日程，同年 11 月，威尼斯街道及运河改良委员会成立，其 9 位成员中有后来在修复界颇受争议的工程建筑师梅杜纳。通过研究城市总体地形及其构成部分，委员会提议：在运河北部开辟新的陆地通道，如圣天使路（Santi Apostoli）—圣福

图 7.39 连接威尼斯主岛与陆地的铁路堤道

　　画家皮瓦铎（Giovanni Pividor, 1816—1872）大约画于 1850 年代，原画藏于威尼斯科雷尔博物馆

斯卡路（Santa Fosca）—新大路、火车站—圣天使路—圣斯特凡诺广场（Santo Stefano）—福斯卡里宫（Ca'Foscari）路—火车站之间的循环连线。这自然又是一番"拆"和"填"。不同的是：这一次"拆""填"遭到了反对，如梅杜纳坚持反对填充运河而强调要维持现有的路线。越来越多的房产主、教区委员会、知识阶层亦呼吁叫停"拆""填"。遗憾的是，"拆""填"依然持续到19 世纪末。1815—1889 年，累计 4 万多米的运河水道被填[1]。然而直到 1891年，住房及卫生状况仍然糟糕。这一年，威尼斯市政府再次成立改善城市卫生环境及规划委员会，恢复了自威尼斯共和国成立以来定期疏浚运河的传统，并采取了增加清洁饮用水水槽、改善排水系统等措施。除了旨在拓宽道路的小规模拆除，此后的威尼斯大体回归平静。当然，迄今为止，"拆""填"也没有完全停止。

点评：

　　1. 拉斯金一生多次拜访威尼斯。他对威尼斯因为建造火车轨道、火车站带来的变化深感震惊，并深深怀恋从前坐船抵达威尼斯时见到的优美景色（图 7.40）。也是受这种大破坏的震撼，他调整了对威尼斯的记载方式（更注重细节，因为这些细节很可能永不复见），写下了名著《威尼斯的石头》，并观点鲜明地表示，《威尼斯的

[1] Pertot, G. *Venice: Extraordinary Maintenance* [M]. London: Paul Holberton Publishing, 2004, 82.

石头》主要为了惊醒当时的英国，从威尼斯的衰败中吸取教训而避免类似的屈辱[1]。但如当代英国历史学者休伊森（R. Hewison，1943— ）所言，铁路剪断了威尼斯联系过去的脐带，却让威尼斯通向未来和现代，让城市益寿延年[2]。

2. 自威尼斯画家德·巴巴里（de'Barbari，1470？—1516）描绘的巨型威尼斯鸟瞰地图于 1500 年出版后（图 7.41），艺术家及地图绘制者们纷纷效仿。地图未必全都准确（图 7.42、7.43），却以简洁的笔触让今人看到威尼斯昔日的生活场景[3]。将图 7.41、7.42、7.43 与图 7.32 相对照，不难看出城市历史肌理的一脉相承，说明自 16 世纪以来，城市的基本结构并未因"拆""填"遭到根本破坏。今日威尼斯依然拥有 177 条大小河道。也许因其建于岛上，先天的脆弱（地面下沉及海洋侵蚀），使那些欲变其貌的人不敢过于大动干戈。因祸得福？当然，也因为持续不断的反对声，如威尼斯当地历史学家的反对，如具有国际威望的英国人拉斯金的反对……但不管怎样，填河给整座城市种下祸根。因为如此填充影响了整座城市水道的循环，加剧了陆地下沉、海洋侵蚀。

3. 威尼斯至今没有准确地图的传说并不确切[4]，但威尼斯狭窄的老街巷犹如迷宫，地图也不管用，稍不留神就钻进一条死胡同。好在一些重要景点及水上巴士站都有较为清晰的标志，让你柳暗花明。夜半迷途中，我们正是靠水上巴士站标志摸回旅馆。后来发现，主干道的铺地模式与一般小街巷不同，前者多为大块铺地。因此，通过不同的铺地图案，也能确定自己是否在主干道上而保证大方向不错。这，也许要"感谢"当年开拓陆地步行街的"现代化"工程。算是"拆""填"之"得"吧。

不尽如人意——从非理性改造到修复

既是为改善城市面貌，伴随"拆""填"的自然是改造与修复，大致归为三类。

［1］ Windsor, A. "Ruskin and Venice" // Quill, S.(ed.) *Ruskin's Venice: The Stones Revisited* [M]. London: Lund Humphries Publishers, 2003, 18-20.

［2］ Hewison, R. *Ruskin on Venice: The Paradise of Cities* [M].New Haven: Yale University Press, 2009, 3.

［3］ Howard, D. & McBurney, H. *The Image of Venice: Fialetti's View and Sir Henry Wotton* [M]. London: Paul Holberton Publishing, 2014, 14-17.

［4］ Kaminski, M. *Art & Architecture: Venice* [M].2005, 20.

图 7.40 英国著名风景画家
特纳的画作《接近威尼斯》
（*Approach to Venice*，1844）
深深影响了拉斯金
　　原画现藏于华盛顿国家
美术馆

图 7.41 德·巴巴里绘制的威
尼斯鸟瞰图
　　原画现藏于威尼斯科雷尔
博物馆

图 7.42 费阿里提（O. Fialetti，
1573—1638）绘制的威尼斯鸟
瞰图
　　原画现藏于英国伊顿公学

图 7.43 小亨兹（J. Heintz，
1600—1678）绘制的威尼斯鸟
瞰图
　　原画现藏于威尼斯科雷尔
博物馆

图 7.44 教堂被改造成面粉磨坊厂（皮瓦铎绘制）
圣洁的塔楼变成了排污的烟囱。

1. 较次级教会建筑——被改造为其他类型的公共用房

此类改造自 1806 年开始，持续至 19 世纪 40 年代末，被改造建筑数量众多。有的被改造为法院、医院、财务部、商务部用房，有的被改造为军营、磨坊、观测台。大多改造仅仅是改变楼层、置换门窗等技术性工作，而不带任何有关美学及历史价值的考虑。有些改造令人啼笑皆非，真可谓"革上帝之命"（图 7.44），连修复都谈不上，更不要提保护。

点评：

令人唏嘘的是，如此众多的教会建筑被改造成公共建筑，今日威尼斯所拥有的修道院和教堂的数量依然是世界之最，足见 19 世纪之前威尼斯教会建筑的辉煌。物极必反，拆除及非理性改造似乎又在情理之中。

2. 私人住宅——难以阻止的衰败

随着现代化发展，建于 19 世纪之前的城市住房是欧洲也是全世界共同的难题，在威尼斯问题更加突出。拿破仑及奥地利人当政之后，威尼斯人口急剧减少（由之前的二三十万人降至 19 世纪 20 年代的 10 万人左右），针对房产的税收还在增加，拥有房产的业主因此不愿投资修理房屋。虽然自 1805 年以来，政府制定了一系列法规"强制"业主修理各自的房产，但收效甚微。结果是很多私人房屋被拆，拆下的瓦砾被顺手就近回填河道。为改善如此糟糕的局面，19 世纪 20 年代，政府确立 13 条建筑法规，使情况有所改善，却也带来负面效果：对一些处于市中心之类的好地段住宅的投资和炒卖导致这些地段住宅的价格飞涨……私人房产衰败的毒瘤延续至今。

3. 纪念性建筑——改造与修复

一些纪念性建筑所得到的"修复"与第一类相似。如被拉斯金称为最高贵建筑的福斯卡里宫（Ca'Foscari）[1]，其改造的结果即遭到拉斯金谴责。不过，虽然建筑内部几乎全部改变了，但外部主体石作部分和窗户都得到保留。这种顾及外观的传统也延续至今。

一些（被认可的"真正的纪念性建筑"）或得到修复或重建，并维持功能不变。一些重要的公建如德意志商馆（Fondaco dei Tedeschi，1817—1854 年）、里亚托桥及其主拱（1824 年开始修复）、黄金宫（Ca's'Oro，1845—1850 年）、土耳其商馆面向运河的立面（Fondaco dei Turchi，1861 年开始）等都得到较好修复，凤凰歌剧院（Teatro La Fenice）则于 1836—1854 年由梅杜纳兄弟主持重建。包括圣保罗教堂（San Polo）、圣玛利亚福满萨教堂（Santa Maria Formosa）、圣卢卡教堂（San Luca）、圣卡夏诺教堂（San Cassiano）、圣杰利米亚教堂（San Geremia）、玫瑰母圣堂（the Gesuati）、奇迹圣母堂（Santa Maria dei Miracoli）、菜园里的圣母堂（Madonna dell'Orto）、希腊圣乔治堂（San Giorgio dei Greci）、圣母安康圣殿（Santa Maria della Salute）在内的一大批教堂都得到一定程度的修复。

这些修复对维护威尼斯的城市肌理起到至关重要的作用。所修复的大部分公共建筑和教堂保留至今并成为城市美景。但有得必有失，修复很快招致一些人的批评。

修复之争

这里以土耳其商馆和圣马可大教堂修复为例，简述威尼斯 19 世纪的修复

———————

[1] Ca，意大利文意为"家"。说明威尼斯的宫殿其实都是家族住宅。

左上：图 7.45 败落的土耳其商馆（摄影家劳伦特，Jakob August Lorent, 1813—1884，大约摄于 1853 年）

右上：图 7.46 博彻特和萨格雷多的修复提案

左下：图 7.47 画家阿博托描绘的土耳其商馆

手法以及当时一些人士提出反对意见的情形。

土耳其商馆

土耳其商馆位于大运河边繁华地带，最初由佩萨罗（Pesaro）家族建于 13 世纪上半叶，为威尼斯-拜占庭风格的贵族宫殿。14 世纪末为威尼斯共和国所购。16 世纪开始租给土耳其商人，得名"土耳其商馆"[1]。土耳其商人依自己习惯对内部做了调整。楼上为居住公寓，底层有仓库、清真寺及用于受洗的房间。由于海上贸易彻底衰落，土耳其人于 1838 年搬走，商馆被一位意大利建筑商购得。该建筑商多次向市政府递交拆除申请并计划在原址上建新屋，但没有成功。房子最终沦为拉斯金形容的"阴森废墟"[2]（图 7.45）。1858 年，

---

[1] 所谓"商馆"（fondaco，源自阿拉伯语 fonduk），主要被用作从事贸易的他国商人的住宅、仓库和市场，并兼具商人所在国侨民总部的功能。位于大运河里亚托桥附近的德意志商馆亦具类似功能。

[2] Ruskin, J. *The Stones of Venice Vol.2: The Sea-Stories* [M]. London: Smith, Elder, and Co., 1853, 119.

该建筑商与建筑师博彻特（F. Berchet，1831—1909）及市政工程技术部主任比安科（G. Bianco，?—约 1872）工程师联合起草了一份有关修理会馆的报告。几经周折，威尼斯政府最终买下该楼，并同意修复。1860 年，博彻特和萨格雷多（A. Sagredo，1798—1871）发表了他们的会馆历史研究成果及修复提案（图7.46）。修复施工 1861 年启动，由博彻特主持。

博彻特的修复依据主要来自图像。然而他依据的不是画家阿博托（F. Albotto，1721—1757）大约于 1751 年描绘的最接近现存会馆模样的运河图景（图 7.47），而是巴巴里 1500 年出版的威尼斯鸟瞰图。他还想当然地在会馆两端附加了两座鸟瞰图中完全没有的塔楼。

说"想当然"，倒也冤枉。事实上，在他自己看来，所做的修复工作都经过认真考察。他也绝不是修复外行。如此行事全因其宗旨在于将会馆修复至史上最荣耀时代的模样。于是，他毫不犹豫地拆掉了那些不甚辉煌的构件。为了让柱子具有大理石般效果，他除掉了其上原有的凹槽。他还无视该会馆当初其实是一座威尼斯本土人的宫殿而非土耳其式建筑的事实，参照开罗伊本·图伦清真寺（Ahmad ibn Tulin）的三角形垛口式样，赋予修复后的建筑土耳其特征。建筑外部装修主要采用梅杜纳修复圣马可大教堂北立面结束后剩余的希腊大理石，一些屋檐的装饰浮雕则来自大半个威尼斯城的阁楼。所有这些部位最后都做了表面磨光处理，以凸显建筑物的富丽堂皇。

从恢复昔日荣耀的角度来看，年轻的博彻特成功了，也得到一些人的认同。连英国 1877 年年底的《建筑新闻》（*Building News*）都赞赏意大利人"将纪念性建筑修复到民族历史上最初的辉煌"[1]。然而，欧洲很多著名人物均反对如此修复[2]，并表示他们更喜欢原来的废墟状态。

点评：

1. 也许因为德意志商馆原有两座塔楼，博彻特就以为此类塔楼是商馆特征？也许他觉得拜占庭时期的威尼斯最为荣耀，于是强调拜占庭时期的土耳其特征？

[1]　Pemble, J. *Venice Rediscovered* [M]. Oxford: Clarendon Press, 1995, 130.

[2]　Standish, D. *Venice in Environmental Peril? Myth and Reality* [M]. Lanham：University Press of America, 2012, 76.

图 7.48 土 耳 其 商 馆
21 世纪外观

2. 我们最终选择站在博彻特一边。鉴于当时威尼斯经济文化一落千丈，重现史上最辉煌的需要比欧洲任何其他地区都更为急迫。"商馆"特别能够体现威尼斯昔日的商业繁荣，将其修复到史上最辉煌状态，便是一个象征。同样位于大运河岸边的德意志商馆修复时居然没有恢复两边的塔楼，显然让博彻特感到惋惜，也增强了他的使命感。再说，将建筑粉刷一新也是威尼斯的传统做法。

修复后的商馆先是作为博物馆收藏了威尼斯的诸多艺术品。1923 年，这些收藏移至圣马可广场的科雷尔博物馆。此地成为威尼斯自然历史博物馆至今。"土耳其商馆"的名头依然存在，足见"商馆"在威尼斯的象征意义。对比图 7.48 与图 7.46，能看出其间良好的"延续"。

再看圣马可大教堂

圣马可大教堂的前身建于 9 世纪初，当时只是总督宫中的一座临时小礼拜堂，用于存放威尼斯商人从埃及亚历山大城偷运回的基督使徒圣马可的遗骸[1]。现代考古挖掘暗示这座小礼拜堂的平面与后来大教堂的希腊十字平面大体相似。只是，人们对此类推测尚存质疑。可以肯定的是，早期记载表明：

---

[1] 从此，圣马可取代威尼斯之前的守护神希奥多罗（Theodore）成为该城的新守护神至今。安放圣马可遗骸的小礼拜堂地位随之跃升，虽然仍旧是总督的私人礼拜堂，但它在威尼斯民众生活中的地位如同欧洲其他城市的大教堂。它于 1807 年拿破仑当政时期取代城堡区的圣彼得大教堂，成为名副其实的威尼斯大教堂。

建于 9 世纪的小礼拜堂于 976 年的大火中被严重毁坏。之后虽经修复，终不负重。因此，不到 100 年，新上任的总督便于原址重建之。前后历经三位总督，直到 1160 年前后工程才得以完工。据霍华德推测，11 世纪重建时，当初的木构穹顶代之以由砖拱顶支撑的大穹顶。该举措对地基薄弱的威尼斯不啻是大胆冒险，从此给这座建筑不断带来结构困扰。13 世纪，为了让教堂的天际线更能体现荣耀，又在 5 个穹顶之上添加华丽的圆顶及洋葱状灯罩。为支撑附加的砖穹顶，外墙也被加厚，并向外扩张。目前广为人知的分别作于 13 世纪及 1496 年的两幅画（图 7.49—7.50）显示了 13—15 世纪时教堂的大致外观。

因为严重的结构问题，1527 年，佛罗伦萨著名建筑师圣索维诺受邀修理穹顶，环以铁圈加固[1]。加固后的穹顶构造及教堂平面可从 1838 年发表的关于威尼斯建筑的著作附图得到较好理解（图 7.51—7.52）。这两张图也成了 19 世纪 40 年代教堂修复前的"立此存照"。

1842 年，梅杜纳受命主持修复圣马可大教堂北立面。首要任务是维稳。这与 1840 年勒－杜克接手修复圣玛德琳娜时的情形何其相似！具体操作时，梅杜纳也是基本忽视原有的建筑材料及其历史价值而以结构为主。他没有勒－杜克幸运，很快就招致非议。最犀利的指责来自威尼斯研究院教授、博伊托的老师埃斯滕斯。1852 年，圣马可大教堂南立面修复被提上日程之时，埃斯滕斯甚至要求换人。不过埃斯滕斯关注的也只是"风格"，不足以撼动梅杜纳的地位，而且当时的威尼斯乃至整个意大利的修复界正沉浸于风格式修复，尚未有能力体会并接受有关保护的新理念。

1856 年，圣马可大教堂修复特别基金会成立，埃斯滕斯还为修复提供了咨询，如使用能够全面加固结构的铁链强化措施以及对古代马赛克、柱头和柱础的修复技术，但是梅杜纳无动于衷，继续在圣马可大教堂敲敲打打，并于 1865 年启动对大教堂南立面的修复。手法与其修复北立面时的做派如出一辙。他甚至拆掉了建于 16 世纪的圣诺礼拜堂（Zeno Chapel）的祭坛，理由仅在于原作过于粗糙。部分砖砌也被重建。幸运的是，大教堂教区委员会里毕竟还有智者，该礼拜堂内的马赛克部分得以保留。然而，礼拜堂外部大理石护裙被置换，残存的表面被用酸和磨料清洗。南立面修复于 1875 年完成。

---

[1] 圣索维诺也由此扬名天下，并获得了帕拉第奥的赞扬。

图 7.49 圣马可广场的游行

由意大利著名画家贝利尼
（Gentile Bellini，1429—1507）于 1496 年绘制，表现了 1444 年的朝圣场景。

原画现藏于威尼斯学院画廊
（Gallerie dell' Accademia）

图 7.50 圣马可大教堂入口门楣
（Sant' Alipio）上 13 世纪的马赛克画作《圣马可遗骸抵达》

E. W. Anthony, *A History of Mosaics*, Boston: Porter Sargent, 1935, plate LVI

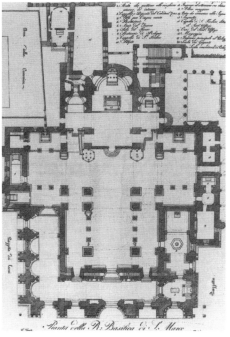

图 7.51—7.52 圣马可大教堂 1838 年之前的平面及剖面图

图 7.51—7.52 L. Cicognara, A. Diedo & G. Selva, *Le fabbriche e i monumenti Cospicui di Venezia, Vol.1*, Venice:1838.

1871 年，整体修复尚未完成之时，勒－杜克来到威尼斯。他对修复予以赞扬，并认为加固结构及延长寿命的修复绝对必要[1]。1876 年，大教堂南侧脚手架刚刚被拆除，拉斯金拜访威尼斯，他说："那些我所挚爱的一切已不再，剩下的仅是它们的幽灵。不，是死尸。"[2]拉斯金怀念从前那些精美而散发深金色光芒的马赛克图案。在他看来，加固措施固然必要，所用手段诸如在原先的马赛克上涂刷刺眼的白涂料却非常糟糕……两位大师的议论相隔五年，却是对同一栋建筑修复针锋相对的评论。对于从未直接碰撞的他们以及修复历史，这里的间接对垒显得分外意味深长。

拉斯金的指责立即引起威尼斯本土人士索里（A. P. Zori，1846—1922）的重视。索里随即对梅杜纳的修复予以调查，并于 1877 年在拉斯金的资助下发表题为《圣马可大教堂内部修复意见》的考察报告。这位拉斯金的崇拜者在报告中指出"修复"与"保护"的本质差别，并认为这座古老的巴西利卡是一座"建筑博物馆"，无论从艺术还是考古学角度讲都要受到特别对待，而梅杜纳的修复完全忽视了这些。索里还在报告中列出其在调查中所发现的梅杜纳的具体错误作为证据，如刮除铜锈及大理石雕像图案、改变原有的细节设计、拆毁圣诺礼拜堂的祭坛等。

1879 年，莫里斯及其 SPAB 致信意大利政府表示抗议，更派出代表前往现场加入调查。意大利人对英国人的插手并不买账，但迫于国际压力，终于成立了一个包括博彻特等人在内的调查委员会。梅杜纳 1880 年去世，接下来的修复由萨卡尔多（P. Saccardo，1830—1903）及博彻特接管。

点评：

1. 博彻特是土耳其商馆的修复主持人。以今天的俗话来说，此人正处于反修复绯闻中。为啥依然被委以重任？我们没找到解释的文字。也许因为他拥有精湛的技艺？也许因为他有一个很受意大利人敬仰的爱国主义诗人文学家叔叔乔万尼·博彻特（Giovanni Berchet，1783—1851）？

［1］ Jokilehto,J. *A History of Architectural Conservation* [M].Oxford: Butterworth-Heinemann, 1999,167.

［2］ Ruskin, J. "A Letter to Count Zorzi"// Cook, E. T. & Wedderburn, A.(eds.) *The Works of John Ruskin Vol.24* [M]. London: George Allen, 1906, 406.

左图：7.53 圣马可大教堂 2015 年再次修复中
右图：7.54 2015 年圣马可大教堂外部修复，
内部依然开放

2. 虽仅仅针对圣马可大教堂修复，拉斯金及莫里斯等人对威尼斯的保护功不可
没。虽然威尼斯人当时并不怎么买账，但关于威尼斯的修复从此得到新的思考，人
们毕竟认识到修复与保护有本质的差别，并开始接受有关保护的新理念。

3. 100 多年后，当你走进圣马可大教堂，你还是要惊叹梅杜纳的修复之功。你
也几乎看不出它曾经被梅杜纳"大动干戈"，这说明梅杜纳在修复时即使无视大教堂
的历史及艺术价值，其修复工艺也是经得起推敲的。圣马可大教堂也成为威尼斯遗
留至今最重要的拜占庭时期建筑，并不断得到修复和维护（图 7.53—7.54）。

4. 梅杜纳对中世纪建造工艺的掌握可从他和大他两岁的兄长托马索·梅杜纳（T.
Meduna，1798—1880）对凤凰歌剧院对面圣方汀（San Fantin）小广场自家住屋
的改造与重建中略见一斑。1846 年梅杜纳谈及自家小屋时，有过一段对"修复"的
见解。看得出，理论上，他并不是不顾原始遗留之人。我们再看英国人斯科特，其
理论上也是以保护为重，而绝对反修复的拉斯金基本没从事过实际项目，可见实际
项目中绝对反修复几乎不可能。

走向保护

威尼斯 1866 年归属意大利之后，为表示对新"解放"城市的重视，意大
利政府积极鼓励修复，涉及具体项目时，却因财政原因，倾向拆除。但此时的

房产主、教区委员会以及知识阶层均要求保存。于是由教区乃至私人赞助的修复项目得以自由展开。得到修复的宫殿及教堂也是随便即可列出一串。不过，19世纪末期最重要的修复还是由政府资助的圣马可大教堂及总督宫的修复。

19世纪40年代开始，梅杜纳秉持风格式修复理念主持圣马可大教堂修复。反对声依然不断，但他把他的理念贯彻到19世纪70年代末，说明风格式修复风头强劲。为寻求现代修复及保护所引入的新型建材，如卡塔尼亚（Catania）大理石、博提奇诺（Botticino）大理石均不及传统的伊斯特利亚（Istrian）石材耐抗潟湖的潮湿，也让提倡现代修复保护的人士受挫。尽管如此，19世纪60年代以来，有关修复与保护的讨论一直不绝于耳，现代保护理念虽在实践中难以落实，终能在某些局部操作中逐步实现，并成为一些重要建筑修复的参考。由此，威尼斯诸多宫殿及教堂的修复或多或少融入保护理念。下面我们以建筑修复师福尔切利尼（A. Forcellini，1821—1891）1876年开始对总督宫的修复为例，看看保护理念及手法是如何在一步步得到加强的同时又难以执行，最后不得不采取中间路线。

总督宫的前身建于9世纪初，亦是历经重建。与圣马可大教堂不同的是，总督宫是威尼斯最重要的哥特式建筑[1]，并带有显著的摩尔风格及文艺复兴风格。图7.55表明，1500年之前，总督宫已具备其后世所拥有的基本特征。拉斯金所绘的诸多画作则成为19世纪末期总督宫修复之前的"立此存照"（图7.56—7.57）。

1876年，威尼斯乃至国际修复界正如火如荼地批驳梅杜纳的圣马可大教堂修复之时，福尔切利尼被委以重任修复总督宫，足见他属于保护阵营。果然，他走的是SPAB推崇的路数，从接手到结束，始终将自己对总督宫的背景研究及修复计划公之于众（图7.58）。每一步修复计划都予以记录并经过讨论，得到修复监督委员会同意后方行实施。

首先是西立面修复，基本遵照"尽量保留原有构件"的原则。1884年之后，修复转到面向运河的南立面两端的角楼等处，事情开始变化，如1888年，拱券廊道（loggias）里的一些开裂的石柱被以复制品更换。对此，福尔切利尼表

---

[1] 与欧洲他处的哥特式建筑不同，威尼斯哥特式风格融合了东方拜占庭及北非摩洛哥元素，可谓东西方建筑交融的典范。此外，也许因为威尼斯地基薄弱，这里的哥特式建筑远较欧洲主流哥特式建筑轻灵活泼，让拉斯金如痴如醉。

左上：图 7.55 德·巴巴里 1500 年绘制的威尼斯鸟瞰图中的总督宫

原画藏于威尼斯科罗尔博物馆

左中：图 7.56 拉斯金 1841 年画作中的总督宫文艺复兴风格庭院

左下：图 7.57 拉斯金大约 1852 年所绘画作中的总督宫外观

图中可见临水南立面上的 3 个小方窗。

图 7.56—图 7.57 Cook, E. T. & Wedderburn, A.(eds.) *The Works of John Ruskin Vol.4*

原画现藏于英国牛津阿什莫林（Ashmolean）博物馆

右上：图 7.58 福尔切利尼的修复方案图解

向公众展示需要修复的部位。

右下：图 7.59 总督府纸门

门楣上的总督福斯卡里及飞狮雕像保留至今，后者在威尼斯随处可见。

示难过，因为这种加固牺牲了原件。果然，替换招致非议，并闹到议会。足见有关保护的思想已经普及。福尔切利尼也保证将认真对待宫殿内部的修复，不再添置复制品。

之后的修复还是做了许多重建或置换，例如，支撑大众议厅（Sala del Maggior Consiglio）北墙的横向拱门、拱券廊道地面层的部分地面均被一些新构件替换。作为公众入口的纸门（Porta della Carta）上的门楣不仅被替换，还在其上添置了1423—1457年的威尼斯总督福斯卡里（F. Foscari，1373—1457）的塑像以及象征圣马可的飞狮雕像（图7.59）。不过这些添加都在情理中，因为它们从前就有，只是被拿破仑拿走了。同样，西立面中部窗台之上亦补加了另一位文艺复兴时期的总督格里提（A. Gritti，1455—1538）的塑像及飞狮雕像。

至于南立面，福尔切利尼本准备封掉其上的3个小方窗，并将一些哥特窗改为二叶（two-light）或三叶（three-light）。这遭到博伊托反对。博伊托认为3个小方窗虽不能明证为原始构件，至少十分古老，应当保留。至于大哥特窗，博伊托觉得应该尊重当初的设计建筑师，并幽默道："既然大哥特窗的不佳构图持续了3个多世纪，说明人们可以承受……更改父辈的美学错误，不是我们的神圣职责"[1]。福尔切利尼表示认同："我们不能仅仅保护那些美的而压制丑的……"却也坚持原来的观点："但我们确信那些窗户与当初美丽的立面不合，并且荒谬。它们属于没有任何使用功能的多余添加。"[2]最后，他采取折中方案：拆一留二（图7.60）。

对于福尔切利尼的修复，修复监督委员会成员之一博尼（G. Boni，1859—1925）总结得最为贴切：中间型修复的样板，介于不顾一切地置换破损构件与保护所有可能保护的构件这两种做法之间[3]。

19世纪下半叶的威尼斯修复中，另一个最能体现保护与修复之两难的实例当推博伊托对卡瓦利—古索尼宫（Palazzo Cavalli-Gussoni），现名弗兰凯蒂宫（Franchetti）的修复。该建筑初建于16世纪中叶，为马尔切洛（Marcello）、卡瓦利及古索尼家族所有，后几经易主。1878年，弗兰凯蒂伯爵（今名的来源）

---

[1] Pertot, G.*Venice: Extraordinary Maintenance* [M].London: Paul Holberton Publishing, 2004, 73.

[2] Ibid.,68.

[3] Ibid.,73.

图 7.60 总督宫朝向运河的南
立面

购下该官邸后即聘请两位艺术装饰师投入修复，但工作很快由博伊托接管主
持。有意思的是，这位保护之父在修复时，也不可避免地更改建筑侧立面的装饰，
补加了阳台。面向运河的立面亦做了相当的变更，并在朝向圣斯特凡诺广场
（Campo Santo Stefano）的侧翼设计了一座新楼梯。这座带有罗马风及哥特风格
的楼梯于 1881—1884 年完成，具有高超的技巧和工艺水准。但这件伟大作
品既歪曲了博伊托本人有关保护的原则，也不符合这座建筑从前的样貌。这
再次说明了理论与实践之间的落差。尽管如此，作为意大利现代保护的先驱，
博伊托后期的工作基地虽移至米兰，但他依然极大地推动了威尼斯从修复走向保
护。经其修复的弗兰凯蒂宫也成为威尼斯现存哥特式建筑的最佳范例之一[1]。
尤值一提的是，他 1872 年在《新诗集》上发表的文章，不仅强调对重要历史
建筑的保护，还指出要保护威尼斯的整体环境，维持威尼斯独特的水上特色。
威尼斯建筑欢快、轻巧而多样，现代的介入尤其不合时宜。那些建议沿斯拉
夫人堤岸大道开辟车行道的提议是一种"意淫"。威尼斯是需要修复和保护的
城市，而非新建之地[2]。

　　至 19 世纪末，威尼斯修复界的主流已从修复走向保护，只在绝对必要情

----

[1] 从 1999 年开始，这里归威尼斯科学、文学和艺术学院（Istituto Veneto di Scienze, Lettere ed
Arti）所有。

[2] Plant, M. *Venice: Fragile City 1797-1997* [M]. New Haven: Yale University Press, 2004,193.

况下方可创新和添加。大理石、马赛克、绘画等现存工艺必须予以尊重，修复进程中的不同阶段应该以照片、图画、文字及其他形式予以详细记载并归档保存（"文献式修复"）。有关保护的行政机构亦随之建立，如 1884 年意大利政府在教育部管辖下设立各大区区域的修复和保护项目代理职位。区域代理的任务便是监督已经开展的修复项目、启动新的修复项目，并起草项目计划和预算。威尼斯所在的威尼托大区的代理由博彻特担任。1891 年又设立专门针对纪念性建筑的区域办公室。威尼托的区域办公室负责人职位也由博彻特担任，他一直任职到 1902 年钟楼倒塌时，之后由博尼接任。

钟楼、钟楼

1902 年 7 月 14 日上午，圣马可广场钟楼轰然倒塌。

早在 1896 年，坊间就传言圣马可广场钟楼及总督宫可能要倒塌。事实上，钟楼倒塌的前一周，一些裂缝已在五层窗户处出现。显然，倒塌并非毫无征兆。但倒塌依然作为一起突发事件震惊了威尼斯，震惊了全世界。两件事被立即提上日程，对日后威尼斯的天际线保护及保护政策均产生了直接影响。

其一，是钟楼本身的重建。

威尼斯市政府连夜开会，与会者一致同意在原址之上重建，足见钟楼在城市的主心骨地位。因为在考古发掘方面具有特别才能，博尼从罗马广场考古挖掘现场被立即召到威尼斯，主持瓦砾清除整理工作。

多数人主张在原址原样重建，以至于"一切如旧"（Com'era e dov'era，又写作 Dov'era, com'era，直译：原来怎样，仍旧怎样）成为钟楼重建的响亮口号。"现代重建"观点不足以动摇众心，对原样重建费用及结构稳定性的担忧却不能不引起关注。为此，有人建议仅重建原钟楼底部圣索维诺回廊（Sansovino's Loggetta），有人则建议仅恢复倒塌后所残留的部分而不再重建顶部，毕竟这部分是 16 世纪修复时所加。因为这些担忧，虽然象征重建的第一块基石在 1903 年就已打下，但工程还是被搁置，贝尔特拉米被召至现场调查倒塌原因。

贝尔特拉米的调查表明：整座钟楼倒塌并非是地基下沉或不久前对圣索维诺回廊屋顶的修复造成的，而是由于内部竖井的倒塌。内部竖井之前曾遭到

破坏，削弱了其支撑钟楼上部重量的承载能力，16世纪在钟楼顶部添加的沉重大钟屋又雪上加霜。依此结论和当时所拥有的文献档案，贝尔特拉米提出重建方案：依倒塌之前的原样重建。但为了加强结构承载力，内部竖井以双层砖砌筑，并加大地基平台（图7.62）。上层结构在构筑时尽量用较轻的建筑材料。值得推崇的是，以钢筋混凝土建造双层砖砌竖井内部的台阶以及钟楼上部的塔尖。与之前的钟楼相比，重量减轻了2000吨。重建并不顺利。贝尔特拉米仅负责了第一层塔楼重建的预备工作，当年就离开了。大权转给以威尼斯第一任纪念性建筑保护总督导莫雷蒂（G. Moretti，1860—1938）为首的修复委员会。因为一些反对意见，主体施工又推迟了一段时间。1907年，委员会终于允许施工继续，并于当年完成主体部分。1912年，包括圣索维诺回廊在内的所有部分彻底完工。1912年4月的落成揭幕典礼，给重建工程彻底画上句号。

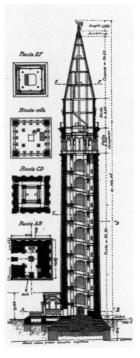

图 7.61 贝尔特拉米绘制的钟楼修复示意图

如今漫步圣马可广场，你会发现"原样原址重建"的重要意义。因为不仅钟楼本身是圣马可广场不可或缺的重要组成部分，楼顶平台也是威尼斯重要的观景点（图7.62）。

其二，是对其他岌岌可危的建筑乃至整个威尼斯的保护。

钟楼倒塌带来的震惊，让威尼斯人立即想到其他许多年久失修的建筑。为此，威尼斯纪念性建筑保护办公室立即编制严重受损或濒临倒塌的重要建筑名录。第一份名录包括圣马可广场周围的建筑以及威尼斯最早的哥特式教堂（也是最大的教堂之一）圣方济会荣耀圣母教堂（Basilica di Santa Maria Gloriosa dei Frari）、圣若望及保禄圣殿（Basilica di San Giovanni e Paolo）、威尼斯六大会堂之一的圣马可大会堂（Scuola Grande di San Marco）等27座建筑和27座钟楼。接下来的一些年里，市政府不仅对上述名录建筑，也对不少公用或民用住房进行加固修复。1910年，在闻知总督宫发现裂缝的传言后，区域办公

图 7.62 钟楼观景

室的监管人立即奔赴现场调查，并发布了调查报告。此后的威尼斯开发及新建大多转移至主岛对岸的丽都岛（Lido），缓解了主岛的压力。

钟楼重建时所倡导的"一切如旧"则成为威尼斯乃至意大利保护人士的座右铭，多多少少左右了威尼斯20世纪的保护进程，并影响至今。因为这种重建经历，威尼斯人没有"二战"之后欧洲人面对大面积毁坏需要重建时的困惑。同样，凤凰剧院1996年为大火所毁时，虽然又引发了一场大争论，其最后的结果还是可想而知的。

点评：

就像19世纪建筑物重建理念转变为保护为主历尽艰辛一样，原样重建及20世纪的保护并非一帆风顺。如20世纪20—30年代墨索里尼当政时期，仅仅是数量有限的一些建筑得以修复，除了必要加固，主要涉及建筑物装饰。因为对哥特式风格的厌恶，除掉"哥特"痕迹便成为修复中不可或缺的手段。1931年由当时的纪念性建筑总督导弗拉提（前文所述维罗纳老城堡博物馆20世纪20年代的修复正是由这位仁兄主导）主导的对号称威尼斯史上修复次数最多的建筑"菜园里的圣母堂"所做的修复，便是打着"将其从鬼怪般装饰中解救出来"的幌子，拆掉了很多装饰构件。再如20世纪50年代同样由弗拉提主导的对圣乔治马焦雷圣殿的修复，其中一些附属建筑并非原样重建。1560年由帕拉第奥设计的寺院饭堂在1953年重建时，内部装修几乎面目全非。好在饭堂外部基本保持原样，我们今天看来，依然历史感浓郁风景如画（图7.63—7.64）。

"大"威尼斯"小"建筑

20世纪上半叶，威尼斯最大的变化莫过于在其西北陆地近海处兴建商业和工业港口马尔盖拉（Marghera）。

为拓展威尼斯，早在1902年就有人提出建港口设想。在一些富商、工业巨头及政客如福斯卡里（P. Foscari，1865—1923）、沃尔皮（G. Volpi，1877—1947）等人的合作下，该设想终在1917年得以实现。整座港口的开发大致分四大部分——1个商业港口区、1个石油港口区、几个工业区以及容纳约30,000人的居住区。此外，还开通了一条约7米深的连接朱代卡（Giudecca）

左：图 7.63 菜园里的圣母堂现状
右：图 7.64 圣乔治马焦雷圣殿现状

港口、圣马可盆地和丽都岛的运河。连接马尔盖拉与威尼斯本岛的桥梁及道路的项目也是接踵而至，该项目尽管遭到反对，但主张造桥的一派最终胜利。威尼斯与陆地的关系更加紧密。

　　马尔盖拉的早期建设令人振奋，如将一些重工业从威尼斯本岛迁出、减轻本岛的住房压力、提供威尼斯人就业机会，促进经济等措施，均有利于保护主岛的历史建筑。这些"成果"得到 1920 年开始执政的墨索里尼法西斯政府的赞许。一时间，马尔盖拉及其附近的梅斯特雷（Mestre）成为现代都市规划的样板。然而，在接下来的几年里，马尔盖拉及梅斯特雷的工程建设像摊饼一样越摊越大。为限制失控局面，1926 年成立"大威尼斯"，包括威尼斯本岛、马尔盖拉、梅斯特雷、玻璃岛、彩色岛（Burano）等区。此后，大威尼斯政府多次制定大区总体规划，1938 年更制定《威尼斯潟湖及威尼斯纪念性建筑保护法》。1939 年，又制定了复原规划并提交意大利国家科学和艺术高等委员会。高等委员会委员乔万诺尼提出修改意见和建议，并将之命名为《威尼斯更新宪章》(*Carta del rinnovamento di Venezia*)。跟对意大利其他城市的建议类似，乔万诺尼也提倡威尼斯采用"淡出"来对抗大面积的清除，并特别关注威尼斯风景如画的景观，如保证岛城的地形特征，不改变建筑的外部特征，而在内部开辟庭院、现代建造对历史形态的仿真等。

　　可是，马尔盖拉和梅斯特雷的建设及其带给威尼斯主岛的问题并未得到有效解决。1938 年制定的特别保护法和《威尼斯更新宪章》等的立足点，还是

从内部小范围解决问题，而马尔盖拉及梅斯特雷的建设大多是国家层面的大规模项目，这些项目缺少对现实的敏锐感。宪章虽提出修复／保护水路、保护被商业发展所侵蚀的市中心等重要建议，但尚未来得及展开落实，"二战"即爆发。

1945 年战争结束。马尔盖拉及梅斯特雷的城市问题再次被提上日程，大威尼斯政府在 50—60 年代均制定总体规划及特别法规。然而，马尔盖拉的工业区不仅没得到限制，反而不断扩大，还建起了炼油厂，又开挖了可供大油轮航行的更深的运河。炼油厂和大油轮的通航不仅加剧了周边污染，也破坏了潟湖的生态。从景观上，烟囱和厂房则破坏了威尼斯的风景如画的环境。

点评：

一些专家学者及威尼斯本地人都对推动创立马尔盖拉的一些人物——如后来成为墨索里尼政府财政部部长的沃尔皮——持负面意见。美国作家伯兰特（J. Berendt，1939— ）在其非虚构作品《天使坠落的城市》里所征引的沃尔皮的私生子为父亲做的辩解显得主观而难以令人信服。

好在威尼斯主岛的建筑修复与保护得以继续。20 世纪 50—60 年代更发展出一些应对紧急情况的技术措施，以较为合理的费用，循环置换修复了一些腐烂的构件。不仅一些大型历史建筑得到修复，一些次要的小建筑乃至城市的肌理也得到了关注。

早在 19 世纪末，博伊托即开始关注次要建筑的保护。"一战"后，威尼斯学界也开始了对威尼斯次要建筑的系统调查。由洛伦泽蒂（G. Lorenzetti，1886—1951）撰著、1926 年出版第一版的《威尼斯及其潟湖：历史艺术指导》可谓对威尼斯城市肌理介绍的开端[1]。书中，洛伦泽蒂特别关注普通住房和府邸。"二战"之后，对次要建筑的关注与重要建筑及老城街区和环境保护相结合。特林卡纳托（R. Trincanato，1910—1998）撰著、1947 年出版第一版的《威

---

[1] Lorenzetti, G. *Venice and Its Lagoon: Historical-Artistic Guide*[M]. Guthrie, J. trans., Trieste:Lint 1975.

尼斯次要建筑》堪称代表作[1]。特林卡纳托从那些自托尔切洛岛、马拉莫科岛（Malamocco）及潟湖其他外岛迁居到主岛里亚托桥及城堡区和卡纳雷吉欧区外端附近的居民的最早居住点开始，讨论聚落的进化。对这些持续发展的住房形态构成的分析，显示了住房对运河、街巷及广场的依赖。运河、街巷为主动脉，广场则是密集相连的住宅组团中主要的透气和公共开敞空间。圣马可广场的"透气"功能早就备受瞩目。现在，较小的广场（campi）亦纳入探讨范围[2]，从而让小广场也有机会得到保护。

上述一系列研究为 20 世纪 50 年代对特定区域及建筑类型的调研打下基础。我们在本书第一章提及的乔万诺尼的学生、意大利形态类型学研究集大成人物、威尼斯建筑学院（IUAV）教授穆拉托里从 1954 年到 50 年代末一直在该学院主讲"建筑物的分布"（Caratteri Distributivi degli Edifici）课程，并发表大量相关文章。他还带领学生对威尼斯的一些街区、广场展开详细调研，并以威尼斯 10 世纪以来的民居残余作为调研测绘的重点，揭示历史进程中城市肌理的变迁。那些不太复杂又具有相对独立性、并带有威尼斯古老特征的地段，如圣玛利亚多米尼广场街区（Campo di Santa Maria Mater Domini）、圣乔万尼格里索斯托莫街区（San Giovanni Grisostomo）、圣利奥大街（Calle di San Leo）均被选为重点调研对象。对圣玛利亚多米尼广场街区附近住房的测绘调研有助于理解建筑类型与当地的关系，以及这些建筑面临的困境。对圣乔万尼格里索斯托莫街区及圣利奥大街附近住房的调研则可以据之推演出威尼斯在 10 世纪时住房的大体特征，并了解从中世纪拜占庭到哥特式风格的转变。其手法不仅在于延续传统，也通过插入新的建筑元素带来变化。这种对威尼斯"小"建筑的揭示既帮助保护了威尼斯普通房屋和整个城市的历史肌理，亦对 20 世纪的城镇规划做出重要贡献[3]。

1966 年 11 月，威尼斯的小建筑连同壮丽的大建筑一起经受了该城有史以来最大的考验。

---

[1] Trincanato, R. *Venezia minore: discovering...*[M].Venice: Canal Books, c. 1980.

[2] 在威尼斯，只有圣马可广场被称为 Piazza，其余的只能称作 Campi，即小广场。

[3] 如今，对穆拉托里及威尼斯类型学派的研究亦成为一门令人着迷的显学。

1966 年大水之后

水能载舟，亦能覆舟。"水"成就了威尼斯，"水"也把威尼斯推向腐败和死亡。

早在 782 年，威尼斯便有了关于涨潮（acqua alta）的记载。威尼斯人视涨潮为家常便饭。然而，1966 年 11 月初的涨潮前所未有。这个月 3 日开始，意大利北部持续暴雨狂风。到了 4 日，威尼斯水位涨至高出海平面 1.94 米。足足一天一夜，整个城市浸泡于海水之中，断电让黑夜格外漫长，水上居民陷入巨大恐慌。

客观上说，对于一座长期饱受高水位威胁和海盐侵蚀的城市，除了那些早已摇摇欲坠的房屋，此次水袭并未对城市的房屋结构造成超级破坏，却让人们开始关注早就存在但被忽视的问题。"一定要经常维护城市房屋，保护威尼斯"成为 20 世纪 60 年代末至 70 年代最常提到的议题。人们意识到威尼斯有很多房屋需要修复。1970 年，意大利非政府机构"我们的意大利"（Italia Nostra）与米兰帕拉里文化中心（Centro Culturale Pirelli）联合举办题为"拯救威尼斯"（Una Venezia da Salvare）的展览，并于同年出版专著《保护威尼斯》。书中指出：在威尼斯中心的 4 万多居屋中有 1.7 万—1.9 万座需要修理，三分之一的地面楼层不适宜居住，大约一半的居室没有合适的供暖……[1] 大水后并延续至今的另一议题是涨潮与威尼斯周围潟湖的生态关系，如开挖新运河河道、开垦盐业基地及潟湖渔业基地等对潟湖生态系统的破坏。20 世纪上半叶兴建的马尔盖拉和梅斯特雷更是饱受争议。

立即要做的自然是整座城市的维修。事实上，大水过后，几乎每一座建筑都需要清洗和维修，经费却如此不足。威尼斯是幸运的，大水后，保卫威尼斯成为世界人民的职责，因为威尼斯不仅是威尼斯人的遗产，也是整个人类遗产的一部分。经费从全世界已成立的或即将成立的政府、非政府机构涌向威尼斯。

最支持这一保护行动的国际组织是 UNESCO。正是通过 UNESCO 第 14 次大会，意大利政府向世界发出保护威尼斯的呼吁。随后 UNESCO 又启动保护

---

[1] Bellavitis, G. *Difesa di Venezia* [M]. Venice: Alfieri, 1970, 55.

威尼斯的国际宣传活动，策划并参与组建"保护威尼斯国际咨询委员会"，在威尼斯成立相应办公室。除了单独主办保护威尼斯及佛罗伦萨（该城亦同时遭受洪水侵袭）的国际会议，UNESCO 还与威尼斯政府以及长期对威尼斯都市形态及类型做研究的威尼斯大学联合举办会议，探讨威尼斯的保护方式，并提供资金用于编纂威尼斯危房名目及修复保护项目。

在 UNESCO 的大伞下，涌现出大量为修复威尼斯历史建筑及相关文物筹集资金的机构。突出的有 1967 年成立的援救艺术及档案基金会（Art &Archives Rescue Fund）以及 1969 年成立的古迹保护国际基金威尼斯委员会（Venice Committee of the International Fund for Monuments）。1971 年，前者易名为"濒危威尼斯基金会"（Venice in Peril），总部设在英国。后者亦于同年另立门户，更名为"拯救威尼斯"（Save Venice Inc.），总部设在美国。两大机构均致力于威尼斯的文物保护至今。

点评：

事情总有两面性，带来经费，也带来问题。如"拯救威尼斯"20 世纪 70 年代修复当时被认为结构最不稳固的耶稣会教堂（Santa Maria Assunta）时，不对教堂的历史做任何考察。UNESCO 主导的危房修复项目中，对结构加固的单一强调导致其走回从前被谴责的风格式修复老路，与 1964 年颁布的以威尼斯命名的《威尼斯宪章》原则相悖，最终招致威尼斯国际咨询委员会的谴责。

各种机构活跃之时，威尼斯市政府一如既往地保护修复威尼斯的教堂、广场以及部分公共民用建筑，方式主要包括加固墙体、重新安置濒危的屋顶、置换损坏的门框门楣窗扉、修复或重新粉刷与清洗外部泥作石作等。既为对付危房，修复的一个重要倾向便是对技术的注重，如在地下层设置不透水的水箱解决水向室内渗透的隐患。为延缓建筑的破损，一些业已腐烂或变脆弱的材料被移走，很多建筑的内墙及楼层也不得不几乎全部重置。即便如此，外立面多保持原有风格。

经过不断讨论，7 年后，威尼斯政府出台编号为 171 的 1973 年特别法。这是威尼斯史上首次从法规层面强调保护威尼斯的环境及建筑遗产。威尼斯及其潟湖地区凡涉及保护维修的项目均需要纳入由市政府规划部门制定的"详

细规划"（Piani particolareggiati）及"协调规划"（Piani di coordinamento）。"详细规划"还附有"技术实施细则"（Norme tecniche d'attuazione）。同年10月又颁布了791号法令，授予市政府规划及保护部门实施权，界定一些具体操作程序。法规实施后不久，保护总督导又起草了一份1939年法令未能涵盖的"具有建筑、历史以及艺术意义的建筑物"名录。

实际操作根据建筑的结构和类型展开，主要为以传统材料置换或修复建筑的外部，如房屋框架、门、窗、外墙的涂抹、屋顶以及一些室外楼梯等。追求的是保护威尼斯的外部意向而非内在历史，缺乏对威尼斯的完整保护。20世纪70年代弥漫在威尼斯的悲观情绪也就不难理解。70年代中期开始，威尼斯政府推出两大层面的拯救威尼斯项目——大规模的住房更新以及基础设置项目，但鉴于威尼斯极端缺乏面向老人、儿童的基本公共设施，缺乏运动场地和娱乐设施，公共交通系统亦是薄弱，单纯的住房更新项目被认为过于简单并且费用过高，无法承担[1]。于是，越来越多的人开始谈论威尼斯的衰落乃至威尼斯之死。

点评：

我们在上篇曾经讨论过，20世纪60年代以来，欧洲保护领域的一个大趋势是保护活动不仅要关注环境、历史及艺术价值，还要考量社会及经济议题，如历史中心的社会形态、居住其中的民众。威尼斯1973年特别法以及上述两大层面的项目均缺乏如此考量，加上"二战"之后威尼斯主岛一些工业企业的关闭所带来的问题，也就不难理解该特别法及相关项目不仅不能解决问题，反在原本问题多多的基础上又添加新问题、新冲突。威尼斯的人口一再外迁。

20世纪70—80年代，随着意大利经济复苏，主要是穷人居住的城市历史中心成为建筑投机商的新阵地。为保护历史中心，意大利政府1978年8月出台457号《居住建筑法规》，界定五类建筑项目：日常维护、超常维护、保护性修复和维修、建筑结构转型、都市化结构重组。除第一类，其他类型建筑的

---

[1] Ceccarelli, P. "Venice: Urban Renewal, Community Power Structure, and Social Conflict" // Appleyard, D. *The Conservation of European Cities* [M]. Cambridge: MIT Press, 1979, 64.

实施均需要经过市政府规划部门的批准。如此大背景下，都市重建及更新议题提上威尼斯市政府规划部门的议程。1982 年开始，市政府实施了一系列试点项目。如对位于朱代卡岛上原雷尔（Dreher）啤酒厂及原威尼斯共和国仓库的重建，对多索多罗（Dorsoduro）区塞特卡米尼宫（Casa dei Sette Camini）的重建、对城堡区格拉代尼戈宫（Palazzo Gradenigo）的重建，对玻璃岛圣科斯玛达米奥诺（Santi Cosma e Damiano）修道院的重建、对造船厂的部分改造、在朱代卡岛及卡纳雷吉欧区内原先为萨法（Saffa）火柴厂地段启动的新建设项目等。此外，还在一些居住区实行上述的"超常维护"及"保护性修复和维修"。虽然威尼斯成为"历史博物馆及旅游城市"的大趋势已不可逆转，有关威尼斯的现代化再次成为威尼斯人的希望。以再利用为目的的适应性改造或保护成为提升威尼斯的重要手段。造船厂在适应性再利用的改造过程中的一些经验，如公众与私立机构合作的管理模式、与当地研究部门的合作、基于可逆性原则的结构友好型建筑设计等，得到专家学者的首肯和推广[1]。

　　1984 年，意大利政府出台 798 号《保护威尼斯新特别法》，再次明确意大利政府保护威尼斯的职责。这一次的资金主要落实在保护潟湖的水力平衡，阻止涨潮对威尼斯的威胁，并于 80 年代末期提出一项缩写为"摩西"的水利项目。如此命名，既因工程名称意大利文的缩写为 MOSE，亦希望工程能像圣经故事里的摩西（Mose）那样，分开海水，保护人民。

20 世纪 90 年代以来

　　20 世纪 70 年代制定的各种规划虽饱受争议，对威尼斯的保护还是功多于过。70 年代推崇的按建筑类型实施保护的手法更成为 90 年代威尼斯建筑修复保护界的主流——根据建筑类型决定修复改造的级别。如 1992 年出台的"历史名城转化"总规中所附的涵盖全岛的地图，在每座建筑上标明了字母及数字（图 7.65）。这些字母数字对应索引里所规定的修复改造等级，为此让修复项目遵从特定的等级标准而被规范化。尽管基于类型的修复保护屡遭批评，

---

[1] Sabini, M. "Adaptive Reuse of the Arsenale Complex, Venice" // Serageldin, I., Shluger, E.& Martin-Brown,J.(eds.) *Historic Cities and Sacred Sites* [M]. Washington: The World Bank, 2000, 98-101.

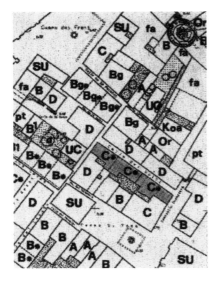

图 7.65 历史名城威尼斯 1992 年总体规划图（局部）
1992 Variante per la città antica al Piano
regolatore di Venezia

但一直沿用至 21 世纪。

正如批评人所言，事情的发展千变万化，不可能有固定的类型，现实中怎能绝对依据建筑类型来进行修复呢？如 1996 年大火之后的凤凰歌剧院重建和 2010 年开始的德意志商馆改建，前者是一起突发事件，后者为商业开发大潮所席卷。不可能所有的突发事件都遵循统一模式，也不可能所有的商业大潮都遵循统一模式。然而，这两种重建或改建依然可归结为某种类型，并成为威尼斯自 20 世纪 90 年代以来两大有代表性的保护手法，又从反证法层面说明以类型展开修复的正确性或可行性。当然，此"类型"已非彼"类型"。

先说凤凰歌剧院，它是意大利最大的歌剧院之一。一些著名剧作家的作品如罗西尼的《布鲁斯基诺先生》、贝里尼的《凯普莱特与蒙太古》、威尔第的《茶花女》《弄臣》等，均在此首演成功。

中国人说凤凰涅槃、浴火重生，意大利人亦有类似观念。这座 1792 年落成的歌剧院之所以称为"凤凰"，在于其前身毁于一场大火。新歌剧院浴火重生。不料，1836 年大火再袭。但经过梅杜纳兄弟之手，一年内得以重建，并矗立至 20 世纪。

1996 年 1 月底，这座史上曾经历浴火重生的歌剧院刚刚经过一场修复，却在修复几近尾声之时，突起大火。多数房屋遭灭顶之灾，再次震撼世界。至于起火原因、为什么不能及时扑灭以及后来旷日持久的追查，我们不做多说，仅关注"凤凰"如何在"灰烬"里"重生"。

读者倘若还记得"钟楼、钟楼"章节，定能猜到大概。

当时的市政府也是立即召开理事会，会上全体同意"一切如旧"的原则。市长雄心万丈地保证，在两年内将凤凰原样归还威尼斯人民。后来在接受采访时，此君更进一步承诺：如果在两年内完成重建，则可成为威尼斯都市整建的象征。反之，是威尼斯的死刑。显见凤凰歌剧院在威尼斯的地标身份和象征价值。

经过半年多可行性分析及多次讨论，1996 年 9 月，市政府发出投标邀请。次年 6 月，评委宣布中标者为意大利女建筑师奥伦蒂（G. Aulenti，1927—2012）领衔的团队。作为关注传统的现代建筑大师，奥伦蒂是多面手，集建筑设计、照明设计、舞台设计、工业设计、室内及家具设计本领于一身。她80 年代将巴黎一座旧火车站成功改造为博物馆（奥赛博物馆）的业绩广为流传，并因曾主持过威尼斯格拉西宫（Palazzo Grassi）的重建而具有对威尼斯旧建筑修复保护的丰富经验。由这样一位资深多面手担纲，顺理成章。接下来进展顺利，施工合同很快拟定。不料半路杀出个"程咬金"，使施工彻底脱离市长的"时间表"。

说"程咬金"，并不准确。因为这个团队也是从一开始就投入了凤凰重生大业，而且还是那场竞标中的第二名，是意大利另一著名且具有深厚威尼斯背景的建筑师罗西领衔的团队。他们提出申诉：奥伦蒂方案忽略了对阿波罗厅（Sale Apollinee）的修复。不难想见两支团队的厮杀。最后竟闹到意大利中央政府。闹腾期间的 1997 年，罗西在一场车祸中不幸丧生。1998 年年初，中央政府最终判决：罗西团队获胜。

依"胜者王、败者寇"逻辑，后来人鲜有谈及奥伦蒂方案。奥伦蒂本人也没像安藤忠雄那样写下《连战连败》之类的著作。尽管我们多次寻找奥伦蒂方案，但还是一无所获。这里就从保护角度，简要介绍罗西方案。

方案分五大部分：A. 阿波罗前厅及部分厅屋、B. 舞台区、C. 舞台塔楼、D. 南翼大楼、E. 北翼大楼（图 7.66）。各部分依照各自特点，进行不同层面的修复或重建，以最大可能"一切如旧"。

阿波罗前厅部分做保护性修复和重建。这部分位于整座剧院的最前沿，其中的多数厅屋在大火中毁坏严重。主要是对面向圣方汀小广场的主立面及主

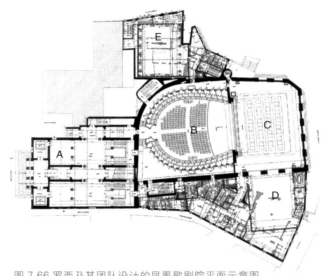

图 7.66 罗西及其团队设计的凤凰歌剧院平面示意图
Ferlenga, A. (ed.) *Aldo Rossi: The life and Works of an Architect*

要入口等处进行修复。修复口号是对火中幸存的残余部件做保护性介入，对其余的则做语言学上的重建，运用与大火之前类似的传统材料和技术，对所有的幸存构件赋予爱心，从历史的视点解读建筑。这部分的阁楼层不再用作舞台试验场地而用作展厅，并辅以室外安全楼梯，因此予以重建。但重建与之前的木构拱顶相同。

舞台区做语言文献式重建，并遵守座右铭"一切如旧"：如保持原有包厢，并基于所做的图片研究和阐释，对剧场大厅进行装饰，采用同样的材料和同样的模式，让剧场重现当初梅杜纳的设计所带来的协调意向。同时也采用特别的技术手段，以获最佳音响效果。但这些技术手段是基于之前的手法。

舞台塔楼的重建再现舞台机制。舞台塔楼亦在大火中毁坏惨重，对其建筑主体的重建严格遵守与原样一致的原则，但舞台部分则从改善剧院的技术特质层面予以更新。

北翼大楼部分决定予以重构。这部分建筑并没有留下重要的历史构件，且是剧院的服务部分。因此，必须重新考虑剧院新时期的现代需要。

南翼大楼不仅要重构，还要加上一些新特征。因为也没有重要的历史构件遗留，此处同样必须考虑现代需要。后加的礼堂也更名为罗西礼堂。

罗西去世后，方案完善工作由罗西的几位助手及同事完成。又因种种原因，施工进展缓慢。原定两年完成的工程，一拖再拖，直到 2003 年 12 月 14 日，"凤凰"才在一片喧闹中再生。对于建筑师来说，这座重建的建筑获得了历史并创建了景观[1]。

虽然由于工期拖延歌剧院重建工程没能成为威尼斯都市整建的象征，但毕竟重建最终完成了。歌声中，全世界回响威尼斯人自豪的大嗓门："一切如旧。"我们不难想象另一座地标建筑德意志商馆大幅度改建之时所遭受的谴责。然而历史的大书已经翻到 21 世纪头 10 年之末，意大利的经济长期萧条，急需商业大潮提振。再说，德意志商馆在 19 世纪中期就经过大幅度整修。20 世纪 30 年代，为改成意大利邮电局威尼斯总部，内部又一次被"开膛破肚"……再来一次，又若何？当然，这仅为笔者猜测。事实上，2008 年，整座大楼为服装制造商贝纳通集团（Benetton Group）收购。之后，贝纳通集团委托荷兰建筑师库哈斯（R. Koolhaas，1944—）的大都会 MOA 建筑事务所负责改建设计。在维持建筑外观大体不变的原则下，将内部打造成集购物中心与文化活动场所（如展厅、会场、电影院等）为一体的大型公共空间。

据说贝纳通集团向威尼斯政府支付重金后，于 2012 年获得了改建许可权。这种商业举措旋即遭到多家遗产保护机构的抗议。结果毫无悬念。"商业与文化结合"或"文化与商业结合"的口号终于压过"一切如旧"。德意志商馆，确切说是威尼斯邮电总部，终将出落为购物天堂。

点评：

熟悉 2011 年修复完工的叹息桥的读者大概能理解如此局面。修复意味着经费。修复叹息桥过程中，桥上日日悬挂的可口可乐大广告牌遭人白眼。修复后的小桥在保持原貌的同时毕竟让人耳目一新（图 7.67）。对比城内数不清的破败建筑（图 7.68），这一点尤其明显。即使是那些顽固的保护分子，恐怕也不得不放弃对"古锈"价值的仰视，这也是我们站在另一座小桥上望着叹息桥的叹息！从前读博伊托批评拉斯金对"古锈"过分敏感，那是在书上。到了威尼斯，天水间的苍茫让我们终于认同博伊托。不能把肮脏当"古锈"。对于日夜受盐水侵蚀的威尼斯房屋，尤其不能这样做。

［1］Ferlenga, A. (ed.) *Aldo Rossi: The life and Works of an Architect* [M]. Milan: Konemann, 1999, 423.

无怪乎威尼斯"自古"就有粉刷一新的传统。

2014 年 9 月，全球最大的向游客出售免税奢侈品的零售商 DFS 与贝纳通签订协议，将长期租用这个"文化与商业中心"，不，应该说是"购物天堂"！租约从 2016 年开始生效。

2015 年年初，我们驻足里亚托桥，购物天堂的立面尚在修复包裹中（图 7.69）。至本书杀青之时，我们所寻到的有关工程的图片仍仅为模型。据说，虽然原则上维持外观不变，但为创造一个能观赏大运河美景的露台，屋顶两侧原有的一些构筑将被移走。

点评：

1. 读者一定熟悉库哈斯设计的中央电视台大楼。据说他在设计该大楼及主持俄罗斯圣彼得堡埃尔米塔日博物馆改造项目之前，并不尊重原有的环境与传统。这两个项目之后，他开始改变。我们不能肯定这个"据说"，但 2014 年发生的两件事至少证明库哈斯对传统的尊重。第一件事，他将多年前的两篇演讲稿（关于自己主持上述两个项目时对保护议题思考的心路历程以及为北京的保护提供另一种选项）整理成书，书名为《保护超越吾辈》[1]。第二件事，作为 2014 年威尼斯双年展总策划人，他提出以历史作为焦点的原理 / 本源（Fundamentals）为主题。有趣的是，在关注历史之时，他提出，希望参展各国能消除各自的国家特征，单以类型表现现代语言。这似乎是一个悖论。吾辈最难超越处？！

2. 德意志商馆毗邻著名的景点——威尼斯最主要交通节点之一的里亚托桥（图 7.70）。这里几乎全天候游人如织。从商业角度看，购物天堂肯定会挣得盆满钵满，却势必给原就饱受游人压力的里亚托桥及其附近的历史建筑带来更多的压力，也势必给威尼斯未来的修复和保护带来更多挑战。

天堂与人间合一后的舆论走向如何殊难预测。但不管如何，"商业与文化结合"必将与"一切如旧"一样成为 21 世纪威尼斯的保护趋势之一。某种程度上也可归为上节提及的 80 年代初期造船厂改造时所采用的模式或类型：适

[1] Koolhaas, R. *Preservation Is Overtaking Us* [M]. New York: Columbia University Press, 2014.

左上：图 7.67 叹息桥 21 世纪修复后
左下：图 7.68 黄金宫外墙的锈迹已非古锈
右上：图 7.69 德意志商馆，正在施工中的未来购物天堂
右下：图 7.70 里亚托桥下风光无限，桥上人流如织

应性再利用。这合乎振兴威尼斯政府的大方针：让城市的经济多样化。

同样可以预测的是，无论商潮如何席卷，因为倡导环境保护的国际大环境，因为威尼斯自身面临的威胁，20 世纪 90 年代以来，保护威尼斯的另一大趋势是对生态环境的考量，如确立城市新的排水体系、疏浚运河、发展控制潮汐的系统、维护威尼斯潟湖的生态平衡，并将威尼斯主岛纳入更广泛的区域，包括整个威尼斯潟湖、大陆城市马尔盖拉、梅斯特雷以及维琴察、帕多瓦和特雷维索。威尼斯主岛也再次被定位为"博物馆、旅游胜地、研究中心和大学城"。

1993 年，威尼斯市政府与威尼斯水利局及威尼托大区政府联合签订协议，并于 1994 年拟定"改善威尼斯城市卫生和房屋的综合干预项目"。包括如下

措施：疏浚运河，稳定并清洁运河沿岸建筑的墙面，修复桥梁，规范地下或水下作业（如电缆铺设、排水等），维护及更换路面铺地，提高房屋的地表层（避免海潮来袭时受损）等。

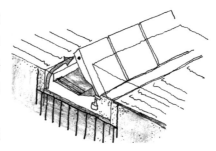

图 7.71 装有铰链枢纽的活动水闸示意图
何晓昕绘

1997 年，在市政府主导下成立了"温泉岛"（Insula Spa）公私合营公司，致力于都市维护。其中的"运河整合项目"不仅开展提高城市中心以及其他岛屿上的房屋地面层高度的工作，还致力于"都市维护的计算机系统"及"环境监测系统"。监测范围包括城市下沉的程度和动态、海浪速度和方向、水文质量、水上电动交通工具带来的冲击和负面影响、面向运河建筑的状态、地层状态、建筑结构的历史变化以及火灾危险等。UNESCO 及一些美国环境机构也支持或参与了这些项目的实施。

21 世纪保护威尼斯的各种项目中，最受瞩目的当推前文述及的由意大利政府主导的保护威尼斯及其潟湖免受海潮侵袭的水利大工程"摩西计划"。这项酝酿于 20 世纪 80 年代末期的工程，遭到很多环境保护人士及机构（如世界自然基金会 WWF、"我们的意大利"）反对。他们认为此工程将破坏威尼斯潟湖的生态平衡，工程的实际收效不值得投入巨资。也有人提出其他保护措施，但经过一系列争议和论证，"摩西计划"于 2003 年正式启动。该计划将在 3 条连接威尼斯潟湖与亚得里亚海的通道上，建造 79 座装有铰链枢纽的活动水闸。一旦接到高位海潮来袭的警报，压缩空气就会灌入中空的活动板，促使活动板升高（图 7.71）。79 座水闸在潟湖与亚得里亚海之间就会形成一道坚固的堤坝，阻止海水继续涌入，保护威尼斯免受海水侵袭。工程开始时预计 2012 年结束，但实际上进展缓慢，不时爆出滥用资金的腐败传闻。目前计划的完成日期为 2018 年。

围绕"摩西计划"出现的争议、工程进度的缓慢及腐败丑闻大概也是威尼斯 200 多年的保护进程中不可或缺的组成部分。

点评：

1. 意大利当代作家卡尔维诺（I. Calvino，1923—1985）在其文学名著《看不见的城市》里虚构了一段青年旅人马可·波罗与年迈的元朝皇帝忽必烈之间的对话。马可·波罗讲了 55 座城，并告诉忽必烈他已经说完他所知道的所有城市之时，忽必烈说"还有一个你从来未讲"。马可笑道："陛下以为我一直在讲什么？"……原来马可·波罗所描述的每一座城都是威尼斯。然而，一旦出口，就不是了……卡尔维诺的笔触深含象征和禅意。我们的解读是：是的，每一座城都是威尼斯，威尼斯的保护经验和教训适用于所有城市；是的，禅意空灵玄妙，然禅意也是多样。"一出口就不是了"并非绝对。记得中国晚唐禅宗大师洞山良价回答什么是佛时说："麻三斤！"意即禅来自平常心，是具体的，如此，万物皆可成佛。因此，我们选取威尼斯的维护作为本书下篇以及全书的结尾。

2.《看不见的城市》的读者都知道卡尔维诺的禅意，但估计多数读者并不清楚卡尔维诺成书的"时代"背景。那是 1972 年，威尼斯的上空飘荡着死亡的幽灵。在悲观情绪弥漫全社会的背景下，卡尔维诺却表现出罕见的乐观。《看不见的城市》向那些悲观之辈暗示：倘若威尼斯走向死亡，其精神或记忆永存，其踪迹无处不在……我们的延伸：看不见的，随处可见。先死而后生……保护之路艰难，保护对象会死……保护之神终将复活，保护永生。

那个雨后的天光里，我们走出圣马可广场，沿着滨水的斯拉夫人堤岸大道一路往前。走过一座又一座小桥，走过拿破仑时期由运河填成的加里波第大街街口，走过威尼斯双年展所在地人民公园，我们来到滨水堤道的尽端，眺望对过托马斯·曼曾经旅居的丽都岛，相互问了一句："威尼斯之死？"然后，我们在这条滨水道上来来回回，徘徊再徘徊，试图从不同的视点，看穹顶，看塔尖，看地上房屋，看海上小岛……斑驳的历史年轮，若隐若现的飘浮……拜伦的诗语，特纳的色光，拉斯金的石头……天色渐渐暗了下来，斜躺在水边石阶之上悼念"二战"阵亡者的女人雕像已然模糊，天边却出人意料地放晴。落日余晖把远方那些建筑反衬得格外亮丽，宛若仙境，给人某种不实之感，却又是如此真真切切。灯塔照耀，威尼斯不死！……相机记下一幕幕，这里选取其一（图 7.72），定格为本书所有叙说的末言。

图 7.72 威尼斯的天边

参考书目

Abercrombie, P. *The Preservation of Rural England* [M]. London: Hodder and Stoughton Ltd., 1926.

Alberti, L. *The Ten Books of Architecture: the 1755 Leoni Edition* [M]. New York: Dover Publications, 1986.

Andrea, M. , Thorsten, S. & Kleihues, J. P. *Josef Paul Kleihues: Themes and Projects* [M]. Boston: Birkhauser, 1996.

Stimmann, H. & Burg, A. *Berlin Mitte: Die Entstenhung einer urbanen Architektur/ Downtown Berlin-building the Metropolitan Mix* [M]. Berlin, Boston: Birkhäuser Verlag, 1995.

Appleyard, D. The Conservation of European Cities [M]. Cambridge: MIT Press, 1979.

Argan, G. C. *The Renaissance City* [M]. New York: George Braziller, 1969.

Ashurst, J. *Conservation of Ruins* [M]. Oxford: Butterworth-Heinemann, 2007.

Ashworth, W. *The Genesis of Modern British Town Planning: A Study in Economic and Social History of the Nineteenth and Twentieth Centuries* [M]. London: Routledge, 1954.

Bainton, R. H. *Here I Stand: A Life of Martin Luther* [M].Nashville: Abingdon Press, 1978.

Balfour, A. *Berlin: The Politics of Order, 1737-1989* [M]. New York: Rizzoli, 1990.

Bandarin, F. & van Oers, R. *The Historic Urban Landscape: Managing Heritage in an Urban Century* [M]. Chichester: Willey-Blackwell, 2012.

Bandarin, F. & van Oers, R. (eds.) *Reconnecting the City: The Historic Urban Landscape Approach and the Future* [M]. Chichester: Wiley-Blackwell, 2015.

Barkan, L. *Unearthing the Past: Archaeology and Aesthetics in the Making of Renaissance Culture* [M]. New Heaven & London: Yale University Press, 1999.

Barnstone, D. S. *The Transparent State: Architecture and Politics in Post War Germany* [M]. London & New York: Routledge, 2005.

Bartsch T. & Seiler P. *Rom zeichnen. Maarten van Heemskerck 1532-1536/7* [M]. Berlin:Gebrüder Mann Verlag, 2012.

Barzun, J. *From Dawn to Decadence: 1500 to the Present, 500 Years of Western Cultural Life* [M].New York: HarperCollins Publishers Inc., 2000.

Beckmann, P. & Bowles, R. *Structural Aspects of Building Conservation* [M]. Oxford: Elsevier Butterworth-Heinemann, 2nd ed., 2004.

Bellanca, C.(ed.) *Methodical Approach to the Restoration of Historic Architecture* [M]. Rome: Alinea Editrice, 2011.

Bevan, R. *The Destruction of Memory: Architecture at War* [M]. London: Reaktion Books, 2006.

Birksted, J. (ed.) *Landscapes of Memory and Experience* [M]. London: Spon Press, 2000.

Bloom, H. *The Western Canon*[M]. New York: Harcourt Brace & Company, 1994.

Brandi, C. *Teoria del Restauto* [M]. Torino: G. Einaudi, 1977.

Bressani, M. *Architecture and the Historical Imagination: Eugène-Emmanuel Viollet-le-Duc, 1814–1879* [M]. Farnham, Surrey: Ashgate, 2014.

Brewer, J. *The Pleasures of the Imagination: English Culture in the Eighteenth Century*[M]. London: Routledge, 2013.

Brown, A. *The Rows of Chester: The Chester Rows Research Project* [M].London: English Heritage, 1999.

Brown, J. *The Art and Architecture of English Garden* [M].London: George Weidenfeld & Nicolson Ltd., 1989.

Brunskill, R. W. *Illustrated Handbook of Vernacular Architecture* [M]. London: Faber and Faber, 1970.

Buttlar, A. *Neues Museum Berlin: Architectural Guide* [M]. Berlin: Deutscher Kunstverlag, 2010.

Byard, P. S. *The Architecture of Additions: Design and Regulation*[M]. New York & London: W.W. Norton & Company, 1998.

Caesar, M. (ed.) *Dante: The Critical Heritage* [M]. London: Routledge, 1989.

Camille, M. *The Gargoyles of Notre-Dame: Medievalism and the Monsters of Modernity*

[M]. Chicago: University of Chicago Press, 2009.

Cantacuzino, S. (ed.) *Architectural Conservation in Europe* [M]. London: Architectural Press Ltd., 1975.

Carmona, M. *Haussmann: His Life and Times, and the Making of Modern Paris* [M]. Chicago: Ivan R. Dee, 2002.

Chalcraft, A. & Viscardi, J. *Strawberry Hill: Horace Walpole's Gothic Castle* [M]. London: Frances Lincoln, 2007.

Cherry, G.E. *The Evolution of British Town Planning* [M]. London: Leonard Hill, 1974.

Choay, F. *L'allégorie du Patrimoine* [M]. Paris: Seuil Nouv, 2nd éd. 1999.

Clark, K. *The Gothic Revival: An Essay in the History of Taste* [M]. London: Constable and Company Ltd., 3rd ed., 1950.

Clarke, W. *Pompeii* [M]. London: C. Knight, 1836.

Coffin, D. R. *Magnificent Buildings, Splendid Gardens* [M]. Princeton: Princeton University Press, 2008.

Cole, D. *The Work of Sir Gilbert Scott* [M]. London: Architectural Press,1980.

Cook, E. T. & Wedderburn, A.(eds.) *The Works of John Ruskin Vol.24* [M]. London: George Allen, 1906.

Cullingworth, J. B. *Town and Country Planning in Britain* [M]. London: Unwin Hyman, 11th ed., 1993.

Dal Co, F. & Mazzariol, G. *Carlo Scarpa: The Completed Works* [M]. New York: Electa/Rizzoli, 1985.

De Carlo, G. *Urbino: The History of a City and Plans for Its Development* [M]. Cambridge & London: MIT Press, 1970.

De Jonge, K. & van Balen, K.(eds.) *Preparatory Architectural Investigation in the Restoration of Historical Buildings* [M]. Leuven: Leuven University Press, 2002.

Delafons, J. *Politics and Preservation: A Policy History of the Built Heritage 1882-1996*[M]. London: E & FN Spon,1997.

Denslagen, W. *Architectural Restoration in Western Europe: Controversy and Continuity* [M]. Amsterdam: Architectura & Natura Press, 1994.

Denslagen, W. *Romantic Modernism: Nostalgia in the World of Conservation* [M]. Amsterdam: Amsterdam University Press, 2009.

Dickens, A. *The German Nation and Martin Luther* [M]. London: Edward Arnold, 1974.

Diefendorf, J. M. *In the Wake of War: The Reconstruction of German Cities after World*

War II [M]. Oxford: Oxford University Press, 1997.

Dietrich, F (ed.) *Zum 200.Geburtstag von: Ferdinand von Quast 1807-1877* [M].Berlin: Lukas Verlag, 2008.

Di Lieto, A. *Verona: Carlo Scarpa & Castelvecchio, Visit Guide* [M]. Milano: Silvana Editoriale, 2011.

Donald Insall Associates. *Chester: A Study in Conservation* [M]. London: HMSO, 1968.

Donovan, A. E. *William Morris and the Society for the Protection of Ancient Buildings* [M]. New York: Routledge, 2008.

Doyle, J. *Strawberry Hill* [M]. Reigate, Surrey: Reigate Press, 1972.

Dryden J. & Scott, W. *The Works of John Dryden, Now First Collected in Eighteen Volumes* [M]. London: J. Ballantyne & Co.,1808.

Dyer, T. H. *The Ruins of Pompeii: A Series of Eighteen Photographic Views* [M]. London: Bell & Daldy, 1867.

Earl, J. *Building Conservation Philosophy* [M]. Shaftesbury: Donhead, 3rd ed., 2003.

Edwards, M. *Printing,Propaganda, and Martin Luther* [M].Minneapolis: Fortress Press. 2005.

Eissenhauer, M. , Bähr, A. & Rochau-Shalem, E.(eds.) *Museum Island Berlin*[M]. Berlin: Hirmer Publishers, 2012.

Erder, C. *Our Architectural Heritage: From Consciousness to Conservation* [M]. Paris: UNESCO, 1986.

Etlin, R. *Modernism in Italian Architecture, 1890-1940* [M]. Cambridge: MIT Press, 1991.

Evans, N. L. *An Introduction to Architectural Conservation: Philosophy, Legislation and Practice* [M]. London: RIBA Publishing, 2014.

Fawcett, J. (ed.) *The Future of the Past, Attitudes to Conservation 1147-1974* [M]. London: Thames and Hudson, 1976.

Feilden, B. M. *Conservations of Historic Buildings* [M]. Oxford: Butterworth-Heinemann, 1982.

Fields, N, *The Walls of Rome* [M]. Wellingborough, Northants: Osprey Publishing Ltd., 2008.

Forsyth, M (ed.) *Structures and Construction in Historic Building Conservation* [M]. Oxford: Blackwell, 2007.

Forsyth, M. (ed.) *Understanding Historic Building Conservation* [M]. Oxford: Blackwell, 2007.

Forsyth, M (ed.) *Materials and Skills for Historic Building Conservation* [M]. Oxford: Blackwell, 2008.

Foster, N. *Rebuilding Reichstag* [M]. London: Weidenfeld & Nicolson, 2000.

Frampton K. *Modern Architecture: A Critical History* [M]. London: Thames and Hudson, 3rd ed., 1994.

Frampton, K. *Studies in Tectonic Culture: The Poetics of Construction in Nineteenth and Twentieth Century Architecture* [M]. Cambridge: MIT Press, 1995.

Freeman, E. A. *Principles of Church Restoration* [M]. London: J. Masters, 1846.

Frommel, C. *The Architecture of the Italian Renaissance* [M]. London: Thames & Hudson, 2007.

Gazzol, P. *Preserving and Restoring Monuments and Historic Buildings* [M]. Paris: UNE-SCO,1972

Gegner, M. & Ziino, B. (eds.) *The Heritage of War* [M] London: Routledge, 2012.

Gianfranco, P. *Venice: Extraordinary Maintenance* [M]. London: Paul Holberton Publishing, 2004.

Giebelhausen, M.(ed.)*The Architecture of the Museum: Symbolic Structure, Urban Contexts* [M]. Manchester: Manchester University Press, 2003.

Glendinning, M. The *Conservation Movement:A History of Architectural Preservation: Antiquity to Modernity* [M]. London & New York: Routledge, 2013.

Goethe, J. W. & Eckermann, J. P. *Conversations with Goethe in the Last Years of His Life* [M]. Boston: Hilliard, Gray, and Company, 1839.

Grafton, A.(ed.)*Worlds Made by Words: Scholarship and Community in the Modern West* [M]. Cambridge: Harvard University Press, 2009.

Greub, S. & Greub, T. *Museums in the 21st Century* [M]. Berlin: Prestel, 2008.

Hall, M. B.(ed.) *Artistic Centers of the Italian Renaissance: Rome* [M]. New York: Cambridge University Press, 2005.

Hardy, M. (ed.) *The Venice Charter Revisited: Modernism, Conservation and Tradition in the 21st Century* [M]. Newcastle upon Tyne: Cambridge Scholars Publishing, 2008.

Harney, M. (ed.) *Gardens & Landscapes in Historic Building Conservation* [M]. Oxford: Wiley-Blackwell, 2014.

Harney, M. *Place-making for the Imagination: Horace Walpole and Strawberry Hill* [M]. Farham, Surrey: Ashgate, 2013.

Hart, V. & Hicks, P.(eds.)*Paper Palaces: The Rise of the Renaissance Architectural Trea-*

tise [M]. New Heaven: Yale University Press, 1998.

Harvey, D. *Paris, Capital of Modernity* [M]. New York & London: Routledge, 2003.

Harvey, J. *Conservation of Buildings* [M]. London: J. Baker, 1972.

Hearn, M. F.(ed.)*The Architectural Theory of Viollet-le-Duc : Readings and Commentary* [M]. Cambridge : MIT Press, 1990.

Hewison, R. *Ruskin on Venice: The Paradise of Cities* [M]. New Haven: Yale University Press, 2009.

Hill, S. *God's Architect: Pugin and the Building of Romantic Britain* [M]. London:Allen Lane, 2007.

Historic England, *Practical Building Conservation: Glass and Glazing* [M]. London & New York: Routledge, 2012.

Historic England, *Practical Building Conservation: Metals* [M]. London & New York: Routledge, 2012.

Historic England, *Practical Building Conservation: Mortars, Renders and Plasters,* [M]. London & New York: Routledge, 2012.

Historic England, *Practical Building Conservation: Stone* [M]. London & New York: Routledge, 2012.

Historic England, *Practical Building Conservation: Timber* [M]. London & New York: Routledge, 2012.

Historic England, *Practical Building Conservation: Concrete* [M]. London & New York: Routledge, 2013.

Historic England, *Practical Building Conservation: Conservation Basics* [M]. London & New York: Routledge, 2013.

Historic England, *Practical Building Conservation: Building Environment* [M]. London & New York: Routledge, 2014.

Historic England, *Practical Building Conservation: Roofing* [M]. London & New York: Routledge, 2014.

Historic England, *Practical Building Conservation: Earth, Brick and Terracotta* [M]. London & New York: Routledge, 2015.

Hogarth, W. *The Analysis of Beauty* [M]. 1st ed., London: J. Reeves, 1753.

Hollis, E. *The Secret Lives of Buildings* [M]. London: Portobello Books Ltd., 2010.

Hoskins, W. G. *The Making of the English Landscape* [M]. London: Hodder and Stoughton, 1955.

Howard, D. *The Architectural History of Venice* [M].New Haven: Yale University Press, 2002.

Howard, D. & McBurney, H. *The Image of Venice: Fialetti's View and Sir Henry Wotton* [M]. London: Paul Holberton Publishing, 2014.

Hubel, A. *Denkmalpflege: Geschichte-Themen-Aufgaben Eine Einführung* [M]. Stuttgart: Philipp Reclam jun. GmbH & Co. KG., 2006.

Hugo, V. *The Hunchback of Notre Dame* [M]. Philadelphia: Carey, Lea and Blanchard, 1834.

Hunter, M. (ed.) *Preserving the Past: The Rise of Heritage in Modern Britain* [M]. Stroud, Gloucestershire: Alan Sutton, 1996.

Hurley, P. & Morgan, L. *Chester through Time* [M]. Stroud, Gloucestershire: Amberley Publishing, 2010.

Huse, N.(ed.) *Denkmalpflege: Deutsche Texte aus drei Jahrhunderten* [M]. München: C.H. Beck, 1996.

Insall, D. *Living Buildings: Architectural Conservation, Philosophy, Principles and Practices* [M]. Mulgrave: Images Publishing, 2008.

Insall, D.& Morris, C. M. *Conservation in Chester: Conservation Review Study* [M]. Chester: Chester City Council, 1988.

Insall, D.W. & Department of the Environment, Directorate of Ancient Monument and Historic Building. *Conservation in Action: Chester's Bridgegate* [M]. London: HMSO, 1982.

Israel, J. *Radical Enlightenment: Philosophy and the Making of Modernity 1650-1750* [M]. Oxford: Oxford University Press, 2001.

James, H. *English Hours*[M]. London: William Heinemann, 1905.

James, J. *Preservation and National Belonging in Eastern Germany: Heritage Fetishism and Redeeming Germanness* [M]. London: Palgrave Macmillan, 2012.

Jokilehto, J. *A History of Architectural Conservation* [M]. Oxford: Butterworth-Heinemann, 1999.

Jones, P. B. & Canniffe, E. *Modern Architecture through Case Studies 1945-1990* [M]. Amsterdam: Architectural Press, 2007.

Kaminski, M. *Art & Architecture: Venice*[M]. 2005.

Ketton-Cremer, R.W. *Horace Walpole: A Biography* [M]. London: Metheuen & Co. Ltd., 3rd ed., 1964.

Kevin, D. M. *Memory and Modernity*: *Viollet-le-Duc at Vézelay* [M]. University Park,

Pennsylvania: Pennsylvania State University Press, 2000.

Kirk, T, *The Architecture of Modern Italy* [M]. New York: Princeton Architectural Press, 2005.

Kirkland, S. *Paris Reborn: Napoleon III, Baron Haussmann, and the Quest to Build a Modern City* [M]. London: Picador, 2014.

Koolhaas, R. *Preservation Is Overtaking Us* [M]. New York: Columbia University Press, 2014.

Koshar, R. *Germany's Transient Pasts: Preservation and National Memory in the Twentieth Century* [M]. Chapel Hill: The University of North Carolina Press, 1998.

Ladd, B. *The Ghost of Berlin: Confronting German History in the Urban Landscape* [M]. Chicago: University of Chicago Press, 1997.

Lanciani, R. *The Ruins and Excavations of Ancient Rome* [M]. Boston: Houghton , Mifflin and Company, 1897.

Larkham, P. J. *Conservation and the City* [M]. London and New York: Routledge, 1996.

Lasdun, S. *The English Park: Royal, Private and Public* [M]. London: Andre Deutsch, 1991.

Le Corbusier. *The City of To-morrow and Its Planning* [M]. London: Architectural Press, 1947.

Levine, N. *Modern Architecture, Representation & Reality* [M]. New Heaven: Yale University Press, 2009.

Lewis, C. P. & Thacker, A. T. *A History of the County of Chester: Volume 5, Part1, The City of Chester: General History and Topography* [M]. London: University of London, 2003.

Lockay, J. W. R. *The Golden Book: Verona* [M]. Florence: Casa Editrice Bonechi, 2005.

Lombaerde, P. (ed.) *Bringing the World into Culture: Comparative Methodologies in Architecture, Art, Design and Science* [M]. Amsterdam: University Press Antwerp, 2010.

Lowenthal, D. *The Past is a Foreign Country-Revisited* [M]. Cambridge: Cambridge University Press, 2015.

Lynch, K. *The Image of City* [M]. Cambridge, MIT Press, 1960.

Macaulay, T. B. *Critical and Historical Essays Contributed to the Edinburgh Review. Vol. II* [M]. London: Longman, Brown, Green, and Longmans. 1848.

Marder T. A. & Jones, M. W. (eds.) *The Pantheon: From Antiquity to the Present* [M]. Cambridge: Cambridge University Press, 2015.

Marquardt, J. T. & Jordan, A. *Medieval Art and Architecture after the Middle Ages* [M]. Newcastle upon Tyne: Cambridge Scholars Publishing, 2009.

McCarter, R. *Carlo Scarpa* [M]. London: Phaidon Press Inc., 2013.

Morris, E. S. *British Town Planning and Urban Design: Principles and Policies* [M]. Harlow: Longman, 1997.

Murphy, R. *Carlo Scarpa and the Castelvecchio* [M]. London: Butterworth Architecture, 1990.

Mustertitle (ed.) *The Neues Museum Berlin: Conserving, Restoring, Rebuilding within the World Heritage* [M]. Leipzig: E. A. Seemann, 2009.

Mynors, C. *Listed Buildings, Conservation Areas and Monuments* [M]. London:Sweet & Maxwell, 4th ed., 2006.

Neill, W. J. V. *Urban Planning and Culture Identity* [M]. New York: Routledge, 2004.

Nelson, R. S. & Olin, M. (eds.) *Monuments and Memory, Made and Unmade* [M]. Chicago: The University of Chicago Press, 2003.

Nuttgens, P. *The Story of Architecture*[M]. London: Phaidon Press, 1997, 2nd ed.

Oliver, P. *English Cottages and Small Farmhouses* [M]. London: Arts Council of Great Britain, 1975.

Olsberg, N. , Ranalli, G., Bedard, J-F., Polano, S., Di Lieto, A. & Friedman, M. (eds.) *Carlo Scarpa, Architect: Intervening with History* [M]. Montreal: Canadian Centre for Architecture/Monacelli Press, 1999.

Orbasi, A. *Tourists in Historic Towns: Urban Conservation and Heritage Management* [M]. London: E & FN Spon, 2000.

Orbasli, A. *Architectural Conservation: Principles and Practice* [M]. London: Wiley-Blackwell, 2007.

Palladio, A. *The Four Books of Architecture* [M]. London: Constable, 1965.

Panerai, P., Castex, J. Depaule, J. C. & Samuels, I. *Urban Forms: The Death and Life of the Urban Block* [M]. London: Architectural Press, 2004.

Partner, P. *Renaissance Rome, 1500-1559: A Portrait of a Society* [M]. Berkeley: University of California Press, 1976.

Pascal, R. *The Social Basis of the German Reformation: Martin Luther and His Times* [M]. London: Watts, 1933.

Pater, W. *The Renaissance: Studies in Art and Poetry, the 1893 Text* [M]. London: Macmillan & Co., 2nd ed., 1877.

Pemble, J. *Venice Rediscovered* [M]. Oxford: Clarendon Press, 1995.

Pendlebury, J. *Conservation in the Age of Consensus* [M]. London & New York: Routledge, 2009.

Pendlebury, J. , Erten, E. & Larkham, P.J. *Alternative Visions of Post-War Reconstruction* [M]. London & New York: Routledge, 2015.

Pevsner, N. *Ruskin and Viollet-le-Duc: Englishness and Frenchness in the Appreciation of Gothic Architecture (Walter Neurath Memorial Lecture 1969)* [M]. London: Thames and Hudson, 1969.

Pevsner, N. & Hubbard, E. *The Buildings of England: Cheshire* [M]. Harmondsworth: Penguin Books Ltd., 1971.

Pickard, R. (ed.) *Management of Historic Centres* [M]. London & New York: Spon Press, 2001.

Pickard, R. (ed.) *Policy and Law in Heritage Conservation* [M]. London & New York: Spon Press, 2001.

Pickard, R. D. *Conservation in the Built Environment* [M]. Essex: Addision Wesley Longman, 1996.

Plant, M. *Venice: Fragile City 1797-1997* [M].New Haven and London: Yale University Press, 2004.

Posener, J. *From Schinkel to the Bauhaus: Five Lectures on the Growth of Modern German Architecture* [M]. London: Lund Humphries publishers Ltd., 1972.

Powys, A. *Repair of Ancient Buildings, Society for the Protection of Ancient Buildings* [C]. 1981.

Price, N. S. , Talley, M. K. & Vaccaro, A.M.(eds.), *Historical and Philosophical Issues in the Conservation of Cultural Heritage* [M]. Los Angeles: The Getty Conservation Institute, 1996.

Prudon, T. *Preservation of Modern Architecture* [M]. New York: John Wiley & Sons, 2008.

Quill, S. (ed.) *Ruskin's Venice: The Stones Revisited* [M].London: Lund Humphries Publishers, 2003.

Réau, L. *Histoire du Vandalisme: Les monuments détruits de l'art français* [M]. Paris: Robert Laffont, 1994.

Reynolds, J. (ed.) *Conservation Planning in Town and Country* [M]. Liverpool: Liverpool University Press, 1976.

Ridley, R. T. *The Eagle and the Spade: Archaeology in Rome during the Napoleonic Era*

[M]. Cambridge: Cambridge University Press,1992.

Riegl, A. *Der moderne Denkmalkultus: sein Wesen und sein Entstehung* [M]. Vienna: W. Braumuller, 1903.

Rik, N. *David Chipperfield Architects* [M]. Köln: Walther Konig, 2013.

Risebero, B. *The Story of Western Architecture* [M]. 3rd ed., London: Herbert Press, 2001.

Rodwell, D. *Conservation and Sustainability in Historic Cities* [M]. Oxford: Blackwell Publishing, 2007.

Rossi, A. *The Architecture of the City* [M]. Cambridge:The MIT Press, 1982.

Ruskin, J. *The Seven Lamps of Architecture* [M]. Sunnyside, Orpington, Kent: George Allen, 6th ed. 1889.

Ruskin, J. *The Stones of Venice Vol.1-3* [M]. London: Smith, Elder, and Co., 1851-1853.

Sabatino, M. *Pride in Modesty: Modernist Architecture and the Vernacular Tradition in Italy* [M]. Toronto: University of Toronto Press, 2010.

Schinkel, K. F. *Collection of Architectural Design by Karl Friedrich Schinkel* [M]. Princeton: Princeton Architectural Press, 1989.

Schmidt, L. *Architectural Conservation: An Introduction* [M]. Berlin: Westkreuz Verlag GmbH, 2008.

Schultz, A-C. *Carlo Scarpa: Layers* [M]. Stuttgart-Fellbach: Edition Axel Menges, 2007.

Sebastian, L. *Modern Architecture in Historic Cities: Policy, Planning and Building in Contemporary France* [M].London: Routledge, 1998.

Serageldin, I., Shluger,E.& Martin-Brown,J. (eds.) *Historic Cities and Sacred Sites* [M]. Washington: The World Bank, 2000.

Snodin, M (ed.) *Horace Walpole's Strawberry Hill* [M]. New Haven: Yale University Press, 2009.

Somervill, B. *Martin Luther: Father of the Reformation* [M]. Minneapolis: Compass Point Books, 2005.

Sommerson, J. *Heavenly Mansions and other Essays on Architecture* [M]. New York: Norton, 1963.

Staab, A. *National Identity in Eastern Germany: Inner Unification or Continued Separation* ? [M]. London: Praeger, 1998.

Staatliche Museen zu Berlin (ed.) *Pergamon Museum Berlin: Collection of Classical Antiquities. Museum of the Ancient Near East, Museum of Islamic Art* [M]. Munich: Prestel

Verlag, 2011.

Standish, D. *Venice in Environmental Peril? Myth and Reality* [M]. Lanham:University Press of America, 2012.

Stara, A. *The Museum of French Monuments 1795-1816, Killing Art to Make History* [M]. London: Ashgate, 2013.

Stella, F. *Ausgewählte Schriften und Entwürfe Vol.1* [M]. Berlin: DOM Publishers, 2010.

Stiebing, W. H. *Uncovering the Past: A History of Archaeology* [M]. Oxford: Oxford University Press,1993.

Stiftung Preußischer Kulturbesitz (ed.) *The Humboldt-Forum in the Berliner Schloss: Planning, Processes, Perspectives* [M]. Berlin: Hirmer Publishers, 2013.

Stratton, M. (ed.) *Industrial Buildings: Conservation and Regeneration* [M]. London: E & FN Spon, 2000.

Strong, R. , Binney, M. & Horris, J. *The Destruction of the Country House, 1875-1975* [M]. London: Thames and Hudson, 1974.

Stubbs, J. H. *Time Honored: A Global View of Architectural Conservation* [M]. New Jersey: John Wiley & Sons. Inc. , 2009.

Stubbs, J. H. & Makas, E.G. *Architectural Conservation in Europe and the Americas* [M]. New Jersey: John Wiley & Sons. Inc., 2011.

Suddards, R. W. &Hargreaves, J. *Listed Buildings: The Law and Practice of Historic Buildings, Ancient Monuments and Conservation Areas* [M]. London: Sweet & Maxwell, 3rd ed., 1995.

Swallow, P. , Dallas, R., Jackson, S. & Watt, D. *Measurement and Recording of Historic Building* [M]. London & New York: Routledge, 3rd ed., 2016.

Swenson, A. *The Rise of Heritage* [M]. Cambridge: Cambridge Press, 2013.

Theodossopoulos, D. *Structural Design in Building Conservation* [M]. Abingdon: Taylor & Francis Ltd., 2012.

Tiesdell, S. , Oc, T. & Heath, T. *Revitalizing Historic Urban Quarters* [M]. London: Routledge, 1996.

Toxey, A.P. *Materan Contradictions: Architecture, Preservation and Politics* [M]. Surrey: Ashgate, 2011.

Mark Twain *A Tramp Abroad* [M]. Hartford: American Publishing Company, 1880.

Vasari, G. *Lives of the Most Eminent Painters, Sculptors and Architects Vol.1-10* [M]. London: Macmillan,1912-1915.

Viollet-le-Duc, E. *Dictionnaire raisonné de l' architecture française du* XI *e au* XVI *e siècle* [M]. Vol. 8. Paris. B. Bance, 1854.

Viollet-le-Duc, E. etc. *Viollet-le-Duc:Galeries Nationales Du Grand Palais* [M]. Paris: Édition de la Réunion des Musées Nationaux, 1980.

Vitruvius, Pollio M.*The Architecture of Marcus Vitruvius Pollio: In Ten Books* [M]. London: Lockwood, 1874.

Walpole, H. *A Description of the Villa of Mr. Horace Walpole,...* [M].Strawberry Hill: Thomas Kirgate, 1784.

Watkin, D. *A History of Western Architecture* [M]. 2nd ed. London:Laurence King Publishing, 1996.

Watkins, J. & Wright, T. *The Management and Maintenance of Historic Parks, Gardens and Landscapes: The English Heritage Handbook* [M]. London: Frances Lincoln, 2007.

Watson, G. B. & Bentley, I. *Identity by Design* [M]. Oxford: Butterworth-Heinemann, 2007.

Weaver, T. (ed.) *David Chipperfield: Architectural Works 1990-2002* [M].Barcelona: Poligrafa, 2003.

Wethered, C. *On Restoration, by E. Viollet-le-Duc and a Notice of His Works in Connection with the Historical Monuments of France*[M]. London: Sampson Low, Marston, Low and Searle, 1875.

Whitehead, K. D. (ed.) *The Foundations of Architecture: Selections from the Dictionnaire Raisonné* [M]. New York: George Braziller Inc., 1990.

Williams, K. & Ostwald, M.(ed.) *Architecture and Mathematics from Antiquity to the Future: Vol. II.: 1500s to the Future* [M]. Basel: Birkhäuser Verlag, 2015.

Winckelmann, J. J. *History of the Art of Antiquity* [M]. Los Angeles: Getty Publications, 2006,

Winckelmann, J. J. *Johann Joachim Winckelmann on Art, Architecture, and Archaeology* [M]. Rochester: Camden House, 2013.

Wittkower, R. *Architectural Principles in the Age of Humanism* [M]. London: Alec Tiranti, 1967.

Worskett, R. *The Character of Towns: An Approach to Conservation* [M]. London: Architectural Press, 1969.

Zukin, S. *Naked City: The Death and Life of Authentic Urban Places* [M]. Oxford: Oxford University Press, 2010.

陈志华，《外国古建筑二十讲》[M].北京：生活·读书·新知三联书店，2012。

邵甬，《法国建筑·城市·景观遗产保护与价值重现》[M].上海：同济大学出版社，2010。

朱光潜，《西方美学史》[M].北京：人民文学出版社，1979，第 2 版。

朱晓明，《英国当代建筑遗产保护》[M].上海：同济大学出版社，2007。

宗白华，《美学散步》[M].上海：上海人民出版社，1981。

后记

比较是我们这类学人的天性。自 20 世纪 90 年代初留学英国的第一天起，我们就开始了"比较"。因缘城市规划及建筑学专业出身，我们的比较多数时候聚焦于城镇、建筑、环境与人，自然也涉及社会、文化、政治和经济诸方面。久而久之，便有了撰写有关书籍的构想。

2005 年以来，因工作需要，我们每年多次往返于中英之间。与此同时，随着国民财力的上扬，走访欧洲的国人日渐增多。当我们遇到那些旅欧归来或依然滞留欧洲的同胞时，便格外留意他们的"比较"言论，这些言论常常激发我们的辩论，唤醒我们的灵感。2007 年秋，十几年前的构想逐渐清晰。

行动却是迟钝。客观上因为天性的懒惰、异地工作及生活的琐碎，主观上也在"求慢"，自嘲做赛跑末名。直到 2013 年春才终于确定撰述时间表，并调整当初的立意，将撰述重点限定于欧洲建筑和城镇保护。那个夏末，我也以一篇向前辈作家沈从文致敬的小说《新八骏图》彻底告别自己十几年的业余小说推敲。之后，带着某种义无反顾的激情，我投入到了本书的调研和撰写中。随着在国内停留时间的增多，离国二十余载的我，开始了所谓的"半海归"生活，对国内欧洲建筑和城镇保护的研究现状有了更多了解。手敲键盘，清脆的嗒嗒声中时常交织着卡尔维诺问号式惊叹：为什么读经典？

每一章节都好比一场苦旅，寻根、求源、查证……历尽艰辛，也夹杂愉悦。尤其当某个艰难小节尘埃落定之时，竟也有些海明威在《流动的盛宴》里所

说的那种乐滋滋。也是走下一段段长长的梯道，也是知道自己干得还不错……与海明威不同的是，我们给自己沏一杯清茶，并非要干出一点成绩方肯罢休，也不强求知道下一步将发生什么方才停笔。相反，我们刻意让自己停顿，甚至忘掉前面的章节，什么也不想。这也许是坏习惯，让本书的撰写缓慢而无常。也许是好习惯，让我们有些"功夫在诗外"的别趣。

缓慢与无常之间，我们数次重访英国、法国、德国和意大利，追寻前辈足迹，探索属于自己的那条独特道路。时间的脚步不允许我们像 300 年前的英国人那样"壮游"。但匆匆而过的"小旅"也足以游目骋怀，给我们的调研、写作和生活添些诗意和感恩。本书所有未标明拍摄者或者来源的图片，大部分为罗隽在考察途中所摄，小部分为本人所摄。

本书的文字小半敲打于中国或异国旅途中，泰半成形于英国。不同的写作地点和场景变换直接或间接左右了我们观点的表达、叙述的语气和行文的风格——浸透其中，亦游离于外。时空的转瞬则让我们备觉时光之妙、之邈、之美、之魅……这便是书名大标题的情怀。

但不管时空如何变幻，时光如何妙玄，我们以诗意循环全书。扉页是几行暗示时光与建筑和历史城镇遗产的无题诗。下篇的所有案例均以几行短诗起头。这里，以"丈量"时间的《钟表》一诗结束全书，并借此与读者共勉——珍惜时光，经受岁月，守护遗产，濡染文化，随遇而安。

钟表

在墙上
在桌上
在手腕
又钻进
电话手机和电脑

却常常意见不统一
像个奸商
一嘀一嗒着
计较
逝去的分分秒秒
……

任你是奸商
又若何？！

三生石的阳面上
时光不再，岁月已老
三生石的阴面上
时光永驻，岁月安好

何晓昕

2016 年 3 月于英国曼彻斯特

致谢

首先感谢激发我们灵感的家人、师长和朋友。

就本书的具体调研和写作而言，感谢英国苏格兰爱丁堡大学艺术学院（Edinburgh College of Art）迈尔斯·格伦迪宁（Miles Glendinning）教授对本书总体构架的支持、鼓励和具有建设意义的指导。感谢美国范德堡大学（Vanderbilt University）历史系主任凯文·墨菲（Kevin. D. Murphy）教授对本书涉及法国修复之父勒－杜克章节的建议并提供富有启发的解答。感谢联合国教科文组织文化助理总干事班德林教授（Francesco Bundeirin）对联合国教科文组织最新保护项目的介绍。感谢意大利那不勒斯里德里克第二大学（University of Naples Federico II）建筑学院安德鲁·帕内（Andrea Pane）教授对本书有关意大利章节的建议和提示。《威尼斯宪章》起草人之一罗伯特·帕内（Roberto Pane）的孙子、安德鲁·帕内教授提供的有关《威尼斯宪章》起草和发展历程的第一手资料和论文格外珍贵。感谢曼彻斯特大学（University of Manchester）建筑学院硕士研究生课程项目主任导师萨莉·斯通（Sally Stone）女士对有关威尼斯保护的调研提供的支持和帮助。本书有关柏林博物馆岛修复及保护的选题也得益于与斯通女士交谈和讨论带来的启发。感谢爱丁堡市政府（The City of Edinburgh Council）规划部门官员克洛艾·珀特女士（Chloe Porter）和市政府世界遗产保护协调官员珍妮·布鲁斯（Jenny Bruce）女士对该市保护项目的介绍并提供相关图片。感谢北京市建筑设计研究院有限公司总建筑师、中国工程院院士马国馨先生对本书选题和研究内容的肯定和指点。感谢东南大学建筑学院朱光亚教授对本书写作长期的鼓励和支持，他还向我们提供了他自己的有关建筑保护的国际会议论文。感谢耶鲁大学路易斯·沃波尔图书馆（The Lewis Walpole Library）公共部主任苏珊·沃克（Susan Walker）女士的无私帮助并特许我们使用有关英国草莓坡山庄的精美老图片。感谢曼彻斯特大学图书馆外借部及图片部帮助我们从世界各地借阅相关的图书及图片。此外，我们还特别感谢我们的朋友美国犹他谷大学（Utah Valley University）哲学与人文科学系人文学课程主任梁允翔（Samuel Y. Liang）副教授为书中读书卡片译文的认真校对。感谢我们的侄女简·鲍（Jane Bao）女士为本书部分读书卡片所做的校对以及对有关法文文献的检索和翻译。不用说，我们还应感谢许多其他人士，包括本书参考的所有文献的作者。他们的作品或多或少、间接或直接地启迪了本书的构架和表述。

最后，感谢三联书店的唐明星女士，以及所有为本书出版付出努力的三联书店同人。感谢你们的耐心和辛勤劳作，让本书的最终面世成为可能。

何晓昕　罗隽

2016 年 8 月于北京